FRÜHE NEUZEIT
Band 21

Studien und Dokumente zur deutschen Literatur
und Kultur im europäischen Kontext

In Verbindung mit der Forschungsstelle
„Literatur der Frühen Neuzeit"
an der Universität Osnabrück

Herausgegeben von
Jörg Jochen Berns, Klaus Garber, Wilhelm Kühlmann,
Jan-Dirk Müller und Friedrich Vollhardt

Udo Friedrich

Naturgeschichte zwischen artes liberales und frühneuzeitlicher Wissenschaft

Conrad Gessners »Historia animalium«
und ihre volkssprachliche Rezeption

Max Niemeyer Verlag
Tübingen 1995

Gedruckt mit Unterstützung des Förderungs- und Beihilfefonds Wissenschaft der VG Wort

Die Deutsche Bibliothek – CIP-Einheitsaufnahme

Friedrich, Udo:
Naturgeschichte zwischen artes liberales und frühneuzeitlicher Wissenschaft : Conrad Gessners »Historia animalium« und ihre volkssprachliche Rezeption / Udo Friedrich. – Tübingen :
Niemeyer, 1995
(Frühe Neuzeit ; Bd. 21)
NE: GT

ISBN 3-484-36521-8   ISSN 0934-5531

© Max Niemeyer Verlag GmbH & Co. KG, Tübingen 1995
Das Werk einschließlich aller seiner Teile ist urheberrechtlich geschützt. Jede Verwertung außerhalb der engen Grenzen des Urheberrechtsgesetzes ist ohne Zustimmung des Verlages unzulässig und strafbar. Das gilt insbesondere für Vervielfältigungen, Übersetzungen, Mikroverfilmungen und die Einspeicherung und Verarbeitung in elektronischen Systemen.
Printed in Germany.
Gedruckt auf alterungsbeständigem Papier.
Satz: Pagina GmbH, Tübingen
Druck: Allgäuer Zeitungsverlag GmbH, Kempten
Buchbinder: Heinr. Koch, Tübingen

Vorwort

Die vorliegende Arbeit behandelt ein Grenzgebiet zwischen Literaturwissenschaft und Wissenschaftsgeschichte. Sie entstand aus einer Anregung anläßlich eines literaturwissenschaftlichen Seminars über den frühneuzeitlichen Prosaroman, in dem dessen Beziehungen zum naturgeschichtlichen Diskurs untersucht wurden (Faustbuch). Daraus ergab sich die komplementäre Frage nach den Grenzbereichen der frühneuzeitlichen Historia naturalis selbst. Ist dem Mediävisten der Komplex vor allem unter dem Stichwort des »geistigen Sinns« mittelalterlicher Naturkunde vertraut, so behandelt die Wissenschaftsgeschichte ihn vorwiegend unter dem Aspekt des Erkenntnisfortschritts und der Vorbereitung moderner Konzepte von Naturerklärung. Als Texttyp eigener Art kam er bisher nicht in den Blick. So stellte sich die Aufgabe, ausgehend von einem weiteren Literaturbegriff, den wissenschaftsgeschichtlichen Gegenstand, ein zoologisches Kompendium des 16. Jahrhunderts, einmal unter einer textwissenschaftlichen Perspektive zu betrachten, die vormoderne Aufbauregeln, Erkenntnishaltungen und Argumentationsweisen verfolgt. Insofern versteht sich die Arbeit als Beitrag zum Dialog zwischen Literaturwissenschaft und Wissenschaftsgeschichte.

Für weitreichende Hilfe danke ich herzlich Dr. Imke Schmidt und Heinrich Stauf, insbesondere Martin Schierbaum und meiner Frau Gudrun Friedrich. Weiterhin bin ich Prof. Dr. Heimo Reinitzer und Prof. Dr. Christian Hünemörder für ihre Unterstützung innerhalb des akademischen Verfahrens zu Dank verpflichtet. Für eine kritische Lektüre des Typoskripts und für Ergänzungen danke ich überdies Prof. Dr. Wilhelm Kühlmann und Dr. Joachim Telle. Meinen besonderen Dank möchte ich Prof. Dr. Jan-Dirk Müller aussprechen, der die Arbeit intensiv betreute und ohne dessen Unterstützung sie nicht hätte geschrieben werden können.

München im Oktober 1994　　　　　　　　　　　　　　Udo Friedrich

Inhalt

I. Wissenschaftsgeschichte und Literaturwissenschaft 1

II. Der Traditionsrahmen frühneuzeitlicher Tierkunde 15
   1. Wissenschaft und Enzyklopädik 15
   2. ›Naturalis historia‹ und orbis romanus 18
   3. Die Enzyklopädie als Buch der Natur 19

III. Conrad Gessners ›Historia animalium‹ 25
   1. Rezeptionskontext 25
      a. Wissenschaftssystematische Lokalisierung 25
      b. Rezeption im Spannungsfeld von Sprach- und Sachkunde 28
      c. Textsorte: Lexikon 33
   2. Legitimation 36
      a. Disziplinärer Rahmen 38
      b. Metaphysische Fundierung 40
      c. Contemplatio Dei und cognitio rerum 44
      d. Ratio et experientia 47
   3. Ordnungsverfahren 53
      a. Buchgelehrsamkeit und Erfahrungsdruck 53
      b. Grammatische Materialordnung 56
      c. Register der Materialordnung 58
         – Capita und loci communes 58
         – Descriptio rei 65
         – Philosophia moralis 68
         – Philologica 70
      d. Grammatische Wissenschaft und lexikalische historia 71
   4. Historiographie und Philologie 74
      a. Historiographische Inventarisierung 74
      b. Quellentypologie 77

VIII

    c. Historischer Standort 80
    d. Historioskopischer Wahrheitsanspruch 85
    e. Namenanalyse 91
       – Confusio nominum 92
       – Etymologie 95
       – Historische Perspektive 99
       – Bibelhermeneutik 104

  5. Historia und Wahrheit 106

    a. Allegorische Spuren und deren kritische Hinter-
       fragung 106
    b. Kritik der Signaturenlehre 112
    c. Ad natura imitationem 114
    d. Erfahrung als Maßstab 116

  6. ›Historia animalium‹ und philosophia moralis 120

    a. Anthropozentrische Optik 120
    b. Exkurs – Tugendkatalog 131
    c. Exempelstruktur – Narrativität 133
    d. Historia naturalis – Historia civilis 136

IV. Volkssprachliche Rezeption der ›Historia animalium‹ . . . 143

  1. Rezeptionskontext: Popularisierung und Didaktisierung 143

  2. *Historien der Thier:* Tierkunde zwischen narratio und
    descriptio 149

  3. Volkssprachliche Tierbuchdrucke 152

  4. Gessner-Übersetzungen: 157

    a. Einleitung 157
    b. Rezipientenwechsel 158
    c. Selektive Programmatik und Predigtform 162
    d. Ordnungswechsel: Tilgung gelehrter Elemente . . . 165
    e. Vom akademischen Lexikon zum volkssprachlichen
       Lesetext 168
    f. Johannes Herolds Thierbůch-Bearbeitung 173
       – Biographische Zusätze 173
       – History: *nutz vnd kurtzweil* 173
       – Kontexterläuterungen 177
       – Prodigien und Sündenbewußtsein 179
       – Dissoziation von Erzählanlaß und Erzählung . . 182

  5. Die Verbindung volkssprachlicher Plinius- und
    Gessnerrezeption durch Johannes Heiden 188

	a. Plinius christianus	188
	b. Bibelhermeneutik, Exempelliteratur und Naturkunde	190
	c. Kompilatorisches Verfahren	194
	d. Naturkundliche Ergänzungen	201
	e. Allegorisches Programm	202
	f. Sensus historicus	212
	g. Selektion von Tradition	215
	h. Naturordnung	218
	– Conditio humana	218
	– Providenz	220
	– Anthropomorphe Anreicherung	223
	i. Exemplarische Geschichtsschreibung und Heilsgeschichte	228
	– Historia magistra vitae	228
	– Lehrhafte Texte	229
	– Christlicher Wertekanon als Bezugspunkt von Historien	231
	– Historiographische Bestandteile	234
	– Heilsgeschichtliche Perspektive	238
	– Naturexempel versus Providenz	241
V.	Zusammenfassung	247
VI.	Literaturverzeichnis	253
	Primärtexte	253
	Sekundärliteratur	259
VII.	Register	273

I. Wissenschaftsgeschichte und Literaturwissenschaft

> *Die gelerten Scribenten zwar kőnnen jhre bůcher mit schőnen lehren vnd gemelden zieren / geben auch alles an tag mit herrlichen worten / Aber die Natur / als ein Gőttliches mittel / vnd ein diener seiner Mayestet / bringet erfůr alle ding / nicht mit angestrichenen farben oder gestalt / sondern mit angeborner eigenschafft / das auch vor grosser lust weder die augen anzusehen ersettiget oder das gemůth mit gedankken von jnen genug erquicket werden kőnnen. Denn wer kan genugsam darthun vnd erkleren die weißheit vnnd geschickligkeit der Natur [. . .] Welcher vnter allen Bildschnitzern / wie gewaltig er sey / kan jhre gestalt vnnd ebenbildt gleicher weise darthun? Was hin vnd wieder bekandt ist / oder teglich sich sehen lest / darin kan der natur die kunst nachahmen / vnd die Menschen kőnnen dasselbige kůnstlich abmahlen oder beschreiben / Also ein gelerter fleissiger Mann / mit namen Conradus Geßnerus / hat eine grosse lőbliche arbeit gethan / inn beschreibung der Historien / von der natur der Thieren / vnd alles was da lebet / welches gleichen ich niemals gefunden / [. . .] Aber vngetadelt alles dasselbige / welches billich seinen lob hat / so kan oder mag doch nichts von jhnen vorgebracht werden / darin seine eigene stim oder leben [. . .] krafft oder wirckung / zufinden ist [. . .].*[1]

In den Worten seines Zeitgenossen Levinus Lemnius erfährt die ›Historia animalium‹ des Conrad Gessner (1516–1565) eine zurückhaltende Wertschätzung. Zwar gilt sie dem Verfasser des medizinischen ›Wunderbuchs‹ als bemerkenswertes Ereignis, doch dient sie lediglich als Kontrastfolie für die Profilierung seines eigenen Ansatzes. Vor dem Hintergrund des theologischen Arguments erhält die klassische Formel von der Nachahmung der Natur, die die Naturbeschreibung insgesamt charakterisiert, einen negativen Akzent und wird auf einen sekundären Rang verwiesen. Die Beschränkung auf den mimetischen Aspekt, das Zurückbleiben hinter dem lebendigen Original und der Verzicht auf Ursachenforschung bestimmen im zeitgenössischen Verständnis das untergeordnete Verhältnis der historia naturalis zur theologisch orientierten Wissenschaft.[2]

---

[1] Lemnius: OCCVLTA NATURAE MIRACULA, Bl. B VIIIr/v. Vgl. Bl. VIIIv: [. . .] *also das sie* [die Natur] *einem jeglichen / der mit jhrer betrachtung vmbgehet / vieler ding erinnert / allerley lehret / vnnd dahin bewegt / das er nicht allein mit jr sich belůstige / sondern an den / durch welches krafft alles lebet vnnd webet / gedencken muß.*

[2] Inwieweit die ›Kunst der Natur‹ sich ihrerseits unter dem Topos der Nachahmung geradezu begreifen ließ, offenbart sich in den technischen Disziplinen Geometrie und Medizin. So suchen Dürer und Paracelsus die Prinzipien der Natur gerade jenseits der phänomenalen Oberfläche. Vgl. Böhme: Verdrängung und Erinnerung vormoderner Naturkonzepte, S. 17, 22–25.

Und dennoch artikuliert sich in der Verwendung des antiken Topos Respekt gegenüber einem Unternehmen, das neue Maßstäbe setzt. Weniger die Erklärung der Natur im Rahmen der zeitgenössischen Philosophie als ihre Inventarisierung am Maßstab des Vorfindlichen leitet für die beschreibende Naturkunde die Emanzipation von der Theologie ein. Während Lemnius Gessners ›Historia animalium‹ noch an theologischen Ansprüchen mißt, baut diese allein durch ihre Faktenfülle einen neuen Geltungsbereich auf. Gessners Unternehmen, das innerhalb zeitgenössischer Naturkunde zunehmend Gewicht erlangt, gilt denn auch in der Geschichte der beschreibenden Naturkunde gemeinhin als epochaler Einschnitt, und seine Wirkungsgeschichte hat diejenige seines selbstgewissen Zeitgenossen bei weitem übertroffen.

Innerhalb weniger Jahre (1551–1558) veröffentlicht der bis dahin schon durch überwiegend enzyklopädische Werke bekannt gewordene Züricher Universalgelehrte vier voluminöse Bände, in denen er alles für ihn erreichbare Wissen seiner Zeit über Tiere zusammenstellt. Antike und mittelalterliche Traditionen, aber auch aktuelle zeitgenössische Überlieferungen und Erfahrungen werden hier in einem Texttyp zusammengefaßt, der den Gegenstandsbereich auf veränderte Art erfaßt und einer Erkenntnisform unterwirft, die beansprucht, eine neue Ordnung in die Fülle des Materials zu bringen.

Auf den ersten Blick bietet der Verfasser viel Bekanntes. Er folgt in der Klassifizierung dem geläufigen, seit Aristoteles und Plinius bekannten Verfahren: Band 1 handelt über die vierfüssigen, Band 2 über die vierfüssigen eierlegenden Tiere (Reptilien); der 3. Band enthält die Vögel und der vierte schließlich die Fische.[3] Erst aus dem Nachlaß heraus erscheint 1587 ein weiteres Werk über die Schlangen. Die einzelnen Bände handeln die Tiere jeweils in alphabetischer Reihenfolge ab, gleichfalls ein schon in der mittelalterlichen Naturkunde vorgeprägtes Verfahren. Und auch das Arbeitsverfahren, die Kompilation, setzt offenbar alte Traditionen fort.

Der Umfang geht indessen über jeden bis dahin vorgegebenen Rahmen hinaus. Annähernd 4500 Folioseiten umfaßt das Werk mit einigen hundert Abbildungen, zumeist recht naturgetreu. Gessner profitiert dabei von neuartigen technischen Möglichkeiten der Darstellung und von der verbesserten Quellenlage, die im Gefolge von Buchdruck und Entdeckungsfahrten die Erfahrungsmöglichkeiten diachron und synchron vervielfacht hatten. Allein die Liste der von ihm benutzten Quellen zum ersten Band umfaßt 251 Autoren verschiedenster Disziplinen, die häufig mit mehreren Werken vertreten sind. Hinzu treten nach Gessners eigenen Worten zahlreiche briefliche und mündliche Mitteilungen und eigene Beobachtungen.

---

[3] Kroll: C. Plinius Secundus, Sp. 309. Crombie: Von Augustinus bis Galilei, S. 507f. Boas: Die Renaissance der Naturwissenschaften, S. 64.

Die zunehmende Datenfülle verlangt veränderte Verfahren der Darstellung: Neuartig ist denn auch die Ordnung nach *capita*, die den Stoff gliedert und mit deren Hilfe Gessner das Material zu jedem einzelnen Tier in acht Rubriken (A–H) abhandelt, in der Reihenfolge: Name (A), Ort und Gestalt (B), Lebensweise (C), Verhaltenslehre (D), Nutzen außerhalb der Medizin (E), als Nahrungsmittel (F), als Arzneimittel (G), Philologica (H).[4] In dem Bemühen um Datenerfassung, Identifizierung, Benennung und empirische Beobachtung übertrifft er seine Vorläufer bei weitem. Der Züricher Stadtarzt hat sich mit seiner Tiergeschichte nach fast einhelliger Meinung einen Platz in der Wissenschaftsgeschichte erworben. »Sein Werk eröffnet sozusagen die Zoologie der Neuzeit«, ist von Vertretern der Fachdisziplin immer wieder zu lesen.[5]

Der positiven Einschätzung stehen indessen auch zurückhaltendere Urteile gegenüber. Innerhalb der Wissenschaftsgeschichte stehen ohnehin die Differenzen von frühneuzeitlicher und moderner Wissenschaftsauffassung zur Diskussion, ist der Anteil des 16. Jahrhunderts, speziell des Renaissance-Humanismus, am wissenschaftlichen Fortschritt keineswegs unumstritten.[6] Die jeweilige Entwicklungslogik der einzelnen Disziplinen (Physik, Biologie) gilt dabei als Indikator für eine entweder homogene oder diskontinuierliche Kulturentwicklung. In Frage steht hier, inwieweit der moderne Wissenschaftsbegriff vor dem 17. Jahrhundert methodisch seine historischen Ursprünge lokalisieren kann, ein Streit, in dem Modelle der Diskontinuität und des Paradigmenwechsels gegen solche entwicklungslogischer Art stehen. Die Untersuchung der historischen Bedingungen neuzeitlicher Wissenschaft mündet letztlich in der Feststellung einer Diskontinuität und eines tiefen Einschnitts im 17. Jahrhundert.[7] Ein logisch und historisch reibungsloser Übergang läßt sich nicht nachweisen.[8]

---

[4] Vgl. die ausführliche Darstellung der Rubriken im Abschnitt III, 3, c dieser Arbeit.
[5] Ballauff: Die Wissenschaft vom Leben, S. 136. Carus: Geschichte der Zoologie, S. 274–288, 288. Assion: Altdeutsche Fachliteratur, S. 132. Schaller: Conrad Gesner, S. 152. Zur wissenschaftsgeschichtlichen Bewertung vgl. Ley: Konrad Gesner, S. 41–91. Fischer: Conrad Gesner, S. 36–49. Petit: Conrad Gessner, Zoologiste, S. 49–56. Helmcke: Der Humanist Conrad Gessner, S. 329–346. Gmelig Meyling-Nijboer: Conrad Gesner, S. 42. Hoeniger: How Plants and Animals Were Studied, S. 133f., 139–142. Riedl-Dorn: Wissenschaft und Fabelwesen, S. 119–126. Zur Biographie vgl. Hanhart: Conrad Geßner. Wellisch: Conrad Gessner: a bio-bibliography, S. 151–171.
[6] Krafft: Renaissance der Naturwissenschaften, S. 119–122.
[7] Die Entwicklung der Astronomie bildet das Paradigma: Sowohl der Versuch der Wissenschaftshistoriker (Duhem), die naturwissenschaftliche Entwicklung des 17. Jhs. (Galilei) an den Nominalismus des 14. Jhs. anzubinden, wie derjenige der Kulturhistoriker (Cassirer), die Vorläufer Galileis im Paduaner Aristotelismus des 16. Jhs. ausfindig zu machen, sind durch historische Studien in Zweifel gezogen worden. Vgl. Krafft: Renaissance der Naturwissenschaften, S. 119–132.
[8] Die Diskussion des Epochenwechsels offenbart dabei die Grenzen historischer

Nicht weniger problematisch aber als in der Physik ist die Anschließbarkeit der beschreibenden Naturkunde der Frühen Neuzeit an den modernen Wissenschaftsbegriff der Zoologie und Biologie, läßt sich die umfassende Sammelarbeit der Humanisten doch nur schwer mit der modernen Konzeption eines Systems der Arten oder einer Wissenschaft vom Leben in Verbindung bringen.[9] Und erst recht Conrad Gessners heterogenes Kompendium widersetzt sich einer homogenen wissenschaftsgeschichtlichen Einordnung. Über die rein philologischen und empirisch-deskriptiven Leistungen hinaus steht hier die Frage nach der Methodik der Gegenstandsbehandlung zur Diskussion. Hier streiten Fachhistoriker auch über die Beurteilung Gessners: Für die Kontinuitätsthese etwa steht der Versuch B. Hoppes, einen frühneuzeitlichen Wendepunkt innerhalb der Entwicklung biologischer Disziplinen in der praktischen Umsetzung der ramistischen Divisionslogik festzumachen, wobei schon Gessners botanisches Werk als Beleg herangezogen wird.[10]

Zwei neuere Arbeiten widmen sich in diesem Sinn eigens Gessners ›Historia animalium‹ aus wissenschaftsgeschichtlicher Sicht. Ihr verwandter Aufbau verweist bereits auf eine analoge Zielsetzung. C. Gmelig-Nijboer verbindet Gessners Werk schon im Titel mit dem Beginn der Renaissance-Zoologie.[11] Vor dem Hintergrund einer kurzen Skizze der sozialhistorischen und geistesgeschichtlichen Verhältnisse des 16. Jahrhunderts untersucht sie anhand von Forschungsmethoden, Bildarsenal und der Darstellung von Fabelwesen das Verhältnis von Tradition und Innovation in Gessners Tiergeschichte. Ziel ist auch hier der Nachweis von Gessners innovativer Leistung innerhalb der Geschichte der Zoologie:[12] seine zunehmende Distanz zu den Fabeln der

---

Perspektiven ebenso wie die rein theoretisch-systematischer. Weder lassen sich alle jeweils vorliegenden Konstellationen auf ihre historischen Bedingungen zurückführen, noch entstehen paradigmatische Epochenbrüche ohne vorausgehende ›Inkubationszeiten‹. Zur Diskussion des frühneuzeitlichen Epochenbegriffs auf der Basis entgegengesetzter Konzepte von Diskontinuität und Kontinuität vgl. Blumenberg: Aspekte der Epochenschwelle, S. 7–33. Foucault: Archäologie des Wissens, S. 9–30.

[9] Foucault: Die Ordnung der Dinge, S. 9f. Krafft: Der Naturwissenschaftler und das Buch, S. 24. Lepenies: Das Ende der Naturgeschichte, S. 29–40. Hoppe: Biologie, S. 4, 34f. Zur Institutionalisierung der Zoologie im 19. Jahrhundert und zum sich verändernden Wissenschaftsbegriff vgl. Florey: Die Lage der Zoologie, S. 6–17.

[10] Hoppe: Biologie, S. 12–87. Demgegenüber spielt Gessner in der Darstellung Crombies (Von Augustinus bis Galilei, S. 494, 507f.) keine zentrale Rolle. Zur innovativen Funktion der ramistischen Logik in Historiographie (Zwinger) und politischer Wissenschaft (Bodin) der Frühen Neuzeit vgl. Seifert: Cognitio historica, S. 84f. Schmidt-Biggemann: Topica universalis, S. 31–66.

[11] Gmelig-Nijboer: Conrad Gessner's »Historia Animalium«. An Inventory of Renaissance Zoology.

[12] Ebd., S. 123.

Überlieferung und zum Text als Forschungsgrundlage insgesamt, die Privilegierung der naturgetreuen Abbildung und der Erfahrung sowie die Anfänge einer experimentellen Untersuchung. Gliederung und Zielsetzung orientieren sich allein an den Maßstäben einer wissenschaftlichen Zoologie.

Analog untersucht C. Riedel-Dorn in ihrer Arbeit über Gessner und Aldrovandi die ›progressiven‹ Aspekte im Werk der beiden Naturforscher. Der Teil über Gessners Zielsetzungen und Arbeitsmethoden stützt sich weitgehend auf die Ergebnisse Gmelig-Nijboers und dient als Folie für die Beurteilung Aldrovandis. Aufgezeigt wird die wissenschafts- und geistesgeschichtliche Verwandtschaft der beiden Forscher. Gemessen an den zoologischen Maßstäben erweisen sich aber Buchfixierung, alphabetische Ordnung und theologische Funktion immer wieder als anachronistische Bestandteile der frühneuzeitlichen Naturforschung. Da Anschlußstellen allein auf der Ebene des fachwissenschaftlichen Diskurses gesucht und divergierende Faktoren ausgeblendet werden, lassen sich vielfach nur Defizite konstatieren. So etwa bei der Diskussion der Begriffe von Genus und Species.[13] Indirekt bestätigt damit Riedl-Dorns Arbeit noch die These der historischen Diskontinuität methodischer Verfahren.

Da die ›Historia animalium‹ schon in ihrer Anlage über die Erfordernisse einer wissenschaftlichen Tierkunde hinausgeht, entziehen sich weite Teile des Werks geradezu dem Zugriff des Wissenschaftshistorikers. So führt bei Gessner die Aufarbeitung der Tradition auch dazu, daß Fabeltiere weiterhin ihren Platz erhalten, wie etwa Einhorn, Sphinx, Greif, Phönix und Meermönch. Zudem beschränkt Gessner die Quellenauswertung nicht allein auf naturkundliche Aspekte und legt eigens eine Rubrik von *philologica* an, in der übertragene Verwendungen von Tiernamen zusammengestellt sind. Schließlich bewahrt das Werk eine Anzahl vormoderner semantischer Naturkonzepte, wie sie innerhalb des zeitgenössischen Bildungsgefüges anzutreffen sind. Das enzyklopädische Unternehmen, das sich primär als umfassende Stoffsammlung versteht, vereinigt naturgemäß heterogene Aspekte, die auf eine andere Grenzziehung zwischen Naturkunde und literarischer Überlieferung verweisen, als sie der modernen Zoologie geläufig ist.

Wolfgang Harms hat das Werk für germanistische Fragestellungen erschlossen.[14] Anstelle von wissenschaftsgeschichtlichen und biographischen Aspekten widmet er sich den Bildungs- und Erkenntnisvor-

---

[13] Riedl-Dorn: Wissenschaft und Fabelwesen, S. 34–37.
[14] Harms: Der Eisvogel und die halkyonischen Tage, S.477–515. Ders.: Allegorie und Empirie, S.119–123. Ders.: Zwischen Werk und Leser, S. 427–461. Ders.: Bedeutung als Teil der Sache, S. 352–369.

aussetzungen Gessners. Harms konzentriert sich dabei auf die Spuren allegorischer Naturdeutung und sieht Gessner innerhalb der alten theologischen Funktionalisierung der artes nicht weniger der Tradition der sinnhaften Welterschließung verbunden als der modernen Naturforschung.[15] Aus verschiedenen Perspektiven hat Harms die Traditionselemente und -kontexte herausgearbeitet, die in die ›Historia animalium‹ einfließen: von Gessners eigener Einreihung in den antiken Autoritätenkanon über den Aufweis allegorischer Spuren und theologischer Zielsetzungen bis hin zur Einordnung der *philologica* in die theologische Propädeutik der artes. Aus den zahlreichen Traditionsspuren schließt Harms auf ein entsprechend strukturiertes Rezipienteninteresse, insbesondere im Vergleich mit weniger erfolgreichen sachlich ausgerichteten Werken.[16] Der Produktions- und Rezeptionsrahmen um die Mitte des 16. Jahrhunderts wäre demnach noch stark traditionellen, sinnvermittelnden Wahrnehmungsformen verpflichtet. Von Seiten der Literaturwissenschaft steuert Harms damit erstmals einer teleologisch ausgerichteten Vereinnahmung des naturkundlichen Werks durch die Wissenschaftsgeschichte entgegen.[17]

Je nach Perspektive läßt sich Gessners Unternehmen für wissenschafts- bzw. traditionsgeschichtliche Fragestellungen nutzen. Das Fortwirken von Tradition oder die Ankündigung von Modernem innerhalb des Werkes erweisen sich als Fluchtpunkte unterschiedlicher Perspektiven, die sich aus je entgegengesetzten, weit entfernten Zeitbezügen bestimmen und kaum vermittelbar sind. Sie betreffen die scharfe Trennlinie zwischen einer mittelalterlichen Naturbetrachtung und dem neuzeitlichen Wissenschaftsbegriff, einer sinnhaft ausgerichteten Naturdeutung und einer disziplinierten Naturerkenntnis. Um der Prägnanz ihrer Ergebnisse willen sind beide Perspektiven dabei genötigt, störende Faktoren auszublenden: ein notwendiges Verfahren der Gegenstandskonturierung. Traditions- und wissenschaftsgeschichtliche Optik besitzen so bei analoger Verfahrensweise je eigene Präferenzen.

Demgegenüber ist – unter anderen methodologischen Voraussetzungen – durch Michel Foucault der Versuch unternommen worden, die scheinbar »schwache Struktur« des Nebeneinanders von Traditionsfixierung, Empirie und Phantastik in der Episteme des 16. Jahrhunderts einer homogenen Erklärung zuzuführen, gerade unter expliziter Ausblendung wissenschaftlicher Ansätze der Folgezeit.[18] Die historische

---

[15] Harms: Allegorie und Empirie, S. 120.
[16] Ebd., S. 121.
[17] Harms: Allegorie und Empirie, S. 119. Ders.: Bedeutung als Teil der Sache, S. 354. Einen analogen Befund aus einer benachbarten Disziplin (Mineralogie) konstatiert Meier: Argumentationsformen kritischer Reflexion.
[18] Foucault: Die Ordnung der Dinge, S. 46–77, hier S. 63ff. Zur wissenschaftstheo-

Isolierung einer Renaissance-Episteme auf strukturalistischer Basis schreibt dieser eigene, mit den Verfahren späterer Wissenschaft unvereinbare Aufbauregeln zu. Die Grundlage der Untersuchung bildet das jeweilige Sprach- und Methodenarsenal einer Epoche. Selbstverständliche Oppositionen der neuzeitlichen Wissenschaft, wie etwa die von Gelesenem und Gesehenem, Literarischem und Historischem, von Name und Gegenstand, Gelehrsamkeit und Magie verschwinden demnach hinter einer Wissensform, die auf Ähnlichkeitsrelationen beruht.[19] Das Nebeneinander von Beobachtung, Dokument und Fabel, wie es noch in den Werken Gessners und Aldrovandis auftrete, erkläre sich so aus einer zeittypischen Erkenntnisform.[20] Ebenso erwiesen sich die allegorischen Traditionsspuren, die Harms bei Gessner ausmacht, wie auch die fortschrittlichen anatomischen Vergleiche (Nachbarschaft), die etwa im Werk Belons festgestellt wurden, letztlich als Varianten einer Wissensform.[21] Die divergierenden Erklärungsversuche von Traditions- und Wissenschaftsgeschichte sollen so in einem Episteme-Modell ihre Integration finden.

Der konsequenten Historisierung des Erkenntnisproblems korrespondiert zunächst der Vorzug einer Strukturierung. Die Ausblendung diachroner Anschlußstellen rückt dabei die synchronen in das Blickfeld. Der semiotische Blick bringt ganz unterschiedliche Disziplinen – Sprach-, Wirtschafts-, Naturanalyse – und deren Erkenntniseinstel-

---

    retischen Diskussion von verwandten, doch methodisch unterschiedlich ansetzenden Modellen der Diskontinuität (Kuhn/Foucault) vgl. Weinert: Die Arbeit der Geschichte, S. 336–358.

[19] Foucault: Die Ordnung der Dinge, S. 46–56: »Nachbarschaft« und »Verkettung«, »Spiegelung« und »Analogie der Proportion«, schließlich »sympathetische und antipathetische Wirkungen« bilden hier die »Modi der Ähnlichkeit«, die die Regeln für die Formation des Wissens prägen. Foucaults Analyse operiert jenseits der doxographischen und von den Verfassern selbst reflektierten Ebene, unterschreitet die bewußt gehandhabten Methoden, Techniken und Verfahren und begibt sich auf die »archäologische« Ebene des Zeichensystems. Die bekannten weltanschaulichen Konfigurationen, wie die Leib-Seele-Verbindung (Nachbarschaft), der neuplatonische Stufenkosmos (Kette des Seins), das Mikrokosmos-/Makrokosmosmodell (Spiegelung) und die Signaturenlehre (Proportion), aber auch die Magie und das gelehrte Verfahren der Textkommentierung, rücken unter semiotischen Gesichtspunkten zusammen. Zu dem Versuch, Foucaults Ansatz mit einer weiteren Form der Wissensorganisation im 16. Jahrhundert in Verbindung zu bringen vgl. Kallweit: Archäologie des historischen Wissens, S. 267–280.

[20] Zu den Gemeinsamkeiten zwischen Gessner und Aldrovandi vgl. Harms: Bedeutung als Teil der Sache, S. 352–369. Riedl-Dorn: Wissenschaft und Fabelwesen.

[21] Foucault: Die Ordnung der Dinge, S. 52. Foucault selbst räumt die Nähe von Belons Analogieverfahren zur modernen Erkenntnisform ein, warnt jedoch vor einer modernen Lesart. Zur ambivalenten Beurteilung von Belons vergleichender Anatomie vgl. Crombie: Von Augustinus bis Galilei, S. 506f. Delaunay: La zoologie au seizième siècle, S. 186–189. Hoeniger: How Plants and Animals Were Studied, S. 133, 136 (mit Abbildungen).

lungen in Verbindung zueinander und verweist auf ihre latenten Beziehungen. Foucault unterscheidet aber nicht mehr zwischen einer mittelalterlichen und frühneuzeitlichen Erkenntnisweise, sondern setzt den epochalen Einschnitt zwischen einer Erkenntnisform der Ähnlichkeit und dem Zeitalter der Repräsentation im 17. Jahrhundert an.[22] Die methodische Ausblendung der diachronen Perspektive und die Skizzierung großflächiger Epochentableaus markiert dabei deren Differenz, nicht aber Verschiebungen innerhalb der einzelnen Abschnitte. Foucaults Skizze der Renaissance-Episteme stützt sich beispielsweise überwiegend auf mittelalterliche Konfigurationen. Auch Gessners Darstellungsverfahren rückt unter dieser Perspektive erneut in die Nähe mittelalterlicher Erkenntnisformen, und selbst die Rezeption antiker Traditionen im Gefolge des Humanismus bewirkte demnach keinen grundlegenden Wandel. Ihre Analyse bleibt programmatisch ausgeblendet, um Beziehungen auf der Diskursebene zu untersuchen. Entscheidend bleibt innerhalb dieser Perspektive der Verweisungsrahmen, demzufolge die Zeichen in den Dingen selbst fundiert sind. Er läßt so unterschiedliche Verfahren wie Allegorese, Etymologie, Magie und Kommentar in einer Signaturenlehre zusammenlaufen.[23]

So sehr aber das Episteme-Modell Einblick in eine spezifische Zeichenkonfiguration frühneuzeitlichen Denkens gewährt und deren Wirksamkeit in verschiedenen Feldern nachweist, so wenig ist es repräsentativ für dessen gesamten Umfang. Ähnlichkeitsrelationen bilden ein wesentliches, doch nicht das einzige Regelsystem der Erkenntnis.[24] Auszugehen ist vielmehr in diesen Zeiten der Neuorientierung von der Koexistenz und Konkurrenz verschiedener Ordnungsformen nicht nur zur gleichen Zeit, sondern selbst bei ein und derselben Person. Gegenüber den deskriptiv sachbezogenen Aspekten, die die Wissenschaftsgeschichte in den Blick nimmt, bleibt in Gessners Tiergeschichte gewiß der Horizont umfassender Pragmatik ebenso erhalten wie der der zeichenhaften Verweise; andererseits bilden sich aber bereits kritische Auseinandersetzungen mit traditionellen Darstellungsverfah-

---

[22] Der Schnitt erfolgt mit den Naturgeschichten von Jonston und Ray. Vgl. Foucault: Die Ordnung der Dinge, S. 71f., 169f. Hoeniger: How Plants and Animals Were Studied, S. 134f.
[23] Ihre Gemeinsamkeit liegt gegenüber einer methodisch begrenzten Verfahrensweise im unbegrenzten Spielraum der Deutungsmöglichkeiten, innerhalb dessen je nach Signatur die verschiedensten Beziehungen hergestellt werden können. Zu den Gemeinsamkeiten zwischen Signaturenlehre und Allegorese vgl. Ohly: Die Welt als Text, S. 258f. Zur Kritik der Foucaultschen Kommentarkritik, die die Praxis des Kommentars als Wiederholungsphänomen, als Aussprechen eines latent bereits formulierten Gehalts auffaßt, vgl. Fohrmann: Der Kommentar als diskursive Einheit, S. 244–257.
[24] Zur entsprechenden Modifikation des Modells schon durch Foucault vgl. Weinert: Die Arbeit der Geschichte, S. 346.

ren heraus. Das Episteme-Modell homogenisiert hier Heterogenes innerhalb der Erkenntnisform der Renaissance und ebnet sich abzeichnende Differenzen gegenüber dem Mittelalter ein. Es ist signifikant, daß Foucaults strukturalistisches Verfahren Erkenntnisformen zwar in Opposition, nicht aber in ein Verhältnis zueinander bringt.

In Absetzung von den skizzierten wissenschafts- und traditionsgeschichtlichen Perspektiven, aber auch von dem semiotisch-strukturalistischen Ansatz, verfolgt die vorliegende Arbeit eine andere Absicht. Ihr liegt ebenfalls die Überzeugung einer grundlegenden Differenz frühneuzeitlicher Verfahren der Naturbeschreibung nicht nur im Verhältnis zu modernen, sondern auch zu mittelalterlichen zugrunde. Weder sollen die taxonomischen und historischen Modelle der modernen Zoologie hier den Maßstab der Beurteilung abgeben, noch die vertrauten mittelalterlichen Muster metaphysischer Funktionsbestimmung.

Entsprechend gilt es, trotz vielfacher Analogien zugleich die Differenz der ›Historia animalium‹ zur mittelalterlichen wie zur antiken Form der Naturbetrachtung aufzuzeigen. Verändert haben sich nicht allein Rezeptionskontext und Quellenumfang, sondern auch Ordnungsform, Methodologie und Erkenntnisdisposition. Der explizite programmatische und gattungsspezifische Anschluß an vorhandene Traditionen – antike historia naturalis wie mittelalterliche Pandekten – verdeckt dies. Er erklärt sich nicht nur durch ein legitimatorisches Bedürfnis, er entspricht zugleich der zeitgenössischen Auffassung von den Aufgaben und Grenzen der Natur*beschreibung*: Erkenntnis der Natur zuerst als Sammlung, Bewahrung und Tradierung vermeintlich gefährdeter und zu ergänzender Wissensbestände zum Zweck ihrer vollständigen Erfassung. Auch Gessner selbst ist bemüht, sich methodisch mehr als Fortsetzer denn als Erneuerer eines allgemein anerkannten Darstellungsverfahrens einzuführen, das in Jurisprudenz, Theologie, Naturkunde und Medizin sich bewährt habe.[25]

Mit dieser Anknüpfung ist aber zunächst eine Distanzierung zum wissenschaftlichen Anspruch verbunden. Es wird sichtbar, daß Gessner nicht an einen fachspezifisch diskursiven Texttyp anknüpft – wie etwa an die ›Historia animalium‹ des Aristoteles –, sondern an eine umfassender gültige, textorientierte Kompilations- und Kommentarpraxis. Sie verbindet mittelalterliche und zeitgenössische Autoren zwar in ihrem Anspruch, unterscheidet sie in der konkreten Umsetzung jedoch deutlich voneinander. Trotz formaler und programmatischer Analo-

---

[25] H. A. III, Bl. α 5v. Gessner sieht sich in der Tradition eines Justinian (Recht), Procop (Theologie), Vincenz v. Beauvais (Speculum Maius) und Massarius (Medizin). Sein Unternehmen überschreitet zwar individuelle Lebenszeiträume, wird aber als prinzipiell abschließbar gedacht. Vgl. Gessners Einschätzung seiner botanischen Leistungen in den Briefen bei Durling: Konrad Gesners Briefwechsel, S. 104f.

gien vollzieht sich bei Gessner die Zusammenstellung des Materials unter anderen Voraussetzungen. Seine Erkenntniseinstellung und seine Bewertungsmaßstäbe sind nicht mehr die der mittelalterlichen Enzyklopädisten. Gerade durch die Distanz zum wissenschaftlichen Verfahren, zum rein sachlichen Anspruch, rückt das Werk in die Perspektive der Literaturwissenschaft. Im Vorfeld der Etablierung der Tierkunde als eigenständiger Disziplin sind deren Grenzen noch nicht allein durch sachimmanente Kriterien abgesteckt, greift die Datensicherung weit in andere Disziplinen und Funktionsbereiche aus.

Dennoch steht das Werk des Aristoteles als Bezugspunkt im Hintergrund des Unternehmens, vollzieht sich die eigene Positionsbestimmung in vorsichtiger Auseinandersetzung mit dem aristotelischen Wissenschaftsbegriff. Keine homogene Zeichenkonfiguration prägt folglich Gessners Perspektive, vielmehr bildet sich neben traditionellen Betrachtungsweisen allererst ein empirisch-systematisches Problembewußtsein aus. Der Umstand, daß Deutung, Beschreibung und Praxis, bzw. Dokument, Beobachtung und Fabel nebeneinander stehen, heißt nicht vorab, daß der Verfasser ihren Stellenwert nicht zu unterscheiden vermag. So eng sie miteinander verbunden werden, sei es aus teleologischen Gründen, sei es aus dem Kontext einer Episteme heraus, so sehr werden ihnen bereits verschiedene Orte und ein unterschiedlicher Rang zugewiesen. Im Zusammenhang von historia besitzen sie einen anderen Status als im wissenschaftlichen Diskurs. Die ›Historia animalium‹ bietet zunächst mehr eine Material- als eine Gegenstandsordnung, die explizit einem anderen Darstellungsverfahren überantwortet wird. Der Typus der zeitgenössischen Naturgeschichte ist daher weniger repräsentativ für die Methode frühneuzeitlicher Naturbeschreibung insgesamt als für den Status, den Anschauung und Erfahrung im Rahmen der Datenerfassung wie im Verhältnis zur etablierten Wissenschaft einnehmen. Zwar läuft eine Naturgeschichte dieser Art nicht linear auf die moderne Wissenschaftskonzeption zu, doch enthält sie Kennzeichen für veränderte Anforderungen, die die neue historische Materiallage stellt.

Die umfangreichen Studien zum Verhältnis von Humanismus und Naturwissenschaften widmen sich gerade diesen Phänomenen, indem sie den spezifischen Beitrag des Humanismus zur wissenschaftlichen Formierung von Disziplinen untersuchen.[26] Dieser beschränkt sich eben nicht allein auf die Rekonstruktion verschütteter Informationen, die Herausarbeitung philologischer Verfahren und die Fixierung und

---

[26] Zu nennen sind hier die Arbeiten August Bucks und Eckhard Kesslers, sowie der Forschungsüberblick von Krafft: Renaissance der Naturwissenschaften. Vgl. auch die Beiträge in den Sammelbänden ›humanismus und naturwissenschaft‹ und ›Der Weg der Naturwissenschaft von Johannes von Gmunden zu Johannes Kepler‹.

Standardisierung von Texten, sondern dokumentiert sich auch in der Wiederaufnahme und Diskussion antiker Methodologien. Wie beides im Denken einer Person verbunden sein kann, zeigt sich exemplarisch an Gessner selbst, wenn er zeitgleich innerhalb der Botanik theoretische, taxonomische Kriterien für die Pflanzenordnung handhabt, in der ›Historia animalium‹ dagegen seinen Stoff nach praktischen und grammatischen Kriterien ordnet.[27] Wenn Wissenschaftsgeschichte aber nicht nur das Messen historischer Kenntnisstände am Fortschrittsmaßstab der Gegenwart zum Ziel hat, sondern aufzuzeigen versucht, »inwieweit heute überholte Begriffe, Einstellungen oder Methoden zu ihrer Zeit selbst Überholungen darstellten«, vermag sie Einblicke zu gewähren in die Aufbauprozesse der wissenschaftlichen Tätigkeit selbst.[28]

In der Folge soll Gessners Werk vor dem Hintergrund zeitgenössischer Bedingungen und spezifisch literarischer Verfahren analysiert werden, denn diese offenbaren die Distanz zur Tradition ebenso wie zur disziplinären Wissenschaft. Was nicht in den Blick des Wissenschaftshistorikers fällt und in einer semiotischen Perspektive nivelliert wird, zeigt sich in einer literaturwissenschaftlichen: die historisch-literarischen Bedingungen der Materialentfaltung. Ihrer Untersuchung widmet sich der erste Teil der Arbeit. Unter Verzicht auf weiter ausgreifende Fluchtpunkte (Allegorese, Fortschritt) gilt es, einen Gegenstandsbereich, der weder institutionell den Charakter einer Disziplin noch überhaupt eigene methodische Mittel besitzt, innerhalb des zeitgenössischen Bildungsgefüges zu lokalisieren.

Aus dem Rahmen antiker und mittelalterlicher Naturenzyklopädik gliedert sich zunächst rein quantitativ der Komplex der Tierwelt als eigenständiger Materialbereich aus, der gegenüber der Tradition neu zu ordnen ist. Die Textgestalt und die Gegenstandsbehandlung erklären sich dabei nur z. T. aus traditionell kompilatorischen Techniken, eher aus den zeitgenössischen Bedingungen literarischer Rezeption: Die Bedeutung des Triviums, der philosophia moralis und der artes mechanicae erweisen sich dabei als ebenso grundlegend für die Material- und Gegenstandserfassung wie die Darstellung des Materials am historischen Leitfaden und nicht zuletzt die Handhabung verschiedener Formen der Wahrheitsermittlung. Auch wenn bei der Beurteilung von Gessners Darstellungsverfahren noch nicht von Taxonomie gesprochen werden kann, so praktiziert er doch ein methodisches Verfahren, das seine Ordnungskriterien aus verschiedenen Registern des zeitgenössischen Wissenschaftssystems bezieht.

---

[27] Gessner übernimmt dabei in der Botanik die Kriterien, die Benedict Textor (1534) und Carolus Figulus (1540) in methodologischen Werken formuliert hatten. Vgl. Hoppe: Biologie, S. 35–41. Für den Bereich der Tierkunde weist Hoppe (S. 40) sie nicht derart detailliert nach.

[28] Canguilhem: Der Gegenstand der Wissenschaftsgeschichte, S. 27.

Im Verhältnis zu früheren naturkundlichen Werken muß Gessners Tiergeschichte eine ungleich größere Zahl an Aufgaben erfüllen. Obgleich sie weiterhin eine theologische Funktion zugewiesen erhält, erfüllt sie diese nurmehr am Rande. Auch scheint sich das Arsenal der artes, dem Gessner seinen Gegenstand zuordnet, gegenüber seiner ursprünglich theologischen Funktion zu verselbständigen. Die ›Historia animalium‹ unterliegt zudem unübersehbar in Legitimation, Aufbau und Funktion dem Einfluß der studia humanitatis. Wolfgang Harms hat auf die literaturwissenschaftlich interessante Aufgabe hingewiesen, einmal »Gessners formale Mittel der Deskription« und »den Anteil des Rhetorischen einschliesslich des Narrativen« zu untersuchen.[29] Überdies hat er die Frage aufgeworfen, ob Gessners Literaturbegriff sich überhaupt schon durch die Opposition Naturwissenschaft – Dichtung hinreichend erfassen lasse. Der Anteil an rhetorischen und sinnvermittelnden Gehalten innerhalb des naturkundlichen Werkes scheint dem zu widersprechen; ebenso Gessners vorausgehende humanistisch-literarische Arbeiten, der theologische Orientierungsrahmen der ›Historia animalium‹ wie deren scheinbar alles integrierender Aufbau.

Und dennoch finden sich in Gessners Selbstaussagen und im Aufbau der Tiergeschichte Indizien für eine sich ankündigende Trennung der Ebenen. Sehr bewußt nämlich lokalisiert Gessner sein Unternehmen jenseits streng wissenschaftlicher Ansprüche, sehr bewußt verweist er auf den problematischen Status der philologischen Partien und isoliert sie dementsprechend innerhalb seiner Ordnung. Der Textstatus als Mischprodukt erlaubt noch keinen Rückschluß auf den Bewußtseinsstand des Verfassers. Demgegenüber sind die Mittel zu untersuchen, durch die Gessner eine Trennung der Perspektiven allererst herzustellen versucht. Zu bestimmen ist folglich das Verhältnis von sprach- und sachbezogenen, deutenden und deskriptiven Elementen.

Gessners unterschiedliche Verfahren der Darstellung innerhalb einzelner Rubriken offenbaren deutlich einen literarischen, textfixierten Aspekt seines Werkes. Die Naturgeschichte ist in ihrer Anfangsphase noch nicht auf einen diskursiven Status beschränkt, weit entfernt auch noch von einem System oder gar einer Evolution der Arten. Zwar dominieren im Anschluß an die antike Tradition deskriptive und pragmatisch ausgerichtete Passagen, lange Zitatreihen und diskursive Erörterungen, doch besitzt auch die Erzählung ihren Ort. Die Naturgeschichte enthält angefangen von der ›Naturalis historia‹ des Plinius bis hin zu Buffons Naturgeschichte umfangreiche narrative Sequenzen.[30]

---

[29] Harms: Allegorie und Empirie, S. 119. Ders.: Bedeutung als Teil der Sache, S. 352.

[30] Vgl. Lepenies: Das Ende der Naturgeschichte, S. 38f., 133–150.

Das bezieht sich einmal auf die Darlegung und Entfaltung sachlicher Informationen in Form von Erzählungen, zum andern auf die Funktion der Moraldidaxe, die sich zugleich innerhalb der Naturgeschichte realisieren kann. Die Offenheit gegenüber anderen Gattungen, die Symbiose faktischer und fiktiver, deskriptiver und narrativer Elemente teilt die Naturgeschichte mit anderen Gattungen jener Zeit. Die Grenzen zwischen einer historia civilis und einer historia naturalis sind auf unterschiedlichen Ebenen so lange durchlässig, wie beide weniger ihrem Gegenstand als der Morallehre verpflichtet sind. Auch darin unterscheidet sich Gessner von seinen Vorläufern, daß er Verfahren und Aufgabenstellungen der zeitgenössischen Historiographie für sein Projekt übernimmt.

Im Entwicklungsgang von einer fast ausschließlich textfixierten Naturkunde zu einer empirischen Naturwissenschaft bildet die ›Historia animalium‹ erst den Beginn einer Vermittlung. Sie bleibt in zahlreiche, aus moderner Optik sachfremde Bezugsfelder eingebunden: Theologie, artes mechanicae, Rhetorik, Philologie, Morallehre, humanistische Geschichtsphilosophie. Die Ordnung des Materials im Rahmen des zeitgenössischen Bildungsgefüges führt aber schon rein methodisch zur Trennung der verschiedenen Darstellungsebenen. Sie sind gegenüber der Tradition nicht allein quantitativ erweitert, sondern durchaus anders akzentuiert.

Im ersten Teil der Arbeit wird Gessners lateinische Tiergeschichte in ihrer spezifisch gelehrten Prägung beschrieben. Nach einer kurzen Skizze der vorausgehenden enzyklopädischen Tradition der Antike und des Mittelalters bestimmt die Untersuchung des Rezeptionsrahmens zuerst den wissenschaftssystematischen und institutionellen Ort der Tierkunde im zeitgenössischen Bildungsgefüge und die veränderten Gebrauchszusammenhänge, in die sie eingebunden wird. Der besondere Akzent liegt hier auf den sprachlich-rhetorischen Aspekten, mit denen die ›Historia animalium‹ nunmehr eng verbunden ist. Am Beispiel verschiedener Legitimationsebenen wird darauf der Spielraum aufgezeigt, den eine gegenstandsbezogene Naturbeschreibung nicht gegen, sondern innerhalb weiterhin aufgerufener metaphysischer Ansprüche besitzt. Innerhalb des skizzierten theologischen Rahmens finden ganz verschiedene Betrachtungsweisen ihren Ort. Die Analyse der methodischen Mittel der Darstellung behandelt mit dem Ordnungsaspekt zunächst die Konsequenzen der veränderten historischen Materiallage. Sie beschreibt die verschiedenen Register, nach denen die Informationsfülle gegliedert wird, sowie das sprachliche Paradigma, mittels dessen Gessner das Verhältnis von historia und scientia anders akzentuiert. Die verschiedenen Verfahren der Materialbehandlung, von der einfachen historiographischen Überlieferung bis hin zum differenzierten Text- und Sachkommentar, belegen in der Folge den hohen Anteil gerade textspezifischer Arbeitsverfahren. Hier lassen sich deutlich die Verfahren der zeitgenössischen kritischen Historiographie feststellen. Inwieweit in funktionaler und formaler Hinsicht Verbindungslinien zur didaktisch orientierten exemplarischen Geschichtsschreibung bestehen, versucht der letzte Abschnitt des ersten Teils zu zeigen. Er untersucht anhand der verwendeten Textformen und narrativen Passagen den Anwendungsrahmen der ›Historia animalium‹ für den Bereich der philosophia moralis.

Gewissermaßen als Gegenprobe liefert im zweiten Teil der Arbeit die Analyse der Übersetzungen und der Rezeption der ›Historia animalium‹ Hinweise auf Möglichkeiten und Grenzen der Aneignung in der Volkssprache. Mit dem volkssprachlichen Adressatenkreis ist ein Wechsel der Funktion des Werks und mithin des Gattungscharakters verbunden. Das gelehrte Werk läßt sich nicht ohne Auswirkungen auf Programmatik und Textgestalt an ein Publikum vermitteln, das über andere Bedingungen der Rezeption verfügt. Der Popularisierung gelehrt-lateinischer Traditionen, wie sie in der ersten Hälfte des 16. Jahrhunderts durch den Buchdruck zunehmend sich abzeichnet, sind hier allerdings Grenzen gesetzt: Der Transfer gelingt nur partiell: durch Bearbeitungstechniken, Anreicherungen und spezifische Rezeptionsvorschläge versuchen die einzelnen Übersetzer vergeblich, den sachlich-nüchternen Handbuchcharakter ihrer Vorlage zu überschreiten.

Demgegenüber zeigt sich die Reichweite möglicher Nutzungen des Handbuchs gerade am Beispiel einer religiös orientierten Rezeption. Ihr gelingt es, das didaktische Arsenal der ›Historia animalium‹ im Verein mit zusätzlichen Quellen derart zu nutzen, daß sich ein naturkundliches Werk den Kompilationsprodukten der populären Erzählliteratur annähert.[31] Die Ausdifferenzierung verschiedener Aspekte der Tierkunde, wie sie in Gessners Werk vorliegt, wird in der Volkssprache begleitet von einem Aneignungsprozeß, der die Homogenität der Tradition zu bewahren sucht.

Die Arbeit stützt sich vornehmlich auf ausgewählte Abschnitte aus den ersten drei Bänden der ›Historia animalium‹. Sowohl aufgrund des Umfangs als auch aufgrund des stereotypen Darstellungsverfahrens rechtfertigt sich eine selektive Lektüre, bietet sie doch hinreichend Einblick in Aufbau und Darstellungsprinzipien des Textes. Abweichende Ordnungen vor allem im dritten Band über die Vögel sind zusätzlich berücksichtigt worden. Da fast alle hier behandelten Texte nicht in neueren Editionen zugänglich sind, werden ausführliche Zitatbelege gegeben.

---

[31] Zum Typus »Populäre Erzählliteratur« vgl. die Beiträge in dem Sammelband ›Volkserzählung und Reformation‹, bes. Brückner: Historien und Historie, S. 13–123.

II. Der Traditionsrahmen frühneuzeitlicher Tierkunde

Für das Verständnis der ›Historia animalium‹ und ihrer verschiedenen Rezeptionsformen in der Frühen Neuzeit ist ein Blick auf den historischen Rahmen dieses Literaturtyps und seine wichtigsten Kennzeichen in Antike und Mittelalter unerläßlich. Zum einen liefert er den Hintergrund für die Profilierung des Gessnerschen Tierwerks gegenüber der Tradition, indem er die Differenzen zu vorausgehenden Typen der Naturbeschreibung aufzeigt. Zum andern erlaubt er, eine Variante der volkssprachlichen Rezeption zu verstehen, die sich aus der Symbiose von antiker Enzyklopädie (Plinius' ›Naturalis historia‹), mittelalterlichem Naturbuch und der neuzeitlichen Tiergeschichte Gessners ergibt und die in religiöser Perspektive sich historisch ausdifferenzierende Darstellungsformen erneut verbindet. Die Skizze beansprucht keine Vollständigkeit, zumal zahlreiche Übersichten über den Bestand antiker und mittelalterlicher Enzyklopädien vorliegen.

1. Wissenschaft und Enzyklopädik

Die mittelalterliche Tierkunde wird in der Regel zwischen den beiden Polen Sachkunde und Dinginterpretation angesiedelt, zwischen zwei Perspektiven, die gleichsam als Exponenten grundsätzlicher Art der Naturbetrachtung angesehen werden können.[1] Erstere, rein sachlich orientierte, leitet sich von den Tierschriften des Aristoteles her und wirkt von der Aristotelesrenaissance des 13. bis in die humanistischen Drucke des 15. und 16. Jahrhunderts.

Die gegenstandsbezogene Betrachtungsweise verfährt am Leitfaden philosophischer Lehrsätze (de communibus ad particularia) und erörtert Gemeinsamkeiten und Differenzen der verschiedenen Tierarten. Für die Geschichte der Zoologie bildet die aristotelische Tiergeschichte das Gründungswerk, deren Rezeption im 15./16. Jahrhundert wichtige Impulse zur Entwicklung der Disziplin gibt.[2] Im großen Kommentar-

---

[1] Meyer: Zum Verhältnis von Enzyklopädik und Allegorese im Mittelalter, S. 290.
[2] Die aristotelischen Tierschriften bilden einen Kristallisationspunkt der wissenschaftstheoretischen Diskussion des historia-Begriffs im 16. Jahrhundert. Vgl. Seifert: Cognitio historica, S. 67f.

werk des Albertus Magnus zu den aristotelischen Tierschriften (›De animalibus‹) findet die sachbezogene Tierkunde ihren herausragenden mittelalterlichen Repräsentanten.³ Die Leistung des Albertus besteht aber darüberhinaus in der Einbeziehung eigener Beobachtungen, die ihn nach Ansicht der Forschung zu einem frühen Vertreter erfahrungsgestützter Naturkunde macht.⁴ Aber nicht an diesen ›wissenschaftlichen‹ Typus knüpft Gessner an, sondern an die großen Kompilationen der mittelalterlichen Enzyklopädisten vom Typus des ›Speculum naturale‹ des Vincenz von Beauvais. Und in ihre Tradition und nicht in den Horizont der modernen Naturforschung ist Gessner denn auch von einem Wissenschaftshistoriker wie Thorndike gestellt worden.⁵ Bereits Albertus hatte seinen ›wissenschaftlichen‹ Aristoteleskommentar um eine alphabetisch angeordnete Beschreibung der Tiere ergänzt, die er überwiegend dem ›Liber de natura rerum‹ des Thomas von Cantimpré entnahm, hatte also eine antike und mittelalterliche Darstellungsform miteinander verbunden. So tritt schon hier neben die diskursive Erörterung das historische Inventar. Vor dem Hintergrund des aristotelischen Wissenschaftsbegriffs kommentiert Albertus denn auch den unwissenschaftlichen Status seines Verfahrens.⁶

Die Enzyklopädien des 13. Jahrhunderts bilden gewissermaßen das Verbindungsglied zur zweiten Form der Naturbetrachtung. Als umfassende Kompendien über den Bestand der Welt besitzen sie in der antiken ›Naturalis historia‹ des Plinius ihren Vorläufer; sie knüpfen überdies an eine Perspektive an, die sich aus der Allegorese-Tradition vom Typus des ›Physiologus‹ herleitet: die Beschreibung der Natur, um die signifikative Bedeutung der Kreaturen aufzudecken.⁷ Gegenüber rein sachlich oder pragmatisch ausgerichteten Werken besitzen die Enzyklopädien damit einen grundsätzlich anderen Anspruch. Sie bieten in Antike und Mittelalter eine panegyrische Darstellung des Weltkreises

---

³ Albertus Magnus: De animalibus libri XXVI.
⁴ Crombie: Von Augustinus bis Galilei, S. 147f., 152. Gerhardt: Zoologie Médiévale, S.244–248. Hünemörder: Die Zoologie des Albertus Magnus, S. 235–248. Oggins: Albertus Magnus on Falcons and Hawks, S. 441–462. Eine Liste der von Albertus verworfenen Tiere und eine kurze Kritik bietet Schmidtke: Geistliche Tierinterpretation, S. 543. Hossfeld: Die eigenen Beobachtungen des Albertus Magnus, S. 147–174.
⁵ Thorndike: History 6, S. 270. Vgl. Harms: Der Eisvogel und die halkyonischen Tage, S. 485.
⁶ Albertus Magnus: De animalibus 22, 1, S. 1349: *Nos tamen adhuc sub alterius libri principio specialiter secundum ordinem nostri alfabeti quasdam sub nominibus propriis ponemus naturas. Quamvis enim hunc modum non proprium phylosophiae supra esse dixerimus eo quod in eo saepe eadem reiterare oportet, tamen quia sapientibus et insipientibus nos esse recognoscimus debitores, et ea quae particulariter de particularibus narrantur* [...]. Vgl. Hünemörder: Die Zoologie des Albertus Magnus, S. 242.
⁷ Ohly: Schriften zur mittelalterlichen Bedeutungsforschung, S. XXXI.

in hierarchischer Abfolge.⁸ Ihr Thema ist der gesamte ordo rerum, den sie aus den Überlieferungszeugen der Vergangenheit zusammentragen. Der universelle Anspruch und die compilatio als Prinzip der Textproduktion kennzeichnen antike und mittelalterliche Enzyklopädien gleichermaßen: das Autorenreferat zu liefern, Tradition durch Sammeln und Zusammenstellen der Daten nach je wechselnden Ordnungen zu sichern und Lehrgehalte zur Verfügung zu stellen, war Hauptaufgabe der verbreiteten naturbeschreibenden Sammelwerke.⁹ »Das Prinzip der Zusammenstellung [...] ist das der parataktischen, offenen Reihung«.¹⁰ Ihr enzyklopädischer Charakter ist prinzipiell offen für Ergänzungen, und nicht als Lesetexte, vielmehr als Nachschlagewerke sind sie angelegt. Weniger die inhaltliche Durchdringung des Gegenstandes, weniger auch dessen konsistente Präsentation leiten die Darstellungen der Enzyklopädisten als die Gliederung des vorhandenen Materials nach allgemeinen Gesichtspunkten. Gegenüber der Gesamtordnung rückt die Auseinandersetzung mit dem Detail in den Hintergrund. Die geläufigsten Ordnungsformen waren entsprechend weiträumig: Schöpfungsordnung, Lauf der Geschichte und die Rangfolge der Wissenschaften.¹¹

Die Darstellung der Tierwelt wie ihre Funktion variieren indessen in antiker und mittelalterlicher Enzyklopädie nach jeweils anders gelagerten weltanschaulichen Hintergründen. Am Beispiel der ›Naturalis historia‹ des Plinius, die in ihrem enzyklopädischen Anspruch, nicht aber in ihrer Funktion analogen Zielen verpflichtet ist, lassen sich die Differenzen beschreiben.

---

⁸ Zur antiken und mittelalterlichen Enzyklopädie vgl. Hünemörder: Antike und mittelalterliche Enzyklopädien, S. 339–365. Meier: Grundzüge der mittelalterlichen Enzyklopädik, S. 467–500. Nischik: Das volkssprachliche Naturbuch, S. 22–36.
⁹ Zum Kompilationsprinzip mittelalterlicher Naturbücher vgl. Minnis: Late-Medieval Discussions of *Compilatio*, S. 385–421. Parkes: The Influence of the Concepts of *Ordinantio* and *Compilatio*, S. 115–140. Nischik: Das volkssprachliche Naturbuch, S. 8–36. Zur Kompilationstechnik einzelner Werke vgl. Heyse: Hrabanus Maurus' Enzyklopädie, S. 47–64. Rauner: Konrads von Halberstadt O. P. »tripartitum moralium«. Meyer: Wissensdisposition und Kompilationsverfahren, S. 434–453. Zur Kompilation in mittelalterlicher Historiographie vgl. Melville: Spätmittelalterliche Geschichtskompendien, S. 61–77. Melville (S. 76) unterscheidet die durchgehende Übernahme einer Leitquelle, die entweder gekürzt oder ergänzt wurde, von der »verschränkenden Kompilation« mit dem »größtmöglichen Einschluß einer kritischen Gegenüberstellung von Widersprüchlichem«. Vgl. Ders.: Kompilation, Fiktion und Diskurs, S. 133–144.
¹⁰ Meier: Grundzüge der mittelalterlichen Enzyklopädik, S. 481. Zwischen einer »Makrostruktur der additiven Artikelfolge« und der »Mikrostruktur der begrenzten Vortragseinheit« unterscheidet Nischik (Das volkssprachliche Naturbuch, S. 11f.) die Darstellungsprinzipien der ›Libri de naturis rerum‹, die sie bereits im ›Physiologus‹ angelegt sieht.
¹¹ Meyer: Zum Verhältnis von Enzyklopädik und Allegorese im Mittelalter, S. 294.

2. ›Naturalis historia‹ und orbis romanus

Die Tierkunde des Plinius bildet mit den Büchern VII–XI einen Ausschnitt im Zusammenhang seiner 37-bändigen Enzyklopädie.[12] Im Rahmen der antiken Naturlehre folgt sie der Kosmologie (II) und Geographie (III–VI), geht aber der Beschreibung der Pflanzen und Minerale voran. Größe und Werthierarchie bestimmen die Reihenfolge der Gegenstandsbereiche in der Enzyklopädie, die in ihrem zoologischen Part zu weiten Teilen auf der Tiergeschichte des Aristoteles basiert.[13] Gegenüber einer wissenschaftlichen Behandlung der Tiere artikuliert sich in der ›Naturalis historia‹ jedoch mehr das Interesse an den curiosa.[14] So ändert Plinius gegenüber seiner Hauptquelle die Anordnung des Materials: An die Stelle der morphologischen Ordnung tritt eine inhaltlich-klassifikatorische. Das VIII. Buch enthält so zunächst die Beschreibung der fremden, wilden Tiere und in der zweiten Hälfte die der Haustiere; analog beschreibt das X. Buch im ersten Teil die Raubvögel, im zweiten die Sing- und Zugvögel. An die Spitze der einzelnen Tiergruppen stellt Plinius das jeweils größte Tier: den Elefanten (VIII), den Wal (IX), den Strauß (X).[15] Damit wiederholt sich auf untergeordneter Ebene das Prinzip der Gesamtordnung, ohne indes konsequent durchgehalten zu werden.

Innerhalb der einzelnen Tiergruppen selbst gibt es kein geregeltes Verfahren der Beschreibung. Die Ordnung der einzelnen Bücher richtet sich zu Beginn zwar jeweils nach einem quantitativen Kriterium, wechselt aber bisweilen unvermittelt die Ebenen. Assoziativ können dabei die klassifikatorischen Kriterien in historische übergehen.[16] Die praktische Verwendung von Tieren innerhalb des römischen Lebens wird dadurch zu einem Fluchtpunkt seiner Perspektive. Unzählige historische Reminiszenzen aus Politik, Religion, Ökonomik und Medizin do-

---

[12] Kroll: C. Plinius Secundus, Sp. 309–319. Zur mittelalterlichen und frühneuzeitlichen Rezeption vgl. Nauert: Caius Plinius Secundus, S. 297–400.

[13] Kroll: C. Plinius Secundus, Sp. 309. Plinius selbst (Nat. hist. VIII,44) beruft sich mit folgenden Worten auf seine Hauptquelle: *quos percunctando quinquaginta ferme volumina illa praeclara de animalibus condidit; quae a me collecta in artum cum iis, quae ignoraverat,* [. . .].

[14] Kroll: C. Plinius Secundus, Sp. 309. Gigon: Plinius und der Zerfall der antiken Naturwissenschaft, S. 40–45.

[15] Bodson: Aspects of Pliny's Zoology, S. 100.

[16] So etwa wiederum im 8. Buch, wo so verschiedene Topoi wie ›Hilfeersuchen von Tieren beim Menschen‹, ›römische Schauspiele‹, ›Augurenkult‹, ›Fabelwesen‹ oder ›pharmazeutische Erfindungsgabe‹ dazu benutzt werden, neue Reihen zu beginnen. Die Reihe der Fabeltiere endet mit dem *catoblepas* (Nat. hist. VIII,77) und dessen tödlichem Blick, worauf die Beschreibung übergeht zum Basilisken. Selbst der Wolf erhält seine Position in der Reihe aufgrund dieser Eigenschaft. Vgl. auch Nat. hist. X,91f., wo der kunstfertige Nestbau des Eisvogels Anlaß dazu ist, zum Nestbau anderer Vögel überzugehen.

kumentieren in diesem Sinn die ständige Überschreitung des naturkundlichen Diskurses. So fehlt selten die Rubrik, wann ein beschriebenes Tier zum ersten Mal in Rom angetroffen wurde. Der wertende Aspekt gerade dieser Perspektive wird am Ende des Werkes, im XXXVII. Buch, evident, das mit einer Panegyrik auf das römische Italien, die zweite Mutter der Welt, endet: die Enzyklopädie als Ausdruck des orbis romanus.[17]

»Rekurrente Elemente« dieser und anderer Art sind dazu benutzt worden, eine Binnenstruktur innerhalb der einzelnen Teile der Enzyklopädie auszumachen.[18] Neben der *historischen Reminiszenz* sind es Verweise auf *Mirabilia* und vor allem *philosophisch-moralische Erörterungen* aus dem Horizont stoischer Philosophie. Plinius' Arrangement des Materials wäre somit nicht lediglich eine technische Leistung, sondern genügte auch den Erfordernissen der Zusammenstellung, Katalogisierung und Inventarisierung der für den römischen Zeitgenossen signifikanten Daten.[19] In jedem Fall erfüllt die Enzyklopädie durch ihren komplexen Aufbau Funktionen, die über die rein naturkundliche Darstellung hinausgehen.

3. Die Enzyklopädie als Buch der Natur

Die mittelalterliche Naturbeschreibung vollzieht sich wie die antike in einem enzyklopädischen Rahmen.[20] Bekannt sind die umfangreichen Kompilationen, die sich auf alle Fachgebiete erstrecken.[21] Für die Naturkunde sind es neben Isidors ›Etymologien‹, Hrabanus' ›De universo‹ und Alexander Neckams ›De naturis rerum‹ insbesondere die Enzyklopädien des 13. Jahrhunderts: der ›Liber de natura rerum‹ des Thomas von Cantimpré, ›De proprietatibus rerum‹ des Bartholomäus Anglicus und Vincenz' von Beauvais monumentales ›Speculum naturale‹.[22] Sie liefern über einen Zeitraum von fast 800 Jahren den dominanten Typus der Naturbeschreibung und lassen sich in breiter Über-

---

[17] Zu Rom als Mittelpunkt der Oikumene vgl. Gigon: Plinius und der Zerfall der antiken Naturwissenschaft, S. 42. Nat. hist. XXXVII, 201.
[18] Locher: The Structure of Pliny the Elder's Natural History, S. 23.
[19] Ebd., S. 28.
[20] Hünemörder: Antike und mittelalterliche Enzyklopädien, S. 348–365. Meyer: Zum Verhältnis von Enzyklopädik und Allegorese im Mittelalter, S. 291–299.
[21] Zur Geschichte vgl. Melville: Spätmittelalterliche Geschichtskompendien. Zur Naturkunde vgl. Meier: Grundzüge der mittelalterlichen Enzyklopädik. Melville: Kompilation, Fiktion und Diskurs.
[22] Zu den Enzyklopädisten vgl. Schmidtke: Geistliche Tierinterpretation, S. 87–93. Hünemörder: Antike und mittelalterliche Enzyklopädien, S. 348–365. Meier: Grundzüge der mittelalterlichen Enzyklopädik, S. 467–500. Nischik: Das volkssprachliche Naturbuch, S. 22–28.

lieferung – auch im Druck – bis ins 16. Jahrhundert nachweisen. Trotz variierender Titel und veränderlicher Ausgestaltung handelt es sich um einen spezifischen Typus literarischer Werke, der in bezug auf Rezeption, Funktion und Darstellungstechniken analog ausgerichtet ist: es handelt sich um Texte von gelehrten Klerikern für Kleriker, um Sammelwerke, die die Gesamtheit der Schöpfung dokumentieren und homiletischen Zwecken zugänglich machen wollen, um Kompilationsprodukte, die in additiver Reihung den Traditionsbestand an Wissen sichern.

Trotz ihrer manifesten überlieferungs- und wirkungsgeschichtlichen Präsenz haben die Texte den entwicklungsgeschichtlich orientierten Forschungsurteilen nicht standgehalten.[23] Keinesfalls nämlich sind jene »von ihrem Selbstverständnis her für solche Fragen des Wissenschaftsfortschritts, der Spezifizierung des Wissens, der Säkularisierung« angelegt.[24] So unterschiedlich sie sind, so ähnlich verlaufen die Idiome der Rechtfertigung.[25] In den Vorreden geben die Verfasser, die ausnahmslos Kleriker sind, über ihre Zielsetzung Auskunft. Bartholomäus bestimmt die Aufgabe seines Werkes als exegetisches Nachschlagewerk für die Auslegung der Heiligen Schrift, wobei sich der Umfang des Gegenstandes und das Deutungsverfahren am Bestand der biblischen res orientieren sollen.[26] Thomas von Cantimpré legt sein Werk gleichfalls als »homiletisches Nachschlagewerk«, aber auch als »nützliches Realienbuch« an.[27]

Und auch Vincenz von Beauvais situiert den Nutzen seines Werkes primär im religiös-moralischen Aufgabenbereich.[28] Auch wenn die Autoren in ihren praktischen Leistungen diesen Anspruch bisweilen erheblich überschreiten, verweist er doch auf den verbindlichen didaktisch-religiösen Grundriß, der ihren Arbeiten zugrunde liegt.

Das gemeinsame Spezifikum der Enzyklopädien bildet der schöpfungsgeschichtliche Rahmen.[29] Ihr Aufbau und die Kombination der Materialien unterliegen jenen theologischen Prämissen, die den Bedürfnissen des Klerikers angepaßt sind: Als Weltbuch konzipiert, offerieren sie

---

[23] Meier: Grundzüge der mittelalterlichen Enzyklopädik, S. 469.
[24] Ebd., S. 471.
[25] Minnis: Late-Medieval Discussions of *Compilatio*, S. 408.
[26] Meyer: Bartholomäus Anglicus, S. 244f.
[27] Nischik: Das volkssprachliche Naturbuch, S. 29. Hünemörder: Die Bedeutung der Arbeitsweise des Thomas von Cantimpré, S. 355f.
[28] v. den Brincken: Geschichtsbetrachtung bei Vincenz von Beauvais, S. 418. Nach der »Apologia auctoris« bestimmt Vincenz folgende Primärziele: 1. Aufbau der Glaubenslehre; 2. Sittliche Unterweisung; 3. Ansporn zu den Werken der Liebe; 4. Bibelexegese sowohl im wörtlichen wie im mystischen Sinn.
[29] Meier: Grundzüge der mittelalterlichen Enzyklopädik, S. 472–478.

dem Leser den Zeichengehalt der Schöpfung im Großen wie im Kleinen. So ist in den Enzyklopädien des 13. Jahrhunderts die Darstellung der Tiere eingebettet in die umfassende Schöpfungsordnung des ordo rerum: bei Thomas in die ›Kette der Wesen‹, bei Bartholomäus und Vincenz in die Abfolge des Hexaemerons.[30] Nicht als Einzelwesen widmet sich der jeweilige Verfasser zunächst den Tieren, sondern als Bestandteilen eines größeren Zusammenhangs.

Und dennoch korrespondiert dem universalen Anspruch eine Form der Konzentration, die die Distanz zu etwaigen Vollständigkeitsansprüchen markiert. Eben um der curiositas des ziellosen Lesens und der vielfach fehlerhaften Überlieferung in den wesentlichen Schriften vorzubeugen, verfaßt Vincenz sein Konzentrat des Wissens.[31] Pragmatisch besteht die Aufgabe der Enzyklopädien darin, das unübersehbar Vereinzelte in einem Buch – als Bibliotheksersatz – zusammenzufassen.[32] Dem Buch der Bücher und dem Buch der Geschichte wird auch das Buch der Natur an die Seite gestellt. Theologische Programmatik, Schöpfungsordnung und Buchform lehnen die ›Libri de naturis rerum‹ an das Vorbild der Bibel an.

So wie der ordo rerum Einblick in die Schöpfungsordnung im Großen gewährt, geben dessen Bestandteile im Kleinen Zeichen des göttlichen Willens. Die Lehre von der signifikativen Funktion der Schöpfung, die sich auf das Pauluswort Rom. 1.20 beruft, betrachtet die Welt als einen durch Gott geschriebenen Text, in dem der Leser die Zeichen des spirituellen Schriftsinns in den Kreaturen zu entschlüsseln hat. Die Bedeutungsforschung, angeregt durch Friedrich Ohly, hat das wirkungsmächtige Verfahren der allegorischen Deutung auch an den Naturbüchern des Mittelalters aufgezeigt und deren Ausläufer bis in die Frühe Neuzeit verfolgt.[33] Insbesondere Christel Meier hat dabei den

---

[30] Zu Vincenz vgl. v. den Brincken: Geschichtsbetrachtung bei Vincenz von Beauvais, S. 420f. Nischik: Das volkssprachliche Naturbuch, S. 29. Zu Thomas vgl. Nischik: Das volkssprachliche Naturbuch, S. 29. Zu Bartholomäus vgl. Nischik: Das volkssprachliche Naturbuch, S. 29. Meyer: Bartholomäus Anglicus, S. 241f. Mit der zugrundeliegenden Werthierarchie argumentiert Hrabanus Maurus, der die nach dem artes-Schema geordneten Materialien seiner Hauptvorlage (Isidor) in eine Schöpfungsordnung umwandelt. Vgl. Meier: Cosmos politicus, S. 342.

[31] v. den Brincken: Geschichtsbetrachtung bei Vincenz von Beauvais, S. 418f. Nischik: Das volkssprachliche Naturbuch, S. 27.

[32] Zur pragmatischen Funktion vgl. Meier: Grundzüge der mittelalterlichen Enzyklopädik, S. 475f.

[33] Grubmüller: Zum Wahrheitsanspruch des Physiologus, S. 160–177. Ruberg: Allegorisches im ›Buch der Natur‹ Konrads von Megenberg, S. 310–325. Meier: Argumentationsformen kritischer Reflexion, S. 116–159. Schmidtke: Geistliche Tierinterpretation. Reinitzer: Vom Vogel Phoenix, S. 17–72. Ders: Zur [...] Allegorie im ›Biblisch Thierbuch‹, S. 370–387. Vgl. die Beiträge von Harms zu Gessner in Kap. I Anm. 14.

Aspekt der Allegorese an naturkundlichem Material gegenstandsbezogen, methodologisch und gattungsspezifisch in einer Reihe von Studien untersucht.³⁴ Die Dinge als Abbilder göttlicher Qualitäten oder als allegorische Zeichen der Heilslehre, beides ist nebeneinander in den Enzyklopädien vereint.³⁵ So präsentiert Thomas von Cantimpré in signifikativer Hinsicht gerade die Tierkapitel einerseits in der Hierarchie des Stufenkosmos, andererseits behält er allein den Tieren geistliche Auslegungen vor.³⁶ Bei Bartholomäus werden die allegorischen Deutungen nicht im Text selbst gegeben, sondern als Marginalien dem Text beigefügt.³⁷

Der Umfang der Information bzw. die Art ihrer Darstellung erlaubt demgegenüber – bei konstant traditioneller Programmatik – Rückschlüsse auf einen veränderten Zugriff auf die Dinge. Das Verhältnis von Sachkunde und Dinginterpretation kann auch in den Enzyklopädien nicht alternativ gesehen werden. Häufig stehen signifikative Erschließung der res und praktische Anleitung nebeneinander oder sind je nach Artikel unterschiedlich gewichtet.³⁸

Daß nicht Wissensfortschritt oder Vollständigkeit intendiert sind, ergibt sich aus der Auffassung von der Rolle des Autors ebenso wie aus dem begrenzten Quellenspektrum, auf das die Verfasser zurückgreifen. Seit dem 13. Jahrhundert wird die Autorrolle in den Kompendien zusehends zum Thema, werden Schreiber-, Kompilator-, Kommentator- und Autorrolle voneinander getrennt.³⁹ Gegenüber dem Autor beschränkt der Kompilator seine Aufgabe in bewußter Zurückhaltung auf das »recitare« der Autoritätenmeinungen, eine Haltung, an die auch Gessner noch in analoger Formulierung anknüpft.⁴⁰ In strittigen Fragen verbleibt die Urteilskompetenz beim Leser. Ein Beispiel für die Zurückhaltung gegenüber neuen Dingen ist wiederum Vincenz, der eigens betont, so gut wie nichts Neues hinzugefügt zu haben.⁴¹

---

[34] Meier: Das Problem der Qualitätenallegorese, S. 385–435. Dies.: Argumentationsformen kritischer Reflexion, S. 116–159. In jüngster Zeit stehen Fallstudien zur Gattung der Enzyklopädie im Vordergrund: Dies.: Grundzüge der mittelalterlichen Enzyklopädik, S.467–500. Dies.: Cosmos politicus, S. 315–356. Vgl. die Arbeiten von Meyer: Bartholomäus Anglicus, S. 237–274. Ders.: Zum Verhältnis von Enzyklopädik und Allegorese im Mittelalter, S. 290–313. Ders.: Wissensdisposition und Kompilationsverfahren, S. 434–453.

[35] Meier: Grundzüge der mittelalterlichen Enzyklopädik, S. 474.

[36] Nischik: Das volkssprachliche Naturbuch, S. 29.

[37] Meyer: Bartholomäus Anglicus, S. 246–248.

[38] Zu Thomas von Cantimpré vgl. Nischik: Das volkssprachliche Naturbuch, S. 28–36. Zur divergenten Einschätzung des Thomas vgl. Boese (Hg.): Thomas Cantimprensis Liber de natura rerum, S. V. Meier: Grundzüge der mittelalterlichen Enzyklopädik, S. 469, 476.

[39] Minnis: Late-Medieval Discussions of *Compilatio*, S. 415f. Melville: Kompilation, Fiktion und Diskurs, S. 134.

[40] Zur Indikationswert von »recitare« vgl. Minnis: Late-Medieval Discussions of *Compilatio*, S. 387.

Das Verhältnis zu den auszuwertenden Autoritäten unterliegt anderen als historischen Bedingungen. Autorenlisten und die Rechtfertigung des Kanons sind obligatorischer Bestandteil der Vorreden.[42] Für Thomas von Cantimpré stehen antike und christliche Autoren einträchtig nebeneinander. Ununterscheidbar verschwimmen naturkundliche (Aristoteles, Plinius, Solinus), patristische und theologische (Basilius, Ambrosius, Isidor, ›Physiologus‹) sowie medizinische (Galen, Platearius) Autoritäten. Auch wenn das Nebeneinander von theologischer und säkularer Autorität schon als Indiz für die Parallelität von Sachkunde und Dinginterpretation gelten kann, so verweist der begrenzte Quellenkanon auf die Autoritätsfixierung und den begrenzten Anspruch dieser Form von Naturkunde. Für Bartholomäus Anglicus und Vincenz von Beauvais liegt das Unterscheidungskriterium hingegen ganz im Bereich theologischer Autorität. Höchste Geltung besitzen bei Vincenz die Bibel, die sancti und patres und die christlichen katholischen Autoritäten, gefolgt von den antiken Dichtern, den Philosophen und den Apokryphen.[43] Die Kanonbildung orientiert sich an hierarchischen heilsgeschichtlichen Maßstäben.

Im Laufe des 15./16. Jahrhunderts zeichnet sich eine Aufspaltung in naturkundliche Werke einerseits und allegorisch ausgerichtete Handbücher andererseits ab. Im Zuge der Ausdifferenzierung einzelner Fachgebiete und Rezipientenkreise lassen sich homiletischer und fachlicher Anspruch schon aufgrund der Stoffülle kaum mehr verbinden. Mit dem Übergang in den Druck unterliegen auch die Naturenzyklopädien diesem Wandel. So läßt sich für das 16. Jahrhundert lediglich ein Druck des ›Physiologus‹ nachweisen; die beiden Drucke des ›Buchs der Natur‹ von Konrad von Megenberg (1536/40) erscheinen ohne allegorische Zusätze, ebenso der Druck der Enzyklopädie des Bartholomäus Anglicus.[44] Gewissermaßen anachronistisch stehen diese gedruckten Enzyklopädien in der Folge zwischen den Spezialwerken wie den

---

[41] v. den Brincken: Geschichtsbetrachtung bei Vincenz von Beauvais, S. 421. Eigene Zusätze markiert Vincenz durch den Terminus auctor. Entsprechend schreibt Bartholomäus (De proprietatibus rerum, S. 3): *In quibus de meo pauca vel quasi nulla apposui, sed omnia quae dicentur de libris authenticis sanctorum et Philosophorum excipiens sub breui hoc compendio pariter compilaui, sicut per singulos titulos poterit legentium industria experiri.* Vgl. Meier: Cosmos politicus, S. 316.
[42] Meier: Grundzüge der mittelalterlichen Enzyklopädik, S. 478.
[43] Minnis: Late-Medieval Discussions of *Compilatio*, S. 388f. von den Brincken: Geschichtsbetrachtung bei Vincenz von Beauvais, S. 422–427.
[44] Schmidtke: Geistliche Tierinterpretation, S. 472. Steer: Zu den Nachwirkungen des »Buchs der Natur« Konrads von Megenberg, S. 579. Meyer: Bartholomäus Anglicus, S. 254f. Ders.: Zum Verhältnis von Enzyklopädik und Allegorese im Mittelalter, S. 312. Analoges vollzieht sich im 16. Jahrhundert mit den Cammerlanderdrucken des Lucidarius. Am Beispiel der Steinbücher hat Meier (Argumentationsformen kritischer Reflexion, S. 116–169) die Verschiebungen im Verhältnis von Naturkunde und Allegorese in der Frühen Neuzeit untersucht.

›Distinctiones‹ und einem nun sich herausbildenden Typus von allegorischen Tierbüchern (Franzius, Frey, Hövel) einerseits und den spezialisierten Fachbüchern (Tierbücher, Kräuterbücher, Steinbücher u. a.) andererseits. Ganz bewußt distanziert sich denn auch gegen Ende des 16. Jahrhunderts Herrmann Heinrich Frey in seinem allegorischen Tierbuch von der Ordnung der physici und folgt einer biblischen Einteilung.[45]

---

[45] Reinitzer: Zur [...] Allegorie im ›Biblisch Thierbuch‹, S. 372.

III. Conrad Gessners ›Historia animalium‹

1. Rezeptionskontext

a. Wissenschaftssystematische Lokalisierung

Die ›Historia animalium‹ ist ein akademisches Werk. Schon auf dem Titelblatt des ersten Bandes wendet sich Gessner an einen Adressatenkreis, der ausschließlich im akademischen Umfeld situiert ist:

> OPVS Philosophis, Medicis, Grammaticis, Philologis, Poëtis, & omnibus rerum linguarumque uariarum studiosis, utilissimum simul iucundissimumque futurum.

Die Zuordnung des Buchs zu diesem Rezipientenkreis ist nicht selbstverständlich und erstaunt angesichts des Umstands, daß es sich um eine Tiergeschichte handelt. Sie indiziert aber das geringe Maß an Ausdifferenzierung von Disziplinen in der Frühen Neuzeit. Die ›Historia animalium‹ präsentiert sich keinesfalls als selbständige theoretische Disziplin im Rahmen einer etablierten Naturgeschichte. Für das 16. Jahrhundert gelten in der Tat andere Voraussetzungen hinsichtlich der Beschäftigung mit der Natur als im 18. und 19. Jahrhundert, und von einer Naturgeschichte als System oder gar Evolution der Arten sind die Frageansätze noch weit entfernt. Unter dem Signum historia besitzt die Tierkunde weder einen selbständigen wissenschaftssystematischen Ort, noch eine fachspezifische Institutionalisierung, noch ein annähernd homogenes theoretisches Instrumentarium.

Im Bereich der philosophia substantialis (Theorie, Praxis bzw. Logik, Ethik, Physik) und im vorbereitenden artes-Spektrum, den beiden dominierenden wissenschaftsgliedernden Bereichen jener Zeit, besitzt sie keinen selbständigen Rang. Soweit die historia aufgrund ihrer literarischen Wirksamkeit dem zeitgenössischen Bildungs- und Wissenschaftsgefüge assoziiert wird, ist es die didaktisch verwertbare politische Geschichte, die sich neben der Poesie den artes liberales angliedert.[1] Und auch Gessner unternimmt allererst den Versuch, die ›Hi-

---

[1] Sichtbar etwa in dem Kunstbegriff »artes humanitatis«, der die Symbiose traditioneller und zeitgenössischer Fächer ausdrückt. Vgl. Rosenfeld: Humanistische Strömungen, S. 406. Zur Anlagerung von Poesie und Historie an das Trivium schon in Politians Wissenschaftssystem vgl. Greenfield: Humanist and Scholastic Poetics, S. 265. In Gessners Bibliothek befand sich ein Exemplar von Politians

storia animalium‹ an die Wissenschaft anzubinden. Näher lag traditionell die Verbindung zur historia naturalis, die wie die historia-Literatur insgesamt im Rahmen humanistischer Antikerezeption mehr als literarische Praxis denn als akademische Disziplin ihren zeitgenössischen Rang erhält.[2] Als Vorbild gelten die materialreichen Werke des Aristoteles, Plinius und Aelian. In Gessners eigenem Wissenschaftssystem besitzt zwar die Geschichte als *Historiarum cognitio* schon einen Platz im vorbereitenden Teil der Philosophie, einen schmückenden mehr als einen notwendigen, der den klassischen artes liberales vorbehalten bleibt, die Tierkunde oder historia naturalis erhält demgegenüber keinen ausgezeichneten Ort innerhalb des ›substantiellen‹ Parts der Philosophie.[3] Sie fungiert als Unterdisziplin der hierarchisch aufgebauten physica, der gegenüber sie jedoch aufgrund ihrer Faktenfülle bereits zunehmende Relevanz reklamiert. In der Zeit der ersten Formierung siedelt sich die Tierkunde zunächst außerhalb der Universitäten an und scheint mehr eine Liebhaberei von Akademikern zu sein, die in lockerem Kontakt zueinander stehen. Noch für Gessner, den Züricher Professor für Naturphilosophie, ist sie anfangs Bestandteil von Freizeitbeschäftigung.[4] In den Universitäten tritt sie erst allmählich in subsidiärer Funktion neben die aristotelische Naturphilosophie. Das Verhältnis von historia und Wissenschaft beginnt sich allererst zu bestimmen.

Historia besitzt methodisch weder als Geschichte noch als Naturbeschreibung insgesamt den Rang einer ars, geschweige den einer Wissenschaft. Reflexionen über ihren Status als ars – in Analogie zur Rhetorik und Poetik –, bzw. ihr Verhältnis zur scientia – im Bildungssystem der Zeit –, beschäftigen zwar zunehmend die methodologischen Reflexionen der frühneuzeitlichen Wissenschaftstheorie, scheitern aber zumeist am vorherrschenden aristotelischen Wissenschaftsbegriff.[5] Wis-

---

›Panepistemon‹; vgl. Leu: Conrad Gesner als Theologe, S. 212–217. Für Melanchthons Verbindung zur Neunzahl der Musen vgl. Scheible: Melanchthons Bildungsprogramm, S. 236.

[2] Seifert: Cognitio historica, S. 29.

[3] Abgebildet ist das System, das Gessner in den ›Partitiones theologicae‹ bietet, bei Mayerhöfer: Conrad Geßner als Bibliograph und Enzyklopädist, S. 191. Die Philosophie teilt sich in die Zweige *Substantiales* und *Praeparantes*, letzterer wiederum in die beiden *Necessarias* (*Trivium* und *Quadrivium*) und *Ornantes* (u. a. *Poeticam, Historiarum cognitio, Geographiam*). Vgl. Leu: Conrad Gesner als Theologe, S. 216. Zedelmaier: Bibliotheca universalis, S. 57. Die Rubrik ›De animalibus‹ steht im Kontext klassischer Einteilung an 11. Stelle der ›Philosophia naturalis‹. Partitiones theologicae, Bl. a 8ᵛ.

[4] H. A. I, Bl. α 2r: *ita ut succisiuis horis (quibus uulgus hominum, & literati etiam multi, otiosè abutuntur, deambulant, ludunt, compotant) & quotiescunque ab alijs studijs aut negotijs recreari desiderabam, ad istos tanquam amores meos cupidè multis iam annis deflexerim.*

[5] Seifert, Cognitio historica, S. 21–25. Seifert hat hier die Bemühungen der früh-

senschaft war nach Maßgabe der hierarchisch geordneten Erkenntnisvermögen rationale Erkenntnis von Ursachen und Prinzipien, der gegenüber die Formen sinnlicher Erkenntnis untergeordnet waren. Signifikant bleibt indessen, wie Seifert gezeigt hat, der Umstand, daß es mit der ›Historia animalium‹ des Aristoteles gerade die empirische Tiergeschichte war, die den scholastischen Wissenschaftsbegriff herausforderte und zu Neudefinitionen des historia-Begriffs Anlaß gab.

Und auch als Gattung läßt sich die ›Historia animalium‹ nicht homogen beschreiben, rangieren doch in der Frühen Neuzeit ganz unterschiedliche Texttypen unter ihrem Namen: die morphologisch-deskriptive Darstellung des Aristoteles, die enzyklopädische des Plinius und die narrativ-moralische des Aelian.[6] Von daher scheint es nahezuliegen, Gessners Titelgebung im Anschluß an die antike Tradition lediglich als konventionell, ohne besondere Absicht, zu kennzeichnen.[7]

Derart ortlos definiert sich die Tierkunde innerhalb des etablierten Bildungsgefüges, zum einen der Philosophie (Wissenschaft), zum andern der Medizin und des Triviums, und erst innerhalb des etablierten akademischen Kanons erhält sie ihre Legitimation.[8] Damit sind jene Bezugsfelder thematisiert, die das Interesse an den Tieren bestimmen, aber auch Ansätze zu einer Positionsbestimmung als Disziplin bieten. Medizin, Grammatik und Philosophie liefern nach Gessner die Perspektiven, unter denen Tiere wie Pflanzen betrachtet werden können.[9] Philosophie bleibt dabei nicht auf den Bereich der philosophia naturalis beschränkt, sondern bezieht – wie sich zeigen wird – durchaus die philosophia moralis mit ein. Die allmähliche Bestimmung des Verhält-

---

neuzeitlichen Wissenschaftstheoretiker, die verschiedenen Bestimmungen von historia – der historischen wie der naturkundlichen – gegen den aristotelischen Wissenschaftsbegriff abzugrenzen, herausgearbeitet. Andere Untersuchungen über den Status von historia im Bildungsgefüge des Mittelalters zielen fast ausschließlich auf die Geschichte. Vgl. Böhm: Der wissenschaftstheoretische Ort der historia, S. 663–693. Seifert: Historia im Mittelalter, S. 226–284. Goetz: Die »Geschichte« im Wissenschaftssystem des Mittelalters, S. 165–213.

[6] Seifert: Cognitio historica, S. 43.
[7] Ebd., S. 44.
[8] Damit teilt sie das Schicksal der Botanik, die erst gegen Ende des Jahrhunderts ihrer subsidiären Rolle entwächst. Vgl. Dilg: Die Pflanzenkunde im Humanismus, S. 115, 130–134.
[9] In der Botanik stehen dabei Naturphilosophie und Grammatik noch unter dem Primat der Medizin. Lektüre und Korrektur der Überlieferung und Kenntnis der naturphilosophischen Grundlagen (Temperamente, Qualitäten, Grade) bilden Voraussetzungen für eine erfolgreiche Therapie. Vgl. Gessners Vorrede zu Hieronymus Tragus (Bock) ›De stirpium differentijs‹, Bl. C Vr: *sat enim fuerit, si non exacte & per demonstrationem, quam proxime tamen fieri potest, & fide digna coniectura remediorum facultates cognoscere. quae quidem cognitio longe praeferenda est illi, quae plantarum historias et nomina uersatur, ab homine medico uidelicet, non enim de Grammaticis aut Philosophis nunc loquor.* Vgl. Bylebyl: Medicine, Philosophy and Humanism, S. 27–41.

nisses zur Wissenschaft von der Natur wird begleitet von einer fortgesetzten Bindung an die Moralphilosophie. Und auch die Grammatik zielt nicht allein auf eine sprachliche Analyse des Gegenstandes, bezieht vielmehr einen fächerübergreifenden Anspruch mit ein. Als Forschungsbereich situiert sich die Tierkunde damit im Spannungsfeld von Praxis, Wissenschaft und literarischer Tätigkeit. Mit Medizin und Grammatik wird zugleich der Exklusivität der Sprache und der Wissenschaftspraxis der Zeit Rechnung getragen. Als Bestandteil einer lateinischen Gelehrtenkultur zielen naturkundliche Texte auf gelehrte Rezeption: Das Interesse an ihnen motiviert sich einerseits aus praktischen, überwiegend medizinischen Gründen, andererseits aber aus sprachlichen.

Am Beispiel der ›Naturalis historia‹ des Plinius läßt sich die Typik dieser selektiven Rezeption veranschaulichen. Den Medizinern diente sie als Fundgrube für Rezepte, die Humanisten nutzten sie in grammatischer Perspektive für historische und sprachliche Informationen jeglicher Art über die Antike, wobei literarische und pragmatische Rezeption eng miteinander verbunden sein konnten. Zahlreiche Vorreden von Pliniusausgaben legen Zeugnis ab vom philologischen Interesse der Bearbeiter, die unter der verdorbenen Oberfläche den ursprünglichen Text und durch ihn authentische Dokumente der Antike zu rekonstruieren trachteten. Aus dem primär lexikographischen Interesse an den Werken des Plinius und Aristoteles entwickelte sich erst allmählich ein naturkundliches.[10] Seit dem späten 15. Jahrhundert tritt die ›Naturalis historia‹ im akademischen Lehrbetrieb als Faktensammlung neben die aristotelischen Werke.[11] Die diskursive Betrachtung der Natur wird ergänzt durch die topisch-anschauliche. Das doppelte Rezeptionsinteresse von Medizinern und Humanisten wird dabei zum Indikator für die Konkurrenz unterschiedlicher Erkenntnisdispositionen.

b. Rezeption im Spannungsfeld von Sprach- und Sachkunde

Es kennzeichnet die differenten Auffassungen von gegenstandsbezogenem und rhetorischem Wissenschaftverständnis, daß sich die Auseinandersetzungen um das Verhältnis von res und verba drehen.[12] Inwie-

---

[10] Crombie: Von Augustinus bis Galilei, S. 494, 506.
[11] Maurer: Melanchthon und die Naturwissenschaft seiner Zeit, S. 199. Dilg: Die botanische Kommentarliteratur, S. 231–241. Kessler: Humanismus und Naturwissenschaft bei Rudolf Agricola, S. 146.
[12] Siehe den Briefwechsel zwischen Hermolaus Barbarus und Pico della Mirandola über das Verhältnis von Rhetorik und Wissenschaft aus dem Jahre 1485. Vgl. Breen: Giovanni Pico della Mirandolla on the Conflict of Philosophy and Rhetoric, S. 384–426. Grassi: Macht des Bildes, S. 213–218. Vickers: Rhetorik und Philosophie, S. 139–152.

weit ist die Erkenntnis von der Form ihrer sprachlichen Vermittlung abhängig, oder inwieweit läßt sie sich rein faktisch ermitteln? Wenn George Sarton zwei Arten von Renaissance-Humanisten unterscheidet – einerseits Philologen und andererseits Kommentatoren mit naturwissenschaftlichen Kenntnissen –, tritt jene Opposition in zwei Autorentypen zutage.[13] Doch das Verhältnis beider zueinander ist kompliziert, wie die frühneuzeitliche Kontoverse um Plinius zeigt.[14] Im Bereich der Medizin versucht der Paduaner Arzt Nicolaus Leonicenus Ende des 15. Jahrhunderts, die ›Naturalis historia‹ des Plinius kritisch zu lesen und die *nominum ac rerum ipsarum confusio* zu beseitigen, betont aber zugleich, *hic non de verborum momentis, sed de rebus agatur, ex quibus hominum salus ac vita dependet* [...].[15] Hier erhebt offenbar schon früh der Mediziner im Namen der Sache Einspruch gegen eine Philologisierung der Medizin, wie sie im Rahmen humanistischer Textrekonstruktion geläufig war. Doch stützt sich auch Leonicenus überwiegend auf philologische Erörterungen, um die Irrtümer des Plinius und die Superiorität der griechischen Medizin zu belegen. Im Hintergrund verbindet sich mit dem Sachanspruch die Vorstellung einer historischen Rangfolge. Nicht die Textfixierung an sich, sondern die vermittelte wird attackiert.

Entsprechend vertritt die ›Pliniana Defensio‹ des Juristen Pandolphus Collenucius – wie Thorndike gezeigt hat – nur scheinbar einen anachronistischen Standpunkt: Der Verteidiger des Plinius erweist sich nicht nur in manchen Sachfragen als der kenntnisreichere, auch an philologischer Kompetenz übertrifft er seinen Widersacher.[16] Die Grenzen frühneuzeitlicher Naturkunde – das zeigt die Auseinandersetzung um Plinius – verlaufen nicht zwischen progressiven Medizinern und Anhängern der litterae. Trotz veränderter Programmatik wird durchaus weiter im traditionellen philologischen Rahmen argumentiert.

Was im Kontext der entstehenden Wissenschaft schließlich in Konflikt gerät, die Betonung von res und die von verba, bleibt in anderer Perspektive aufeinander bezogen: Im Bereich der humanistischen Bildungslehre erhält die Dichotomie nicht nur wirkungsmächtige päda-

---

[13] Krafft: Renaissance der Naturwissenschaften, S. 123f.
[14] Zur Kontroverse um Plinius vgl. Thorndike: History 4, S. 593–610 (The Attack on Pliny). Castiglioni: The School of Ferrara and the Controversy on Plini, S. 269–279. Dilg: Die botanische Kommentarliteratur, S. 225–241.
[15] Zitiert nach Dilg: Die botanische Kommentarliteratur, S. 238f. Zum Verhältnis von Bildung und experimenteller Wissenschaft vgl. Sarton: The Appreciation of Ancient and Medieval Science, S. 94.
[16] Thorndike: History 4, S. 600f. Leonicenus erfuhr umgekehrt das Lob des Erasmus und Scaligers, die Medizin mit den [griechischen] litterae verbunden zu haben. Vgl. Bylebyl: Medicine, Philosophy, and Humanism, S. 39.

gogische Implikationen, sie beeinflußt auch die Wissensordnung und die Erkenntnisform. Nach Erasmus gliedert sich alles Wissen in die beiden Bereiche von res und verba, und seine rhetorische Stillehre folgt wie andere auch dieser Einteilung.[17] Das zielt auf die Trennung von Redestoff und sprachlicher Form. Der copia rerum, die der Gegenstandserschließung dient, steht die copia verborum gegenüber, der die Förderung der Sprachfähigkeit unterliegt. So rücken auch die naturkundlichen Werke unter eine rhetorische Perspektive. Neben Erasmus empfiehlt auch Juan Luis Vives den Schülern die Lektüre des Plinius aus dem doppelten sprachlichen und sachlichen Nutzaspekt.[18] Die Lektüreanleitung und Exzerpiertechnik für die Klassiker basiert auf dem rhetorischen Unterscheidungsmerkmal.

Methodisch wirksam schließlich wird die Dichotomie von res und verba in der humanistischen Polemik gegen scholastische Abstraktion, die anstelle der Erkenntnis der Sachgehalte die Spekulation fördere, aber auch in dem hermeneutischen Verfahren, über die verba zu den res zu gelangen.[19] In beiden Fällen liegt der Akzent auf der Referenz gegenüber rein begrifflicher Differenzierung. Das Verhältnis von res und verba wird also auf verschiedenen Ebenen instrumentalisiert: kritisch als Polemik gegen humanistische Kommentarpraxis und gegen philosophische Spekulation, didaktisch als Exzerpier- und Ordnungstechnik im zweifach ausgerichteten Bildungsgang sowie als methodisches Verfahren der Textexegese. In Gessners geistiger Biographie verschmelzen medizinische Sachebene und humanistischer Sprachaspekt und mit ihnen die verschiedenen Funktionen von res und verba.

---

[17] Kallweit: Archäologie des historischen Wissens, S. 269–272. Zur Stellung von Erasmus Schrift ›De duplici copia verborum ac rerum‹ als wirkungsmächtigem Schulbuch und zum ›Libellus de formando studio‹ (Basel 1531), das Exzerpieranweisungen von Rudolf Agricola, Erasmus und Melanchthon vereinigt, vgl. Uhlig: Loci communes als historische Kategorie, S. 146f. Vgl. Paulsen: Geschichte des gelehrten Unterrichts 1, S. 362f.

[18] Vives: De ratione studii puerilis, S. 275: *Plinius tam varius est, quàm ipsa rerum natura quam tractat: magnae illic verborum divitiae, magnae rerum.* Vgl. Buck: Juan Luis Vives' Konzeption des humanistischen Gelehrten, S. 11–21. Vgl. Erasmus: De ratione studii, S. 120. Ähnliche Argumente vertritt auch Melanchthon (Vita Rodolphi Agricolae, in CR 11, Sp. 442), wenn er die Handhabung des Plinius durch Theodor Gaza anläßlich seiner Aristoteles-Übersetzung beschreibt: *Haec collatio plurimum ei profuit, ad augendam et rerum cognitionem et verborum copiam.* Zu den »humanistischen Studienzielen philologischer Wort- und Sachkenntnis« vgl. Brückner: Historien und Historie, S. 63.

[19] Siehe etwa Vallas Auszeichnung der historia (Realismus, Nützlichkeit, Humanität) gegenüber der Schulphilosophie, die Kelley mit der Opposition »res non verba« / »redire ad res« beschreibt. Vgl. Kelley: Foundations of Modern Historical Scholarship, S. 29. Zum Verhältnis von res und verba im Kontext humanistischer Sprachphilosophie vgl. Otto: Renaissance und frühe Neuzeit, S. 87–217.

In der ›Historia animalium‹ manifestiert sich der Gegensatz von res und verba entsprechend auf unterschiedlichen Ebenen: er bestimmt den Rezeptionsrahmen, die Ordnungsform des Textes und zugleich die Methodik der Analyse. Die Rhetorik liefert damit der historia zuerst ein Instrument zur Handhabung des Materials. Der Verbindung von Naturkunde und sprachlicher Bildung trägt Gessner schon programmatisch Rechnung durch eine doppelte Funktionszuweisung seines Werkes. Neben die noch zu erläuternde Beziehung zur Praxis/Naturwissenschaft (medicina/scientia) tritt diejenige zur Rhetorik und zwar nicht im metaphorischen Vergleich, sondern in handfester Pragmatik. Im Rahmen der Erörterung der Stilproblematik vermerkt Gessner, daß er *non solum rerum cognitionem* fördern, sondern zugleich einen ausdrucks- bzw. sprachfördernden Beitrag leisten wolle, daß:

> sed ijs etiam qui soluta aut numerosa oratione Graecè Latinèue disserere aut scribere uellent, syluam uocabulorum locutionumquè suppeditarem.[20]

Ein Thesaurus also nicht nur der Sachkunde, sondern zugleich der Wortkunde und der Sprachbildung. Der Typus der Lektüreanleitung, wie er bei Vives, Erasmus und Melanchthon begegnet ist, wirkt als Funktionsbestimmung bis in die Naturkunde hinein. Die gelungenen sprachlichen Wendungen der Alten liefern auch dem Benutzer der ›Historia animalium‹ beispielhaftes Material zur imitatio, zur Herausbildung des anerkannt guten Stils. Die rhetorische Lerntechnik, die auf exempla und imitatio beruht, begleitet die sachliche Darstellung.[21] Damit bindet Gessner den indizierten Leserkreis an das Werk an und realisiert so den humanistischen Anspruch, mit der Sachkunde die sprachliche Bildung zu verbinden. Für den guten Schriftsteller wie auch für den Historiographen wurde eine Kompetenz in beiden Bereichen ohnehin gefordert, erwuchsen ihre Darstellungsmittel doch aus dem

---

[20] H. A. I, Bl. ß 1r. Vgl. ebd., Bl. ß 2v: *Sed repetuntur quaedam aliquando eodem in loco, quae uideri eadem possunt obiter cognoscenti: si quis uerò pressius considerer, nonnihil (quantulumcunque) interesse intelliget, uel in re, uel in uerbis. nam loquutio quandoque peculiaris, aut elegantia uerborum, ut id facerem, inuitabat: ut haberet etiam quod dicendo imitaretur, si quis eadem de re aliquid quouis modo dicere aut scribere conaretur. Parentheses quoque (ut uocant grammatici) ad stilum pertinent, quae passim in toto Opere plurimae sunt [...].*

[21] H. A. I, Bl. ß 1r: *Quamobrem diligenter & religiosè caui, ne usquam nomen authoris omitterem, quanquam in paruis etiam & uulgò notis rebus: ut licet dubitationis nihil rebus inesset, de uerbis tamen & locutionibus constaret, à quo proficiscerentur authore, si quis imitari uellet.* Vgl. Paulsen: Geschichte des gelehrten Unterrichts, S. 359. Barner: Barockrhetorik, S. 59. Brückner: Historien und Historie, S. 43f. Das Exempel des Vorbilds dient zugleich der Erschließung des Sachaspekts. Für die vorbildliche *descriptio rei* verweist Erasmus (›De duplici copia verborum ac rerum‹, S. 206) auch auf zahlreiche Tierbeschreibungen: *apud Plinium cum innumerabilium animantium formae, naturae, mores, pugnae, concordiae, tum praecipue culicis descriptio.*

Arsenal der Rhetorik (munus oratoris).[22] Die selbstverständliche Verbindung beider Ziele auch für die Naturgeschichte wird in Gessners Aelianausgabe von 1556 deutlich, deren Vorrede ausführlich den natur- und moralphilosophischen Nutzen des Werkes betont, zugleich aber sowohl eine kleine Exempeltheorie auf rhetorischer Basis (*De exemplis et argumentorum ratio* [...]) wie eine eigene Rubrik *De stylo Aeliani* anfügt.[23] Sachkunde und Sprachbildung bilden die gleichberechtigten Horizonte der Klassikerlektüre. Und noch in Gessners Wertschätzung des Plinius verbinden sich die Aspekte von Sach- und Sprachkompetenz.[24]

Beide Aspekte amalgamieren sich aber bisweilen in der Darstellungsproblematik. Die Erörterung der Stilfrage, die in Gessners methodologischem Vorwort breiten Raum einnimmt, illustriert das komplizierte Wechselverhältnis: *de stilo et elocutione* nennt er rückblickend eine eigene Rubrik, in der der Zusammenhang von stilistischer Ebene und Darstellungszweck erörtert wird. Der Anspruch, beiden Anforderungen gerecht zu werden, prägt schon die Argumentation der Vorrede. So eng aber beide verbunden sind, so genau werden ihnen unterschiedliche Funktionen zugewiesen. Bei der Übersetzung fremdsprachiger Zitate ist die Stillage ebenso zu berücksichtigen wie bei der Darlegung eigener Beobachtungen. Der klare mittlere Stil sei der historia angemessen. Entscheidend jedoch ist Gessners Bemühen, in den entgegengesetzten Anforderungen Position zu beziehen und die Stilfrage von der Wahrheitsfrage zu lösen; es markiert Gessners Position im klassischen Streit der Rhetoren und Wissenschaftler, in dem Gessner auf Seiten der letzteren steht. Dort, wo es um die *incorrupta veritas*, um *res ipsa* geht, treten Stilprobleme in den Hintergrund, und in signifikanter Wendung überläßt er den rhetorisch-stilistischen Part jenen, *quibus uerba magis quàm res sunt cordi*.[25] Die rhetorische und sachliche Ebene bilden somit

---

[22] Viperano: De scribenda historia liber, S. 26: *Et ne de rebus manifestis suscipiatur disputatio, ipsum, quodcunque est, artificium historiae iam texere incipiamus. Debet autem historico idem studium esse, quod bonis scriptoribus esse solet, rerum inquam primo, deinde verborum*. Vgl. Otto: Renaissance und frühe Neuzeit, S. 197–201.

[23] CLAVDII AELIANI [...] opera, Bl. β 1v; β 2r: *DVm Graeca Aeliani scripta percurro, obiter pauca quaedam obseruaui, quae rariuscula circa dictiones et phrases aut syntaxin in hoc authore mihi videbantur, quibus et ab alijs vsitata quaedam, propter elegantiam, inserui. quae hoc in loco Graecae linguae studiosis hominibus communicare volui. ociosior aliquis multò plura his accumulare poterit.*

[24] H. A. I, Bl. β 2v: *ille homo doctissimus idemque omnium iudicio eloquentissimus, quique castitatem linguae Latinae cum lacte hauserat* [...].

[25] H. A. I, Bll. β 1v, β 2v. Vgl. ebd. Bl. β 1r: *De meo quidem stilo, non aliud dicam, quàm hoc praecipuè mihi curae fuisse, ut si non eleganter & grauiter, nec ad ueteris alicuius imitationem, mediocriter tamen Latinè & clarè dicerem. Nam neque otium erat stilum excolendi, cum in rebus ipsis tam uarijs tam innumeris occupatissimus essem*. Daß die Trennung im 16. Jahrhundert nicht selbstverständlich war, mag

nicht nur verschiedene Rezeptionsaspekte, auch in Bezug auf das Darstellungsproblem treten sie auseinander.

Die Dichotomie der Gegenstandsauffassung schlägt sich überdies in der Stoffanordnung nieder. Jedes einzelne Tier wird einem alphabetisch numerierten, achtgliedrigen Fragenkatalog unterworfen, der in zwei Hauptabteilungen, eine sachbezogene (B–G) und eine philologische (A/H) eingeteilt ist. Der Stellenwert des sprachlichen ist schon daran ablesbar, daß dieser häufig nicht weniger umfangreich ist als alle anderen zusammen.[26] Nicht wie in den ›Libri de naturis rerum‹ bestimmt hier das Verhältnis von res und signum die Ordnung, sondern das von res und verba. Die letzte Rubrik seiner Darstellung (H) kennzeichnet Gessner folgendermaßen:

> *Philologiam autem appello, quicquid ad grammaticam, & linguas diuersas, prouerbia, similia, apologos, poëtarum dicta, denique ad uerba magis quàm res ipsas pertinet.*[27]

c. Textsorte: Lexikon

Vor dem Hintergrund jener zeittypischen, nach Wort- und Sachaspekt aufgeteilten, »Praxis des Exzerpierens« macht Gessner ein analoges doppeltes Angebot, jedoch auf einer veränderten systematischen Basis.[28] Juan Luis Vives hatte den Schülern ein Muster für die Erstellung von Merkheften vorgeschlagen, das nach drei Rubriken gegliedert war: 1. Vokabular nach Sachgebieten; 2. Vokabular nach stilistischen Wen-

---

an einer Beurteilung des Paracelsus durch seinen Herausgeber Huser (Paracelsus: Opera, Bl. * ijv) ersichtlich werden: *Fürs ander / seinen harten Stylum belangend / vnd daß er nicht allweg so eigentlich auff die* proprietatem verborum *gesehen: Entschuldigt jn billich sein rauhes Vatterland / vnd sonderlich die* barbaries seculi, *darinnen er gelebt / da man wolredens nit so groß geachtet / als jetziger zeit: so hat er auch mehr auff die* Res ipsas *(wie augenscheinlich an jm zu sehen) dann auff die wort gedancken geben. Was aber die newen Wörter / deren er sich hin vnd wider gebraucht / betrifft / hat Er (wie auch gethan)* nouis JNVENTIS noua nomina *zu geben / wol macht gehabt.*

[26] Im Kapitel über den Raben umfassen die Rubriken A–G sieben Seiten (H. A. III, S. 320–327), allein die Rubrik H aber über acht (S. 327–336). Vgl. ebd., S. 308–319. Vgl. exemplarisch die Kapitel des ersten Bandes über den Esel (A–G = S. 3–10; H = S. 11–18) und über den Wolf (A–G = 14 S.; H = 36 S.).

[27] H. A. I, Bl. β 1v.

[28] Zur »Praxis des Exzerpierens« vgl. Brückner: Historien und Historie, S. 63–75. Schon die ›Bibliotheca universalis‹ (1545) lieferte eine Gesamtdarstellung aller verfügbaren Autoren nach Namen, der später in den ›Pandekten‹ (1548) eine komplementäre Darlegung der Sachgehalte folgte: *Sciendum est igitur, eadem omnia authorum scripta, quae primo Tomo recensentur, secundum authorum nomina alphabeti ordine, repetita hic esse, & pro argumenti ratione per locos communes disposita:* Pandectae [. . .] libri, Bl. * 3r. Vgl. Mayerhöfer: Conrad Geßner als Bibliograph und Enzyklopädist, S. 180. Zedelmaier: Bibliotheca universalis, S. 53f.

dungen und Redensarten; 3. Sentenzen, Sprichworte u. a.[29] Die Exzerpiertechnik für die Loci-Hefte hinterläßt noch ihre Spuren in der Ordnungsform der ›Historia animalium‹. Gessner kommentiert nicht einen Autor, orientiert sich nicht allein an einem praktischen Verwendungsrahmen (Medizin, Jagd, Ökonomik), einer Gattung bzw. einem thematischen Schwerpunkt (Heils- bzw. Tugendlehre), sondern an dem umfassenden Bezugsrahmen der Tierkunde. Das unterscheidet ihn von den Neueditionen, frühen Übersetzungen und Kommentaren etwa der Schriften von Aristoteles und Plinius, die letztlich autoritätsfixiert bleiben. Aus seiner Perspektive sammelt Gessner sämtliche zugänglichen Informationen über Tiere und stellt sie dem Leser geordnet zur Verfügung. Der universale Anspruch aber determiniert das Ordnungsverfahren und die Rezeptionsart:

> *Erit autem hoc quicquid est uitij multò minus, si quis secum reputet, me ista omnia non eo instituto composuisse, ut continua lectionis serie cognoscerentur à studiosis: sed ita temperasse, ut quicquid aliquis super quouis animante nosse desyderârit, id suo statim loco repertum, per se etiam legere & clarè intelligere possit. Itaque si quis tantum ad inquirendum per interualla hoc Opere uti uoluerit, qui Dictionariorum & aliorum huiusmodi communium librorum usus est, hoc rectè facere poterit.*[30]

Nicht als Lese- bzw. Lehrbuch, vielmehr als Nachschlagewerk zum gelegentlichen Gebrauch ist das Buch angelegt. Jede gesuchte Information kann über einen Schlüssel an ihrem bestimmten Ort (*locus*) gelesen und klar eingesehen werden. Der lexikalische Charakter hat Auswirkungen auf die Rezeptionsart: Gessner erwähnt Querverweise und Wiederholungen, die Unterschiedlichkeit der Stile, philologische Erörterungen sowie die jeweils angehängten Stellennachweise, die einer kontinuierlichen Lektüre entgegenstehen.[31] Aus der Ordnung des Materials (Alphabet/res-verba/Topik) und den verschiedenen Gebrauchskontexten bestimmt sich hier der Lexikoncharakter. Der Texttypus, dem Gessner sein Unternehmen zuordnet, ist das Pandekt, das umfassend ausgerichtete Nachschlagewerk, dem er die Epitom als Lehrbuch gegenüberstellt. Die Trennscheide zwischen beiden ist gleichfalls auch diejenige zwischen Wort- und Sachaspekt.[32] Das Pandekt vereinigt beide,

---

[29] Buck: Die »studia humanitatis« und ihre Methode, S. 145. Brückner: Historien und Historie, S. 63.
[30] H. A. I, Bl. ß 1v. Vgl. H. A. III, Bl. α 5r: *Sic absolutae fuerint Pandectae seu Commentarij, quorum usus erit praecipuè doctoribus & professoribus uni alicui scientiae peculiariter addictis: ac digni erunt ut tanquam thesauri in Bibliothecis asseruentur. Et quanquam non scripti sunt ut continua lectione euoluerentur,* [. . .], *id facere aut non libet aut non licet: erunt tamen illis etiam utiles, si eis tanquam Dictionarijs uti uoluerint,* [. . .]. Vgl. Gmelig-Nijboer: Conrad Gessner's »Historia Animalium«, S.49.
[31] H. A. I, Bll. ß 1v, 2v.
[32] Im zweiten Vorwort des dritten Bandes (*Ad lectorem*) erläutert Gessner das methodische Verfahren, das zur Erstellung einer historia animalium erforderlich ist.

doch getrennt organisiert, während es in der Epitom nur noch um die Sache geht. Schon hier, in der Unterscheidung der beiden Textformen, tritt ein Bewußtsein von Differenz, der Ungleichartigkeit von Informationsbeständen auf, die die Organisation des Materials bestimmt. Aber auch der Zweck des Unternehmens, die Ausrichtung auf die res, die sich komplementär zur scientia entwickelt, wird darin sichtbar.

Von einer narrativen Darstellung (Plinius) und einer diskursiven Beschreibung (Aristoteles) antiker Tierkunde, aber auch von einer allegorisch strukturierten Ordnung mittelalterlicher Kompendien ist Gessner ebenso weit entfernt wie vom homiletischen Rezeptionskontext der letzteren. Als Texttyp ist die ›Historia animalium‹ mit ihren Vorläufern nur bedingt zu vergleichen. Ungleich stärker rückt das tradierte Material aus seinen ursprünglichen Kontexten heraus, ohne in eine neue homogene, semantische Ordnung einzugehen. Das alphabetisch angeordnete Lexikon ersetzt die schöpfungsgeschichtlich geprägte Enzyklopädie, das Nachschlagewerk für alle das homiletische Kompendium für Kleriker.

Das hat zur Folge, daß der lexikalische Charakter des Werks der Interpretation nicht geringe Schwierigkeiten auferlegt, entbehren die einzelnen Daten doch der Kontextdetermination. Kein vorab definierter Kohärenzrahmen (Wissenschaft, Politik, Theologie, Praxis) regelt die Ordnung des Materials. Die Textsorte Lexikon verzichtet genuin auf den Zusammenhang der Daten. Über eine reine Kompilation traditioneller Art ginge das Werk folglich nicht hinaus, orientierte man sich am ersten Rezeptionsvorschlag des Verfassers.

Doch ganz so isoliert stehen die einzelnen Informationen nicht zueinander. Eine homogene Gattungsvorstellung kann für mittelalterliche Texte ohnehin nicht vorausgesetzt werden. An mehr als einer Stelle weist Gessner darauf hin, daß er über den strikten Lexikonanspruch hinausgehe, einerseits durch kommentierende Passagen, andererseits durch literarische Ergänzungen:

> *HABEBIS in hoc Volumine, optime Lector, non solum simplicem animalium historiam, sed etiam ueluti commentarios copiosos, et castigationes plurimas in ueterum ac recentiorum de animalibus scripta [. . .].*[33]

Die Pandekten vereinigen alle Arten von Informationen, auch literarische. Vgl. H. A. III, Bl. α 5r: *Quae ad philologiam, Grammaticam & poëticam spectant, non omittat, sed separet.* Demgegenüber bilden die Epitome eine Art Lehrbuch, in dem der Akzent auf der Sache selbst liegt. Vgl. ebd.: *& sicut dixi rerum duntaxat cura habeatur, non etiam uerborum.* bzw. *& rerum explicationis maior quàm uerborum habeatur cura.*

[33] H. A. I, Titelblatt. Vgl. ebd. Bl. ß 1v: *Poterat tamen sic quoque multò breuior esse, si Philologiam non attigissem, in qua me nimium fuisse fateor: sed hanc quoque diligentiam, si non admodum utilem, iucundam tamen grammaticis & alijs quibusdam fore spero.* Nicht nur im Hinblick auf die philologischen Ergänzungen, wie Seifert (Cognitio historica, S. 44) schreibt, bestimmt Gessner die Distanz zum Projekt der historia, sondern auch in Bezug auf die erklärenden Passagen.

Gerade dadurch, daß Gessner das lexikalische Prinzip nicht strikt befolgt, die Exzerpte häufig zueinander in Beziehung setzt und das Material bisweilen analytisch zu bewältigen sucht, Exkurse einfügt und exemplarische Bezüge herstellt, entsteht jener vielschichtige Texttypus, der die Grenzen von Naturhistorie, Naturphilosophie und Literatur überspielt. Der spezifische Charakter von Gessners Werk, wissenschaftsgeschichtlich wie literarhistorisch, erschließt sich so außer über die Vorredenprogrammatik über seine Zusätze, seine Kommentare und Bearbeitungsspuren. An diesen Stellen ist der Verfasser greifbar. Über die Taxonomie, die wechselnden Ordnungsverfahren und die Vergleichsmöglichkeiten, die die compilatio eröffnet, ergibt sich ein indirekter Zugang insofern, als hier mehr die Verteilung der Aussagen als ihr spezifischer Inhalt signifikant ist.

2. Legitimation

Die alleinige Legitimation des Unternehmens aus der Anforderung der Sache heraus gehört noch nicht zum Selbstverständnis der Naturforscher der Frühen Neuzeit, allenfalls lassen sich Ansätze dazu beobachten. Ein sich artikulierendes Naturinteresse hatte selbst im frühen Humanismus noch traditionell theologische Vorbehalte zu gewärtigen. Die wirkungsmächtige Tradition des augustinischen curiositas-Verdikts wirkt bis in die Einstellung Petrarcas gegenüber den Wissenschaften seiner Zeit, auch gegenüber den Zoologen.

> *Nam [. . .] naturas beluarum et volucrum et piscium et serpentium nosse potuerit et naturam hominum, ut quid nati sumus, unde et quo pergimus, vel nescire vel spernere?*[34]

Die Kritik bezieht auch hier ihre Motivation aus der mangelnden Integrierbarkeit der puren Daten in die Bedürfnisstruktur des Menschen. Die Beschäftigung mit der Natur hatte diese auch im humanistischen Umkreis zu berücksichtigen. Selbst ein so einflußreicher Förderer der Wissenschaften im 16. Jahrhundert wie Melanchthon verbindet sein

---

[34] Petrarca: De sui ipsius et multorum ignorantia, S. 712, 714, zitiert nach: Buck: Die humanistische Polemik, S. 156f. Vgl. Gmelig-Nijboer: Conrad Gessner's »Historia Animalium«, S. 29f. Zu Petrarcas Stellung in der Tradition der curiositas vgl. Blumenberg: Der Prozeß der theoretischen Neugierde, S. 142f. *Sunt et aliae res, quarum cognitio magis ad ornamentum animi nostri honestamque voluptatem quam ad necessarium utique usum pertineat. Cuiusmodi est omnis disputatio de natura rerum,* heißt es etwas milder, aber nicht weniger eindeutig noch bei Rudolf Agricola: De formando studio, S. 51. Vgl. Vives: De disciplinis II, S. 317: *Quare contemplatis rerum naturae nisi artibus vitae seruiat, aut ex notitia operum sustollat nos in autoris notitiam, admirationem, amorem, superflua est, ac plerunque noxia.* Zitiert nach Zedelmaier: Bibliotheca universalis, S. 276.

Engagement mit pragmatischen Forderungen. Ob er aber vor der Herauslösung der Astronomie aus dem propädeutischen Rahmen der artes und ihrer Erhebung zur Wissenschaft warnt, die Historiographie in didaktisch-theologische Zwecke einbindet oder sein Bemühen um Plinius kulturhistorisch legitimiert: immer integriert er den Dienst der jeweiligen Disziplin in den Sinnhorizont humaner Bedürfnisse.[35] Für die Historien fordert er die Lektüre nicht allein unter moralischen und politischen Aspekten, sondern zugleich unter dem Gesichtspunkt der Providenz, die sich in Natur und Geschichte gleichermaßen artikuliere. Beide Bereiche geben komplementär Auskunft über Gottes Macht, Weisheit und Güte.[36] Das Verhältnis von Erkenntnis und Sinnstiftung, Wahrheit und Weisheit, bleibt stabil. Gessners ausführliche Bemühungen um metaphysische Legitimierung müssen in diesem Kontext gesehen werden.

Den vier Bänden seiner ›Historia animalium‹ schickt Gessner umfangreiche Vorreden voraus. Der erste Band enthält zum einen die große Gesamteinleitung, in der in umfassender Perspektive der Gegenstand wie auch der Zugang zu diesem begründet werden. Der erste Teil dient der Bestimmung des Verhältnisses von Natur, Mensch und Gott, der klassischen Trias mittelalterlicher Weltdeutung.[37] Unübersehbar ist auch bei Gessner der Versuch, ein ausgewogenes Verhältnis der drei Bezugsbereiche zu entwerfen. Für den Schweizer Naturforscher gibt es noch keinen Hinweis darauf, daß Naturordnung und Heilsordnung in Widerspruch zueinander stehen können.[38]

Die Rhetorik liefert das Muster für die Anordnung der Argumente. Im Spannungsfeld von utilitas und delectatio vollzieht sich harmonisch die Positionsbestimmung des Menschen im Weltgefüge, wobei Gessner zunächst vor dem Hintergrund der theologia naturalis, später vor dem biblischer Zeugnisse argumentiert, gewissermaßen eine akademisch-systematische Behandlung mit einer reformatorisch-biblischen verbindet. Daß erstere einen ausführlicheren Status erhält, liegt gewiß an der

---

[35] Zur Astronomie vgl. Blumenberg: Die Genesis der kopernikanischen Welt, S. 380. Zur Geschichte vgl. Brückner: Historien und Historie, S. 40–43. Zu Plinius vgl. Reinitzer: »Da sperret man den leuten das maul auf«, S. 47f.
[36] Vgl. Melanchthon: Vorrede zur Chronica Carionis: *ISt es doch vornůnfftigen Leuten ein sonderlicher lust / das man in der Natur vnd allen geschöpffen / Gottes weisheit / allmechtigkeit / gůte vnd gegenwertigkeit erkennen vnd spůren kan.* Zitiert nach Knape: ›Historie‹ in Mittelalter und Früher Neuzeit, S. 374.
[37] Blumenberg: Aspekte der Epochenschwelle, S. 34f. Crombie: Von Augustinus bis Galilei, S. 168f.
[38] Wohl aus diesem Grund wird Gessners Konzept einer ›theologia naturalis‹ attraktiv für eine eher theologie- als wissenschaftsgeschichtlich orientierte Interpretation durch Leu, die vielleicht etwas zu isoliert die Vorbildlichkeit der göttlichen Natur gegenüber etwaigen wissenschaftlichen Ansprüchen hervorhebt. Leu: Conrad Gesner als Theologe, S. 54–100.

Strukturanalogie zwischen theologia naturalis und aristotelischem Wissenschaftsbegriff (universalia-particularia), der für Gessner weitgehend maßgebend ist.

Die Metaphysik der Natur und das Konzept einer theologia naturalis thematisiert Gessner in zahlreichen naturkundlichen Vorreden, angefangen von der ›Historia animalium‹ (1551ff.) über die ›Icones animalium‹ (1560) und die Aelianedition (1556) bis zu den posthum erschienenen Physikvorlesungen (1586). Urs Leu hat zahlreiche Vorreden ausgewertet und unter theologischen Aspekten (Gottesbeweise, Trinitätstheologie, Anthropologie, Moralphilosophie) interpretiert.[39] Er konzentriert sich dabei auf die umfassende Einbettung des Gessnerschen Naturinteresses in das Programm einer theologia naturalis, durch die er das naturkundliche Werk ohne Mühe in die Tradition christlicher Naturdeutung einzugliedern vermag. Dem argumentativen Aufwand theologischer Legitimation stehen jedoch auch andere Zielsetzungen gegenüber, deren Status und Umsetzung im Verhältnis zur theologia naturalis erst zu bestimmen sind.

Eine zweite Vorrede behandelt nämlich methodische Probleme. Die Ansätze zu einer methodologischen Reflexion bilden zum einen ein Kriterium der Unterscheidung gegenüber den mittelalterlichen Vorläufern, zum andern liefern sie Hinweise und Hintergründe für das sich abzeichnende Programm einer *cognitio rerum* und der Positionsbestimmung zur philosophia naturalis. Im Anschluß hieran stellt sich die Frage, wie sich metaphysische und sachliche Legitimation zueinander verhalten, mit welchen Mitteln der scheinbare Gegensatz gefaßt und harmonisiert wird.

a. Disziplinärer Rahmen

Gessner profitiert von der Integration des Wissensanspruchs in den metaphysischen Rahmen der Theologie, er entfaltet ihn zunächst aber nicht explizit. In der großen Vorrede zum ersten Band legitimiert er denn auch weniger die Erkenntnis als den Nutzen der Tiere. Damit betont er eingangs den pragmatischen Aspekt gegenüber dem theoretischen Anspruch. Er entwirft ein umfassendes Spektrum an Nutzbarkeiten: Wer an dem Nutzen einer Tiergeschichte zweifle, dem antworte er, *Primum hanc naturalis philosophiae partem plurimum prodesse medicinae* [...].[40] Primär über die Medizin wird die Tierkunde zum Bestandteil der Naturphilosophie: Die Medizin verwende Tierbestandteile in der Medikation, lerne zudem aus der natürlichen Selbsttherapie der

---

[39] Leu: Conrad Gesner als Theologe, S. 54–100.
[40] H. A. I, Bl. α 2v. Zur Verbindung von Philosophie und Medizin im 15./16. Jahrhundert vgl. Bylebyl: Medicine, Philosophy, and Humanism, S. 27–49.

Tiere und orientiere sich in der Diätetik an deren exemplarischem Vorbild. Die analoge physische und psychische Austattung von Tier und Mensch erlaube die Übertragung der medizinischen Therapie.[41]

Gessner weist schon zu Beginn die Tierkunde einer akademischen Disziplin zu und lokalisiert sie zunächst im geläufigen Horizont praktischer Bedürfnisse und Anforderungen. Dominiert hierbei der gelehrte Rezipientenkreis, insofern als – neben dem sprachlichen Aspekt – die Medizin als akademische Disziplin in Beziehung zur Wissenschaft (naturalis philosophia) gesetzt wird, so präsentiert sich das im folgenden entfaltete Lob des praktischen Nutzens der Tiere in Jagd, Handwerk, Ökonomik (Viehzucht, Küche, Transport) und Kriegswesen mehr als rhetorischer Gestus zur Aufwertung des Gegenstands. Der rhetorische Aufwand steht hier quer zum eingangs anvisierten Rezipientenkreis und erweist sich als legitimatorischer Akt. Offensichtlich liefern die artes mechanicae den ersten Leitfaden der Gegenstandslegitimation, denn Gessner ist bemüht, deren vorgegebenen Rahmen auszugestalten. Mit *medicina, venatio, agricultura, opificium* und *armatura* sind immerhin fünf Teilbereiche erfaßt, in denen den Tieren eine wesentliche Funktion zugeschrieben wird. Sein Fazit lautet:

> *Sat fuerit in summa affirmasse, ad multas & diuersas artes multorum animalium magnum imò necessarium usum esse* [...].[42]

Nützlichkeitserwägungen bilden aber traditionell die erste Stufe einer teleologischen Naturinterpretation.[43] Die rhetorische Übung erhält vor dem Hintergrund einer teleologischen Perspektive ihren tieferen Sinn. Die Teleologie der Natur, die in bezug auf die Tiere gerade in den Eigenkünsten umfassend zum Ausdruck kommt, ist manifestes Zeichen für die Güte Gottes.[44] Die Entfaltung der Nutzbereiche geht bereits hier über zum Aspekt der Providenz.

In den Rahmen der die Güte Gottes illustrierenden praktischen Nutzbarkeit fällt auch die moralische Funktionalisierung, die Betrachtung der Tiere unter dem Aspekt der Tugenden und Laster.[45] Allerdings wird der Bereich der moralia nicht innerhalb der eigentlich meta-

---

[41] H. A. I, Bl. α 2v.
[42] H. A. I, Bl. α 3r.
[43] Krolzik: Säkularisierung der Natur, S. 40.
[44] H. A. I, Bl. α 3v: *in illis non tantum contemplabimur naturae imò Dei sapientiam ac potentiam, sed insuper gratias agemus benignitati eius qui tam uarias animantes in usus humanos produxerit* [...]. Vgl. Krolzik: Säkularisierung der Natur, S. 39f. Die Verbindung von Nutzen und Providenz erläutert Gessner in seinen posthum erschienenen Physikvorlesungen. Vgl. Leu: Conrad Gesner als Theologe, S. 58f.
[45] H. A. I, Bl. α 3r: *Quinetiam mores ac uirtutes in homine formandi exempla & documenta ab animalibus abunde suppetunt* [...]. Gerade das Gemeinschaftsleben der Tiere, das die Basis der moralisatio bildet, dokumentiert wiederum die Güte Gottes. Vgl. ebd., Bl. α 4r.

physischen Legitimierung abgehandelt, sondern fällt eher unter den Aspekt der Pädagogik. Die universitäre Disziplin der philosophia moralis bildet den übergeordneten Bezugspunkt. Nicht als entzifferbare Zeichen einer Heilslehre präsentieren sich die Tiere, sondern als Exempel für die Moralphilosophie: *Fructus & operaepretium [...] Ad philosophiam de moribus*, lautet denn auch hier die Randglosse.[46] Dazu paßt, daß Gessner seine Belege an dieser Stelle überwiegend nicht der christlichen Tradition entnimmt, sondern der antiken: Aelian, Oppian, Plutarch, Cicero und Galen sind ihm die wichtigsten Gewährsmänner für die Anthropozentrik, während er sich der didaktisch-religiösen Auswertung der christlichen Tradition auffallend enthält. Aus dem Horizont des Wissenschaftssystems argumentiert Gessner noch, wenn er direkt anschließend den Wert der Tiere für die Ökonomik, einer Unterdisziplin der philosophia moralis, erörtert. Unter der Perspektive der Nutzbarkeit werden die Tiere auf den Menschen hin ausgerichtet; die Anthropozentrik der Natur, die in den Tieren zum Ausdruck kommt, besitzt jedoch ein metaphysisches Fundament.

b. Metaphysische Fundierung

Der Perspektive der *utilitas* folgt in der Gesamteinleitung die der *delectatio*: Von den medizinischen, ökonomischen und moralischen Aspekten geht Gessner über zur ästhetischen und in direktem Bezug dazu zur theologische Perspektive, unter denen die Tiere würdige Objekte der Betrachtung darstellen.[47] Das praktische Arsenal allein genügt nicht dem Anspruch einer umfassenden Legitimation. Ohne eine Fundierung der Tierbetrachtung in der Schöpfungsordnung bliebe eine Systemstelle frei. Mit gehörigem Aufwand werden die bekannten metaphysischen Muster herangezogen und zu einer stimmigen Semiotik der Natur geformt. In der noch mittelalterlichen Rangordnung der Schöpfung, die die Geschöpfe gemäß ihrer Teilhabe an göttlichen Attributen stufenförmig anordnet – intellegere, sentire, vivere, esse –, folgen die Tiere auf den Menschen.[48] Diese Nähe war für Gessner schon

---

[46] H. A. I, Bll. α 2v, α 3r. Vgl. H. A. III, Bl. α 4r: *Est quod hinc legant philosophi, praesertim naturae studiosi, sed etiam morum atque uirtutum disciplinae*. Vgl. Harms (Bedeutung als Teil der Sache, S. 364) hat auf die Entfaltung der einzelnen Sparten bei Aldrovandi verwiesen.

[47] Die Verbindung von usus und contemplatio macht Harms (Bedeutung als Teil der Sache, S. 359) zum Fluchtpunkt seiner Interpretation Gessners innerhalb der Tradition des christlichen Humanismus.

[48] H. A. I, Bl. α 4r: *quicquid usquam bene, pulchre, & sapienter fit emanat, per mentes primum coelestes & spirituum angelorumque ordines, deinde hominum animos, à praestantissimis ad infimos progrediendo [...] & ab homine descendendo per diuersos animalium gradus ad zoophyta & plantas ad inanimata usque corpora, ita ut inferiora semper ad imitationem superiorum tanquam umbrae quaedam quodam-*

eingangs Anlaß, die vierfüssigen Tiere an die Spitze seines Werkes zu stellen und somit ein Wertkriterium zum Ausgangspunkt der Darstellung zu machen: Gegenüber den anderen seien diese nämlich würdiger, vollkommener und im Bau des Körpers und in den Affekten, aber auch in den Fertigkeiten des Geistes und den Sitten dem Menschen am nächsten.[49] Die Nachbarschaft in der Schöpfungsordnung – sprachlich greifbar im Begriff der imitatio – garantiert die Ähnlichkeit der Ausstattung. Diese bildet zugleich den metaphysischen Hintergrund für die in Medizin, Diätetik und Morallehre so fruchtbare Nutzung der Tiere durch den Menschen. Der Mensch aber ist – wiederum in typisch mittelalterlicher Tradition – der ausgezeichnete Fluchtpunkt der Schöpfung, der als Mikrokosmos ein Abbild, eine Spiegelung des Makrokosmos darstellt und eine Vermittlungsposition einnimmt zwischen Gott und Welt:

> Quòd si hominem miramur, qui paruo corpore omnium in natura rerum imaginem gerat, animo ueró patris & opificis Dei, proximo certe post hominem loco in admirationem animalia uenient, quae & corporis partibus & animae facultatibus hominem imitantur[50]

Damit ist einerseits die Nähe des Menschen zu den Tieren durch die Schöpfungsordnung abgesichert (*imitantur*), andererseits die Verbindung zur metaphysischen Dimension hergestellt. Die Dichotomie von Körper und Geist spiegelt diejenige von Materialität und Spiritualität und entscheidet über die Bezugsrichtung. In den Tieren wiederholt sich auf untergeordneter Stufe der Kosmosbezug des Menschen.

Dort, wo der praktische Nutzen, der Bezug zur rerum natura endet, beginnt die ästhetische und religiöse Bewunderung der Natur (Tiere), geht die anthropozentrische Optik über in die theozentrische. Der biblische Satz, die Tiere seien um des Menschen willen erschaffen worden, erhält so neben der pragmatischen zusätzlich eine metaphysische Bedeutung. In ihrer Gestalt, ihrer Kunstfertigkeit und ihrem Verhalten bilden sie Zeichen, die den Menschen auf Gott verweisen. Auch in diesem Kontext ergibt sich der zeichenhafte Verweis nicht aus einem impliziten (allegorischen) Sinn, sondern primär aus der Position inner-

---

modo componantur. Vgl. Blank: Mikro- und Makrokosmos, S. 86f. Leu: Conrad Gessner als Theologe, S. 65–68.

[49] H. A. I, Bl. α 2v: *sunt enim haec caeteris sine dubio digniora, perfectiora, & homini tum corporis partibus & affectibus, tum animi facultatibus ac moribus propinquiora.* Zur Kette des Seins vgl. Raimund von Sabund: Theologia naturalis (1436). Lovejoy: Die große Kette der Wesen. Belege aus der Wirkungsgeschichte im 16. Jahrhundert bei Ohly: Zur Goldenen Kette Homers, S. 427–431, 437, 463. Leu: Conrad Gessner als Theologe, S. 76f.

[50] H. A. I, Bl. α 3v. Zur Stellung des Menschen zwischen zwei Seinsordnungen und ihrer mittelalterlichen Tradition vgl. Crombie: Von Augustinus bis Galilei, S. 168f.

halb der Schöpfung: aus der Einordnung in die ›Kette der Wesen‹ und aus der Zuordnung zur analogia trinitatis. Wieder ist es das Verhältnis von Form und Stoff, Körper und Geist, das Nähe und Ferne zur göttlichen Instanz markiert. Das Verhältnis zum Nutzaspekt kehrt sich geradezu um: Je nutzloser ein Tier erscheint, je weniger es in den Blick fällt, desto manifester erweist sich die Präsenz Gottes in ihm. Der Satz *Mirabilis Deus in operibus suis* dient nicht allein der Rechtfertigung des Außerordentlichen (Wunder), sondern zugleich der Präsenz Gottes im Gewöhnlichen. Gottes Macht, Weisheit und Güte fällt allenthalben in den Blick und auch die geringsten Tiere verkünden die »Anzeichen seiner anschaulichen Gegenwart.«[51]

Gessner greift hier zurück auf die aus augustinischer Tradition stammende und in den Naturenzyklopädien geläufige analogia trinitatis, die Analogiesetzung göttlicher Eigenschaften mit Phänomenen der Natur.[52] Gestalt und Bewegung der Tiere verweisen dabei auf die Macht Gottes, ihre unterschiedliche Lebensform, Wohnart und Ernährung auf dessen Weisheit, jede Form des Gemeinschaftsverhaltens schließlich auf seine Güte. Man kann in der Aufspaltung der Tiereigenschaften nach dem Schema der analogia trinitatis den Versuch sehen, dem Darstellungsverfahren vorab metaphysische Dignität zu verleihen. Die Einteilung läßt sich nämlich auf jene Rubriken des Ordnungsrasters beziehen, die weder sprachlich-philologisch (A/H) orientiert sind, noch den praktischen Nutzen der Tiere zum Inhalt haben (E/F/G), sondern im eigentlichen Sinn deskriptiv ausgerichtet sind (B,C,D). Diese lassen sich mit der Gliederung der analogia trinitatis parallelsieren: Rubrik D behandelt das Gemeinschaftsverhalten (Tugenden und Laster), Rubrik C Lebens- und Ernährungsweise, Rubrik B schließlich körperliche Beschaffenheit und verschiedene Species. Durch die Anbindung der rein tierkundlich beschreibenden Rubriken an die analogia trinitatis gelingt es Gessner, auch sie in den metaphysischen Ordnungsrahmen einzubeziehen.

Legitimiert die Schöpfungshierarchie, die sich in der ›Kette der Wesen‹ manifestiert, die anthropozentrisch ausgerichteten pragmatischen Rubriken der artes mechanicae, indem alles auf den Menschen ausgerichtet ist, so die analogia trinitatis die theozentrisch orientierten. Gotteserkenntnis und praktischer Nutzen, delectatio und utilitas, Theozentrik und Anthropozentrik werden in ein homogenes Gefüge gebracht.

---

[51] H. A. I, Bl. α 3vf.: *Quomodo ueró usquam abessent potentia, sapientia α bonitas diuina, uel quomodo usquam in mundo cessarent, nedum in homine, quae in contemptissimis istis & minimis corpusculis, saepe tantillis ut uisum fallant, nec absunt, neccessant, sed illustria praesentiae suae indicia edunt?*

[52] Zur Tradition der analogia trinitatis vgl. Blumenberg: Lesbarkeit der Welt, S. 52. Meier: Grundzüge der mittelalterlichen Enzyklopädik, S. 472. Leu: Conrad Gessner als Theologe, S. 73–75.

Gessner zitiert aus dem bekannten Arsenal der theologia naturalis: Stufenfolge der Schöpfung, Mikro- und Makrokosmos, analogia trinitatis.[53] Die traditionellen theologischen Interpretamente erhalten weiterhin ihren verbindlichen Stellenwert: Die Nachbarschaft von Mensch und Tier erlaubt vielfältige Analogien von Eigenschaften. Im Menschen spiegelt sich nicht nur die Natur, sondern auch die Teilhabe am Göttlichen. Dessen Wesen findet wiederum seine Analogie in der gesamten Natur. Um eine Vorstellung von der Präsenz Gottes in den Dingen (Mensch und Tier) zu geben, greift Gessner zum einen auf das bekannte Bild von den Edelsteinen zurück, die als »irdische Sterne« oder »himmlische Materie« bezeichnet werden, zum anderen auf das gleichfalls bekannte Bild von der den Körper belebenden Kraft der Seele und dem die Seele beschwerenden Körper, ein Bild, das den Widerstreit von Geist und Stoff auf engem Raum dokumentiert.[54] Im Rahmen dieser metaphysischen Legitimation, der Erstellung eines homogenen Beziehungsgefüges zwischen Natur, Mensch und Gott, aktiviert Gessner all jene »Modi der Ähnlichkeit«, die Michel Foucault als maßgebend für die »Episteme des 16. Jahrhunderts« beschrieben hat: die Nachbarschaft innerhalb der Seinskette, die Spiegelung von Mikro- und Makrokosmos, die Analogie von göttlichem Wesen und irdischer Ordnung sowie deren sympathetische Vermittlung. Wie in keinem anderem Bereich knüpft Gessner hier an mittelalterliche Traditionen an. Die Natur manifestiert sich im theologischen Rahmen als umfassendes zeichenhaftes Korrespondenzgefüge in Beziehung auf Gott und den Menschen. Inwieweit es auch jenseits davon die Wahrnehmung der Natur strukturiert, wird zu prüfen sein.

Wie sehr Gessner damit auch Vorstellungen seiner engsten reformatorischen Umgebung entspricht, mag abschließend eine Parallele zu dem Züricher Reformator Huldrych Zwingli illustrieren. Dessen Gottesbegriff steht anderes als derjenige Luthers dem der theologia naturalis nahe.[55] Zwingli hatte in seiner Predigt über die Vorsehung Gottes auf zahlreiche Beispiele gerade aus der Tierwelt zurückgegriffen und ebenfalls die anthropomorphe Verhaltensweise und Ausstattung der Tiere als Indizien göttlicher Macht, Weisheit und Güte interpretiert, letztlich aber die Erkenntnis Gottes über die Natur negiert.[56]

---

[53] Vgl. Leu: Conrad Gesner als Theologe, S. 65–75.
[54] H. A. I, Bl. α 3v: [...] *tanquam coelestis materiae quaedam particulae aut stellae quaedam terrenae* [...]. Vgl. Ohly: Die Welt als Text, S. 255f. Vgl. H. A. I, Bl. α 4v. Leu: Conrad Gesner als Theologe, S. 66.
[55] Krolzik: Säkularisierung der Natur, S. 56.
[56] Zwingli: Von der Fürsichtigkeit Gottes, S. 115f., 131, 139f., 160–162. Vgl. S. 116: *Wöliche Stymm, wöliche Red möchte die göttliche Wyßheit dermaß als die allerminsten und schlächtesten Tierlin ußkünden?* Das Eichhörnchen, das über den Bach segelt, die Murmeltiere, die als Schubkarre dienen, der Igel, der mit seinen

c. *Contemplatio Dei und cognitio rerum*

Gemessen an einer modernen wissenschaftlichen Einstellung zur Natur, ist es hier in der Tat ein weitreichendes semantisches Feld, in das die Naturbetrachtung sinnstiftend eingebettet wird. Programmatik und Durchführung müssen allerdings nicht notwendig übereinstimmen. Die metaphysischen Bezüge liefern eben weniger den Leitfaden für die Darstellung als den Rahmen für deren Legitimation. Es ist interessant zu beobachten, wie sich innerhalb traditioneller Konstellationen Spielräume der Veränderung ergeben. Schon zwischen dem wissenschaftskritischen Diktum Petrarcas und dem Wissenschaftseifer eines Melanchthon – um zwei extreme, aber signifikante Beispiele zu nehmen – sind Verschiebungen sichtbar hinsichtlich des Verhältnisses von sapientia und scientia. Das Verhältnis von Wissenschaft und Theologie ist komplexer als es durch die Opposition von Bedeutungskunde und Sachforschung erfaßt wird.

Auch Gessner steht gegenüber Petrarca in einer veränderten historischen Erkenntnissituation. Jan-Dirk Müller hat gezeigt, daß eine Reihe von Ansichten sich geradezu als Umkehrung traditioneller Vorbehalte gegenüber der curiositas lesen lassen: die Auszeichnung der rastlosen Tätigkeit, die individuelle Unabschließbarkeit des Erkenntnisprozesses sowie die Betrachtung des Todes nicht als Fluchtpunkt kreatürlicher Kontemplation, sondern als Störfaktor im Forschungsprozeß.[57] Gessner ist zudem bemüht, die Rezeptionshaltung gegenüber seinem Werk zu steuern, das Interesse an der Natur vom Verdacht sozialer Isolierung zu befreien und demgegenüber den kollektiven Nutzen zu betonen.[58] Dennoch lokalisiert er sein Unternehmen offensichtlich keinesfalls jenseits theologischer Bedeutsamkeit. Bei Gessner wird die Betrachtung der Natur zum Gottesdienst: »Diese [...] einzelnen Geschichten der Tiere bewundern wir als einzelne Hymnen göttlicher Weisheit und Güte.«[59] So wie Gott sich allem Sein graduell absteigend

---

Stacheln Obst sammelt: auch für Gessner sind dies facta memorabilia. Vgl. Krolzik: *Säkularisierung der Natur*, S. 57. Leu: *Conrad Gesner als Theologe*, S. 49f., 85.

[57] Müller: *Erfarung* zwischen Heilssorge [...] *und Entdeckung des Kosmos*, S. 329, 334f.

[58] H. A. III, Bl. α 4r: *Dedi equidem operam ut & iucunda & utilis tota haec tractatio esset, nec ad ullius priuata studia eam accommodaui, sed in uniuersum p[e]rodesse omnibus uolui.* »Wissen vereinzelt nicht, sondern führt zur Gemeinschaft hin.« (Müller: *Erfarung* zwischen Heilssorge [...] *und Entdeckung des Kosmos*, S. 325). Vgl. H. A. I, Bl. β 1v: [...] *sed candidè & simpliciter, ut quantum in me esset publica studia promouerem.*

[59] H. A. I, Bl. α 4r: *Haec cum ita se habeant, singulas animalium historias, singulos quasi hymnos aestimabimus diuinae sapientiae & bonitatis* [...]. Vgl. Müller: *Erfarung* zwischen Heilssorge [...] *und Entdeckung des Kosmos*, S. 322. Leu: *Conrad Gesner als Theologe*, S. 65.

mitteilt, so erkennt der Mensch in umgekehrter Richtung seinen Schöpfer, indem er graduell zu ihm emporsteigt. Die aus neuplatonischen Traditionen stammenden Vorstellungen verknüpft Gessner mit aristotelischem Gedankengut. Als Vermittlung dient entsprechend ein christlich interpretierter Aristoteles. Genau an der Stelle der Vorrede, an der der Übergang stattfindet von der Feststellung, daß »die Ursache und der Ursprung [der Tiere] in Gott« bestehen, hin zu dem aufsteigenden Erkenntnisweg des Menschen zu Gott, von der Schöpfungsordnung zur Erkenntnisordnung also, plaziert Gessner eine Passage aus der Tiergeschichte des Aristoteles, die der Rechtfertigung der ästhetisch-theoretischen Neugierde dient.[60] Über den Begriff der Kunst (Malerei, Bildhauerei) verweist Aristoteles auf das Ziel jeglicher Betrachtung, die mehr auf Ursache und Zweck ausgerichtet sei als auf den materiellen Gegenstand. Am Beispiel der Kunst illustriert Aristoteles das Problem: Die Kunst als Handwerk verweise auf die zugrundeliegende Technik und durch sie hindurch auf deren Urheber. Analog verhalte es sich mit der Natur.

Für Gessner ist die Passage theologisch lesbar, da sie aufgrund der Begriffe Ursache, Wunder und Zweck Rückschlüsse auf den opifex Deus zuläßt. Sie entzieht aber zugleich mögliche Argumente gegen eine sachliche Naturbetrachtung, denn zuerst muß das Inventar und der Mechanismus der Natur beschrieben werden.[61] Die ästhetisch-theologische Legitimation der Naturbetrachtung besetzt hier formal die Position der theoretischen. Das Wissen über die Natur besitzt zwar weiterhin eine theologische Funktion, es legitimiert sich aber nicht mehr allein aus dieser.

Gessner kann zurückblicken auf die Auseinandersetzung um die legitime christliche Adaptation der antiken Klassiker: den Konkurrenzkampf von Platonikern und Aristotelikern im Gefolge der italienischen Renaissance.[62] Er nutzt die Ergebnisse des Konflikts durch die Vermittlung Theodor Gazas, des »platonisierenden Aristoteles–Übersetzers«, der nach Melanchthons Worten den Streit geschlichtet habe.[63]

---

[60] H. A. I, Bl. α 4r. Aristoteles: De partibus animalium I, 5. Vgl. Düring: Aristoteles, S. 515f. Zur Interpretation: Kullmann: Wissenschaft und Methode, S. 79–85.

[61] H. A. I, Bl. α 4r: *In ijs etiam quae in animantium genere minus grata nostro occurrunt sensui, natura parens & author omnium miras excitat uoluptates hominibus, qui intelligunt causas, atque ingenue philosophantur. [. . .] Rerum autem ipsarum naturae ingenio, miraque solertia constitutarum contemplationem non magis persequamur atque exosculemur, modo causas perspicere ualeamus. [. . .] cum nulla res sit naturae, in qua non mirandum aliquid inditum habeatur.*

[62] Zum Philosophenstreit im 15. Jahrhundert, speziell im Gelehrtenkreis um Kardinal Bessarion, dem Theodor Gaza angehörte vgl. Mohler: Kardinal Bessarion, S. 390–398.

[63] Maurer: Der junge Melanchthon, 1, S. 91. Zu Melanchthons Aristotelesrezeption vgl. Müller: Die Aristoteles-Rezeption im deutschen Protestantismus, S. 58–61.

Gazas Vorrede zu seiner Übersetzung der aristotelischen Tierbücher von 1454, die in späteren Aristoteleseditionen immer wieder zitiert und ausgeschrieben wird, wird auch von Gessner umfassend ausgewertet: den Teil über die Nutzbarkeit des Werkes gibt er separat wieder und einen Teil der dort auftretenden Argumentationen übernimmt er auch für seine eigene Vorredenprogrammatik.[64]

Gazas Vorrede dient nun nicht nur – wie in der ersten Vorrede angegeben – dem Nachweis der exemplarischen, die moralischen Bedürfnisse des Menschen befriedigenden Interpretierbarkeit der Natur, sondern zugleich der Vermittlung von Erkenntnisanspruch und Theologie. Sie leistet Gessner erste Hilfestellung für den Anschluß seines Unternehmens an eine christlich begründete Naturphilosophie. Letztlich seien die Ziele der Naturphilosophie nicht unterschieden von der vornehmsten Aufgabe des Menschen, nämlich den unsterblichen Gott in der Natur zu erkennen. Es stimme nicht, daß Aristoteles viel über die Fliege, die Biene und den Wurm schreibe, wenig aber über Gott.[65] Sehr viel handle nämlich derjenige über Gott, der durch die ausgezeichnete Lehre von den geschaffenen Dingen den Schöpfer selbst offenbare.[66] Deutlicher als durch das eingefügte Aristoteleszitat vertritt Gessner durch die Autorität des byzantinischen Humanisten die Legitimität der Tierkunde. Im Rahmen eines christlichen Aristotelismus entfällt der für das curiositas-Verdikt typische Gegensatz von Erkenntnis und Deutung wie auch die vorgängige Ausgrenzung dessen, was der Erkenntnis unnötig ist. Die *ipsa rerum notitia* und die *contemplatio naturae* vollziehen sich nicht in einander widersprechenden Haltungen, sondern die Erkenntnis

---

[64] H. A. I, Bl. ß 3vf.: *DE FRVCTV EX ANIMALIVM HISTORIA PERCIPIENDO, EX THEODORI GAZAE praefatione in conuersionem suam Aristotelis de animalibus librorum* Vgl. ARISTOTELIS, ET THEOPHRASTI, HISTORIAS, Bl. A 2vf. Die Gaza–Vorrede leitet auch noch die innerhalb der Venediger Gesamtausgabe erscheinenden Tierschriften des Aristoteles ein. Vgl. Sextum Volumen Aristotelis Libri Omnes, Ad animalium attinentes cum Averrois [. . .] Commentarijs [. . .] Venetijs M. D. LXXII., Bl. + ijr–vr. Und auch Augustino Nifo greift für die Vorrede seiner kommentierten Edition der aristotelischen Tierschriften auf weite Passagen Gazas zurück. AVGVSTINI NIPHI [. . .] EXPOSITIONES, Bl. iii[v]–v[v].

[65] H. A. I, Bl. ß 3v: *Nec audiendi sunt, qui inquiunt: Multa Aristoteles de musca, de apicula, de uermiculo, pauca de deo.*

[66] *Permulta enim de deo is tractat, qui doctrina rerum conditarum exquisitissima, conditorem ipsum declarat.* (Ebd.) Auch hier läuft die Vermittlung über die aristotelischen Begriffe von Ursache und Zweck und die Analogie der Kunst. Gaza beruft sich zudem auf den *sapiens* [. . .] *poeta* (Vergil), der analog feststellt: *Felix, inquit, qui rerum potuit cognoscere causas* (Georgica II, 490). Thomas von Cantimpré hatte sich in seinem ›Liber de naturis rerum‹ (S.4) auf die Aristotelesstelle berufen, um die Würde seines Gegenstandes und dessen theologischen Bezug zu untermauern. Vgl. Meier: Argumentationsformen kritischer Reflexion, S. 118. Hünemörder: Die Vermittlung, S. 258.

Gottes realisiert sich über die Natur.[67] Damit unterscheidet sich dieser Ansatz von allegorischen, die die Erkenntnis der Natur nur insoweit zuließen, als sie der heilsgeschichtlichen Deutung diente. Auf der anderen Seite entwickelt sich deutlich ein Bewußtsein vom wissenschaftlichen Wert des Gegenstandes auch jenseits praktischer Anforderungen. In der Botanik bestimmt Gessner bereits deutlicher den Eigenwert des Pflanzenstudiums außerhalb medizinischer Nutzbarkeiten im Rahmen der Philosophie.[68]

d. Ratio et experientia

Gessner ist sich der Neuheit seines Unternehmens bewußt; er betont, daß er eine Lücke in der Naturbeschreibung schließt, da bisher nur wenige Autoren und diese nur unvollständig über Tiere geschrieben hätten.[69] Die Tierkunde holt damit jenen Vorsprung ein, den Botanik und Mineralogie als eine Art Leitdisziplinen bereits gewonnen hatten.[70] Der Verweis auf die vielen, die schon hinreichend über Flora und Minerale geschrieben hätten, hebt explizit Georg Agricolas umfassendes Werk über den Bergbau hervor.[71] Die empirische Erfassung der Natur erfolgt dagegen in der Zoologie erst spät. Sein persönliches Interesse legitimiert Gessner zuerst biographisch. Der Beruf des Mediziners mache es notwendig, auch den Bereich der Naturphilosophie zu studieren, und hier habe ihn immer mehr das sinnlich Wahrnehmbare interessiert, das, wovon man sichereres Wissen haben könne, als von

---

[67] H. A. III, Bl. α 4r: *Primarius quidem haec ut conderem scopus mihi fuit, ipsa rerum notitia, & honestissima contemplatio naturae, quae animis ad architecti per omnia summi & nostri naturaeque domini ac patris cognitionem ac uenerationem conscendentibus, sese submittens scalarum instar praebet, & ueluti per gradus in sublime prouehit.*

[68] So schreibt er über Hieronymus Bock (Hieronymus Tragus, De Stirpium differentijs, Bl. C Vv): *Non enim de illis tantum agere uoluit, quae in communi medicorum aut uulgi usu sunt, sed omnino de omnibus quae ad manus eius peruenerunt, etsi uel nomina, uel uires, uel facultates uel etiam utrunque ignoraret, quod eius institutum mihi ualde probatur. nam & ingenuum est quae nescias fateri, & alijs ad inquirendum proponere: & animus philosophicus ipsis per se naturae operibus delectatur. Medico uero erudito de quouis etiam ignoto & numquam antehac uiso remedio, ex sapore, odore, alijsque iudicandi & experiendi modus uniuscuiusque uim & naturam facile addiscunt.*

[69] H. A. I, Bl. α 2r. Vgl. H. A. III, Bl. α 4r: *Ego quidem quandiu uixero paulatim praecipuam hanc de animalibus Naturae in hoc mundi theatro partem, & alteram quae de stirpibus agit, ornare atque excolere pergam, & contra nostri saeculi in haec studia ingratitudinem & contemptum forti animo eluctabor.*

[70] Gmelig-Nijboer: Conrad Gessner's »Historia Animalium«, S. 45.

[71] H. A. I, Bl. α 2r. So die Werke der drei Väter der Botanik Otto Brunfels (1532), Hieronymus Bock (1539) und Leonard Fuchs (1542). Vgl. Crombie: Von Augustinus bis Galilei, S. 495. Krafft: Renaissance der Naturwissenschaften, S. 128.

entfernten Meteoren oder Dingen, die entweder zu schwierig oder gar nicht durch die Sinne und den Verstand erreichbar seien.⁷²

Zwei Gründe sind ausschlaggebend für Gessners Interesse: Die Sichtbarkeit des Gegenstandes und die ökonomische bzw. praktische (artes) Verwertbarkeit desselben. Sichtbarkeit scheint gegenüber der Astronomie Inbegriff des Verläßlichen zu sein, während Nutzbarkeit als Garant lebensweltlicher Sinnhaftigkeit gilt.⁷³

Die Argumentation verweist hier erst beiläufig auf die Opposition, gegen die sie formuliert ist. Das Recht der Praxis, bzw. der Anschauung gegenüber der Theorie zu betonen, ist bekanntes Instrument humanistischer Polemik gegen die scholastische Dialektik. Dem mangelnden Realitätsbezug der Dialektiker gilt etwa das Bemühen Rudolf Agricolas in ›De inventione dialectica‹, ein Inventionsverfahren zu entwickeln, das die Verbindung zu den Sachen selbst wiederherstellt.⁷⁴ Die Reform des scholastischen Bildungswesens läuft über die Integration der Erfahrung in das System der artes.

Die Privilegierung der Anschauung, bzw. der Erfahrung gegenüber allen Formen von regulativen und spekulativen Verfahren illustriert Gessner wieder unter Rückgriff auf den Vorredenausschnitt des Theodor Gaza. Bei dem griechischen Humanisten kommt es weniger darauf an, daß Theologie, Morallehre und artes liberales, Diätetik, Medizin und Philosophie von den Tieren profitieren, als auf das Motiv der Anschaulichkeit, das all den möglichen Nutzanwendungen zugrunde liegt: Der Schöpfer werde in seinem Werk offenbar. Deutlicher als in den übrigen Werken des Aristoteles (›De anima‹) komme das Phänomen der (göttlichen) Seele in den Tierbüchern zum Vorschein (*tam aperte*); in der Morallehre verwiesen die Tiere weit besser (*longe melius*

---

⁷² H. A. I, Bl. α 2r: *Primum, quia certior de istis scientia haberi potest, quàm de meteoris, & alijs quibusdam, uel nimium subtilibus & argutis, ac procul à sensu remotis, uel eiusmodi ut firmam eorum cognitionem nec ratione nec sensu satis sperare liceat.* Topisch ist geradezu die empirische Positionsbestimmung in Opposition zur Astronomie, die sich auch in Botanik (Tabernaemontanus) und Reiseliteratur (Barthema) findet.

⁷³ Sichtbarkeit und Nutzen waren nicht nur Instrumente humanistischer Kritik an scholastischer Wissenschaft, sondern zugleich reformatorische Mittel zur Disziplinierung der entstehenden Wissenschaft im Sinne der Heiligen Schrift. In ihnen artikuliert sich das praktisch-psychologisch ausgerichtete Interesse der artes (Rhetorik-Astronomie) gegenüber dem Erkenntnisanspruch der Wissenschaft. Vgl. Blumenberg: Die kopernikanische Wende, S. 107. Apel: Die Idee der Sprache im Zeitalter des Humanismus, S. 231.

⁷⁴ Schmidt-Biggemann: Topica universalis, S. 3–15. Kessler: Humanismus und Naturwissenschaft, S. 148ff. Kessler (S. 145) verweist auch auf ›De formando studio‹, wo Agricola für die Reform der artes verlangt, anstelle der initia die res ipsas zu setzen. Die initiae physicae führten in Form von quaestiones in die Physik ein (vgl. Melanchthons ›Initia Doctrinae Physicae‹, in: CR 13, Sp. 179–412). Berühmt ist Vallas Verteidigung der historia gegen die praecepta der philosophia in seiner Geschichte Ferdinands von Spanien: Opera omnia II, Bl. IIIr/v.

hinc accipi possunt) auf die Tugenden und Pflichten als etwa sophistische und rhetorische Lehren; die artes liberales, insbesondere aber die Diätetik bezögen ihre Beispiele aus der Tierwelt. Das pädagogisch fruchtbare Prinzip lenkt auch die praktische Nutzung der Natur: *At uero exempla, in quibus uis maior, quàm in praeceptis est, ab animalibus certiora praebentur.*[75] Für die Medizin und Philosophie werde der Empiriker Aristoteles selbst zur Instanz der Kritik gegen die aristotelische Naturphilosophie der Spätscholastik. Der Arzt beginne dort, wo der Philosoph ende: bei der Wahrnehmung.[76] Und auch die Naturphilosophen seien durch Realitätsferne bedroht:

> *Iam & philosophi nostrae aetatis, qui quadrifariam rerum causam ex prima illa librorum naturalis auscultationis institutione, accipiunt quidem communi quadam ratione: sed quemadmodum his natura utatur, in constitutione, generationeque animalium, parum, authore Aristotele, uident, inopia scilicet exemplaris Aristotelici quod legere possint, hic uidisse aliquando gaudebunt, & Physici, quos se appellant, dignius de caetero profitebuntur. Rationes enim ideo quaerimus uniuersales, ut demum res particulares, & sensiles teneamus.*[77]

Damit schließt sich der Kreis, der von der Theologie über die artes bis zur Wissenschaft sich erstreckt und die Möglichkeiten und Notwendigkeit der Anschauung unterstreicht. Das Verhältnis von praecepta und exempla durchzieht beinah alle Disziplinen. In diesem Kontext reiht sich Gessners Werk programmatisch in die zeitgenössische Tendenz ein, dem Rationalismus der Scholastik in Theologie, Morallehre und Naturphilosophie das Exempel als Erfahrungsinstanz entgegenzustellen. Eine Naturphilosophie ohne Anschauung berufe sich nur scheinbar auf Aristoteles, auch die Freude über den Mangel an Beispielen bedeute keine Auszeichnung. Das hierarchische Verhältnis von Naturbeschreibung und Philosophie verliert seine festen Grenzen; es sind die *res particulares*, die die *rationes* [. . .] *uniuersales* legitimieren, und der letzte Satz des Gaza–Zitats läßt geradezu auf »eine Dienststellung der Philosophie gegenüber der Historie« schließen.[78] Selbst im engen Rahmen der Wissenschaftskonzeption der Zeit erhält so die historia naturalis ihren notwendigen Ort.

---

[75] H. A. I, Bl. ß 4r. *Longum iter est per praecepta, breve et efficax per exempla*, heißt es bei Seneca (Epist. mor. 6,5). In zeitgenössischer reformatorischer Didaxe bei Melanchthon: *exempla plus faciunt quam praecepta* (CR 17, Sp. 653). Vgl. Barner: Barockrhetorik, S. 59–67. Brückner, Historien und Historie, S. 43. Zur zunehmenden Orientierung der frühneuzeitlichen Grammatik an den exempla der Klassiker statt an den rationes der mittelalterlichen Logik vgl. Padley: Grammatical Theory in Western Europe, S. 31.

[76] H. A. I, Bl. ß 4r: *Medicus autem, quod fatetur, se sua inde ordiri, ubi philosophus desinit, nusquam plenius, quàm hic uiderit: quodque à Galeno medicorum principe traditur, Aristotelem primum anatomen, hoc est, membrorum dissectionem scripsisse, hic agnoscet: & quod idem & primus, & optimus fuerit author, percipiet.*

[77] H. A. III, Bl. ß 4r.

[78] Seifert: Cognitio historica, S. 67.

Gessner dokumentiert diese Auseinandersetzung zwischen Sichtbarkeit und ratio hier noch durch die Worte Gazas. Er thematisiert damit aber schon einen Problemzusammenhang, der zentral den Status der historia betrifft und in ihr insbesonders den Stellenwert der Ordnung und der Empirie. Nicht unter dem Aspekt der historia erörtert Gessner später dieses Problem, sondern unter dem von Verstand und Erfahrung.

In der Vorrede zum 3. Band der ›Historia animalium‹ löst sich Gessner selbst von den dominanten pragmatischen und metaphysischen Gesichtspunkten und widmet sich ausführlich dem Problem, seinen Gegenstand unter dem Aspekt von ratio und experientia zu erfassen. Hier wird deutlich, daß es sich bei Gessners Unternehmen um mehr als eine traditionelle Fortführung bekannter Muster handelt. Der alte wissenschaftmethodische Topos erhält universale Gültigkeit innerhalb der artes, so daß Gessner ihn durch die Disziplinen hindurch verfolgt: *Rationis et experientiae ad omnes artes necessitas, earumque inter se comparatio.*[79] Auch wenn Gessner stark metaphorisch argumentiert und letztlich nur exemplarische Bezüge zur eigenen Disziplin herstellt, ist die Passage aufschlußreich für sein Wissenschaftsverständnis. Betont wird die Notwendigkeit eines ausgewogenen Verhältnisses von Vernunft und Erfahrung: *Haec duo (ratio inquam & experientia) reipsa separari non debent, neque alterum sine altero quisquam sibi optare.*[80] Ein etwaiges Ungleichgewicht führe entweder zu ausgeprägten Ordnungsvorstellungen, die jedoch ohne Anschauung ebenso wertlos seien wie umfangreiche Erfahrungen ohne verstandesmäßige Bewältigung. Die Stoßrichtung des Arguments geht zunächst – hier nun in Gessners eigenen Worten – wieder gegen die Dialektik als akademisch etablierte Methodologie und rehabilitiert gegenüber der privilegierten ratio die Erfahrung.[81]

Zunächst illustriert Gessner das Wechselverhältnis von Theorie und Erfahrung an pragmatischen Disziplinen: für die politische Praxis verweist er auf Plato, für die Medizin auf Galen.[82] Am Beispiel der Galenschen Körpermetaphorik betreibt Gessner die Rehabilitierung der experientia, bestimmt aber zugleich ein Rangverhältnis: Von den bei-

---

[79] H. A. III, Bl. α 3r, Randglosse.
[80] Ebd.
[81] Ebd.: *Sic dialectici cum rerum cognitionem nullam profiteantur, artibus & scientijs omnibus modum, ac rationem qua constituantur, quaque commodè tum disci tum doceri possint ostendunt.*
[82] Ebd.: *Plato philosophus utcunque sapientes uiros, in forum & actiones publicas si prodeant, prorsus ineptos ac ridiculos uulgo se praebere ait. [...] Author est Galenus haec duo tanquam crura esse, quibus ars omnis innitatur absoluaturque, in alterutro seorsim omnino uacillatura.* Gerade Galen hatte dem Topos in der Renaissance zu neuer Aktualität verholfen. Vgl. Schipperges: Zum Topos von »ratio et experimentum«, S. 27f. Hoppe: Biologie, S. 18f.

den Beinen, auf denen jede Kunst stehen müsse, sei das rechte edler – die ratio – , das linke dagegen nützlicher. Ein Parallelfall aus der Physiologie ist metaphorisch ergiebiger. Das Leben ergieße sich über die Leber und das Herz ins Gehirn. Erstere sei folglich nützlicher, notwendiger und zeitlich früher; das Herz edler, aber zeitlich später und das Gehirn am edelsten. Die Organfolge impliziert zugleich eine Werthierarchie, die als Weg vom Materiellen zum Geistigen sich auf das Verhältnis von ratio und experientia als Methodologie übertragen läßt.[83] Damit trägt Gessner der zeitgenössischen Wissenschaftshierarchie Rechnung. Danach zeichne sich der edlere Status der Vernunft dadurch aus, daß sie sich nicht mit Partikularem beschäftige, statt dessen die Gesamtheit in den Blick nehme, wie etwa in der Architektur oder in anderen Künsten. Der präskriptive Charakter der Künste bildet dann das Muster, das Verhältnis von Einzelnem und Allgemeinem zu bestimmen:

> *Ratio uniuersalia praecepta complectitur, quibus tanquam ideis & exemplaribus, icones & particularia omnia insunt potentia, ut loquuntur philosophi, & ex hoc tanquam fonte scaturiunt.*[84]

Das Verhältnis von ratio und experientia verlagert sich in das von Induktion und Deduktion. Schwieriger sei es, vom Einzelnen zum Allgemeinen zu gelangen, als umgekehrt. Signifikant, daß Gessner wiederum ins Metaphorische ausweicht: Das Bild des Stromes dient ihm zu Illustration des Problems, und auch dieses besitzt seine implizite Metaphysik, die wie zuvor den Weg zur Transzendenz bahnt. Wissenschaftliche Methode und metaphysischer Hintergrund fallen in dem Bild ineins: Der Weg zum Allgemeinen wird gleichgesetzt mit demjenigen zur Quelle, d. h. zum Ursprung. Allgemeines und Ursprung/ Quelle sind äquivalent, fließen zusammen im unsterblichen Gott, der entfernt und verborgen nicht ohne ratio erfaßbar ist.[85] Entgegen den naheliegenden Dingen benötigen die entfernteren die ratio und hier insbesondere die höchste Instanz der Schöpfung.

Sichtlich schwer fällt Gessner dann doch der Transfer des Verhältnisses von ratio et experientia auf das eigene Unternehmen. Er vermag es aber gerade deshalb, weil das Verhältnis von Erfahrungsdaten zu den praecepta/universalia, kurz die Form der Induktion, die durch die Me-

---

[83] H. A. III, Bl. α 3r: *Sic solam experientiam, licet illam aliquis magis necessariam, utilioremque, & fortè etiam tempore priorem esse affirmet [...] per se ignobilem esse dixerim.*

[84] H. A. III, Bl. α 3v.

[85] Ebd.: *At si quid remotius est, si obscurius, nihil absque ratione perficitur. Haec uerò sicut magnes ad Septentrionem seu polum, ad Deum, hoc est uerè supremum mundi fastigium, in quo solo immobili uertuntur ac mouentur omnia, siue suapte natura, siue diuina potius & ineffabili quadam ui influente trahenteque, sese conuertit.*

taphern suggeriert wird, nicht als dreigliedrige Relation, sondern als zweigliedriger Subsumptionssakt, als Ordnungsleistung folglich, begriffen wurde.[86]

> *Ad historiam animalium uenio. In hac equidem conscribenda eadem haec duo,* [...] *coniungere sum conatus.* [...] *Rationis quidem & iudicij uis in ipso eorum quae conscribuntur ordine, maximè elucescit.*[87]

Aus dem pragmatischen Kontext geht Gessner damit über zum theoretischen. In die fast unendliche Menge und Verschiedenheit der einzelnen Dinge (*in hac rerum singularium infinita fermè copia ac uarietate*) bringe die ratio Ordnung: das Verhältnis verschiebt sich zu demjenigen von Stoff und Ordnung, und die Natur erhält so selbst den Status von experientia: von *res particulares, res sensiles*. Sie wird als experientia zum Stoff, der zunächst weniger der Befragung als der Ordnung durch die ratio bedarf. Experientia meint hier also nicht die Autopsie oder das Experiment, sondern die schlichte Stoffgrundlage, unabhängig von der Art der Vermittlung. Wenn Gessner schon zu Beginn der Vorrede der Naturgabe ratio die vom Engagement abhängige experientia gegenübergestellt, so umfaßt diese gleichfalls alle Arten medialer Vermittlung, z. B. Lesen neben den verschiedenen Formen von Selbstwahrnehmung.[88] Die vielfältigen Formen der Datenbeschaffung hatte Gessner schon in der Vorrede des ersten Bandes ausführlich dargelegt. Und auch in der Darstellung selbst kommen entsprechend Überlieferung, mündliche Erzählung, briefliche Mitteilung und eigene Beobachtung gleichberechtigt nebeneinander zu Wort.[89] In seiner Vorrede zur lateinischen Ausgabe des Kräuterbuchs von Hieronymus Bock von 1552 werden die gleichen Formen der Materialbeschaffung schon mit methodischen Überlegungen in Verbindung gebracht.[90]

Indem Gessner die Problematik von Stoff und Ordnung derjenigen von ratio und experientia zuweist, schließt er an das humanistische Wissenschaftsverständnis an, das der historia den Status der vorwissenschaftlichen Empirie zuwies, bzw. das der zunehmenden Erfah-

---

[86] Seifert: Cognitio historica, S. 91f. Schmidt-Biggemann: Topica universalis, S. 14.
[87] H. A. III, Bl. α 3v.
[88] H. A. III, Bl. α 3r: *Vt uerò multa experiatur, audiat, uideat, legat, peregrinetur, obseruet, & inerti otio ignauiaque superior in usum atque experientiam omnia uocet, hoc quisque uel facere uel non facere potest:* [...].
[89] H. A. III, S. 299 (Taube), 474 (Auerhahn 607f.), (Schneegans), 641 (Pelikan), 645 (Rebhuhn), 673 (Häher), 750 (Geier) u. ö. Vgl. Gmelig-Nijboer: Conrad Gessner's »Historia Animalium«, S. 88–94.
[90] Hieronymus Tragus (Bock): De Stirpium differentijs, Bl. C VJr: *Non est autem quod me dicum pudeat, uel ex rusticis & mulierculis, & reliquo hominum uulgo, rerum quarundam cognitionem petere. Vniuersalia enim & eam quae proprie ars dicitur, a uiris eruditis tantum haurire possumus: particularia uero cum caetera tum in simplicibus medicamentis, quod propemodum infinita sunt, a quibusuis hominibus discere non dedignabimur.*

rungsfülle der Zeit mit einem Wissenschaftsmodell begegnete, das der Partikularität der Daten und ihrer Disposition Rechnung trug.[91] Entscheidend bleibt auch hier die Opposition weniger zum aristotelischen als zum scholastischen Wissenschaftsmodell.

3. Ordnungsverfahren

a. Buchgelehrsamkeit und Erfahrungsdruck

Gessner verfährt in seiner Gesamtanlage literarisch und folgt insofern der Tradition, als sich Erkenntnis der Natur primär über Bücher konstituiert. Zentrale Züge des entstehenden Empirismus erwartet man vergeblich: die scharfe Polemik gegen eine kanonisierte Buchtradition unter dem Stichwort der Erfahrung (Paracelsus), die Konkurrenz von Naturerkenntnis und biblischer Doktrin (curiositas), ebenso diejenige von humanistischer und aristotelischer Naturkunde. Jene Oppositionen, die das Beschreibungsfeld von Wissenschafts- und Geistesgeschichte strukturieren und die die Wissenschaftssituation seiner Zeit prägen, finden sich bei Gessner nicht oder sind nicht zu methodischer Konsistenz ausgebildet. Der Horizont schon bekannter Einwände gegen Buchgelehrsamkeit ist bei ihm nicht vorhanden.

Im Gegenteil: Je mehr Bücher, desto besser. Auch zielt Gessner zunächst mehr auf Vollständigkeit als auf Kritik und überläßt dem Leser das Urteil. Unter den Bedingungen zeitgenössischer, humanistisch geprägter Gelehrsamkeit, denen Gessner unterliegt, verbietet sich geradezu eine Distanzierung gegenüber diesem Medium der Erkenntnis.[92] Gelehrsamkeit war eben im humanistischen Umkreis zuerst an Lektüreleistungen gebunden, die quantitativ keine Grenzen kannten.[93] Der Gegensatz zwischen stilistischer Bildung, die sich an der imitatio ausgewählter Autoren ausrichtete und mithin einen Lektürekanon voraussetzte, und sachlicher Ausweitung der lexikalischen Kompetenz, die auf alle Autoren ausgriff, steht noch im Hintergrund, wenn Gessner seine Quellenbasis rechtfertigt. Erst vor diesem Hintergrund läßt sich sein

---

[91] Seifert: Cognitio historica. Schmidt-Biggemann: Topica universalis, S. 3–23, 23.
[92] Vgl. Juan Louis Vives: De disciplinis II, S. 241: *Cognoscenda sunt ex libris omnia: nam sine libris quis speret se magnarum rerum scientiam consecuturum?* Zitiert nach Zedelmaier. Bibliotheca universalis, S. 81.
[93] So schreibt etwa Erasmus (De duplici copia verborum ac rerum, S. 258): *Ergo qui destinauit per omne genus autorum lectione grassari (nam id omnino semel in vita faciendum ei qui velit inter eruditos haberi)* [...]. Dazu paßt auch das Motto Aldrovandis, das dieser sich als Student wählte: »Nichts ist süßer, als alle Dinge zu wissen.« Vgl. Riedl-Dorn: Wissenschaft und Fabelwesen, S. 34. Vgl. Erasmus: ADAGIORVM CHILIADES, 5. Cent. I, 42. Zum Verhältnis von Lektüreaufwand und Zeitplanung vgl. Schreiner: Diversitas temporum, S. 391.

Argument verstehen, daß er explizit nicht die besten Bücher auswählt, sondern alles Verfügbare summiert.[94]

Der »deutsche Plinius«, wie Gessner schon zu seiner Zeit panegyrisch genannt wurde, steht in diesem Aspekt seinem antiken Vorbild und den mittelalterlichen Enzyklopädisten aber nur scheinbar sehr nah.[95] Anders als die Enzyklopädisten zielt Gessner nicht auf Vollständigkeit im Sinne eines Weltbuchs oder eines integralen Corpus des wesentlichen Wissens, vielmehr auf Vollständigkeit der Information nach Maßgabe eines einzelnen Gegenstandes, der in verschiedene Disziplinen hineinreicht.[96] Den Stellenwert des buchfixierten Interesses belegen die Indices der benutzten Bücher, unter denen jener an der Spitze steht, der die verlorenen, nur bei anderen erwähnten Autoren auflistet. Untrennbar von dem Interesse an der Sache bleibt daneben das kulturgeschichtliche: Erkenntnis eben auch als Entdeckung verschütteter Autoren. Analog zum bibliographischen Unternehmen der ›Bibliotheca universalis‹ liefert Gessners Autorenübersicht zu Beginn der ›Historia animalium‹ eine Spezialbibliographie der Tierkunde. Der Anspruch, in seinem Werk eine Art Bibliotheksersatz zu schaffen, knüpft zwar noch an das mittelalterliche buchfixierte Unterfangen an, der Stoffülle durch Pandekten und Epitome Herr zu werden, transferiert es aber auf eine Spezialdisziplin.[97]

Gegenüber der mittelalterlichen Tradition hat es die beschreibende Naturkunde des 16. Jahrhunderts ungleich stärker mit einer kaum überschaubaren Datenfülle zu tun. Gessners Arbeit fällt in eine Phase der Wissenschaftsentwicklung, in der die einzelnen Disziplinen an die Grenzen der traditionellen Arbeitsverfahren geraten.[98] So scheinen die Möglichkeiten des Einzelnen erschöpft, wie das Bemühen um kollektive Datenerfassung und die gesundheitlichen Folgen rastloser Arbeit belegen.[99] Schon am Umfang der ›Historia animalium‹ wird sichtbar,

---

[94] H. A. I, Bl. ß 1r: *Dicat aliquis non fuisse ex omnibus sed ex optimis tantum libris conscribendam historiam. Ego ueró nullius scripta contemnere uolui, cum nullus tam malus sit liber, ex quo non aliquid haurire boni liceat, si quis iudicium adhibeat.* Auch bei Gessner finden sich Formulierungen, die auf eine qualitative Autorenauswahl beziehen: LOCI COMMVNES, Bl. ejr: *Et hoc sanè cumprimis laudandum est, vt integri melioris notae authorum libri perlegantur.*

[95] Widmann (Konrad Gesner, S. 220) zitiert ein Gedenk-Epigramm aus der »Vita Gesneri von Josias Simler (1566) [...] Bl. 34v«, in dem Gessner als »Plinius Germanus« bezeichnet wird.

[96] Vgl. Zedelmaier: Bibliotheca universalis, S. 64f.

[97] Zum Buch als Bibliotheksersatz vgl. H. A. I, Bl. ß 2r: *sed qui Volumen nostrum habuerit, omnia de ijsdem scripta habere se persuasus esse debeat, unum scilicet pro bibliotheca.* Vgl. Harms: Allegorie und Empirie, S. 120. Dem Versuch, der Dissoziation des Materials entgegenzuwirken, war schon die ›Bibliotheca Universalis‹ gewidmet.

[98] Lepenies: Das Ende der Naturgeschichte, S. 16–20.

[99] Vgl. Gessners Brief an Bullinger, den Züricher Reformator und Nachfolger Zwinglis, bei Ley: Konrad Gesner, S. 20–24.

wie die taxonomischen Wissenschaften im 16. Jahrhundert unter Erfahrungsdruck stehen und mit welchen Mitteln sie ihn zu verarbeiten suchen.[100] Die schlichte Reihung der Autorenreferate, schon bei dem relativ überschaubaren Bestand mittelalterlicher Handschriften kaum noch praktikabel, versagt vor der explosionsartig sich ausbreitenden Literatur des 16. Jahrhunderts. Das Arsenal der Schöpfung läßt sich nicht mehr wie in den Enzyklopädien des 13. Jahrhunderts in einem Band dokumentieren, nicht einmal mehr die Tierwelt, will man sich nicht auf eine schematische Darstellung beschränken. Ein Blick auf den Umfang einzelner Kapitel der ›Historia animalium‹ illustriert die veränderte Ausgangslage. So handeln 39 Seiten über den Löwen, aber schon 79 über die einheimische Kuh, 97 über den Hund, und mit den 177 Seiten über das Pferd ist allein dieses Kapitel umfangreicher als die Gesamtdarstellung der Tiere bei manchem Enzyklopädisten. Die Materialsuche schöpft mehr denn je aus einem schier unbegrenzten Reservoir von Texten und Beobachtungen, die »als ›empirische‹ Grundlage wissenschaftlicher Arbeit« fungieren.[101]

Das Quantitätsproblem hat aber unmittelbar Auswirkungen auf die Arbeitstechnik. Die compilatio bildet zwar weiterhin das gültige Verfahren der Textproduktion, erfährt aber unter den Bedingungen des Buchdrucks neue technische Möglichkeiten der Bearbeitung und des Arrangements.[102] Für die Organisation des Wissens haben die nunmehr unübersehbaren, gedruckten und damit standardisierten Wissensbestände weitreichende Auswirkungen. Helmut Zedelmaier hat die Konsequenzen für eine verbreitete Wissensordnung der Frühen Neuzeit, die topische Inventarisierung von Wissen in künstlichen Ordnungsräumen, anhand von Gessners ›Bibliotheca universalis‹ herausgearbeitet.[103] Die zunehmend ins Bewußtsein tretende Diskrepanz von Lebensspanne und zu organisierendem Wissensstoff erfordert eine veränderte Ökonomie sowohl der Lektüre als auch der Materialverarbeitung. Neben die Sammlung und Sicherung der Bestände, ihre Reinigung und ihre Kommentierung, tritt zudem das Problem der Anschließbarkeit an vorhergehende Forschungsstände.[104] Für eine Orientierung im überlieferten Textmaterial, das durch den Druck an die Öffentlichkeit gelangt, ist das schnelle Auffinden der Information über einen Index unerläßlich.

---

[100] Lepenies: Das Ende der Naturgeschichte, S. 16–18, 23.
[101] Zedelmaier: Bibliotheca universalis, S. 81.
[102] Eisenstein: The Advent of Printing and the Problem of the Renaissance, S. 19–89, 24. Dies.: The Printing Press as an Agent of Social Change, S. 107–113.
[103] Zedelmaier: Bibliotheca universalis, S. 9–124.
[104] *Mihi profecto in vita tam breui & tanta studiorum uarietate uersantibus neccessarij uidentur librorum indices, non minus quàm in triuio Mercurius, siue ut reminiscatur quae quis legerit, siue ut noua primum inueniat.* Gessner: PANDECTARVM [...] libri, Bl. 19v.

Neben die kontinuierliche Lektüre tritt die organisierte Recherche durch gezieltes Nachschlagen.

Aber auch auf die Darstellung hat die Materialfülle Auswirkungen. Das gesamte überlieferte Material läßt sich je nach vorgegebenem Ordnungsrahmen unterschiedlich rastern.[105] Für die Legitimation seines eigenen Unternehmens beruft sich Gessner ausdrücklich auf seine Ordnungsleistung:

> *non uideo quo iure uituperetur noster hic labor, in quo multa quidem ab alijs dicta, sed confuse, multa à me primum prodita, ita digessi & disposui, ut propemodum nihil non suo loco redditum sit.*[106]

Damit fallen die Stichworte, die schon den Geschichtsschreiber in seiner Arbeit charakterisierten: die Erstellung einer Materialordnung (dispositio) nach im voraus bestimmten Kriterien (loci). Nicht mehr der Text einer antiken Autorität (z. B. Aristoteles) wird übersetzt (Gaza), glossiert und kommentiert (Niphus), anders zusammengestellt (Wotton), emendiert (Barbarus Pliniuskritik) oder Auszüge daraus mit Parallelstellen einer anderen Autorität versehen (Turner). Die Darstellung löst sich hier von den Vorgaben der Autorität und organisiert sich nach sachlichen und disziplinären Aspekten. Die Exzerpier- und Kommentartechniken, die das Raster für die Autorenlektüre bilden – das res-verba Schema, die Ordnung nach loci, die Parallelstellensammlung, aber auch glossierende Stellungnahmen (digressiones) –, prägen nunmehr den Aufbau des Nachschlagewerks. Aus den Konsequenzen der veränderten Materiallage, die sich im Gefolge des Buchdrucks einstellt, erwachsen veränderte Bedürfnisse der Rezeption und Produktion von Texten.

b. Grammatische Materialordnung

Die Bewältigung des Stoffs schiebt sich zunächst vor die Bewältigung der Sache, die Fleißarbeit unter Zeitdruck vor die Auseinandersetzung mit dem Material.[107] Das Problem der Ordnung des Gegenstandes, der

---

[105] Zum »Typus Kompilationsliteratur« vgl. Brückner: Historien und Historie, S. 82–102, 84. Im Verlauf des 16. Jahrhunderts breitet sich das Verfahren der Kompilation zu einem Typus von Literatur aus, der zwar an mittelalterliche Traditionen anknüpft, nun aber sich zielgerichteter auf einzelne Gebiete bezieht. Großangelegte Sammlungen entstehen: Sprichwort-, Legenden- und Prodigiensammlungen, Teufelbücher, Tugend- und Lasterkataloge sowie umfangreiche Schwank- und Exempelsammlungen.

[106] H. A. I, Bl. ß 1v. Vgl. ebd.: *Siquidem omnium non solum sua sunt capita, sed capitum etiam partes, & certi ordines, priores, posteriores, mediae, uno ferè & perpetuo per uniuersum Opus ordine seruato.* Vgl. H. A. III, Bl. α 3v.

[107] H. A. I, Bl. ß 1r: *ferè ad praelum describerem ea quae annis aliquot prius congesta reposueram, ut si excudi contingeret, non res amplius inquirendae admodum, sed scriptio ferè tantum, & ordo, & cura ne quid frustra repeteretur, me detinerent.*

Beziehung einzelner Tiergruppen und Familien zueinander hat Gessner durchaus vor Augen. Er übernimmt es von Aristoteles und der zeitgenössischen Botanik, schließt aber nicht an diese an. Er beruft sich statt dessen – nicht ohne Bewußtsein der sachlichen Inadäquatheit – ausdrücklich auf ein Ordnungsverfahren, das zu seiner Zeit das Gängige sei: das alphabetische.[108] Gegenüber dem Werk des Aristoteles sieht Gessner sein eigenes mehr in einem grammatischen als in einem wissenschaftlichen Zusammenhang verankert: *Alphabeticum autem ordinem secutus sum, quoniam omnis tractatio nostra ferè grammatica magis quàm philosophica est:*[109] Die Darstellungsgewohnheiten seiner Zeit, kurz der philologische und praktische gegenüber dem theoretischen Gebrauchszusammenhang, sprechen für eine alphabetische Ordnung.[110]

Grammatik bezeichnet im 16. Jahrhundert indes mehr als die rein sprachliche Analyse. Sie besitzt im zeitgenössischen Verständnis einen fächerübergreifenden Anspruch und umfaßt die Interpretation von Literaten und Historikern ebenso wie »die Sammlung, Disposition und Auswertung des gesamten überlieferten Wissens.«[111] In den ›Pandekten‹, dem systematischen Pendant zur ›Bibliotheca universalis‹, bietet Gessner unter der Rubrik ›Grammatik‹ umfangreiche Vorschläge zur Exzerpiertechnik und zur übersichtlichen Organisation des Materials.[112] Vor aller sachlichen Analyse steht die möglichst vollständige Erhebung der Daten und ihre vorläufige topische Gliederung.

So existiert ein deutliches Bewußtsein von dem vorwissenschaftlichen Status seiner Anordnung im Hinblick auf die Sache selbst. Etwa zeitgleich mit der ›Historia animalium‹ hat Gessner in der Botanik auf die beiden verschiedenen Behandlungsarten des Gegenstandes hingewiesen: einerseits eine medizinische, andererseits eine naturkundlich-philosophische.[113] Worüber er in der Botanik aber offenbar verfügte,

---

[108] H. A. III, Bl. α 3v: *Ego meos de Quadrupedibus & Auibus libros literarum ordine diuidere uolui, doctorum tum ueterum tum nostrae memoriae quorundam in hoc exempla secutus.*

[109] H. A. IV, Bl. ß 1v. In der zweiten Vorrede zum ersten Band (H. A. I, Bl. ß 2r) lautet es analog: *Adde quod commodius erat per singula animalia historiam à nobis condi eo etiam nomine, quod non physicè aut philosophicè tantum, sed medicè etiam & grammaticè de unoquoque tractare statueram.* Vgl. Crombie: Von Augustinus bis Galilei, S. 507. Lepenies: Das Ende der Naturgeschichte, S. 36f.

[110] H. A. I, Bl. ß 2r. In Absetzung von Aristoteles argumentiert Gessner: *singulas uero separatim plurimi descripserunt & olim & nostro saeculo, praecipuè medici.*

[111] Vgl. das Kapitel »Grammatik und Philologie als enzyklopädische Wissenschaften« bei Zedelmaier: Bibliotheca universalis, S. 265–285, hier 266–268. Scaglione: The Humanist as Scholar, S. 49–70.

[112] Gessner: PANDECTARVM [...] libri, Bl. 19vf.: *De indicibus librorum.*

[113] Hoppe: Biologie, S. 15. Schon bei Theophrast und Plinius sieht Gessner diese Unterscheidung vorgenommen. In der Vorrede (H. A. I, Bl. ß 2r) beruft er sich für die singuläre Behandlung des Gegenstandes denn auch auf den Aristotelesschüler.

über differenzierende Kriterien der Sacherschließung, das bedurfte erst noch der Übertragung auf den Bereich der Tierkunde. Vor dem Hintergrund dieses Desiderats ließ sich Gessners Entscheidung auch sachlich begründen. Die alphabetische Ordnung diene überdies dort als Notbehelf, wo sich die Tradition ausschweigt. Das technische Verfahren ersetzt in diesem Fall vorläufig die traditionellen, z. B. das evidente nach Größe oder das wertbesetzte nach Rang (Adel).[114] Das Problem der Ordnung, der Differenz der Arten, drängt sich auf, durch Erfahrung wie durch Lektüre, doch fehlen die Mittel zur Bewältigung.[115] Obgleich die quantitative Aufarbeitung des Stoffes und die systematische Ordnung des Gegenstandes sich schwer vereinbaren lassen, sucht Gessner beide Ordnungsebenen später in ein Verhältnis zu bringen. Aber auch diese Frage steht zunächst zurück hinter den Problemen der faktischen Datenerfassung.

c. Register der Materialordung

– Capita und loci communes

Gessner praktiziert in der ›Historia animalium‹ ein Darstellungsverfahren, das sich an zeitgemäßen topischen Kriterien orientiert: Er unternimmt den Versuch einer konsequenten, im voraus entworfenen Ordnung des nunmehr unübersehbaren Materials. Die verschiedenen Rubriken, unter denen er seinen Gegenstand jeweils verortet, geben auf den ersten Blick ein Abbild seiner persönlichen universalen Interessen. Als Sprachenforscher, Editor antiker Werke und Bibliograph stellt er sich im Rahmen grammatischer Aufgabenstellung der Herausforderung, das durch den Buchdruck immens angewachsene historische Material zu verarbeiten: Analyse der alten Sprachen und Namen, privilegierte Auswertung der antiken Quellen, Sichtung und Verzeichnung aller Autoren und Werke.[116] Als Botaniker und Zoologe erweitert er die

---

[114] H. A. III, S. 189: *ARISTOTELES & Plinius sex aquilarum genera fecerunt, in quibus enumerandis neque magnitudinis neque nobilitatis, neque alius ordo ab eis obseruatur. nos quidem literarum ordine singula deinceps recensebimus.*

[115] In den offensichtlichen Fällen durchbricht Gessner zugunsten der Verwandtschaftsbeziehungen die alphabetische Ordnung: so bei den Affen, Ochsen, Hunden, Raubvögeln und anderen Tieren, wobei es z.B. die Nähe zum Menschen ist, die die verschiedenen Affenarten (H. A. I, S. 966) als Gruppe definiert: *SIMIARVM genus omnino multiplex est. hoc quidem omnibus commune, humani corporis speciem aliquo modo referre, posterioribus cruribus erigi, ad omnia dociles & imitatrices esse.* Vgl. H. A. III, Bl. α 3v: *Ne uerò hic ordo cognatas animantes nimium distraheret, eas plerunque pariter coniunxi, singulis nempe post commune & praecipuum unius generis nomen deinceps commemoratis: ut hîc in Auium historia post Accipitrem uarijs accipitrum falconumque differentijs.*

[116] Stobaeus (1543), Bibliotheca universalis (1545), Mithridates (1555), Aelian (1556), Marc Aurel (1559), Galen (1562).

Überlieferung um empirisches zeitgenössisches Material, als Stadtarzt von Zürich schließlich ist er in großem Umfang an einer medizinischen Nutzung interessiert. Sprachlich-literarischer, sachlicher und pragmatischer Aspekt finden derart in den Werken Gessners ihren gemeinsamen Ort. Von hier aus gesehen erscheint seine Tiergeschichte als Integrationspunkt biographisch bedingter Neigungen. Und doch ist Gessner kein Einzelfall. Er gliedert sich ein in eine bestimmte, schon in der Botanik vorfindliche Forschungspraxis seiner Zeit, die auf eine verbreitete zeittypische Wissensform verweist. So wie praktische Relevanz primär den Impuls zur Tierkunde gibt, so ist philologische Bildung erste Voraussetzung. Das Werk ist nicht allein Ausdruck biographischer Interessen, vielmehr sind diese Reflex allgemeiner Erfordernisse innerhalb der vorwissenschaftlichen Praxis. Gessner unterwirft sein Material einem dezidierten topischen Schema:[117]

- A Die Benennung des Tieres in alten und modernen Sprachen, synonyme Bezeichnungen in der gleichen Sprache. Es wurde angestrebt, den Namen des Tieres in 13 Sprachen zu bringen, was aber nicht immer möglich war. Beim Fehlen eines deutschen, manchmal auch eines lateinischen Namens hat Gessner öfters einen solchen erfunden.
- B Geographische Verbreitung eines Tieres; Vorkommen allfälliger Arten und Abarten und deren Unterschiede. Morphologie und Anatomie, nach einer bestimmten Reihenfolge beschrieben.
- C Lebensraum, Lebensweise, Physiologie, Zeichen der Gesundheit, Erhaltung der letzteren, besonders bei Haustieren. Fortpflanzung, Geburt, Aufzucht, Lebensdauer. Krankheiten und deren Kurierung.
- D Gefühlsleben, Sitten, Instinkte, Tugenden und Unarten. Zuneigung und Abneigung innerhalb der gleichen Tierart, gegen die Jungen, den Menschen, andere Tierarten und leblose Gegenstände.
- E Nutzen des Tieres für den Menschen (ausgenommen für Ernährung und Medizin). Jagd auf das Tier, Fang desselben, Zähmung. Seine Behandlung und Ernährung. Beim Vieh wird alles besprochen, was die Hirten, Herden und Ställe betrifft. Über die Geräte, deren sich der Mensch bei der Verwendung der Tiere bedient, zum Beispiel über den Pflug beim Ochsen, das Wagengeschirr und Saumzeug beim Pferd. Benutzung der letzteren bei Wettrennen, mancher Tiere bei Zirkusspielen. Erlös aus dem Verkauf des Tieres und seiner Teile. Verwendung dieser Teile, zum Beispiel des Pelzes zur Anfertigung von Kleidern, des Rauches von Hörnern und Hufen zum Vertreiben von Schlangen, des Mistes zum Düngen des Bodens usw.
- F Nahrungsmittel, die aus dem Tier gewonnen werden, was von diesem eßbar, was nicht, Beurteilung der betreffenden Speise vom medizinischen Standpunkt. Über die Zubereitung und das Würzen der Speise nach den Regeln der hohen Kochkunst und nach gemeinem Brauch.
- G Arzneimittel, die das Tier liefert, deren Aufzählung in bestimmter Reihenfolge und unter Nennung der Autoren. Es werden auch abergläubische Mittel erwähnt, weil die Ansichten unter den Ärzten hierüber geteilt sind. Gessner verwerfe sie, überlasse aber das Urteil dem Leser. Über Verletzungen durch Bisse und Schläge des Tieres und deren Kurierung.

---

[117] Ich zitiere das Schema nach der zusammenfassenden Übersetzung von Steiger, in: Conrad Gessner. Universalgelehrter Naturforscher Arzt, S. 129f.

– H Philologische Fragen, welche das Tier betreffen. Zuerst werden die weniger gebäuchlichen lateinischen und griechischen Benennungen des Tieres, zum Beispiel bei Dichtern und in speziellen Dialekten, aufgezählt, außerdem erfundene und Spottnamen. Es folgen die Etymologie der Namen, deren Beinamen und metaphorische Verwendung im Griechischen und Lateinischen. In diesem Abschnitt werden auch Abbildungen des Tieres in Gemälden, Skulpturen und Erzguß erwähnt. Aufzählung von Steinen, Pflanzen und anderen Tieren, deren Namen von dem des behandelten Tieres abgeleitet wurden. Zuletzt werden Menschen, Regionen, Städte und Flüsse verzeichnet, die nach dem Tier benannt wurden.

Es folgen 6 Abschnitte, in welchen sämtliche unter den Buchstaben A–G behandelten Themen nochmals, nun aber vom rein philologischen Standpunkt aus betrachtet werden. Am Schluß folgen auf das Tier bezügliche Geschichten und Fabeln, seine Rolle in der Wahrsagekunst, in der Religion, Sprichwörter, Gleichnisse, Sinnbilder und Märchen, in denen das Tier eine Rolle spielt.

Die Ordnung aller verfügbaren Informationen gliedert sich in ein differenziertes Raster. Eine alphabetische Ordnung (A–H) strukturiert die Darstellung eines jeden Tiers, die sich weiter nach topischen Kriterien auffächert. Die verschiedenen Rubriken haben einen recht unterschiedlichen Status: sprachliche, geographische, morphologische, physiologische, ethische, praktische und philologische Kriterien stehen unvermittelt nebeneinander. Das Ordnungsraster bildet einen Raum heterogener Information.

Einen wesentlichen Anteil nehmen die pragmatischen Bereiche (E–G) ein. Die ›Historia animalium‹ präsentiert in ihrer Ordnung so weniger einen Objekt- als einen Materialbereich, der vielfältiger lexikalischer Nutzung offensteht. Zu fragen ist aber nach der Herkunft der Wissensform, die jenseits der alphabetischen Ordnung hinter diesem Raster steht. »Wissen wird im 16. Jahrhundert zunächst anders, nach loci communes, organisiert, nach Begriffen und Leitbildern, die nur lose miteinander zusammenhängen, ohne daß dieser Zusammenhang mit zeitgenössischen, historischen Mitteln schon beschreibbar wäre. Der Systembegriff fehlte schließlich anfangs noch.«[118] Diesen Befund auf die ›Historia animalium‹ anzuwenden, träfe zwar im Kern deren Organisationsform, übersähe damit aber den expliziten Lexikonanspruch des Werkes. Ein Zusammenhang der Daten ist hier vorab nicht beabsichtigt. Dennoch ist das Zitat geeignet, in eine Wissensform der Frühen Neuzeit – loci communes – einzuführen, die in ihrer zeittypischen Form vielfältige Ausprägungen annehmen kann und in ihrer arriviertesten Gestalt vor aller strengen Systematik den Zusammenhang eines Gegenstandsbereichs zu formulieren hilft. In ihrer variablen Handhabung und ihrer vielfältigen Präsenz im Schrifttum des 16. Jahrhunderts sind sie derart signifikant, daß von »Loci Communes als Denkform« gesprochen worden ist.[119] In jedem Fall reklamieren sie als

---

[118] Schmidt-Biggemann: Topica universalis, S. 2.
[119] So bei Brückner: Historien und Historie, S. 53–75. Ders.: Loci Communes als

wissensorganisierende Mittel zunehmende Relevanz. Für Gessners Werk sind die verschiedenen Register aufzuzeigen, die die Ordnung seiner Tiergeschichte prägen. Zugleich markieren sie die Distanz zu Gessners Vorstellung von einer wissenschaftlichen Tierkunde, die er offensichtlich in den loci communes der aristotelischen ›Historia animalium‹ realisiert sah.

Loci besitzen traditionell ihren Ort sowohl in der Rhetorik als auch in der Dialektik. Seit der Verbindung von Rhetorik und Logik im Kontext humanistischer Methodologie steht den Wissenschaften ein variables Verfahren zur Verfügung, ihren Gegenstandsbereich geordnet verarbeiten und wissenschaftlich neu strukturieren zu können. Den Übergang markiert der Wechsel der Topik von einer Schlußlehre zur Konstitutions- und Dispositionslehre.[120] Topoi oder loci communes werden zu Subsumptionsmerkmalen der begrifflichen Analyse und damit zu Mitteln der Invention. Über jeden Gegenstand läßt sich mit Hilfe der loci eine vollständige enumeratio der dazu gehörigen Sachinhalte erreichen.[121] Zugleich korrespondiert der Invention die Induktion als empirische Methode. Gerade hierin liegt die Stoßrichtung gegen den abstrakten aristotelisch-scholastischen Wissenschaftsbegriff, zu dem die loci communes-Ordnung eine Alternative darstellen will. Sie wird den res ipsae eher gerecht als die naturphilosophischen quaestiones. Der vollständigen prädikativen Erfassung eines Begriffs oder eines Themas korrespondiert die Induktion der Daten.

Die Entwicklung der loci communes als formale Kategorien der Topik ist ausgehend von Rudolf Agricola schon mehrfach dargestellt worden.[122] Spätestens mit der inhaltlichen Fassung der loci durch Erasmus verliert die Topik ihren kategorialen und formalen Charakter.[123] In Melanchthons ›Loci communes theologici‹ erhalten loci als inhaltliche Leitlinien erstmals wissenschaftliche Dignität. Sie werden hier in einem weiteren Schritt zu Leitbegriffen der Exegese, die die inhaltliche Durch-

---

Denkform, S. 1–12. Kallweit: Archäologie des historischen Wissens, S. 275, Anm. 16.

[120] Schmidt-Biggemann: Topica universalis, S. 1–21: Ihren Gegenstand bilden nicht mehr die metaphysisch-begründenden und grammatisch-formalen Urteile der aristotelischen Logik, sondern der Begriff und sein Umfang. Schmidt-Biggemann (S. 15) spricht von der »Rhetorisierung der Loci«.

[121] Kallweit: Archäologie des historischen Wissens, S. 270: »Grundsätzlich wird sachliche Fülle durch *enumerare* von Inhalten und durch die vielfältige Möglichkeit der *variatio* gefunden. Dazu aber dienen prägnant die *loci communes* [...]«.

[122] Joachimsen: Loci communes, S. 387–443. Schmidt-Biggemann: Topica universalis, S. 1–15. Mertner: Topos und Commonplace, S. 194f.

[123] Schmidt-Biggemann: Topica universalis, S. 16: »Zwischen argumentativem Gemeinplatz, Versatzstücken gelehrter Bildung, Wissenseinzelheiten und Sinnsprüchen, Kategorien, Argumentationsmuster, logischen und rhetorischen Anweisungen wurde nicht mehr unterschieden.«

dringung des gesamten Materials ermöglichen.[124] Für eine Reihe von Wissenschaften des 16. Jahrhunderts werden loci communes in der Folge zu dem zentralen Ordnungsinstrument.[125]

Melanchthon selbst hatte aber schon darauf hingewiesen, daß die theologischen loci nicht mit den philosophischen verwechselt werden dürften, jede Disziplin somit ihre eigenen zu entwerfen habe.[126] *Loci communes: ex intimis naturae sedibus eruti formae sunt seu regulae omnium rerum*, lautet seine Formel.[127] Entsprechend unterschiedlich fallen sie für die jeweiligen Disziplinen aus. Loci communes können als Stichworte, Namen, Begriffe und Sentenzen stoffgliedernd sein wie in den ›Exempla virtutum et vitiorum‹ des Johannes Herold oder aber sacherschließend wie einerseits in den ›Locorum communium collectanea‹ des Johannes Manlius (10 Gebote), andererseits wie die nach ramistischer Logik aufgebauten Exempla des Theodor Zwinger.[128] Im Bereich der Botanik sind es die aristotelischen Kategorien, die nunmehr unter dem Begriffsaspekt als loci communes interpretiert werden.[129] Loci als erkenntnistheoretische Mittel und wissenschaftliche In-

---

[124] Vgl. Maurer: Melanchthons Loci communes, S. 1–50. Schmidt-Biggemann: Topica universalis, S. 19–21.

[125] Buck: Die »studia humanitatis« und ihre Methode, S. 133–150. Zur loci-Lehre im humanistischen Kontext und ihrem Beitrag zur Wissenschaftsgliederung: Kallweit: Archäologie des historischen Wissens, S. 267–299. Kallweit verweist auf Schriften des Erasmus. Zu ergänzen wären diese u. a. durch Rudolf Agricola: De formando studio, S. 52: *ut ex eis, quae accepimus, ipsi praeter haec invenire aliqua possimus et conficere [. . .] ut quae certa quaedam rerum capita habemus, cuiusmodi sunt virtus, vitium, vita, mors, doctrina, ineruditio, benevolentia, odium et reliqua id genus.* Vgl. Bodin: Methodus, cap. 3, S. 22: De locis historiarum rectè instituendis: *Quod igitur viri docti facere solent in aliis artibus, vt memoriae consulant, idem quoque in historia faciendum iudico: id est vt loci communes rerum memorabilium certo quodam ordine componantur, vt ex ijs, velut è thesauris, ac actiones dirigendas exemplorum varietatem proferamus.*

[126] Melanchthon: Elementa Rhetorices, in: CR 13, Sp. 453f.: *Cavendum est enim, ne confundantur artes, sed observandum, qui loci sint theologici, qui sint philosophici.* So kann im Bereich der Botanik das Titelblatt des Kräuterbuchs von Hieronymus Tragus (Bock) von 1552, zu dem Gessner ein Vorwort verfaßt hat, einen Zusatz *ex dioscoride secundum locos communes* ankündigen.

[127] Nach Kallweit: Archäologie des historischen Wissens, S. 275.

[128] Zur ramistischen Disposition bei Zwinger vgl. Seifert: Cognitio historica, S. 84f. *Locorum communium omnium [. . .] index, quo in promptu ad manum sine labore sit quicquid ad usum quaeritur*, so kennzeichnet Herold (EXEMPLA VIRTVTVM ET VITIORVM, Bl. aa 5r) die arbeitspraktische Funktion der loci.

[129] Gessner selbst ediert die STIRPIVM DIFFERENTIAE des Benedictus Textor (zuerst 1534) zusammen mit der lateinischen Version des Kräuterbuchs von Hieronymus Bock im Jahre 1552. Dort dienen loci communes der differenzierenden Darstellung von Pflanzen. Loci communes lauten hier: 1. *SUBSTANTIA* (numerus), 2. *QUANTITAS* (magnitudo), 3. *QUALITAS* (qualitas uisibilis = fulgor, color, odor, sapor, qualitas tactilis, figura similitudo) 4. *SITUS*, 5. *TEMPUS* (ortus, occasus, maturitas), 6. *ACTIO*, 7. *VSVS*. (Stirpium differentiae [. . .] Au-

strumente disziplinären Wissens, wie sie sich in Theologie, Geschichtstheorie, Jurisprudenz und Botanik dokumentieren, bilden den Hintergrund für ihre breitere und vielfältigere Wirkung als einfache Ordnungsmittel für die Produktion von Texten. Im Zusammenhang von Gessners Werk bildet die wissenschaftliche Ebene den Bezugspunkt für sein vorwissenschaftliches Unternehmen.

Die zeitgenössische Loci-Lehre, wie sie programmatisch in den Entwürfen Agricolas, Erasmus' und Melanchthons, praktisch in den verschiedensten Werkdispositionen im Umlauf war, findet bei Gessner ihren methodischen Reflex in den ›Pandecten‹. Sie bieten nicht nur von ihrem Aufbau her eine Illustration der loci-Lehre. Gessner erörtert hier schon zu Beginn innerhalb des Grammatikkapitels je nach anvisierter Funktion verschiedene Ordnungsformen. Einer auf Erasmus gestützten ratio der loci-Sammlung reserviert er sogar eine eigene Rubrik.[130] Unterschieden werden bereits zwei Ordnungsformen: Die allgemeinen loci communes stehen jenseits der Wissenschaften und beziehen sich vor allem auf die Morallehre und die Rhetorik.[131] Das zielt noch auf die alte Vorstellung von den rhetorischen loci als sedes argumentorum, für deren Ort im Lernprozeß Gessner auf das Anlegen von loci-Heften durch die Studierenden verweist.[132] Deren Ordnung nun kann je nach Bedarf verschiedenen Kriterien unterliegen: alphabetischen, philosophischen oder solchen, die nach einer beliebig anderen ratio gebildet sind.

Die Funktion der Wissenschaftsgliederung thematisiert Gessner indessen, wenn er in der Folge den Einzelwissenschaften besondere loci zuspricht.[133] Aus jeder Art von loci communes läßt sich nach Gessner die rhetorische, philologische und dialektische Materie des Lernens und Redens gewinnen. Wie nicht nur ein Name sondern auch der Gegenstand verschiedenen loci zugeordnet werden kann, illustriert Gessner durch ein Beispiel:

---

thore Benedicto Textore, in: Hieronymus Tragus: DE STIRPIVM DIFFERENTIIS, S. 1134). Vgl. Hoppe: Biologie, S. 40f. Riedl-Dorn: Wissenschaft und Fabelwesen, S. 67f.

[130] Gessner: PANDECTARVM [...] libri, Bl. 24rbf.: *De Ratione colligendi Locos communes. Locos & exempla colligendi rationem Des. Erasmus lib. 2 de copia studiosis ostendit: & plerique, quorum de ratione studiorum libelli extant, idem fecerunt. Nos etiam paulò ante in mentione Indicum, similem Locis communib. comparandis rationem adhiberi posse docuimus.*

[131] Ebd., Bl. 24r: *Loci quidem commmunes absolute dicuntur, qui nulli scientiae aut parti philosophiae astringuntur, sed ex omnibus aliquid habent, & quae praecipua ad communem uitae dicendique usum pertinent, ita ut rhetorico aliquo genere tractari possint, vndecunque delibeant:*

[132] Ebd.; vgl. Mertner: Topos und Commonplace S. 207–212.

[133] Ebd.: *Caeterum qui ad unam duntaxat philosophiae partem spectant, non simpliciter communes loci dicentur, sed cum adiectione medici uel theologici, & c.*

> *Verbi gratia, de ira & physicus aliquid dicet in contemplatione de anima, & medicus in loco de affectibus qui corpus & valetudinem alterant, & moralis philosophus alibi, & Theologus: ex historicis exempla & euentus circa iram inuenientur. Quid uetat igitur, quin de ira dicturus oratoria more, uel dissuadendi gratia, uel de recto eius usu, ex diuersis genere Locis, modo ne prorsus confundantur, rationes & argumenta sumat?*[134]

Der jeweilige Gegenstand kann somit der Ordnung unterschiedlicher loci unterworfen werden, und je nach Perspektive reklamieren verschiedene Disziplinen ihren Anspruch auf die Sache. Hatte Gessner in den ›Pandecten‹ eher das allgemeine Programm der Materialordnung nach loci und der Wissenschaftsgliederung formuliert, so bietet die ›Historia animalium‹ den Beispielfall einer konkreten Umsetzung. Ihr Ordnungsraster greift auf verschiedene Disziplinen aus, von denen das der Historiographie zunächst die größte Ähnlichkeit besitzt.

Dem humanistisch geformten Bildungsgang dienen loci zunächst schlicht als Arbeitshilfen für die Stoffbewältigung, als Ordnungsmittel für die Exzerpte aus den Klassikern. Der arbeitspraktische Vorzug, der sich an allgemeinen personalen, meist moralischen Kriterien orientiert, steht indes in einem übergeordneten Funktionsrahmen: Die loci fungieren als Merkorte des Exzerpierens zunächst im Hinblick auf ihre Leistung im rhetorischen Kontext.[135] Als mater historiae aber war die Rhetorik mit ihrem natürlichen Ordnungsvorschlag (loci personarum) für eine gegliederte Darstellung seit ihren Anfängen zugleich die Leitdisziplin für die Geschichtsschreibung.[136] Die geordnete Erzählung vollzog sich über ein Arsenal vorgegebener Topoi. Diese gehen zurück auf die rhetorischen *loci* [...] *ex partibus hominis*, wie etwa Melanchthon sie in seiner Rhetorik weiter spezifiziert:

> *loci* [...] *ex partibus hominis,* [...] *ratio, artes, prudentia, virtus, affectus, consuetudo, corpus, forma, aetas, fortuna, divitiae, oeconomica, coniugium, educatio liberorum, politia, magistratus, lex, bellum, pax.*[137]

Aber auch für die Lektüre, die Exzerpiertechnik und die Materialordnung besitzen loci eine über das private Merkheft oder den Zettelkasten sowie über die chronologische Ordnung einer Rede hinausgehende

---

[134] Ebd., Bl. 24r.
[135] Kallweit: Archäologie des historischen Wissens, S. 269–272, 270f. Uhlig: Loci communes als historische Kategorie, S. 139–174, 148.
[136] Melanchthon: Elementa Rhetorices, in CR 13, Sp. 448: *Cum laudamus personam, ordine narramus historiam, et rerum seriem in dicendo sequimur. Sunt igitur loci personarum: Patria, Sexus, Natales, Ingenium, Educatio, Disciplina, Doctrina, Res gestae, Praemia rerum gestarum, Vitae exitus, Opinio post mortem.* Schon Hugo v. St. Victor (Erud. didascal. VI, PL 176, Sp. 799) bestimmt die Bestandteile der historia in alter rhetorischer Tradition: *Haec enim quatuor praecipue, et in historia requirenda sunt, persona, negotium, tempus et locus.*
[137] Melanchthon: Elementa Rhetorices, CR 13, Sp. 453f. Uhlig: Loci communes als historische Kategorie, S. 148.

Funktion. Die exemplarische Geschichtsschreibung, wie sie etwa in den genannten Werken des Johannes Herold und Theodor Zwinger zeitgleich vorliegt, basiert gleichfalls auf dem Ordnungsverfahren der loci communes, hier allerdings nicht nach zeitlichen, sondern nach inhaltlichen Kriterien strukturiert. Nicht notwendig aber sind damit loci an eine Chronologie gebunden. Der ordo historiae, der sich aus den *loci* [...] *ex partibus hominis* ergibt, und der zunächst die natürliche Zeitfolge impliziert, läßt sich in variierter Form auch auf die naturbeschreibenden Disziplinen übertragen.[138] Als Pendant zum zeitlich strukturierten Schema der Personenbeschreibung stand das Deskriptionsschema für Sachen zur Verfügung. In Leonard Fuchs' Kräuterbuch findet sich eine Bestimmung von historia im Kontext der Naturbeschreibung, die ihre Herkunft nicht verleugnen kann:

> *histori / das ist namen / gestalt / statt vnd zeit der wachsung / natur / krafft vnd würckung / des meysten theyls der Kreüter* [...][139]

Evident ist die Nähe zu der topischen Struktur Gessners, was die Botanik als Leitdisziplin der Tierkunde ausweist: A (Name), B (Ort: *Praecipue uero corpus describit*), C/D (Eigenschaften, die sich bei den Tieren noch – gemäß ihrer höheren Existenzform – in physische und psychische gliedern), E,F,G (Nutzkräfte in Ökonomik, Diätetik, Medizin). Hinter dem alphabetischen Raster (A–H) steht als ›Ahne‹ das rhetorische Schema der Personenbeschreibung. Das, was vor aller analytischen Betrachtung sich vollzieht, ist die Inventarisierung der Daten zunächst nach den loci der Rhetorik und Historiographie.

– *Descriptio rei*

Aus unterschiedlichen Registern zieht Gessner die loci für die jeweiligen Einzelrubriken. Dort, wo es um die Beschreibung geht, wechseln formale Dichotomien und inhaltliche Oberbegriffe einander ab. Die Spezifizierung der loci vollzieht sich hier nach dialektischem Muster. Abweichende Arten werden in der Rubrik B aufgelistet (*differentiae*). Ein jedes Tier wird zuerst als ganzes (*magnitudo corporis*), sodann in seinen Teilen (*partes*) beschrieben. Diese werden spezifiziert in einfache (*primum simplices*) und zusammengesetzte (*deinde composita*, z. B. *caput*). Erstere werden sowohl von außen (*pellis*) wie auch von innen (Organe), in ihrer festen sowie flüssigen (*sanguis*) Beschaffenheit aufgeteilt. Die einzelnen Bestandteile eines Tieres werden derart durch ein formales Gerüst von Oppositionen strukturiert. Die Beschreibung rich-

---

[138] Seifert (Cognitio historica, S. 80) betont in diesem Zusammenhang, daß die exemplarische Geschichtsschreibung von ihrer Organisations- und Darstellungsform sich nicht von der historia naturalis abhebt.
[139] Fuchs: NEw Kreüterbůch, Titelblatt.

tet sich nach dem geläufigen Verfahren a capite ad pedes. Wo Gessner seine Ordnungskriterien zu finden glaubt, erwähnt er selbst in dem Entwurf eines enzyklopädischen Unternehmens im 3. Band seiner Tiergeschichte. Anläßlich der Erörterung des Unterschiedes von Pandekten und Epitomen, weist er sein eigenes Unternehmen dem ersten, kompilierenden Texttyp zu und fordert von dem Verfasser eines solchen Werkes:

> *tum eius ordine, methodo, ac locis locorumque partibus & particulis, ita ut tota diuisio non temere, sed ex philosophiae & dialecticae praeceptis institueretur.*[140]

Die vorgegebenen Ordnungen der Disziplinen sollen auch die Topik des Nachschlagewerks strukturieren. Das formale Gerüst bietet aber nur einen allgemeinen Leitfaden mit der Konsequenz, daß die anvisierte Methode häufig im Entwurf steckenbleibt. Die topische Verzettelung von Wissen führt zu einer Aufsplitterung von Texten in isolierte Sequenzen, so daß anstelle des Zusammenhangs die einzelne Information ins Zentrum rückt. In der Regel werden lediglich isolierte Exzerpte aneinandergereiht oder aber zusammenhängende Beschreibungen geboten, die dann nicht den Vorgaben folgen.[141] Die Atomisierung der Quellen findet in der Zitatform ihre Grenzen. Das Zitierverfahren erweist sich bisweilen dort als mühselig, wo Wiederholungen zu erwarten sind oder eine philologische bzw. sachliche Korrektur vorgenommen werden muß. In diesem Fall wird die Darstellung im Sinne eines ausführlicheren Autorzitats vereinfacht.[142]

Die loci ordnen in einer Richtung, in der anderen fordern sie ihr Komplement an Daten. Anders als der autoritätsfixierte Blick der Enzyklopädisten, anders auch als der kritische Blick eines Albertus, der von der jeweiligen Information seiner Vorlage abhängig bleibt, setzen

---

[140] H. A. III, Bl. α 5v.
[141] H. A. III, S. 641: *Capta apud nos platea prope urbem in ripa lacus, circa finem Septembris, ad me allata est. Candida* **pennis** *omnibus, praeterquam ultimis & maximis alarum, quae ex parte inferiore nigricant.* **pedes** *&* **crura** *nigra sunt:* **magnitudo** *parum infra anserem.* **lingua** *breuissima, uel signum potius & initium linguae.* **collum** *digitos longum circiter decem.* **oculi** *glauci.* **cauda** *breuis, quinque aut sex digitos longa.* **crurum** *altitudo paulo infra duos dodrantes. inter* **digitos pedum** *aliquid membrae est, idque amplius inter duos maiores.* **ungues** *breues, nigri, acuti. Obesa admodum erant, multa circa certim pinguedine undiquaque.* **intestina** *admodum inuoluta, praepinguia.* **fel** *uiride. In* **uentriculo** *herbas quasdam aquaticas uirides reperiebam, & ramenta quaedam radicum geniculata, harundinum puto. In aquam immissa natabat, & quaerebat aliquid immerso rostro infundo. Irascens adeuntibus rostro aperto collisoque sonitum aedebat. Pediculis quibusdam latis infestabatur* [Hervorhebung: U. F.]. Vgl. ebd., S. 154, 213f., 215, 245f., 359 u. ö.
[142] H. A. I, S. 683: *Nunc de singulis leporini corporis partibus acturus, primo loco integrum eius partium ex Xenophonte descriptionem apponam, ne unius authoris nomen saepius nobis citandum sit, & ita pariter quid à nobis illustratum castigatumeué sit appareat.*

die loci das Bemühen um Vervollständigung in Gang, indem sie auf die gesamte Überlieferung und das Erfahrungswissen ausgreifen. Durch das Anlegen des Rasters an jedes Tier entsteht ein Instrument der Informationsgewinnung. Wie sehr das Ordnungsraster die Lektüre determiniert, wird daran sichtbar, daß ständig zu entscheiden ist, zu welchem locus eine exzerpierte Sequenz gehört. Die Bindung an den überlieferten Wortlaut, statt an die Information, verkompliziert das Verfahren. Häufig stellen sich, wie Gessner in den ›Pandecten‹ exemplarisch vorgeführt hatte, Überschneidungen ein: So charakterisiert Gessner seine Praxis folgendermaßen: *collatis tum aliorum tum unius authoris eadem de re diuersis in locis dicta.*[143] In der praktischen Umsetzung im Text kann sich derselbe Satz daher an verschiedenen Orten wiederfinden, so daß etwa der Satz des Albertus: *Vrsus animal est humidum ualde & informe* einmal in Rubrik B als Aussage über die Gestalt aufgefaßt wird, in Rubrik C demgegenüber das Temperament im Vordergrund steht. Ebenso läßt sich der Satz *Vrsi Persici ultra omnem rabiem saeuiunt* sowohl im Hinblick auf die regionale Verbreitung des Bären (B) als auch als Aussage über sein Verhalten lesen (D). Der Respekt vor dem Zitat bewirkt, daß die Information nicht aufgespalten, bzw. nur paraphrasiert wird, sondern an beiden Stellen wörtlich erscheint.

Daß Vollständigkeit nicht umstandslos zu erreichen ist, schon gar nicht notwendig aus Erfahrung heraus, wird an Gessners Praxis deutlich. Dort, wo die Tradition kein Material liefert, bleiben die loci leer. Andererseits besitzen Gessners eigene Beschreibungen gegenüber den literarisch vermittelten – gerade aufgrund der vorgegebenen Topik – eine umfassendere Form. Die vorgegebene Topik fordert eine genauere Beschreibung. Meist fügt Gessner seine empirischen Beschreibungen dem tradierten Material an und gibt eine genaue Darstellung der einzelnen Teile eines Tieres, bisweilen auch von Organen.[144] Signifikant auch der Versuch, durch Vermessung eine Vorstellung von der Größe eines Tieres zu gewinnen.

---

[143] H. A. I, Bl. ß 1r. Bereits Rudolf Agricola (De formando studio, S. 55f.) hatte das Exzerpierproblem exemplarisch erörtert: *Poterit autem persaepe vel exemplum unum vel una sententia in multa capita conferri.*

[144] Vgl. H. A. III, S. 299: *Aliàs etiam mihi inspicienti torquati uenter magis ruffus uisus est quàm liuiae.* Ebd., S. 309: *Est haec auis, ut obseruaui [...].* Ebd., S. 608: *Caeterum onocrotalus quem ipse captum uidi circa finem Februarij, in lacu ad Tugium [...].* Ebd., S. 673: *Ego aliquando manibus tractans hanc auem, descriptionem reliqui huiusmodi.* Ebd., S. 750: *Vulturis aurei pellem ad nos aliquando ex Rhaetis Alpinis missam, rostro adhuc & cruribus haerentibus cum contemplarer, hoc modo descripsi.* Vgl. S. 608 die Beschreibung von Milz, Leber, Herz, Magen und Blase. Vgl. Gmelig-Nijboer: Conrad Gessner's »Historia Animalium«, S. 88–94.

– *Philosophia moralis*

In der Einleitung zu seiner Tiergeschichte hatte Gessner die Verhaltenslehre der Tiere als für den Menschen zeichensetzend der philosophia moralis zugeordnet, und auch dies wurde schon im Vorfeld mit der analogen psychischen Disposition von Tier und Mensch begründet. Entsprechend scheinen hinter den loci der vierten Rubrik (D) die drei Teile der Moralphilosophie durch: Ethik, Ökonomik, [Politik].

> *CAPITE quarto de animi affectibus, moribus & ingenijs agitur, quae singulorum animi bona aut uirtutes, quae mala aut uitia sint, tum inter se, tum erga foetus suos, erga hominem. Sympathiae & antipathiae, hoc est naturales quaedam concordiae & dissensiones singulorum, primum ad alias animantes, deinde ad res inanimatas.*[145]

Schon in den zitierten *loci ex partibus hominis* waren die drei Rubriken unterschwellig vertreten, und aus jenen loci gewann die philosophia moralis traditionell ihren Themenkanon:[146] Tugenden und Laster betreffen die Ethik, Eheleben und Kindererziehung sind traditionell Gegenstand der Ökonomik und die Politik behandelt das Verhalten der Arten untereinander (sympathia & antipathia = pax & bellum). Die Moralphilosophie ist somit nicht nur der Bezugspunkt der Rubrik – anstelle einer Verhaltenslehre der Tiere –, sie liefert zugleich die konstitutive Begrifflichkeit, nach der auch andernorts das Traditionsmaterial sich ordnen läßt.[147] Die Gliederungsgesichtspunkte des natürlichen Verhaltens und die der Morallehre erhalten ihre gemeinsame Basis aus der Opposition von affinitas und pugnantia, die denn auch das Gerüst der Topik bildet.[148] Was diese als Regel zur Findung von Argumenten angibt, die Bildung von Oppositionsbegriffen, -feldern, läßt sich übertragen auf die hier vorliegende Ordnung des naturkundlichen

---

[145] H. A. I, Bl. ψ 2r.

[146] Uhlig: Loci communes als historische Kategorie, S. 149.

[147] Uhlig (Loci communes als historische Kategorie, S. 169) verweist signifikant auf Gessners Übersetzung der wirkungsmächtigen ›Sententiae ex thesauris Graecorum delectae‹ des Iohannes Stobaeus von 1543, die das Material nicht nur »wie es Erasmus in seiner Copia empfohlen hatte, nach begrifflichen Gegensatzpaaren angeordnet, sondern auch noch nach Loci-Gruppen (loci morales, oeconomici und politici) untergliedert vorlegten.« In Gessners Einteilung der Philosophie sind ebenfalls Ökonomik und Politik der Ethik untergeordnet. Vgl. Mayerhöfer: Conrad Geßner als Bibliograph und Enzyklopädist, S. 191.

[148] Uhlig: Loci communes als historische Kategorie, S. 147, 152. Kallweit (Archäologie des historischen Wissens, S. 270, Anm. 6) weist in diesem Zusammenhang auf die Stillehre des Erasmus hin: »Das Aufstellen der loci schreitet gemäß *affinitas* und *pugnantia* gleichsam ›natürlich‹ in einem Geflecht von Verwandtschaften und Gegensätzen der lebensweltlichen Erfahrung und ihrer Begriffe voran. So läßt sich der *pietas* die *impietas* gegenüberstellen, und beide können in ihrer naheliegenden Untergliederung entfaltet werden (*pietas* in Bezug auf Gott, das Vaterland, die Eltern und so fort).«

Wissens.¹⁴⁹ Entsprechend bilden beide Prinzipien hier die erste Gliederung der Verhaltenslehre: Konsonanz und Dissonanz aber nicht nur der Tiere untereinander, sondern auch gegenüber dem Menschen, der als zentraler Bezugspunkt der Schöpfung ausgewiesen worden war, schließlich graduell abgestuft gegenüber den anderen Daseinsbereichen. Die Gesichtspunkte, nach denen das Verhalten der Tiere dargestellt wird, orientieren sich an den vorgegebenen moralphilosophischen Prämissen.

Nicht so konsequent wie in der im voraus entworfenen Topik gestaltet sich die Umsetzung des Vorhabens, zumal es häufig an entsprechendem Material fehlt. Instruktiv wird die angekündigte Abfolge in der Rubrik (D) über den Habicht umgesetzt, die sich in drei Abschnitte gliedert: der erste illustriert die moralischen Eigenschaften des Raubvogels (Zorn, Tapferkeit, Grausamkeit, Ruhmsucht = Ethik); Abschnitt 2 beginnt mit einer Dankbarkeitserzählung des Albertus – ein alter, blinder Habicht wird von seinen Jungen ernährt –; es folgen die Thesen, daß Habichte sich als einzige Art gegenseitig fressen, daß die Alten ihre Jungen aufziehen und diese das Jagen lehren (Ökonomik). Besondere Zuneigung besitzt der Raubvogel dem Menschen gegenüber. Schließlich folgen in Abschnitt 3 die positiven und negativen Beziehungen zu anderen Tieren (Politik).¹⁵⁰

Im vierten Band der Tiergeschichte sind die einzelnen Rubriken (A–H) durch Markierungen am Rand indiziert, und Marginalien untergliedern hier weiter die einzelnen Abschnitte. Die Darstellung der Verhaltenslehre des Delphins folgt den gliedernden Marginalien, deren Abfolge deutlich an den Rubriken der Moralphilosophie orientiert ist:

*Coniugium. In foetum amor. Cum catulis capi parentem, et contrà. In parentes pietas. Amor mutuus. Cura in mortuos. Amor hominum. Societas cum piscatoribus. In pueros amor. Intellectus delphinorum. Captiuvorum gemitus. Consensio & dissensio cum alijs animalibus.*¹⁵¹

---

¹⁴⁹ Kallweit: Archäologie des historischen Wissens, S. 270. Vgl. Erasmus: De duplici copia verborum ac rerum. S. 258: *Ergo qui destinauit per omne genus autorum lectione grassari [. . .], prius sibi quam plurimos comparabit locos. Eos sumet partim a generibus ac partibus vitiorum virtutumque, partim ab his quae sunt in rebus mortalium praecipua, quaeque frequentissime solent in suadendo incidere. Eaque conueniet iuxta rationem affinitatis et pugnantiae digerere.* Vgl. Uhlig: Loci communes als historische Kategorie, S. 147.
¹⁵⁰ H. A. III, S. 8f. So beginnt der letzte Abschnitt mit der signifikanten Wendung: *Accipiter bellum gerit cum aquila, Textor.*
¹⁵¹ H. A. IV, S. 393–401 (D).

– *Philologica*

OCTAVVM caput, quod totum philologicum & grammaticum est, leitet Gessner den Schlußabschnitt seines Werkes ein, der der sprachlich-literarischen Umsetzung der vorausgehenden Sacherkenntnis gewidmet ist.[152] Grammatische Kategorien leiten denn auch die Ordnung des Materials: Seltene Etymologien, abweichende poetische oder dialektal gefärbte Namen, Epitheta, metaphorische Namenverwendungen, Synonyme, Eigennamen und Derivate. Sehr weit führt der Sprachaspekt oft von der zugrundeliegenden Sache ab.

Das Ordnungsverfahren nach dem Schema verba (A,H) – res (B–G) spiegelt sich nochmals innerhalb dieses letzten Kapitels: Das identifizierend ausgerichtete Namenkapitel (A) erhält sein Äquivalent in der übertragenen bzw. abgeleiteten Namenanalyse (Ha); jedem weiteren vorausgehenden Abschnitt (B–G) folgt – soweit Material vorliegt – ein entsprechender in der letzten Rubrik (Hb-Hg). Schließlich versammelt die Rubrik Hh diejenigen Informationen, die in den früheren Abschnitten keinen Platz gefunden haben. Von der Wortform (Schreibweise, Betonung) geht hier die Behandlung über zu den Textformen: Historien, Sprichworten, Fabeln, Epigrammen und Emblemen.

Nicht immer wird die vorgegebene Ordnung auch eingehalten. Der Versuch aber einer symmetrischen Anordnung nach dem Sprach- und Sachaspekt, der sich hier erneut dokumentiert, verweist auf das Paradigma dieser Form lexikalischer Naturbetrachtung. Gegenüber der Opposition wahr – falsch, bzw. einer taxonomischen Gruppenbildung, ist es das sprachlich-grammatische Raster, das die Taxonomie bestimmt, abzulesen an verschiedenen Gliederungsebenen. Gessners eigener Versuch, die Nähe seines Unternehmens zur Grammatik zu bestimmen, findet in diesem letzten Abschnitt seine konkrete Umsetzung. Es sind hier die grammatischen Kategorien, von den kleinen Einheiten (Buchstaben, Silben) aufsteigend zu den größeren (Worte), die das Material strukturieren helfen.

Das gesamte historische Material verteilt sich derart nach sprachlich-metaphorischen Gesichtspunkten. Personen, Flüsse, Landschaften, Städte und Pflanzen, die mit dem jeweiligen Namen in Verbindung stehen, werden hier aufgelistet. Ebenso Gleichnisse und metaphorische Verwendungen aus allen Zeiten und Gattungen. Aus dieser Perspektive erhalten auch die Belege der Bibel ihren Ort. Die philologische Rubrik des Taubenkapitels enthält z. T. reichlich Material aus der Bibel. Unter dem Aspekt *Epitheta* werden die Belege aus dem Hohenlied, die Taube als Geliebte, aufgeführt, unter dem der Bildlichkeit (*Icones*) wird u. a. die Taube als Bild für den Hlg. Geist nach den vier Evangelien er-

---

[152] H. A. I, Bl. ψ 2v.

wähnt, biblische Gleichnisse finden sich in den Rubriken Hb–Hd, und die Schlußrubrik referiert kurz die Bedeutung der Taube Noahs (*ampto ramo oliuiae reuersa est: id quod indicium erat manifestum aquas subdedisse*).[153] Weder ist das Material in dieser Rubrik nach spezifischen Bedeutungsaspekten geordnet, noch besitzen die christlich-biblischen Daten einen privilegierten Rang.

Vor aller Systematik liefern Rhetorik, Dialektik, Moralphilosophie und Grammatik der ›Historia animalium‹ das Arsenal zur Ordnung des Stoffs im Vorfeld von Wissenschaft. In der Behandlung der Namen wie der Ordnung bedient sich die ›Historia animalium‹ der Mittel des Triviums, um der Wissenschaft notwendige Hilfsdienste zu leisten.

d. Grammatische Wissenschaft und lexikalische historia

Gessners explizite Distanz zum Ordnungsverfahren des Aristoteles, hängt auch mit der Auffassung vom Wissenschaftsstatus seiner ›Historia animalium‹ zusammen. Er lokalisiert sie jenseits der philosophia, die auf Ursachen und Gründe zielt, und dennoch faßt er sie – eben nicht nur aus medizinischen Gründen – als einen Teilbereich der Naturphilosophie auf. Es ist gerade die ›Historia animalium‹ des Aristoteles, die für Gessner eine wissenschaftliche Behandlung des Gegenstandes repräsentiert. Worin aber deren Wissenschaftsstatus bestand, war ja gerade den Theoretikern der Frühen Neuzeit unklar: am Maßstab des aristotelischen Wissenschaftsbegriffs erwiesen sich alle Bestimmungen dessen, was historia sein konnte, als defizient.[154] Wissenschaft in diesem Sinne war Universalienerkenntnis, Erkenntnis von Gründen, Ursachen, Prinzipien. Eine Begriffsbestimmung von historia am Beispiel der aristotelischen Tierkunde, die Gessner zweifellos gekannt hat, ist diejenige Theodor Gazas, aus dessen Vorwort zur Aristoteles-Übersetzung er ja Teile für seine eigene Vorrede verwendet. Gaza definiert historia hier in Relation zu scientia:

Historia primum obtinet locum, atque ut nomen significat, expositionem continet rei quod est, siue ut sit: quod scholae philosophorum nostrae aetatis, quia est dicere solent. Mox libri de partibus, ac de generatione, causam cur ita sit, declarant: alteri finalem praecipue, alteri agentem. Cum rem enim, cuius causam reddere uolumus, exploratam cognitione quod est, habere debeamus, recte & scribitur historia animalium & praecedit in edocendis causis, unde nam, aut quem ad finem, sive cuius gratia, condita quaeque sunt à natura, praecipue in quam finalem, agentemque causam.[155]

---

[153] H. A. III, S. 289–291.

[154] Seifert: Cognitio historica, S. 117. Seifert zeigt das im Hinblick auf die Definitionen: historia cognitio quod est; historia cognitio sensata; historia cognitio singularium.

[155] Aristotelis, et Theophrasti, Historias, Bl. A 2r. Vgl. Seifert: Cognitio historica, S. 67. AVGVSTINI NIPHI [...] EXPOSITIONES, Bl. * iiivf.

Cognitio quod est: das ist die Formel, mit der Gaza das Verhältnis der
›Historia animalium‹ zu den übrigen Tierschriften bestimmt. Die Faktenbeschreibung geht notwenig der wissenschaftlichen Behandlung voraus. Gessners Bestimmung verbleibt gegenüber dieser peripatetischsystematischen im metaphorischen Bereich, obgleich auch in einer
Funktion der Unterordnung. Historia liefert eine Zusammenstellung
der Fakten (*hac rerum singularium infinita*), bzw. die cognitio singularium.[156] Der Vergleich seiner Arbeit mit einem Lexikon ist dabei nicht
zufällig. Er markiert Nähe und Distanz zur Wissenschaft, aber auch die
Herkunft der Methode. Gessner definiert sein Verhältnis zum aristotelischen Verfahren anhand eines grammatischen Paradigmas:

> *Qui in arte grammatica proficere cupiunt, & alicuius linguae usum sibi comparare,
> illi ab optimis grammaticis qui methodo compositiua (ut uocant) artem tradunt, à
> literis & syllabis ad dictiones octo sermonis partes, & postremo sermonem ipsum,
> & syntaxin progressi, artis notitiam petunt, interim tamen Lexicorum (in quibus singulae dictiones locutionesque enumerantur longe aliter quàm in praeceptis artis, ubi
> nec omnia singillatim nec eodem ordine recensebantur) utilitatem non negligit, non
> ut à principio ad finem perlegat, quod operosius quàm utilius fieret, sed ut consulat
> ea per interualla. Ita qui animalium historiam cogniturus est, & continua serie perlecturus, petat illam ab Aristotele, & si qui similiter scripserunt: nostro uero Volumine tanquam Onomastico aut Lexico utatur.*[157]

Über die Rezeptionsanweisung hinaus ist die Passage für die Methode
und den Wissenschaftsort der ›Historia animalium‹ signifikant. Der
Charakter des Nachschlagewerks definiert sich hier nicht mehr in Bezug auf den breiten Rezipientenkreis – für jeden, der etwas sucht –,
sondern im Verhältnis zur Sache selbst und ihren Darstellungsmöglichkeiten. Grammatik bildet folglich nicht eine Art Ersatz für Wissenschaft, sondern in Gessners Verständnis deren analoges Modell. Seine
›Historia animalium‹ verhält sich zu der des Aristoteles wie ein Lexikon
zur Grammatik als Kunstlehre. Ars bezeichnet in diesem Fall den Wissenschaftsstatus der Disziplin, der das Lexikon als Materialbasis
vorgeordnet ist. Die Regeln (praecepta) des Sprachbaus unterscheiden
sich vom Sprachinventar, so wie sich die Regeln der Naturwissenschaft
von deren Arsenal unterscheiden. In Status, Aufbau und Handhabung
differieren beide Texttypen voneinander: Aristoteles' Tiergeschichte
folgt nach Gessner einer wissenschaftlichen Methode (*ad philosophicam
descriptionem*) insofern, als diese die Tiere von ihren allgemeinsten Zügen bis hin zu den kleinsten Differenzen einem einheitlichen Darstel-

---

[156] H. A. III, Bl. α 3v. Vgl. H. A. I, Bl. ß 2v: *Nam in his scriptis in quibus rerum cognitio quaeritur [...] non luculentae orationis lepos, sed incorrupta ueritas exprimenda est.* Die grundlegende Funktion der historia für die Wissenschaft bestimmt schon Valla (IN HISTORIARVM [...] LIBROS PROOEMIVM, Bl. IIIv): [...] *ex historia fluxit plurima rerum naturalium cognitio, quam postea alii in praecepta redegerunt.*
[157] H. A. I, Bll. ß 1vf.

lungsverfahren unterwirft, sie ordnet und erklärt (*per locos quosdam communes explicata eorum historia*).[158] Genau umgekehrt, aber analog vom Einzelnen zum Allgemeinen, baut sich die Kunst der Grammatik auf. Wissenschaft von der Natur und Wissenschaft von der Sprache liegen bei Gessner strukturell nah beieinander.

Nicht zufällig weist Gessner der aristotelischen Naturgeschichte den Status einer Wissenschaft zu. Im Kontext zeitgenössischer Wissenschaftstheorie war sie es gerade, die den peripatetischen Wissenschaftsbegriff herausforderte und aus dem Rang einer Nichtwissenschaft in den der vorwissenschaftlichen Empirie aufstieg.[159] Für Gessner besitzt sie offenbar den Status einer Wissenschaft. Wie im Bereich von ratio und experientia erhält hier die Wissenschaft aber ihr notwendiges empirisches Komplement. Der ›Historia animalium‹ wird gegenüber der philosophia gerade jener komplementäre Rang zugewiesen, den das Lexikon gegenüber der Grammatik besitzt. Wenn Gessner den Status seines eigenen Darstellungsverfahrens im Verhältnis zum philosophischen mit analogen Worten charakterisiert, wie zuvor schon das Verhältnis von ratio und experientia, so wird die Nähe der ›Historia animalium‹ zum Erfahrungswissen deutlich.[160] Das Paradigma der Grammatik stellt dabei nicht nur – wie die Körper- und Flußmetapher – eine Hierarchie her, es bietet überdies die Möglichkeit, neben dem wechselseitigen Bezug die Organisationsform der Wissenschaft zu thematisieren. Die Vorstellung von den *praeceptis artis*, hier für die Grammatik und Tierkunde in Anspruch genommen, läßt gleichfalls die Möglichkeit offen, Anschlußstellen zur theoretischen und praktischen Philosophie herzustellen.[161]

Erst durch ein sich wandelndes Wissenschaftsverständnis aber konnte die ›Historia animalium‹ des Aristoteles selbst den Rang einer Wissenschaft erhalten. Wenn Gessner die Wissenschaftlichkeit der aristotelischen Naturgeschichte mit Hilfe des Begriffs loci communes beschreibt, greift er auf jene aktuelle Praxis zurück, in der sich ein neues Wissenschaftsparadigma gegen das aristotelisch-scholastische formuliert. Sie rekurriert auf einen Wandel des Begriffsverständnisses, den der locus-Begriff vor allem im Kontext humanistischer und reformatorischer Aneignung erfuhr. Zeitgenössischer nichtaristotelischer Wis-

---

[158] Ebd.
[159] Seifert: Cognitio historica, S. 29.
[160] H. A. IV, Bl. ß 1r: *Praestantior et philosophicus ipsorum ordo est; meus grammaticus, et plerisque utilior.*
[161] Vgl. Seifert: Cognitio historica, S. 102f.: »Der Terminus praeceptum, der im 16. Jahrhundert Universalsätze der theoretischen sowohl wie der praktischen Philosophie bezeichnete, war geeignet, diese Problematik zu überspielen; der Schritt von den historischen exempla zu den Sätzen der Ethik schien sich von der Induktion physikalischer Gesetze aus Beobachtungsfällen nicht zu unterscheiden.«

senschaftslehre entsprechend, bezeichnen loci communes die allgemeinen Grundregeln, Gesichtspunkte, die der Strukturierung des Materials zugrundeliegen. Sie bilden Leitlinien, die Aufbau und Zusammenhang der Disziplin konstituieren. Ihrem Aufbau und Lehrgehalt entspricht die Rezeptionsart der lectio continua. Anders dagegen Gessners Tiergeschichte: Ihre Gliederung richtet sich an lexikalischen Kriterien aus, ihre Funktion ist die Sammlung von Fakten und Anschauungsmaterial im Vorfeld von Wissenschaft und folglich entspricht ihre Rezeptionsform der eines Nachschlagewerkes.

Elemente aus Grammatik und Rhetorik verwendet Gessner auch an anderer Stelle, um seinen Gegenstand präziser zu erfassen. Gottes Schöpfung offenbart eine Hierarchie, die sich in der Metaphorik des Sprache beschreiben läßt: Wie das Alphabet aus Vokalen, Halbvokalen und Konsonanten bestehe, so existiere auch ein Stufung der natürlichen Wesen als göttlichen Schriftzeichen (*sic ex diuinis illis quasi literis*).[162] Der Mensch entspricht dabei den Vokalen, die Tiere den Halbvokalen, die unbelebten Wesen schließlich den Konsonanten. Wie bei Beschreibung des Verhältnisses von historia und scientia mit Hilfe des Modells von Lexikon und Grammatik greift Gessner hier auf eine grammatische Metaphorik zurück, um die Ausdrucksqualität der Naturwesen zu hierarchisieren. Der wiederholte Rückgriff auf die Metaphorik der Grammatik unterstreicht, wie sehr Gessners Blick durch die Maßstäbe der Philologie geprägt ist.

4. Historiographie und Philologie

a. Historiographische Inventarisierung

Das inventarisierende Verfahren kennzeichnet die ›Historia animalium‹ als Thesaurus der Memoria und verbindet ihre Funktion mit derjenigen der Historiographie. Geschichte und Naturgeschichte bilden hier in ihren Verfahren keine Opposition im Sinne von Narration und Deskription: Im Verhältnis zur späteren Begriffsentwicklung, die die verschiedenen Zeitstrukturen hervorhebt (Humangeschichte / Evolution der Natur), handelt es sich hier um deren statische Vorformen.[163] Beide, historia civilis und historia naturalis, besitzen zunächst die Aufgabe, im Vorfeld von Moral- und Naturphilosophie den Überlieferungsbestand zu sichern. Von daher ihre dominante Bindung an den Text.

Gessners Ansichten über den Status von historia lassen sich nur implizit ermitteln. Ausdrücklich hebt er die erklärenden Passagen von

---

[162] CLAVDII AELIANI [...] opera, Bl. α 5r. Vgl. Leu: Conrad Gesner als Theologe, S. 68.
[163] Lepenies: Das Ende der Naturgeschichte, S. 33ff., 38.

dem Unternehmen einer rein konstatierenden historia ab.[164] Demgegenüber scheinen die Exkurse in verschiedene Gebrauchskontexte (z. B. Medizin) durchaus in den historia-Rahmen integrierbar zu sein.[165] Unter einer einfachen historia verstünde Gessner zunächst im Sinne traditioneller kompilatorischer Verfahren das schlichte *recitare tantum uerba authorum*.[166] Die wahrheitsgemäße Überlieferung der Fakten, das ist die traditionelle Aufgabe von historia als narratio rerum gestarum, die, bezogen auf die descriptio rerum, auch die Naturgeschichte als Leitformel besitzt.

Das Unterfangen, alles je Überlieferte über Tiere mitzuteilen, weist Gessner als Historiographen der Natur (*conscribendam historiam*) aus. Seine *lucubrationes* sind nach eigenen Worten geprägt durch Lektüre, Sammeln, Zusammentragen und Transkribieren.[167] Naturgeschichte zu schreiben bedeutet also vorab, Texte zu lesen, auszuschreiben und ihren Informationsgehalt zu harmonisieren. Wie in der Historiographie bildet die fides historica seiner zahlreichen Quellen ein zentrales Problem. Auf traditionellem Boden befindet sich Gessner, wenn er jede Information durch eine Quellenangabe abgesichert wissen will: »denn bekanntlich ist die Wahrheit vom Ruf eines Autors abhängig.«[168] Damit delegiert Gessner die Verantwortung für sein Material. Dem Wahrheitsproblem des jeweiligen Sachverhalts entzieht er sich durch das authentische Zitat, für dessen Geltung ein anderer einzustehen hat. Die fides historica ist insofern eine moralische Kategorie, und auch Gessner selbst vermittelt ›getreu‹ sein Quellenmaterial.[169] Die Bindung der Information an den Namen eines Autors kennzeichnet das historiographische Unternehmen als verbürgte Überlieferung und entlastet die Vermittler vom Verdacht der eigenmächtigen Erfindung. Die Opposition besteht nicht wie in humanistischer Historik zwischen Überlieferung und Zeitgeschichtsschreibung, zwischen Tradierung und Erfahrung also, sondern zwischen unbearbeiteter Überlieferung und kritischer Prüfung.

---

[164] H. A. I, Bl. ß 1r: *Non enim recitare tantum uerba authorum uolui, sed plerumque etiam, ubi opus uidebatur, explicationem adieci, ita ut hoc Volumen non tantum Historia sit animalium, sed etiam expositionis loco in plerosque omnes qui de animalibus aliquid prodiderunt, futurum.*

[165] Im Kapitel über das Rind (*BOS*) ist ein mehrere Seiten langer Exkurs (H. A. I, S. 30–34) über das Kraut *cytisio* eingefügt. Vgl. S. 34: *prolixius quidem scripsi, non tamen praeter institutum, quod ad animalium historiam*; denn nicht nur das Rind, sondern jede Art von Hausvieh und selbst der Mensch hätten nach Ansicht der Autoritäten Nutzen davon.

[166] H. A. I, Bl. ß 1r. Minnis: Late-Medieval Discussions of *Compilatio*, S. 387.

[167] H. A. I, Bl. ß 2v: *Hos lucubrandi labores, legendo, colligendo, conferendo, transcribendo, multis annis sustinui.*

[168] H. A. I, Bl. ß 1r: *ex ipso authoris nomine quantum quidque fidei mereatur ferè iudicabit Lector.* Vgl. H. A. III, Bl. α 5r.

[169] Seifert: Cognitio historica, S. 23f.

Informationen, die keinen Autor besitzen und sich nicht an eine personale Instanz anbinden lassen, verstoßen gegen ein Grundprinzip der historiographischer Arbeit: den Zeugen. Daß Überlieferung frei vom Verdacht der Erfindungen zu sein, sich auf Verbürgtes zu stützen habe, wird in der Kritik deutlich: *falso et sine authore dicit* kritisiert Gessner Avicenna und bedient sich damit einer vielfach variierten Formel.[170] Der Vermittler selbst kann sich aus der Verantwortung heraushalten.[171] Nicht nur wird der Irrtum der jeweiligen Überlieferung konstatiert, sondern zugleich auf die fehlende, offensichtlich unerläßliche Vermittlungsbasis verwiesen. Der Autorname wird so zu einem Kriterium der Unterscheidung von zuverlässiger und dubioser Information.[172] Darüberhinaus betont er das Problem der Verantwortlichkeit für die Information. Anläßlich der Korrektur einer offensichtlich falschen These des Aristoteles, daß nämlich der Salamander keinen Schaden durch das Feuer erfahre, rettet der Philosoph in Gessners Interpretation seinen Ruf allein dadurch, daß er lediglich als Vermittler der Information fungiert.

> *Nonnulla corpora esse animalium quae igne non absumantur, salamandra documento est: quae, ut aiunt, ignem inambulans per eum extinguit, Aristot. 5.19. historiae anim. Apparet autem eum non suam sed aliorum sententiam retulisse, ex uerbis, ut aiunt, adiectis, quod philosophum hominem decebat. alij enim incautius simpliciter quod audiebant tantum, nec unquam uiderant, assuerunt.*[173]

Der offensichtlich falsche Sachverhalt gibt Anlaß, anhand der herausragenden naturkundlichen Autorität die korrekten Modalitäten der Materialentfaltung vorzustellen. Die zitierte Stelle markiert eine Übergangssituation. Der Reflex von Autoritätsgeltung ist im Bemühen um die Entlastung des Aristoteles ebenso spürbar wie in der Achtung vor seiner korrekten Vermittlungsform. Der Irrtum kann nicht der Autorität zugeschrieben werden, die lediglich wie Gessner selbst als Vermittler fungiert. Dennoch wird die Herkunft der Information bereits diskutiert, werden neben der Inventarisierung Maßstäbe für Geltungsan-

---

[170] H. A. III, S. 84. Vgl. ebd., S. 107: *authorem non adfert* u. S. 575: *ut suspicior sine authore*. Vgl. ebd., S. 106, 643 u. ö. H. A. I, S. 307, 311, 312, 652 u. ö. Analoge Formeln lauten: *cuius tamen nomenclaturae testem nullum producit* (H. A. I, S. 2). *nullo ad hanc rem testimonio usus* (ebd., S. 334). *Sed neuter ulla ueteris alicuius scriptoris authoritate nititur* (ebd., S. 652). *quam eius opinionem ipse non probo, nec quo nitatur authorem habet* (ebd., S. 796). *nullo authore, nullis argumentis* (ebd., S. 967). *nescio quo interprete* (ebd., S. 969).
[171] H. A. I, Bl. β 2v: *fidem meam in plurimis non astringo*.
[172] Vgl. z.B. H. A. III, S. 190: *sunt qui apud Plinium pro planco planûnta legant, quasi errantem, homines imperiti, & ab Hermolao etiam reprehensi, quod & authorem illi non habeant, & Aristoteles [plangon] uocârit*.
[173] H. A. II, S. 76. S. 74 lautet der Kommentar zu der gleichen Stelle: *Nam si nota ei fuisset, nec ex fama tantum de ea scribere, neque rem falsam, ut post dicemus, asserere debebat*.

sprüche etabliert, denen die Darstellung zu genügen hat. Indem der Anspruch auf Offenlegung der Quellen nicht nur formuliert, sondern zugleich in die eigene Praxis integriert und im Zweifelsfall kritisiert wird, dokumentiert sich die Wirksamkeit rein philologischer Verifikationsverfahren innerhalb der ›Historia animalium‹. Der Gesichtssinn wiegt zudem mehr als das Hörensagen, und das hat Folgen für den wissenschaftlichen Anspruch.

b. Quellentypologie

Universalität kennzeichnet nicht nur die Rezeption der ›Historia animalium‹, insofern für jeden etwas angeboten wird, auf Universalität zielt gleichfalls das grammatische Verfahren der Datensammlung, das keine feste Quellenbeschränkung sich auferlegt. Die ›Historia animalium‹ enthält eine immense Bandbreite an Quellen. Zu Beginn des ersten Bandes gibt Gessner eine Übersicht der Autoren, die ihm zur Verfügung gestanden haben und deren Spektrum breit gefächert ist, wie er in der Vorrede ausdrücklich betont.[174] Das Nachschlagewerk vereinigt Texte unterschiedlichster Disziplinen und Gattungen – eine genaue Quellenanalyse würde eine eigene Arbeit erfordern. So sei mehr auf die heterogenen Rubriken und die Typlologie der Autoren verwiesen, als auf alle 251 Autoren:

Bildet die lateinische und griechische Sprache für den Grammatiker schon für sich »ein Substrat von Bildungswissen, das dem Fachwissen vorausgeht«, so trägt ihr Überlieferungsbestand generell zur Grundlage der einzelnen Fachdisziplinen bei.[175] Auch für Gessner bilden die ›grammatischen‹ Enzyklopädien, wie sie etwa Juan Luis Vives der Philologie zurechnet, zum Grundbestand seiner Sammelarbeit: die ›Officinae‹ des Ravisius Textor, die ›Lectionum antiquarum libri triginta‹ des Lodovico Ricchieri (Caelius), die ›Commentarium urbanorum [...] libri‹ des Raffaelo Maffei, die ›Annotationes‹ des Guillaume Budé oder die ›Adagia‹ des Erasmus, um nur die zeitgenössischen zu nennen.[176] Sie alle verzeichnen jenseits fachspezifischer Spezialisierung umfangreiche klassische Literatur, die als Grundlage von umfassender Bildung gilt. Für Gessners Zwecke enthalten sie zahlreiche Informationen zur Tierkunde, bisweilen sogar ganze naturkundliche zoologische Rubriken. Ihr ›philologischer‹ Status kennzeichnet sie als Thesaurus von Tra-

---

[174] H. A. I, Bl. ß 1r: *in quod omnia omnium, quotquot habere potui ante nos de animalibus scripta summo studio referre conatus sim: ueterum inquam & recentiorum, philosophorum, medicorum, grammaticorum, poëtarum, historicorum, & cuiusuis omnino authorum generis.*
[175] Zedelmaier: Bibliotheca universalis, S. 274.
[176] Vgl. Vives Liste aus ›De disciplinis‹ bei Zedelmaier: Bibliotheca universalis, S. 274.

ditionswissen, der weit mehr als rein sprachliche Aufmerksamkeit erfährt.

Neben die antiken Fachautoritäten der Tierkunde (Aristoteles, Plinius, Aelian, Oppian) treten antike Ärzte (Hippokrates, Galen, Dioscorides, Paulus Aegineta u. a.), Historiker (Lukan, Herodot, Diodorus Siculus, Polybios, Flavius Josephus, Plutarch u. a.) und bisweilen Dichter (Aristophanes, Aischylos, Euripides, Homer, Hesiod, Pindar u. a.), aber auch die mittelalterlichen Enzyklopädien der Theologen Vincenz von Beauvais, Bartholomäus Anglicus und Thomas von Cantimpré dienen ihm als Quelle. Die Quellenübersicht verzeichnet überdies zwar die Heilige Schrift in den drei kanonischen Ausgaben: in der hebräischen Edition Sebastian Münsters, der Septuaginta und der Vulgata. Die Kirchenväter (Augustinus, Ambrosius, Basilius) werden aber nur indirekt, meist über die ›grammatischen‹ Enzyklopädien zitiert. Sie tauchen nicht in der Quellenübersicht auf, wie überhaupt theologische Werke hier weitgehend fehlen.

Weiterhin benutzt Gessner die zu seiner Zeit gängigen Editionen und Kommentare zu den antiken Texten. In seiner Liste finden sich die berühmten Zeitgenossen: die Aristoteles-Übersetzungen des Theodor Gaza und des Paduaners Augustinus Niphus; die Pliniuskommentare des Hermolaus Barbarus, Francesco Massarius und Nicolaus Perottus; humanistische Klassikerkommentare des Philippus Beroaldus und Petrus Gillius u. a. Aber auch eigenständige zeitgenössische Werke zieht Gessner heran: Tierbuchautoren (Turner, Belon, Wotton, Heldelinus, Herr), Mediziner (Leonicenus, Marcellus Vergilius, Ruellius, Bock, Fuchs, Brunfels, Cordus, Vesalius u. a.), Historiker (Stumph), Humanisten (Erasmus, Politian, Pontan, Budé u. a.). Die Reiseberichte über die neu entdeckten Kontinente, denen Gessner zeitgenössisches tierkundliches Material entnimmt, hat er wohl durch den ›Novus Orbis‹ des Johann Huttich kennengelernt; immerhin lassen sich elf Titel aus Gessners Liste dort lokalisieren.[177]

Welchen Status haben nun die im strikten Sinn fachfremden Texttypen innerhalb des historiographischen Unternehmens? Die Lektüre der Historiker in Hinblick auf naturkundliche Informationen hatten schon die Humanisten empfohlen; die Bibel besaß ohnehin den Status

---

[177] [Johann Huttich] ›Novus orbis regionum ac insularum veteribus incognitarum‹ [zuerst Basel 1532]. Verzeichnet sind die Reiseberichte von Cà da Mosto (Nr. 149), Vespucci (Nr. 151), Mönch Burkhard (Nr. 162), Kolumbus (Nr. 169), Erasmus Stella (Nr. 172), Barthema (Nr. 207), Marco Polo (Nr. 209), Mathias Miechow (Nr. 210), Paolo Giovio (Nr. 219), Petrus Martyr (Nr. 223) und Pinzon (Nr. 225). Gmelig-Nijboer (Conrad Gessner's »Historia Animalium«, S.67) weist zudem auf die Reisebeschreibung des André Thevet (1556) hin, deren Illustrationen Gessner erst in der zweiten Auflage der ›Historia animalium‹ berücksichtigen konnte.

einer ausgezeichneten historischen Quelle und auch die Kirchenväter beanspruchen nicht nur theologische Dignität, ihre Belege basieren zumeist auf den Überlieferungen der antiken Autoritäten.[178] Gessner zitiert – vermutlich aus zweiter Hand – Belege aus dem ›Hexaemeron‹ des Basilius, aus Ambrosius oder aus dem ›Physiologus‹, beschränkt sich dabei aber auf die Ebene des sensus historicus. Thomas von Cantimpré kennt er wohl nur in anonymer Überlieferung. Die theologischen Quellen interessieren überwiegend im Hinblick auf ihren Informationsgehalt, wie auch Historiker und Literaten. Letztere tragen jedoch nach Gessners eigenen Worten in der Regel nichts Neues zur Sache bei; dort aber, wo es die Sache selbst fördert, greift Gessner explizit auf jede Art von Autor zurück:

> *Nam ex historicis, poëtis & alijs authoribus, non omnia quaecunque de animalibus apud eos haberentur excerpsi, quòd id prolixius quàm utilius futurum uideretur, (cum nihil ferè noui in rebus ipsis apud illos tradatur, sed elocutio tantum uariet,) sed ea tantum quae fortuitò siue in ipsorum libris, siue apud grammaticos citantes occurrebant. Si quae tamen ad res ipsas facere iudicabam, ex omni genere authorum sedulo transcripsi.*[179]

Die Orientierung an den Quellen richtet sich nicht primär an einem wie immer gearteten vorgängigen Gattungsverständnis aus, etwa nach den Kriterien von Fiktion und Realität, Erfahrung und Überlieferung, sondern an der Entgegensetzung von res ipsae und *elocutio*. Die Opposition ist die von sachbezogener Information und rhetorischer Einkleidung. Je nach Bedarf können sachliche und rhetorische Perspektive wechseln. Oppian und Vergil, die häufig als Autoritäten in Sachfragen zitiert werden, werden bisweilen als sprachliche Vorbilder hervorgehoben.[180]

Bei der Spurensuche nach einem verlorenen Wissen ist vorab keine Quelle auszuschließen, und auch aus den Dichtern lassen sich bisweilen wichtige Informationen gewinnen, wenn sie dem (philologischen) Urteil standhalten. Entscheidend ist für das Lexikon zunächst die Information, unabhängig von ihrer medialen bzw. gattungsspezifischen Vermittlung.[181] So können bei der Beschreibung des Wiedehopfes Dichter

---

[178] Erasmus: De ratione studii, S. 122: *Tenenda Cosmographia, quae in historiis etiam est vsui.* Vgl. Bodin: Methodus, S. 30: *Liber secundum rerum naturalium quae saepiùs in legendis historicis occurrunt.*

[179] H. A. I, Bl.ψ 4v.

[180] So in Rubrik C (H. A. I, S. 105) über das Paarungsverhalten des Stiers: *Hanc taurorum concertationem elegantissimus poëta Oppianus lib. 2. de Venatione pulcherimè describit, quem locum à Petro Gyllio translatus & Aeliani historiae de animalibus historiae insertus est, huc apponam.* [Es folgt ein längeres Oppianzitat]. *Hactenus Gyllius ex Oppiano: Nos pauca circa postremam partem Graecis collata emendauimus. Rem eandem Vergilius Georgicorum libro 3. tanta uirtute poëtica describit, ut temperare mihi nequeam, quin ea quoque operi nostro asciscam:* [. . .].

[181] Auch als Rechtfertigung, einer Sache (z.B. dem Kraut *cytisio*) nachzugehen, kön-

wie Aischylos und Ovid durchaus neben die naturkundlichen Autoritäten treten oder ein Brief des Politian über die rhetorischen Imitatoren Ciceros Eigenschaften des Affen bestätigen.[182]

Und dennoch wird bei der Datenerhebung das historiographische Unternehmen weiterhin von dem Wahrheitsanspruch geleitet, der mit dem historia-Begriff schon in der rhetorischen Tradition untrennbar verbunden ist. Aus dem Verständnis der genera narrationis erklärt sich wohl, daß Fiktion weniger durch die Poeten insgesamt repräsentiert wird, denen lediglich rhetorische Verkleidung der Wahrheit unterstellt wird, als durch die Fabel. Einen kritischen Exkurs über die Fabel fügt Gessner im Kapitel über den Biber ein, anläßlich der Skepsis über die These, ob sich das Tier in Gefahr selbst kastriere: Dort, wo es um die Wahrheit geht, haben Fabeln keinen Platz.[183]

Ebenso treten hinter dem Informationsgehalt Differenzen medialer Art in den Hintergrund: Häufig stehen wie im Abschnitt über die Schneegans schriftliche Überlieferung, mündliche Erzählung, brieflicher Erfahrungsbericht und Selbstbeobachtung einträchtig nebeneinander.[184]

c. Historischer Standort

Die Einstellung gegenüber den Quellen erhält bisweilen einen historischen Akzent. Schon die Gruppierung der Autoren in der Quellenübersicht ist aufschlußreich für Gessners eigene historische Standortbestimmung. Nicht die Opposition faktisch-literarisch determiniert die

---

nen die Poeten herangezogen werden. Vgl. H. A. I, S. 30: *Quoniam uero tam salutarem non omni solum pecudum generi, sed homini fruticem, & non medicis modo, sed etiam poetis quoque Graecis Latinisque celebratum, quinam hodie & ubi esset, nemo adhuc ex eruditis, quorum ego scripta legerim, nos docuit: commodum hinc digressus ea de re studiosis candide quod habeo communicabo.*

[182] Etwa bei der Beschreibung des Wiedehopfs nach Aristoteles ›Historia animalium‹ 633a (H. A. III, S. 744): *Vpupa mutat faciem tempore aestatis & hyemis, sicut caeterarum quoque agrestium plurimae, Aristot. Et rursus, Vpupa cum colore, tum uerò specie immutatur, ut Aeschylus poeta satis carmine suo exposuit.* Es folgen die griechischen Verse des Aischylos und deren lateinische Übersetzung durch Gaza, samt einer philologischen Erörterung, die mit den Worten schließt: *ut sensus sit, eam tempore uêris plumas amittere, messe denuò ijsdem uestiri.* Zum Brief Politians vgl. H. A. I, S. 958f.

[183] Vgl. H. A. I, S. 338: *Marcellus Vergilius huiusmodi ueterum fabulis ignoscit, quod de industria ab eis compositae uideantur, ut bonas & utiles res authoritate aliqua munitas uulgus hominum facilius & libentius admitteret, quod in religione & ethnici factitarint, & inter caeteros Plato philosophus. Ego contrà ut bono uiro & sapientiae studioso, cum philosophiae finis sit ueritas, fabulas ubique fugiendas existimo, illas inquam quae pro ueris credendae obtruduntur* [...]. Fabelhafte Etymologien werden in Rubrik H abgehandelt. Vgl. H. A. III, S. 79: *Sed magis placet huius nominis causam referri ad fabulam, quam referemus in h.*

[184] H. A. III, S. 607f.

81

Auswahl und Anordnung der Quellen, sondern zuerst die epochenspezifische und dann die alphabetische Reihung. An der Spitze stehen die verlorenen Autoren, deren Spuren sich lediglich in den überlieferten Texten finden. Danach folgen die weiteren Quellen entsprechend ihrer sprachgeschichtlichen Abkunft, die zugleich eine heilsgeschichtliche darstellt: hebräische, griechische, lateinische für die Antike, sodann in einer eigenen Rubrik die mittelalterlichen, die zwar lateinisch verfaßt sind, jedoch nach Gessners Worten nicht mehr den reinen Sprachstand vermitteln (*admodum impure*). Schließlich folgen die zeitgenössischen Texte, zuerst wieder die lateinischen (*egregio stilo Latine editi*), darauf die volkssprachlichen.

Der Rang der Quellen hängt offensichtlich vom Sprachstand der Texte ab. Die skeptische Grundhaltung gegenüber den mittelalterlichen Autoren, insbesondere gegenüber Albertus, findet sich immer wieder und begründet sich aus sprachlicher Kritik. Schon im ersten Beitrag über den Elch sieht sich Gessner zu einer Grundsatzkritik an Albertus genötigt, der zwar gelehrt, doch in der Übertragung der Namen sehr unerfahren sei.[185] Es ist der arabische Vermittlungsweg, der die Latinität beeinträchtigt und Zweifel an der Solidität der Informationen erweckt.[186]

Der Epochenbruch siedelt sich in Gessners Ausdrucksweise sowohl zwischen Antike und Mittelalter als auch zwischen Mittelalter und Neuzeit an. Exakte Grenzen lassen sich aber nicht ziehen, eher überlagern sich verschiedene Zeitordnungen. Die Antike ist nach Gessners

---

[185] H. A. I, S. 2: *Apud Albertum Magnum, uirum in rerum cognitione non infeliciter uersatum, nominibus uero imperitissimè abutentem, libro historiae animalium 22. ubi quadrupedum historiam ordine literarum exponit, pro alce primum Alches scribitur, deinde Aloy, postea in E litera, Equiceruum duorum generum facit, unum quem Germani uocitant Elent, cuius tamen nomenclaturae testem nullum producit.* Andere kritische Äußerungen lauten: *Albertus ridicule transfert* (H. A. I, S. 333), *Albertus barbara uoce* (H. A. I., S. 346, vgl. 851), *Albertus ut pleraque corrupte* (H. A. I, S. 624) u. ö. *Author obscurus, scriptor barbarus, author parum idoneus* u. ä. lauten die stereotypen Formeln, die jeweils eine Leerstelle im wissenschaftlichen Darstellungsmodus bezeichnen: Vgl. H. A. I, 654, H. A. III, S. 78 (zu den ›Libri de natura rerum‹). H. A. I, S. 338, 367, 781, 955, 1019, H. A. III, S. 38, H. A. IV, S. 240 u. ö. (zum ›Physiologus‹). Demgegenüber stehen die *classicos authores* als kritischer Maßstab: *Sed neuter ulla ueteris alicuius scriptoris authoritate nititur* (H. A. I, S. 652); *nullam apud classicos scriptores [. . .] inuenio* (H. A. I, S. 654); *nomen apud nullum idoneum authorem reperias* (H. A. III, S. 164); *nec inter classicos adnumerandum authores* (H. A. I, S. 937) u. ö.

[186] H. A. I, Bl. ß 6r: *LIBRI LATINE QVIDEM EDITI, sed admodum impurè, ut ex Arabica lingua conuersi plerique superioribus seculis, & illorum qui tales authores imitantur: in quibus frequentissima etiam circa res ipsas errata sunt, partim authorum, partim interpretum imperitia.* Vgl. H. A. III, S. 855: *Sed uidentur haec nomina Arabes a Graeca uoce deducta corupisse, ut alia pleraque.* Die verworrene arabisch-griechische Überlieferung (Albertus) charakterisiert Gessner (H. A. I, Bl. ψ 2r) als *indicium illius etiam seculi inscitiae est*.

Autorencharakteristik eine untergegangene, nicht zu seiner Epoche gehörige Zeitstufe. Wenn er in einer Reihe von Fällen die Ansichten der ›Alten‹ mit denjenigen der ›Neueren‹ konfrontiert, zählt er zu den letzteren – neben seinen Zeitgenossen – auch mittelalterliche Autoren wie Isidor und Albertus.[187] Die weltanschauliche Kontinuität dominiert wohl in diesem Fall die am sprachlichen und fachspezifischen Befund erfahrene historische Differenz. Die Epochenscheide wird erfahren als eine unterbrochene Kontinuität zwischen Antike und Gegenwart, deren Wiederherstellung das eigene Unternehmen gilt.

Bisweilen ersetzt gar das Schema Alt-Neu das Ordnungsraster nach capita, überlagert die zeitliche Opposition das topisch geordnete Autorenreferat.[188] Und selbst innerhalb einzelner loci wiederholt sich die Gegenüberstellung der Ansichten von *ueteres* und *recentiores*.[189] Hier, innerhalb der Materialordnung, ist sogar Raum, feinere zeitliche Untergliederungen vorzunehmen. Im Abschnitt über den Regulus wird nun die historische Distanz zu Albertus ebenso sichtbar wie ein deutlich markiertes Gegenwartsbewußtsein.[190] In Zusammenhang dieser vom Normalverfahren abweichenden Darstellungsform unterstreicht die ›Historia animalium‹ ihren historiographischen Anspruch nicht nur durch die Autorenreferate, sondern überdies durch deren zeitliche Anordnung, die zu einer Art Erkenntnisgeschichte des jeweiligen Gegenstands gerät. Bisweilen bemüht sich Gessner, selbst das Belegmaterial chronologisch zu ordnen. Im zitierten Abschnitt über den Wiedehopf folgt er einer zeitlichen Ordnung: Griechische Autoren, lateinische, mittelalterliche und zeitgenössische.[191]

Eine humanistische Epocheneinteilung liegt einer kritischen Passage gegen Isidor zugrunde, dessen Einschätzung sichtlich schwer fällt. Gessner vermag zwar Isidors Gelehrsamkeit zu würdigen, doch erfährt

---

[187] H. A. III, S. 687: *Recentiores porphyrioni quaedam praeter ueterum authoritatem attribuunt, ut Isidorus [...]*. Vgl. ebd. S. 82: *Recentiores uerò illos (Albertum & similes scriptores)*. Vgl. H. A. I, S. 784: *(quae admodum recens est, neque enim uetustiorem eius authorem habemus quam Tzetzen, qui uixit anno Salutis 1176.)*.

[188] So schon zu Beginn (H. A. I, S. 2 De Alce): *Nunc ueterum scriptis subdam recentiora*. Vgl. H. A. III, S. 374f.: *DE FVLICA VETERVM* und *DE FVLICA RECENTIORVM* lauten hier die Rubriken. Vgl. ebd., S. 521f. (*DE GRYPHE*); S. 471f. (*DE TETRACE*); S. 466: *De OTIDE quoniam uariae sunt recentiorum sententiae, primum ea seorsim conscribam, quae apud ueteres mihi lecta obseruaui*.

[189] H. A. III, S. 461–463 (*DE MELAGRIDE*). Vgl. ebd., S. 687.

[190] Gessner subsummiert das Material hier unter drei Zeitabschnitte: *DE REGVLO VEL TROCHILO EX VETERIBVS* (ebd., S. 694 mit den Rubriken A,B,C, D,H); *DE EADEM AVE QVID PRODIDERINT Albertus, & eiusdem saeculi scriptores* (ebd., S. 695); *ADHVC DE EADEM AVE EX SCRIPTORIbus nostrae memoriae, & obseruationibus proprijs*. (ebd., S. 696).

[191] H. A. III, S. 744f.: Aristoteles, Aischylos, Theophrast, Plinius, Pausanias, Ovid, Plinius, Isidor, Kiranides, Albertus, Thomas von Cantimpré (*Author de nat. rerum*), Turner und ein eigener Bericht bilden die Abfolge.

diese ihre Grenze und Korrektur durch das Ereignis der Epochenwende. Eine kritische Stellungnahme Gessners endet mit einer Bewertung Isidors:

> *Haec Isidor: qui suo tempore doctissimus habitus est, nec ullus opinor eo eruditior ab eius aetate ad nostri usque saeculi tempus, quo bonae literae renasci coepere, scriptis aliquid mandauit*[192]

Die mit der Zeitdiagnose verbundene Aufbruchsstimmung bestimmt auch Gessners eigene Programmatik und Arbeitsweise. Das Bewußtsein neu erschlossener Erfahrungsräume prägt das Selbstverständnis: Einmal diachron durch die Erneuerung der ›Alten‹:

> *Quid ueró laudabilius ex omni humanitatis studio quàm suscipere tam liberale tanquam laudabile munus renouandae uetustatis, uel ab interitu potius uendicandae, & nomina rebus, & res nominibus reddendi?*[193]

Die Aufarbeitung der verschütteten Überlieferung vollzieht sich hierbei innerhalb des humanistischen Bildungsprogramms der *studia humanitatis*. Wiederherstellung und Bewahrung der antiken Tradition bilden das primäre Ziel. Die Beschreibung des Verhältnisses von Namen und Dingen ist mehr als eine rhetorische Stilfigur. Sie kennzeichnet ein zentrales Problem des Arbeitsverfahrens sowie die Art historischer Standortbestimmung: die Zuordnung von in den Texten vorgefundenen unbekannten Namen zu bekannten Referenten (der Texte oder der eigenen Umgebung) und die Identifizierung bekannter Referenten mit vorhandenen Namen der Überlieferung. Einmal wird die Vergangenheit am Maßstab der Gegenwart gemessen, das andere Mal umgekehrt. Am Namenproblem aber offenbart sich die Erfahrung der Epochendifferenz zunächst als Verlust, der durch die mittelalterliche Sprachenverwirrung eingetreten ist. Das Erkenntnisinteresse bleibt in dieser Perspektive vergangenheitsorientiert, sein Hauptbezugspunkt der Text. Gesucht werden sachliche Äquivalente zu den überlieferten Namen, sowie namentliche Äquivalente der ›Alten‹ zu den Dingen der eigenen Umgebung. In beiden Fällen bleibt der Text Bezugspunkt der synchronen Erfahrung, veranlaßt der Text die Erfahrung einer Diskrepanz zwischen überlieferten und zeitgenössischen Kenntnissen.

Das humanistische Unternehmen der renovatio vetustatis stößt dort aber auf Grenzen, wo nur noch die Namen der Autoren faßbar, die

---

[192] H. A. I, S. 319. Vgl. ebd.: *Sed quàm inepte tum alia quaedam in his quae iam recitauimus scripserit, tum tria syluestrium caprarum genera pro uno acceperit, manifestius est quàm ut reprehendendo immorari debeam.* Vgl. ebd, Bl. ß 6r (Catalogus Authorum Nr. 143): *Isidorus Etymologici suo libri 12. de animalibus quaedam scripsit non inutilia. meretur autem medium fere locum, ni fallor, inter classicos & barbaros authores* [. . .]. Vgl. ebd., S. 1019: *Isidorus tamen parum idoneus scriptor.* I. S. 636: *Isidor parum grauis author* [. . .].
[193] H. A. I, Bl. ß 3r.

Werke selbst aber, mithin ihre Informationen, verloren sind. Das Bewußtsein der Unvollständigkeit der Überlieferung schafft somit Raum für neue Fragen:

> *Sunt qui Aristotelem, Plinium, & alios ueteres (inquit Gillius) omnem animalium naturam scriptis comprehendisse, praedicabunt, à quibus adeò dissentio, ut ab eis praeclarè inchoatam multam animalium uim, non planè perfectam audeam dicere. Cur enim tot tantisque religiosissimis authoribus de ui & natura animalium extinctis, non amplum locum hominibus minimè inertibus ad nouam commentationem relictum esse arbitremur? cum sex centis apium scriptoribus nondum perditis, Aristarchum Solensem constet duodequadraginta annos nihil aliud egisse, quàm earum mores tum obseruasse, tum scriptis mandasse.*[194]

Die ›Alten‹ haben eben nicht vollständig die Natur der Tiere beschrieben und als Argument für den sich noch eröffnenden Spielraum (*locum*) neuer Studien führt Gessner an, daß gerade das Vergessen so vieler alter Forscher es nicht erlaube, die Vollständigkeit der Forschung – verkörpert etwa in den Werken des Aristoteles und Plinius – anzunehmen.[195] Der Anspruch auf weitere Studien kann sich so auf den defizitären Überlieferungsbefund stützen. Aber auch die Existenz einer Vielzahl von vorhandenen Autoren erübrigt synchron keinesfalls die eigene Forschung wie das Beispiel des Aristarch zeigt.

Der Erkenntnisprozeß orientiert sich somit nur partiell an der Vergangenheit und öffnet sich auf die Zukunft hin. Gessner stützt sich hier auf Argumentationen, die im Bereich der Botanik bereits entwickelt waren: Die Erfahrung von der regionalen Begrenztheit der antiken Überlieferung und von der außereuropäischen Fauna initiierte eigene Forschungen.[196] Gessner selbst hat in seiner Vorrede zum Kräuterbuch des Hieronymus Bock ähnliche Argumente verwendet: Das Vorhaben der Ergänzung und Kritik der Überlieferung, aber auch der regionalen Spezifizierung, der Suche nach Nicht-Überliefertem, kennzeichnen das Bewußtsein einer besonderen historischen Situation.[197] Die Aufforde-

---

[194] Ebd.
[195] Gessner greift eine Diskussion auf, die im naturphilosophischen aristotelischen Schrifttum seiner Zeit geführt wurde. Ein Aristoteliker wie Augustino Nifo kann gegen das Argument, die ›Historia animalium‹ des Aristoteles sci unvollständig, da zahlreiche Tiere nicht erfaßt seien [*Ergo historia animalium insufficienter tradita est*], auf die Vollständigkeit des Systems verweisen: *Dicendum Aristotelem sufficienter tradidisse animalium historiam, quoniam diuisit, & subdiuisit quousque in species aut in ima genera deuenit, in quibus nullum est, aut potest, esse animal, quod non contineatur.* AVGVSTINI NIPHI [...] EXPOSITIONES, Bl. * iiijr.
[196] Dilg: Die Pflanzenkunde im Humanismus, S. 122f. Zu Brunfels vgl. ebd., S. 126: »[...] daß ›wir über der Alten erfarung [hinaus] etwas weiters underston zu erfinden‹.« Vgl. Krafft: Renaissance der Naturwissenschaften, S. 128f. Müller: *Erfarung* zwischen Heilssorge [...] und Entdeckung des Kosmos, S. 334.
[197] Hieronymus Tragus (Bock): *De stirpium differentijs: Eodem autem tempore ut reliqua naturalis philosophia et Medicina sic et stirpium historia paulatim renata diversisque nationibus quasi certatim exculta est, ita ut nullo unquam ante nos*

rung an die Leser der ›Historia animalium‹, ihn mit weiterem Material zu versorgen, unterstreicht diese Offenheit der Perspektive. Dort, wo die Diskrepanz zwischen der Tradition und der Gegenwart besonders evident wird, bei den Meerestieren, dominiert denn auch das Pathos der Neuheit.[198] Gegenüber der Lektüre der ›Alten‹ gebe es hier nämlich noch viel Neues, bisher nicht Entdecktes aufzufinden:

> Sic fiet ut ueterum scripta uberiore cum fructu & suauitate, non solùm, ut plerique solent, legamus: sed etiam rebus ipsis cognitis intelligamus: ac insuper multa noua, nullis in hunc usque diem literis prodita, pulchro ingentique auctario philosophiae lucremur.[199]

Es mag an dem dürftigen Überlieferungsbefund liegen, daß Gessner im 4. Band seiner Tiergeschichte den offenen Horizont deutlicher betont als in den voraufgehenden Bänden. Neuheit, die sich derart entweder aus der Vergangenheit heraus legitimiert und an deren Defizite sich anschließt oder synchron Unbekanntes erschließt, läßt sich in beiden Fällen nach dem Muster humanistischer Wiederentdeckung beschreiben.[200] Aufgrund der Kommentarpraxis jener Zeit war ersteres – der Umgang mit Büchern – vertrauter. Er bildet die Folie, vor deren Hintergrund die Erfahrung sich allererst formiert.

d. Historioskopischer Wahrheitsanspruch

Zwar gründet Gessners Ruf auf seiner Leistung als Beobachter und Sammler, doch deutlich kommt daneben – im Kontext zeitgenössischer

---

saeculo ad tantum fastigium peruenisse uideatur. Quamvis enim multa a veteribus tradita nobis incognita sunt, vel quia illi descriptiones singulorum accuratas non reliquerunt, vel quia regiones nostrae non proferunt, multo plura tamen alia medicamenta, in plantarum genere imprimis, priscis ignota, certe non prodita, aetas nostra agnoscit et usurpat foeliciter. Zitiert nach Dilg: Die Pflanzenkunde im Humanismus, S. 129.

[198] Signifikant, daß Gessner hier auf dem Titelblatt im Gegensatz zum 1. Band zeitgenössische Autoren anführt: Rondelet und Belon.

[199] H. A. IV, Bl. α 6v. Vgl. Müller: ›Alt‹ und ›neu‹ in der Epochenerfahrung um 1500, S.131.

[200] H. A. IV, Bl. α 6v: *Tua uerò M. si eorum quae adhuc in Oceano nostro latent animalium, notitiam illustrarit, depulsis ueluti Sol suo exortu, ignorantiae tenebris, non semel, nec uni populo, sed perpetuum hoc, dum mundus hic erit, dum ullae literae uigebunt, omnibus ubique gentium populis, non solùm uulgo, sed eruditis & philosophis hominibus, immò ipsi inclytae philosophiae, longè magnificentissimum hoc spectaculum exhibuerit. Ita, ueluti mari detecto, apertisque gurgitibus et abyssis, magnam omnibus admirationem excitaueris.* Vgl. Müller: ›Alt‹ und ›neu‹ in der Epochenerfahrung um 1500, S.131. Zur Legitimation des Neuen durch Anschluß an das Alte etwa noch bei Kopernikus und Vesalius vgl. Buck: Der humanistische Beitrag , S. 173. Toellner: »Renata dissectionis ars«. Vesals Stellung zu Galen, S. 85–95. Ders.: Zum Begriff der Autorität in der Medizin der Renaissance, S. 172f.

Methodik – der philologische Charakter seines Werkes zum Ausdruck. Philologie steht nicht im Gegensatz zum Erkenntnisanspruch, sie bildet vielmehr Ausgangspunkt und unerläßliche Voraussetzung naturkundlicher Forschung.[201] Der Blick in die Vergangenheit, der die beschreibende Naturkunde – Botanik, Mineralogie, Zoologie – kennzeichnet, verbindet noch die mittelalterliche und humanistische Einstellung zum Gegenstand, nur haben sich Fixpunkt und Form der Darstellung verändert. Für die beschreibende Naturkunde jener Zeit besteht ein Großteil ihrer Arbeit im Auffinden der antiken Texte, ihrer Säuberung, philologischen und sachlichen Interpretation, kurz: ihrer Kommentierung.[202]

Entsprechend konzentriert sich schon die zweite Vorrede der ›Historia animalium‹, die methodischen Fragen gewidmet ist, fast ausschließlich auf das Problem des Umgangs mit Büchern, und das Titelblatt kündigt in typisch humanistischer Manier *commentarios copiosos, & castigationes plurimas* an. Gessners Methodologie zielt primär auf Bücher; im Rahmen der Darlegung seines Arbeitsverfahrens erörtert er die Anforderungen, die sich an die Erklärung eines Buches stellen: die Darlegung von Wort und Sinn eines Autors wie die Zusammenstellung derselben unter analoge loci. Neben das Sammeln und Ordnen tritt der Kommentar.

Daß es über das *recitare tantum uerba authorum* hinaus um die *cognitio rerum*, die *incorrupta ueritas*, bzw. die *res ipsas, earumque ueritatem & certitudinem* geht, wird bereits dort deutlich, wo Gessner die sachliche Behandlung des Gegenstandes von einer rhetorisch-didaktischen Funktion bzw. einer etwaigen stilistischen Überformung zu trennen versucht, aber auch dort, wo er die Intersubjektivität der Datenerhebung betont oder die Gelehrten auffordert, weiteres, auch Korrigierendes, beizutragen.[203] Die Ermittlung der Wahrheit wird abgelöst von Stilfragen, autoritativen wie persönlichen Ansichten und individuellen Lebenszeiträumen.

Der Historiograph der Natur wird aber dort zum Historioskopen, wo er beansprucht, Wahrheit herzustellen und nicht nur das Autorenreferat zu liefern.[204] Neben das Lesen, Exzerpieren, Kompilieren und Transkribieren, neben jene Techniken, die der memoria dienen, tritt ein Arsenal an Kommentierungsverfahren, das auf Wahrheit zielt: der Ver-

---

[201] Krafft: Renaissance der Naturwissenschaften, S. 126–129. Vgl. Gmelig-Nijboer: Conrad Gessner's »Historia Animalium«, S.49f.

[202] Krafft: Der Naturwissenschaftler und das Buch, S. 13–45, 21f.

[203] H. A. I, Bl. ß 2r/v. Vgl. ebd. Bl. ß 3r: *Interim obsecro bonos & studiosos omnes, si qui habuerint quicquam quod ad huius Operis perfectionem momenti aliquid afferre possit, ut sunt, cuiusuis generis animalium imagines, aut historiae, hoc est quicquid ad earum naturam plenius cognoscendam facit.*

[204] Seifert: Cognitio historica, S. 24, 25f., 27f. u. ö.

gleich, die Interpretation, Explikation, die quaestio und das Experiment. Sie leiten nicht durchgängig die Wahrnehmung. Im Rahmen des lexikalischen Unternehmens greifen sie von Fall zu Fall, meist an herausragender Stelle in die Darstellung ein und erheben das Werk über den Status eines Lexikons. Gessners Mittel der Wahrheitsfindung lassen sich schwer hierarchisieren. Ihn an modernen Maßstäben zu messen, wäre anachronistisch. Daß er überhaupt die Wahrheitsfrage stellt und mit je unterschiedlichen Mitteln zu beantworten sucht, hebt ihn methodisch von seinen Vorgängern ab.

Was sich nicht durch die Tradition stützen läßt, ist vorab verdächtig. Das heißt aber nicht, daß alles Überlieferte sakrosankt ist: »Andererseits verdient mehr Vertrauen, was von vielen bestätigt wird«, lautet hier die Alternative zum autoritätsfixierten Eingangszitat.[205] Entsprechend gilt in der Umkehrung, daß eine isolierte Überlieferung zunehmend der Stütze durch Parallelüberlieferung bedarf.[206] Der Vergleich als Mittel der Wahrheitsfindung – ein Nebenprodukt des lexikalischen Verfahrens – tritt in Erscheinung, und Gessner erläutert schon im methodologischen Vorwort des ersten Bandes auch diese Absicht seiner Kompilationsarbeit: *cum ipsi inter se loci tam diligenter collati mutuam lucem afferant.*[207] Über die Sicherung und Ordnung der Überlieferung hinaus hofft Gessner, die wenigen Erläuterungen dadurch aufzufangen, daß allein schon das Nebeneinander der Autorenmeinungen zur Klärung beiträgt.

Im dritten Band entfaltet er das Problem systematischer, jetzt bezogen auf die unterschiedlichen Texttypen Pandekten und Epitome, die einen jeweils unterschiedlichen Erkenntnisanspruch repräsentieren.

Verba & sententias authorum, in quibus aliquid dubium, obscurum, falsum aut corruptum sit, quoad eius potest, explanare, conciliare, arguere, & emendare conetur, ubi res postulabit. Saepius enim hoc facto opus non erit, cum ipsi authores inter se hoc praestant, quod uel aperte sit, uel ex collatione deprehenditur. Erit autem hoc optimum genus commentariorum, cum loca authorum collatione mutua dilucidantur.

---

[205] H. A. I, Bl. ß 2v: *A multis enim testibus res una si uerbis ijsdem dicatur, eò fide dignior est.* Vgl. H. A. III, Vorrede 2. Vgl. Riedl-Dorn: Wissenschaft und Fabelwesen, S. 43.

[206] So entscheidet sich Gessner in der Diskussion um eine spezifische Eigenschaft des Affen gegenüber Barbarus für die »römische Version« der Pliniusüberlieferung. Vgl. H. A. I, S. 962: *Ego Romanam lectionem malim: nam quod in Venetis legitur, apud nullum alium authorem reperitur.* Römisch und venezianisch bezieht sich auf die beiden Pliniuseditionen Rom 1470 und Venedig 1472. Vgl. Dilg: Die botanische Kommentarliteratur, S. 233.

[207] H. A. I, Bl. ß 1r. Vgl. ebd.: *Nam qui librum aliquem explicandum sit scripsunt, duo praecipue curant, ut uerba & sensus authoris declarent, & aliorum similes locos conferant. quorum posterius quoniam in hoc opere summo studio perfeci, collatis tum aliorum tum unius authoris eadem de re diuersis in locis dicta, minus operaepretium fuit pluribus declarari authorum uerba, cum ipsi inter se loci tam diligenter collati mutuam lucem afferant.*

quod in Pandectis facillime fit, cum eiusdem argumenti scriptorum sententiae in unum omnes locum conueniant.[208]

Das Pandekt, das ebenfalls als Lexikon konzipiert ist, ist folglich mehr als eine bloße Zusammenstellung von Informationen. Es liefert zugleich die materielle Grundlage der Wahrheitsfindung, die in unterschiedlicher Form durchgeführt werden kann. Es unterscheidet Gessner von seinen Vorläufern, etwa einem Albertus, daß er die Errungenschaften humanistischer Textphilologie für die Naturbeschreibung nutzen kann. Der Kommentar, der unter der verschütteten Oberfläche der Textgestalt eine verlorene Wahrheit wiederzugewinnen sucht, erhält dabei seine Verfahrensregeln aus einer humanistisch und scholastisch gefärbten literarischen Praxis.

Einerseits ist er philologisch orientiert, indem er sich der Wortgestalt und der Überlieferung widmet, andererseits nimmt er Stellung zu Sachproblemen. Gessner vergleicht penibel das vorliegende Quellenmaterial, um Namen, Termini, sachliche Thesen und Überlieferungsbestände zu prüfen. Erst über die Analyse der Worte erschließt sich hier die Sache. Immer wieder kommt er zu der Schlußfolgerung, daß die Überlieferung verderbt ist.[209] Die Interpretation des Textbefundes bleibt die primäre Aufgabe des Naturforschers. Stellungnahmen, Zusätze und Korrekturen fügt er häufig – wie im Vorwort expliziert – in Parenthesen an (*ut Grammatici vocant*).[210] Noch die Übertragung seiner Quellen in eine mittlere Stillage paßt er den Anforderungen der Grammatik an: *non grauem & ornatum stilum, sed perspicuum & mediocrem requirebat, & plerunque grammaticum, hoc est interpretationi aptum.*[211] Die Texterörterungen nehmen häufig gegenüber der zu entscheidenden Sachfrage ein Übergewicht ein und laufen darauf hinaus, Überlieferungswege zu rekonstruieren und den bisherigen Kommentatoren Fehler nachzuweisen.[212] Die Kommentierung der Sache geht unversehens über in eine der Autoren und Textbefunde:

---

[208] H. A. III, Bl. α 5r. Vgl. Conrad Gessner. Universalgelehrter Naturforscher Arzt, S. 128.

[209] Vgl. H. A. I, S. 95: *sed locum obscurum apud Dioscoridem fere praeteriam.* Vgl. H. A. III, S.79: *sed lectio apud hunc corrupta est.* Vgl. ebd. S. 85: *sed forsan Plinij quoque codex corruptus est* und *Albertus eo in loco ex Auicenna corruptissimis nominibus pro alcyone habet* [. . .]. Vgl. ebd., S. 88: *idem locus apud Suidam corruptus est.*

[210] H. A. I, Bl. ß 2v. Vgl. H. A. III, S. 328: [. . .] *primo quem ad hunc modum uertit Nic. Perottus, (cui nos ex codice Graeco Vaticanae Bibliothecae cum Aldinum mutilum reperissemus, uersus amplius tres addidimus:)*[. . .].

[211] H. A. I, Bl. ß 1r.

[212] Zur humanistischen Praxis der Überlieferungskritik durch recensio und emendatio (Valla, Erasmus) vgl. Rüdiger: Die Wiederentdeckung der antiken Literatur, S. 546.

– So bei der Darstellung der angeblichen Zuordnung von Adler und Geier zur gleichen Art durch Aristoteles. Die Sache selbst ist schnell entschieden: Schon Albertus – wie eine längere Textpassage demonstriert – klärt den angeblichen Irrtum des Aristoteles auf. Gessner greift nicht nur auf den Aristotelestext zurück, sondern spürt zugleich die Fehlerquelle in der Überlieferung auf. Er legt Gewicht auf die Dokumentation, daß weder Albertus die ›Alten‹ (Aristoteles), noch Niphus den Albertus korrekt kommentiert haben.[213]

– Einen Überlieferungsirrtum aufgrund falscher Quellenzuschreibung und aufrund von Interpretenirrtum oder Schreiberfehler weist Gessner im Kapitel über eine Gazellenart (*De Moschi Capreolo*) nach, wo er der Darlegung des Sachverhalts breiten Raum widmet. Infrage steht, ob das Heilmittel Moschus von einer Gazelle oder einem Einhorn hervorgebracht wird. Über die Quellenkritik seiner Zeitgenossen Ruellius, Mattioli, Barbaro u. a., die die Beschreibung des Moschus durch Simon Sethi auf einen Text des Aetius zurückführen, falsifiziert er zunächst deren Urteilsbasis durch Prüfung des ›Zeugen‹ (*apud quem ego nihil tale inuenio*). Neben der falschen Quellenberufung korrigiert Gessner zudem die falsche Zuschreibung an das Einhorn durch philologische Rekonstruktion des Überlieferungsweges. Ein falsches Textverständnis ist hier schließlich Ursache für einen weiteren Überlieferungsfehler.[214]

– Ein letztes Beispiel: In einer langen Erörterung weist Gessner dem Hermolao Barbaro einen Übersetzungsfehler nach. Das griechische Wort anacollema interpretiert Barbarus in einem Rezept des Dioscorides in medizinisch heilender (*reclinare*) und nicht in mechanischer (= Pflaster) Hinsicht. Nicht nur stützt sich Gessner auf die Kritik des Marcellus Vergilius, sondern greift zusätzlich auf eine Wortanalyse zurück, so daß er den erneuten Wechsel der Argumentationsebene explizit ankündigt: *Haec quod ad propriam uocum significationem. quod uero ad rem ipsam [. . .].*[215]

---

[213] Zu Albertus These vgl. H. A. III, S. 162: *nos hoc neque apud Aristotelem, neque alium ueterem legimus. decepit eum forte gypaeeti descriptio, quae aquila uulturina specie est: aut potius Auicennae & Arabum interpretes, qui pro aquila aliquando uulturem reddunt.* Zu Niphus Interpretation ebd.: *[. . .] Haec Albertus. unde apparet uerba eius non rectè intellecta à Nipho, qui scribit [. . .] quod exploratum mihi non est. nisi forte alium Alberti locum legerit.*

[214] H. A. I, S. 786: *Quamobrem aut memoria lapsi sunt illi, qui ab Aëtio descriptum aiunt: aut potius Symeonis Sethi librum Aëtij authoris esse crediderunt. [. . .] Quod si error est, ut puto, cum aliorum nemo id scripserit, ne oculati quidem authores: inde forsitan natus fuerit, quod Auicenna, ut retuli, dentes huic capreae intrò reflexos tanquam duo cornua esse scribit, quae uerba uel ab interprete uel à librario peruerti potuerunt.*

[215] H. A. III, S. 446. Voraus geht: *Et ipsius (Marcelli Vergilii) translationem hoc in loco nos etiam potius quàm Hermolai probamus. sed reclinandi uerbum cum de*

Die Auseinandersetzung über die Sache wird überlagert durch die Konkurrenz der Kommentatoren.[216] Texte führen auf Texte zurück, die wiederum auf Texte verweisen. Nicht nur die These wird untersucht, sondern mit ihr zusammen der Vermittlungsweg, wobei – wo möglich – der Rückgriff auf den früheren Text angestrebt wird.[217] Der Eingriff in die Textgestalt bedarf der Autorität des jeweils besseren Codex:

> *Nos Graece nonnihil quam in impressis codicibus nostris habentur, melius descripsimus: prorsus quidem restituere absque codicis melioris authoritate nec libet nec licet.*[218]

Philologisch verfährt auch der Übersetzungsvergleich unter Hinzuziehung einer Parallelüberlieferung, wobei Gessner sowohl die Ausgaben des Aristotels und Plinius, als auch die zeitgenössischen Kommentare heranzieht. Probleme der Identifizierung von Tieren, Heilmitteln und Krankheiten lassen sich auf diese Weise methodisch verfolgen.[219] Zweifelhafte Aristoteles-Übersetzungen etwa (Albertus/Gaza/Niphus) überprüft Gessner durch Rückgriff auf Plinius, durch das bekannte lexikographische Verfahren also, auf das sich schon Gaza berief; aber auch in umgekehrter Richtung läßt sich das Verfahren praktizieren.[220] Keinesfalls aber bleiben antike und zeitgenössische Autoritäten dabei sakrosankt, wie kritische Anmerkungen zu beiden belegen.[221]

---

palpebris sermo est, compescere aut firmare, [. . .], non significat. neque enim ueteres Graeci medici [anakollatai] *dicunt palpebras [. . .] quae effluant, sed [. . .].*

[216] Wichtig bleibt auch die Priorität der Entdeckung. Die Konkurrenzsituation wird bisweilen in spitzen Anmerkungen sichtbar. Vgl. H. A. I, S. 34: *Nam trifolium illud Fuchsij (quod ille à me admonitus trifolium Dioscoridis non esse, sed lotum syluestrem potius, in secunda editione quae solas imagines habet, in lotum urbanam uertit) [. . .].*

[217] Vgl. H. A. I, S. 413: *quam licet non probem, ea tamen quod Graecum exemplar ad manum non esset neccessariò usus sum.* Vgl. ebd., S. 413: *sed quoniam locus, ut apparet, corruptus est, inspici moneo Graecum exemplar, si quis habent.* Vgl. ebd. S. 845f: *Graecum exemplar inspiciant, quibus ad manum est.* Vgl. H. A. III, S. 310: *sed Graecus etiam codex sic habet.* Vgl. ebd. S. 779: *ubi Graecus codex noster nomen quod siluiae respondeat nullum habet.* Zu einer Stelle aus der ›Geoponica‹ heißt es (H. A. I, S. 1082): *Andreas à Lacuna in Graeco codice excuso, & suo manuscripto, haec legi negat.*

[218] H. A. III, S. 744. Eine ›korrupte‹ Oppianstelle kommentiert Gessner (H. A. I, S. 636): *Versum medium corruptum, ex coniectura sic lego [. . .] donec ex manuscripto codice aliquis meliorum lectionem afferat.*

[219] H. A. III, S. 81: *Sic uero omnino legendum esse, facile ex plurimis quae subijciemus authorum testimonijs constabit.*

[220] Vgl. H. A. III, S. 105: *uerum codices quidam posteriore loco neque chenalopeces neque ceramides legunt, sed chenerotes. Sed cum Plinius omnia ferè sua è Graecis transtulerit, & uocabula haec omnia Graeca esse appareat, ea potissimum ad hanc lectionem usurpârim quae apud Graecos reperiuntur [. . .].* Über die Anzahl der Wolfszehen irrt Plinius (H. A. I, S. 719): *Hic locus apud Plinius 11,43 corruptus, ex Aristotele* [De part. 4,12] *restitui potest.*

[221] Vgl. H. A. III, S. 85. Vgl. ebd., S. 86: *quamobrem miror ab eo* [Calcagninus]

Das philologische Verfahren, das zu jener Zeit auch Bibelexegese und humanistische Geschichtsrekonstruktion bestimmt, prägt in gleichem Maß die entstehende Naturkunde. Wahrheit stellt sich durch Interpretation her: durch Stellenvergleich, Reinigung der Wortgestalt, Überlieferungskritik (Lokalisierung der Fehlerquelle), durch Rückgriff auf eine Parallelüberlieferung oder den Urtext. Die philologische Methode vermag dabei eine Denkform zu schulen, »die der des Naturforschers gleicht: die an keine Autorität gebundene vorurteilslose Betrachtung eines Sachverhalts aufgrund von rationalen und daher allgemein faßbaren Kriterien.«[222]

e. Namenanalyse

Der Name erfüllt innerhalb der mittelalterlichen Naturkunde eine doppelte Funktion. Zum einen stellt er Referenzen her und dient somit der Identifizierung, zum andern setzt er Zeichen, die einem breiten Spektrum an Deutungen offenstehen. Die unterschiedlichen Interessenschwerpunkte von Naturkunde und Naturdeutung knüpfen an diesen Doppelaspekt des Namens an, denkt man an die allegorisch beeinflußte Namenetymologie gegenüber der wissenschaftlichen Taxonomie.[223] Solange ein relativ begrenztes Textcorpus zur Verfügung stand, solange die Überlieferung nicht in eine historische Perspektive gerückt war und enzyklopädische bzw. homiletische Interessen dominierten, lag das Namenproblem nicht eigens im Horizont der Fragestellung. Die Erörterungen der Tiernamen, die die Enzyklopädisten des 13. Jahrhunderts – Thomas, Bartholomäus, Vincenz – vornehmen, stützen sich noch weitgehend auf die Etymologien des Isidor. Und auch Albertus Magnus widmet dem Namenproblem eine nur begrenzte Aufmerksamkeit. Durch Rekurs auf das Ursprungswort oder das Benennungsmotiv führt der Name traditionell in das Thema ein und gibt allgemein erste Hinweise über die Eigenschaften einer Sache.

Erst über den humanistischen Klassikerkommentar wird auch der Name zum Problem und rückt in eine philologische Perspektive. Dort,

---

defendi Plinium, quem Aristotelis sensum hac parte non assequutum, ex ipsius (quae hic subijcimus) uerbis apparet. [. . .] Calcagninus sentit codices nostros minus quàm Plinij emendatos esse, potius credendum quàm Plinium male transtulisse: Ego uerò contra sentio. iudicabunt eruditi. Vgl. H. A. I, S. 273: *Miror eruditos, Hermolaus praecipue, hos locos apud Plinium non animaduertisse.* H. A. III, S. 247: *Chloridem mirum est Gaza uertisse luteam* Ebd., S. 250: *Niphus ineptam Alberti sententiam secutus.*

[222] Buck: Der humanistische Beitrag, S. 168; Dilg: Studia humanitatis et res herbaria, S. 79; Toellner: Zum Begriff der Autorität in der Medizin der Renaissance, S. 166.

[223] Zur Verbindung von Etymologie und Allegorese vgl. Klinck: Die lateinische Etymologie des Mittelalters.

wo die Sichtung und Homogenisierung der gesamten Überlieferung intendiert ist, wird der Name in anderer Form zum Ausgangspunkt der Darstellung. Die Notwendigkeit der Datenerhebung über das historische Material führt außer zur Standardisierung und Normierung der Quellen auch zur intensiven Auseinandersetzung mit den Namen.[224] Gessner legitimiert selbst seine eigene alphabetische Ordnung außer mit praktischen Erfordernissen mit der noch weitgehenden Unkenntnis der Namen zu seiner Zeit.[225]

– *Confusio nominum*

An die Spitze seines Rasters stellt Gessner die Erörterung des Namenproblems, denn vor aller Inventarisierung ist sicherzustellen, daß von der gleichen Sache gesprochen wird. Gerade dies aber ist nicht selbstverständlich, da die Sichtung des überlieferten Materials unter dem Aspekt der Namengebung den Naturforscher mit der vielfach beklagten *nominum ac rerum ipsarum confusio* konfrontiert, mit einer Ausgangslage, die in verschiedenen Disziplinen – Theologie, Historiographie, Botanik – den Erfolg der Philologie begründet hatte.[226] Auf diesen Befund stützte Gessner bereits sein in der Vorrede explizitertes Programm der *renouatio uetustatis*, das, wie die Kritik an den Namengebungen mittelalterlicher Autoren zeigt, den Akzent darauf legt, den Dingen die Namen wiederzugeben und den Namen die Dinge. Das philologisch-historische Unternehmen der Emendation liefert wissenschaftsgeschichtlich erste Ansätze zu einer Revision traditioneller Nomenklatur.[227]

---

[224] Das verbreitete Unternehmen medizinischer Synonymlexika, der Zusammenstellung von Namen verschiedener Sprachen, muß in diesem Kontext gesehen werden. Vgl. Delaunay: La zoologie au seizième siècle, S. 205.

[225] H. A. I, Bl. ß 2r: *Hoc ego discrimen quamuis (ut dixi) animaduerterem, uolui tamen animalium historiam singulatim persequi, quod id nostro tempore, quo nomina plurimorum non amplius intelliguntur, multo utilius futurum iudicarem.* Vgl. Gmelig-Nijboer: Conrad Gessner's »Historia Animalium«, S. 49.

[226] Holeczek: Humanistische Bibelphilologie als Reformproblem, S. 62–137 (Valla, Erasmus). In der Botanik beklagen bereits Otto Brunfels und Leonard Fuchs die Verwirrung der Namen: Brunfels: Contrafayt Kreüterbůch, Bl. b 4rf. Fuchs: De Historia Stirpium, Bl. a 4v. Zur Namendiskussion im 16. Jahrhundert innerhalb der Botanik vgl. Thorndike: History 6, S. 254. Dilg: Studia humanitatis et res herbaria, S. 79f.

[227] Dilg: Die botanische Kommentarliteratur, S. 238. Lepenies: Das Ende der Naturgeschichte, S. 34. Steiger: Philologie und Naturwissenschaft bei Gessner, in: Conrad Gessner. Universalgelehrter Naturforscher Arzt, S. 131. Vgl. H. A. III, S. 56: *Adeò uaria & confusa nominibus est nocturnarum auium historia, ut operaepretium sit diuersa nomina ad rem quae significatur unam, aut saltem genus unum redigi.* Vgl. H. A. I, S. 139: *BVBALI nomen omnino incertum est, non hodie solum, sed iam Plinij seculo confusum.*

Gessners Tierkunde wird gerade in dieser Hinsicht durch den akribischen Vergleich der Quellen zu einer Textwissenschaft. Diese bieten dem zeitgenössischen Philologen in der Tat ein diffuses Bild, das eine Anzahl von lexikalisch-grammatischen Problemen nach sich zieht: Verschiedene Namen kennzeichnen in der Überlieferung ein und dasselbe Tier, ein Sachverhalt, den etwa unterschiedliche Übersetzungen aber auch synonyme Benennungen offenbaren.[228] Der Vergleich der Überlieferungen auf der Ebene der res und der verba bietet hier erste Ansätze, die verdorbenen Benennungen mit ihren Sachverhalten wieder in Einklang zu bringen. Wenn Avicenna etwa den Meerraben (*coruus marinus*) mit dem Alcyon verwechselt, so ergibt sich das durch die Eigenschaftsbeschreibung: *res ipsa quidem [. . .] ad alcyonem pertinet, non ad coruum*, korrigiert Gessner.[229] In einem Zitat seines Zeitgenossen Rondelet, der die Überlieferungslage über den Fisch Anthia beklagt, wird das Problem des Namenüberschusses thematisiert.

> *Ex quibus fit ut nominibus abundemus, rerum ueró notitia nobis desit. Nihil est autem in omni genere perniciosius quàm nominum tantum peritum esse, rerum uero ipsarum inscium.*[230]

Res non verba: das humanistische Pathos der Sachbezogenheit findet in der Namenerörterung ein ergiebiges Betätigungsfeld. Aber der gleiche Name kann sich auch auf unterschiedliche Referenten beziehen, was zum Problem der Unterscheidung von Homonymen führt.[231] Die lateinische Bezeichnung des Büffels (*bubalus*) etwa läßt sich sachlich nicht auf die gleichlautende griechische (*bybalos*) zurückführen, die nach Gessner lediglich das Synonym zu einer Ziegenart (*capra silvestris*) bildet.[232] Am Homonym hängt nun einerseits die Unterschei-

---

[228] H. A. I, S. 310: *Fieri etiam potest, ut una herba propter nominum diuersitatem pro diuersis habita sit à Dioscoride, & eum secutis alijs.* Vgl. ebd., S. 324: *Capra, capreolus & dorcas, tria nomina, animal unum mea quidem opinione denotant.* Vgl. H. A. III, S. 84: *[. . .] quae uox coruum significat. res ipsa quidem [. . .] non ad coruum.*

[229] H. A. III, S. 84.

[230] H. A. IV, S. 62 (A). Vgl. H. A. III, S. 250: *Sigismund Gelenius propter nominis similitudinem, eandem auem [CHYRRHABVS] esse conijcit quam Germani scharbum uocant, quem inter mergos magnos descripsimus. Sed ubi descriptiones ipsae desunt, nihil momenti adfert nominum similitudo.* Zu einer analogen Klage Belons vgl. Delaunay: La zoologie au seizième siècle, S. 215.

[231] H. A. I, S. 638: *Lamia nomen homonymum est: nam & terrestrem bestiam Lybicam (sine uerum illam, siue fabulosam) & spectrum quoddam, & piscem significat.* Ebd., S. 395: *Verisimile est etiam cum echini nomen ambiguum sit ad terrestrem marinumque echinum, euitande homonymiae gratia terrestrem à nonnulis priuatim choerogulion dictum.*

[232] H. A. I, S. 140: *Sed ne Graeci quidem, quod sciam, quo bubalum nostrum appellent, nomen habent: Nam [bybalos & bybalis] oxytonum synonymae uoces caprearum generis sunt, quod saepe iam repetij: Quae autem his animalibus etymi ratio sit, non facile dixerim: sed barbarum & peregrinum utpote Africanis nomen esse puto.*

dungsfähigkeit von Genus und Species, die Untergliederung von Arten.[233] Andererseits ist der an den Sprachen ablesbare unspezifische Befund hinsichtlich der Namengebung gleichsam Indiz für die mangelnde Differenzierungsleistung der älteren Tierkunde.[234] Nur unzureichend also ist der durch Lektüre und Erfahrung angewachsene Informationsbestand mit der alten Nomenklatur noch zu erfassen. Weiterhin kann für das philologische Auge das Fehlen unterschiedlicher Benennungen ein und desselben Tieres in den verschiedenen Sprachen Zweifel an seiner Existenz nach sich ziehen.[235] Der Normalbefund regionaler Differenzierung von Namen wird in diesem Fall zum Ausgangspunkt der Kritik an solchen Namen, die keinen Referenten besitzen. Davon zu unterscheiden sind wiederum die Importe fremdländischer Namen, die eine analoge Konstanz der Namenform besitzen können.[236] Für eine Anzahl von Tieren müssen schließlich eigens Namen erfunden werden, und es ist nicht zufällig, daß gerade in diesem Fall, in dem die historische Textdimension ausfällt, sich systematische Aspekte in den Vordergrund schieben können.[237] Hier nun ist es umgekehrt der Referent, der der Bezeichnung entbehrt. Für den frühneuzeitlichen Leser ist damit eine komplexe, nur mühsam entschlüsselbare Ausgangslage gegeben, die eine komplizierte philologische Arbeit nach sich zieht.

---

[233] H. A. I, S. 966: *Differunt autem inter se simiae, non solum ut nominibus distinctae sunt, ut simpliciter dictae simiae, de quibus iam scripsimus: cercopitheci, cepi, callitriches, cynocephali, satyri, sphinges, de quibus deinceps scribam. sed etiam quae unius sunt generis & nomen commune habent, non omnes sunt similes. nam ex simpliciter dictis simijs, aliae sua facie hominem, aliae canem magis referunt, & c.*

[234] H. A. III, S. 217: *cum & alia non pauca animalia in diuersis generibus saepe nomen unum homónymon obtineant propter communem aliquam in utrisque similitudinem, coloris, ingenij, uocis, aut quamuis aliam.*

[235] So wird der Zweifel an der Existenz des Greifen anhand seines Namens diskutiert. H. A. III, S. 522: *Plinius etiam (ut recitaui) has aues fabulosas existimat. hinc est forte quod nullum eius in linguis diuersis peculiare nomen reperitur, sed nationes omnes usitato Graecis nomine gryphem appellant. cur enim nomen rei nunquam uisae, aut nusquam (ut suspicamur) extanti, aut certe in ipsorum regionibus nusquam, uidere homines uoluissent? Nam quod Graecorum uanitas indiderit mirum non est, quae centauros etiam & sphinges & alia huiusmodi nomina confinxerit.*

[236] Siehe z.B. die Namenanalyse des Fasan (H. A. III, S. 657f.) und Strauß (Ebd., S. 708f.).

[237] Im Fall der Wasserenten kapituliert Gessner mehrfach vor den volkstümlichen Namen, um aufgrund von Schnabel, Fußform und Farbe neue zu erfinden. Vgl. H. A. III, S. 496: *CVR* **Mattkern** *à uulgo haec auis dicatur ignoro: ego à totius corporis colore erythram uocaui.* bzw. zum Namen **Kopprieger** vgl. ebd., S. 497: *nescio quam ob causam. Ego à pedum colore rubente erythropodem, adiecta minoris differentia.* Auf Seite 482 gibt Gessner ein graphisches Klassifikationsschema der Wasserhühner aufgrund ihrer Namen.

Das Namenproblem erweist sich als Spezifikum der Verhältnisbestimmung von res und verba, die hier, bezogen auf den Ausgangspunkt der Analyse, ihren hermeneutischen Nutzen unter Beweis stellt. Sie markiert das Bewußtsein einer Störung in der Beziehung zwischen den Worten und ihren Referenten, die durch die historische und geographische Ausdifferenzierung des Gegenstandes sich eingestellt hat. Das philologische Verfahren ebnet dabei den Weg zur Orientierung innerhalb des Forschungsfeldes, aber auch zur Distanzierung von der Tradition, wobei der Ausweg weniger in einer Neuorientierung an der Erfahrung als in der Reinigung der Überlieferung gesucht wird und die historische Perspektive zusehends Berücksichtigung findet. Die räumliche und zeitliche Dimension des Gegenstandes eröffnet sich in diesem Rahmen über die Auswertung der antiken Quellen, die zugleich Informationen über die verschiedenen Lebensräume des jeweiligen Tiers bieten. Vor aller Empirie liefert die mühsam exzerpierte Historie die Daten über die regionale Verbreitung.

– *Etymologie*

Die Namenanalyse besitzt im Rahmen der Tiergeschichte noch primär andere als systematische Funktionen: sie dient im Rahmen des lexikalischen Anspruchs zunächst neben der Identifizierung und der historischen Rekonstruktion der Namenform dem (etymologischen) Nachweis der Verbindung von Namen und Dingen. Dabei verteilt Gessner die Analyse der Namen mit signifikanten Akzentsetzungen auf die beiden Rubriken A und H. Abgetrennt von der sachlich identifizierenden und differenzierenden Funktion des Namens wird nämlich der etymologische Wortaspekt im traditionellen Sinn, den Gessner explizit unter den Philologica (H) abhandelt.[238] Das unterscheidet ihn von seinen mittelalterlichen Vorläufern, bei denen diese Art der Etymologie noch selbstverständliches Instrument des ersten Zugriffs war. Aber auch Gessner hält die Trennung nicht strikt durch und verfährt im Namenkapitel bisweilen noch etymologisch. Er bezieht sich hierbei auf die rudimentäre Funktion der Etymologie für die Rekonstruktion der Eigenschaften über die Namen. Nicht die Etymologie schlechthin, vielmehr die nicht sachbezogene steht infrage.

Die Identifizierung der Tiere vollzieht sich zunächst durch Interpretation der Namen. Diese sind keinesfalls arbiträre Bezeichnungen,

---

[238] Diese Rubrik ist auch in sich thematisch von a–h geordnet. H. A. I, Bl. ψ 2v: *a. id est prima pars Philologiae, in sectiones septem plerunque distrahitur. Prima nomina habet, Latina & Graeca praecipuè, quae scilicet minus usitata sunt, ut poetis aut alicui dialecto peculiaria, aut etiam ficta & ridicula, & nominum etymologias, ex Graecis Latinisque dictionarijs magna ex parte. Item propria animalium nomina, ut Persa canis, &c.*

geschweige denn klassifikatorische Termini, sondern sie erhalten Bedeutung vorab durch ihre implizite Semantik. In dem zeitgleich mit der ›Historia animalium‹ erscheinenden ›Mithridates‹ (1555) reflektiert Gessner auf den Zusammenhang von Name und Natur gerade in bezug auf die Benennung der Tiere:

> *In omnibus sanè linguis uocabula quaedam natura sunt facta, ut quaecunque ad soni imitationem & et per onomatopoeiam composita dicuntur, ut non modo uocabula ea quae aliquem sonum significant, murmur, bombus, sibilus, crepitus, strepitus, stridor, ouare, mugire, rudere, et reliquae animalium uoces in diuersis linguis: ipsa etiam auium nomin[a], aut uetus quidam grammaticus scribit, ad uocis suae imitationem fere sunt expressa. Alia arbitrio hominum imposita, ut syncategorematum omnium, & uerborum magna ex parte. Nominum uerò illa quoque, siue simplicia & deriuata, siue composita, quae etymologiam aliquam & significationem, ad ostendendum aliquam rebus insitam uim aut naturam continent, non immeritò aliquis naturalia dixerit.*[239]

Im Anschluß an Platons Kratylos zitiert Gessner hier die über Augustin auch dem Mittelalter geläufige Unterscheidung in natürliche und durch den Menschen gesetzte Zeichen.[240] Auch letztere enthalten aber nach Gessner »manche Etymologie und Bezeichnung, verweisen auf manche den Dingen eingepflanzte Kraft oder Natur.« Die einfachen, abgeleiteten oder zusammengesetzten Worte enthalten Hinweise auf die Natur der Sache.

Den immanenten Gehalt der Dinge aus den Worten herauszuarbeiten, ist traditionelle Aufgabe der Etymologie, die ja auch in den Kompetenzbereich der Grammatik fällt.[241] Grammatische Kriterien (simplicia, derivata, composita) leiten die Analyse, und an die Grammatiker verweist Gessner die Entscheidungskompetenz in Streitfällen.[242] Gessners Ansichten über Etymologie finden kaum systematischen Niederschlag in seiner Tierkunde; sie lassen sich lediglich aus der praktischen Analyse ermitteln. Nur einzelne verstreute Hinweise finden sich wie im Philologie-Abschnitt über den Vogel Alcyon. Zitiert wird ein Kommentator des Aristophanes, wobei nebenbei auf die auch im ›Mithridates‹ angeführte Aufgabe der Etymologie verwiesen wird: *Didymus quidem putat (ut ibidem refert Scholiastes Aristophanis) nomen hoc secundum naturam (id est proprietate etymologiae) debere scribi* [keirylos].[243] Die Etymologie sucht nach der im Namen erkennbaren Natur der Sache.

---

[239] Gessner: Mithridates, Bl. 3vf. Zur semantischen Beziehung von Tierstimme und Name vgl. Ruberg: Signifikative Vogelrufe, S. 185f.
[240] Barwick: Probleme der stoischen Sprachlehre, S. 70–79.
[241] Sanders: Grundzüge und Wandlungen der Etymologie, S. 361–371. Grubmüller: Etymologie als Schlüssel zur Welt? S. 209–230.
[242] H. A. III, S. 82 (H): *Sed hanc quaestionem grammaticis & Iureconsultis relinquo.*
[243] H. A. III, S. 91. bzw. S. 103: *& phascadum nomen neque apud uetustiores reperiatur, neque certam eius etymologiam agnoscamus.*

Die Etymologie eröffnet ein breites Spektrum an Ableitungsmöglichkeiten. Bereits Isidor hatte im Anschluß an antike Theorien die verschiedenen Formen, den Ursprung eines Wortes zu ermitteln, aufgezählt: *ex causa datae, ex origine, ex contrariis, ex nominum derivatione, ex vocibus, ex Graeca etymologia, ex nominibus locorum* usw. lauten die Arten der Ableitung, die das ganze Mittelalter über tradiert wurden und deren sich auch Gessner weiterhin bedient.[244] Zunächst am häufigsten die schlichte Nachahmung des Lautes (*ex vocibus*) wie etwa in der schweizerischen Namensform des Kernbeissers: [. . .] *sicut illa quae per onomatopoeiam a nostris* **Gügger** *dicitur.*[245] Der Strauß (Struthocameleon) und der Alcyon bewahren im Lateinischen die griechische Namensform. Der Name kann zudem innere oder äußere Eigenschaften (ex causis) transportieren. So kann der Name des Adlers von seiner Farbe wie auch von der Schärfe seines Fluges, Blickes und seiner Fangwerkzeuge abgeleitet werden, wobei die Tradition inklusive Isidor das Material liefert.[246] Seltener sind es moralische Qualitäten, die der Namengebung zugrunde liegen. Ein Beispiel mag hier genügen: Der Name des Storchs ist in den alten Sprachen mit einer moralischen Eigenschaft verbunden:

> CICONIAM *Hebraei uocant chasida,* [. . .], *ut recentiores Iudaei ferè interpretantur, & Munsterus in Leuitico & Deuteron. & Iob 8. & Hierem. 8. transtulit. accedit etymologia pietate & benignitate insignem auem indicans, qualis ciconia apprime est.*[247]

Die *uocabuli ratio, causa nominis, vis verbi, nominis origo* bzw. das *etymon* – so lauten die synonymen Benennungen –, sind eng mit der Sache selbst verbunden, erschließen sich aber oft nur noch über die Sprachgeschichte.[248] Mit etymologischen Ableitungen dieser Art folgt Gessner

---

[244] Isidor: Etymologiae, I, 29.
[245] H. A. III, S. 264. So auch die Namensformen von Taube, Ibis und Kautz. Vgl. ebd., S. 268: *Nostri columbum, id est marem priuatim appellant* **ein Kuuter**, *per onomatopoeiam.* Vgl. ebd., S. 548: *Videri autem potest Ibyx auis nomen per onomatopoeiam factum, ut &* **gifytz** *apud nostros: quae forsitan etiam eadem fuerit, cum & clamosa sit, & onomatopoeia similis.* Vgl. ebd., S. 732: *Germanicè apud nos* **ein Gyfitz**, *ab imitatione vocis.* Weitere Beispiele vgl. H. A. I, S. 104, 409. H. A. III, S. 53, 56, 82, 95, 103, 165, 227, 674, 720 u. ö.
[246] H. A. III, S. 178: *Aquilus color est fuscus & subniger, à quo aquila dicta esse videtur: quamuis etiam ab acutè uolando dictam uolunt, Festus. Aquila ab acumine oculorum uocata est, Isidorus. ab acumine: habet enim tria acuta, uisum, iram, & instrumenta uenandi, quae sunt ungues & rostrum, Albertus.* Vgl. ebd., S. 3: *ACCIPITER auis rapax ab accipiendo nomen tulit.* [. . .].
[247] H. A. III, S. 250. Dazu paßt noch der Hinweis, daß auch die griechische Namensform [pelargus] diese Eigenschaft transportiert. Vgl. Foucault: Die Ordnung der Dinge, S. 68.
[248] Zu einer Namensform der Lerche bemerkt Gessner H. A. III, S. 78: *Author obscurus libri de nat. rerum alaudas (ut ego interpretor) gosturdos uocat* [. . .] *cuius uocabuli ratio quae sit non uideo, nisi quòd à similitudine coturnicum sic dictos esse*

offensichtlich der grammatischen Tradition. Kennzeichen ihres vorwissenschaftlichen Status bilden »willkürliche Ideenassoziationen, rücksichtslose Behandlung des Lautgefüges, prinzipielle Unsicherheit, die sich in der Anführung verschiedener Deutungsmöglichkeiten äußert, lautsymbolische Überlegungen usw.«[249] Das Instrumentarium für die etymologische Zuschreibung ist in sich nicht homogen und markiert den Abstand zu einem taxonomischen Anspruch.

Weniger in den Formen der Ableitung unterscheidet sich Gessner hier von der Tradition, als in dem Stellenwert, den er den einzelnen Etymologien zuweist, wie in den kritischen Kommentaren, die er ihnen hinzufügt. Zielt die Analyse der Namen in A darauf, die verschiedenen Benennungsmotive in den Namen dahingehend zu entwirren, daß eindeutige Referenzen herstellbar sind, so widmet sich der Vergleich der Etymologien in H überwiegend dem Problem, die Benennungsmotive ein und desselben Tieres zu vergleichen. Gessner nimmt insbesondere in H häufig Stellung zu den Auswüchsen.

> *Grammaticis quibusdam alcedo dicta uidetur quasi algedo quòd frigidissimis temporibus nidificet: sed longè probabilius est à Graecorum alcyone descendisse hanc uocem. Sed absurdissimè author libri de nat. rerum, alcyon (inquit) quasi ales oceani: eò quòd hyeme in stagnis Oceani nidos facit & pullos educat. Nos Graecam originem [. . .] retulimus in A.*[250]

Die verschiedenen Varianten der Ableitung werden einer Revision unterzogen. Die spekulative Etymologie, die sich vager Klangassoziationen oder komplizierter Silbenableitungen bedient, wird zugunsten einer wortgeschichtlichen Ableitung zurückgewiesen. Die Analyse orientiert sich an fixierbaren sprachlichen Kriterien.

Wenn sich das Verfahren der Namengebung aber allgemein an den sichtbaren Eigenschaften festmacht, dann lassen sich Homonyme und Synonyme nur schwer vermeiden, und die Zuordnung gerät zur komplizierten Entschlüsselungsarbeit. Für Gessner existiert noch keine Beschreibungssprache jenseits der Benennung, und ein Satz wie der des Fabricius, eines Schülers von Linné, *optima nomina quae omnino nihil significant,* wäre für ihn nicht vorstellbar.[251] Die Entwicklung einer binären Nomenklatur, bzw. einer rein künstlichen Taxonomie betrifft erst die Erstellung eines Natursystems im 18. Jahrhundert. Gessners

---

ab illiteratis conijcio. Zur Namensform Calandris vgl. ebd: *Nominis origo forsitan Graeca fuerit,* [. . .]*, id est à suauitate cantus.* Vgl. H. A. I, S. 642, 844. H. A. I, S. 473 (*etymon*). H. A. I, S. 312, H. A. III, S. 54, 79, 328 (*causa*). H. A. I, S. 937 (*vis*). Grubmüller: Etymologie als Schlüssel zur Welt?, S. 218f.

[249] Sanders: Grundzüge und Wandlungen der Etymologie, S. 363. Peters: Conrad Geßner als Linguist und Germanist, S. 115–146.

[250] H. A. III, S. 91. Vgl. ebd., S. 641: *Pellicanus dicitur quasi pellem habens canam, id est plumas albas, (ridicula etymologia, quanquam res uera est).*

[251] Vgl. Illies: Noahs Arche, S. 23.

Beschäftigung mit den Namen zielt demgegenüber noch darauf ab, erst einmal Ordnung in die Vielzahl der vorhandenen Benennungsmotive zu bringen.[252]

– Historische Perspektive

Neben der Übersicht über vorhandene Namen – alte und gegenwärtige – und deren Etymologie ist die Erfindung neuer Namen Bestandteil des Kapitels. Einen kurzen Abriß über die Schwierigkeiten, die sich dabei einstellen, gibt Gessner in der Vorrede zur ›Historia aquatilium‹.[253] Die Ausgangsbasis für die Inventarisierung bildet die Tradition: zunächst Gessners eigenes Werk über die Fischnamen sowie die gereinigten und kommentierten ichtologischen Werke des Ovid und Plinius, denen gegenüber manches Neue hinzugekommen sei.[254] Dem Überschuß an überlieferten Namen auf der einen Seite steht andererseits die Erfahrung eines Defizits gegenüber.

Die Bildung neuer Namen vollzieht sich nicht ohne Vorgaben und berücksichtigt neben rein sachlichen Aspekten auch die Erfordernisse der Sprachform. So lehnt sich das Verfahren, neue Namen zu erfinden, an die in der englischen Sprache vorhandenen an, deren sprachgeschichtliche Nachbarschaft zum Deutschen eine Übertragung nahelege: Die jeweilige Bezeichnung hat die in vorhergehenden Benennungen enthaltenen Eigenschaften zu berücksichtigen (*Licebit et fingere in lingua nostra Aquatilium quorundam nomina, non cuiuis, sed homini circa eorum naturam exercitato et perito*). Die Erweiterung des Sprachbestands baut auf der benachbarten Sprache auf und setzt für die naturkundliche Terminologie ein sprachhistorisches Kriterium zum Maßstab.[255]

Necessariò enim, aut saltem meliùs, in rebus omnino peregrinis, nominibus quoque peregrinis utimur [. . .] uel noua sunt fingenda idque praesertim ad imitationem alte-

---

[252] Ein besonders krasses Beispiel: H. A. III, S. 215: *ARQVATAM hanc auem Latinè uocare uolui, quòd rostrum eius inflectatur instar arcus. nam Itali quoque eandem (ut conijcio) ob causam arquase nominant. aliqui uero (Venetij & in Apulia) tarlinum siue terlinum per onomatopoeiam à sono uocis. alij torquatum, quia rostrum intortum habet. alij charlot, (ut Angli kurlu, Galli corlis.) alij spinzago circa lacum Verbanum: ubi diuersam quoque auem spinzago d'aqua uocant, quam nos infra Auosettam nominabimus. Germani (circa Oppenhemium)* **Brachuogel**, *à mense, Iunio quo aduentare solent.*
[253] H. A. IV, Bl. b 2vf.
[254] Ebd.: *Eum fortè olim emendatiorem et auctum dabo. multa enim ab eo tempore addidici: nec mirum, cum particularia ferè infinita sint, et multò magis nomina quàm res.*
[255] Eine Analogie etwa des Wortkörpers allein (z. b. lat. Salpa, moena zum deutschen Salper und Mener) wird von Gessner (ebd.) bei fremdländischen Fischen abgelehnt.

rius linguae [...] *ita ut eadem etymologia et significatio à nobis interpretatib. retineatur.*[256]

Die Benennung folgt dem imitatio-Prinzip. Den Vorrang besitzt der Schluß vom Unbekannten aufs Bekannte insbesondere gegenüber solchen einheimischen Namen, deren Referenten unklar sind.[257] Gessner folgt hier mit seinem Verfahren einem bekannten Modell. Die Ergiebigkeit der Nameninnovation unter Rekurs auf eine benachbarte Sprache, die im Namen zentrale Eigenschaften des jeweiligen Tiers transportiert, hatte schon Theodor Gaza in seiner Aristoteles-Übersetzung vorgeführt. Gessner stilisiert diese Methode unter Berufung auf Plato geradezu zur wissenschaftlichen Tätigkeit und unterstreicht damit ein weiteres Mal seinen Anspruch auf einen eigenständigen Beitrag innerhalb des zeitgenössischen Wissenschaftsrahmens.[258] Der naturkundliche Beitrag orientiert sich indes auch hier am philologischen Vorbild.

Gessner versammelt verschiedene Formen der Namengebung und verbindet die sachliche Leistung der Inventarisierung unterschiedlicher Namen mit dem bereits bekannten doppelten Rezeptionsangebot seines Werks:

> *Itaque nomina Germanica modò propter penuriam confinxi: modò etsi uel Anglis Germanis Oceani accolis usitata haberem, addidi tamen et alia eorundem aquatilium, uel aptè ficta, uel circumloquutione usus, nostrae scilicet dialecto magis conuenientia, ut et res ipsas magis explicarem: et linguae nostrae, quae hac in parte hactenus manca etiam doctißimis uisa est, copiam ostenderem.*

Die Zusammenstellung der Namen, erfundener wie umgangssprachlicher, verfolgt ein doppeltes Ziel: sie bietet sowohl größeren Einblick in die Sache (*res ipsas*) als auch ein Arsenal (*linguae nostrae* [...] *copiam*) an Benennungen für die (volks-)sprachliche Ausbildung. Denn Gessner setzt direkt darauf fort mit einer Nutzungsempfehlung seines Werkes für Grammatiker, Lehrer und Übersetzer, die auf den vorwissenschaftlichen sprachbezogenen Aspekt ausgerichtet ist.[259]

Wenn gegen Ende der Erörterung noch einmal die beiden Hauptaspekte der Innovation von Namen resümiert werden, dokumentiert

---

[256] H. A. IV, Bl. b 2v.
[257] Ebd., Bl. b 2vf.: *quorum non pauca nobis et obscura sunt, et certum nihil significant.*
[258] Ebd.: *Ficto quidem appositè uocabulo, simul animalis forma naturaque uno saepius nomine indicantur. Licuit hoc Gaza, dum Graeca Latinè interpretatur: et laudatus est à uiris doctis, etiamsi in more Latinis id antea non fuisset. Licere hoc philosopho, imò eius officium esse, testis est Plato. philosophus autem dici debet, non uniuersalis solùm: sed in singulis quoque rebus, quarum quisque naturas callet, particularis.*
[259] Ebd.: *Proderit autem hic labor meus imprimis grammaticis, tum illis qui pueros docent, tum qui scribendo interpretantur: et illi qui fortè hoc opus in Epitomen contractum Germanicè reddet.*

Gessner durch seine Argumentation eine Traditionsfixierung, die mehr historische als sachliche Motive offenlegt:

> Duo autem praecipui in impositione nominum scopi esse debent. Primus imitatio alterius linguae. debetur enim suus antiquitati honor, et retineri uetera praestat, quàm imponi noua. Secundus, si noua sint ponenda, ut nomen omnino aliquid significet, non commune aut uulgare, sed in re qua nominatur aliquid eximium et peculiare: (quod cum ad nominum memoriam, tum ad noscendas rerum naturas utile fuerit:) siue simplici nomine, siue composito uti placuerit.

Das Programm der Nachahmung einer anderen Sprache, das sich seinerseits an das Vorbild Gazas anlehnt, erfährt hier seine Begründung in einer Ehrenbezeugung gegenüber der alten Zeit. Deutlicher als anderswo bekundet Gessner hier den Respekt gegenüber der Vergangenheit und nimmt damit eine Position ein, die etwa dem traditionsfeindlichen Empirismus des Paracelsus entgegengesetzt ist. Hatte dieser gerade durch ›neue‹ Namen seine Zeitgenossen provoziert, beharrt Gessner auf der Erinnerung, d. h. der Tradition als Orientierungsmaßstab für die Innovation.

Historisch operiert auch die Sammlung und Erörterung der Wortableitungen sowie ihre Einbettung in die theologische Rangordnung der Sprachen. Ist für die philologische Arbeit einmal die historische Perspektive vorgegeben, wird die Antike zu einem Fluchtpunkt der Interpretation. Etymologie bedeutet nun vor aller semantischen Interpretation die Berücksichtigung der historischen Wortform. Die lateinische Etymologie des Alcyons wird mit der älteren griechischen konfrontiert und auch diejenige der Lerche, die Albertus liefert, wird durch einen Sprachenvergleich infrage gestellt.[260]

Gessner schließt den zeitgenössischen Sprachstand an die biblische Vorzeit an.[261] In der großen Einleitung zum ersten Band seiner Tiergeschichte betont er neben anderen Legitimationen die Notwendigkeit einer biblischen. Nicht nur sei der Mensch als Endprodukt der Schöpfung in eine wohleingerichtete, für ihn bestimmte Welt eingesetzt worden wie in eine Wohnstätte. Gott habe zudem gewollt, daß er den Tieren wie allem anderen Namen gebe und daß diese fürderhin Gültigkeit besitzen sollten.[262] Wie andere Disziplinen besitzt auch die Zoo-

---

[260] H. A. III, S. 82 (H): *Recentiores uerò illos (Albertum & similes scriptores) qui alaudam auem à laude nominatam aiunt, eò quòd mira alacritate pennis in aere sereno exertis musicam & canoram se declaret (à laudato cantu sic dictam insinuantes) non possum non ridere. quomodo enim Gallicae aut Germanicae uoci origo Latina quadraret?* Auch die Ableitung des Namens von *a laudando*, die Budeaus vornimmt, wird sprachlich kritisiert. Ebd.: *Sane a priuatiuum in huiusmodi compositionibus inusitatum est Latinis. sed hanc questionem grammaticis a Iureconsultis relinquo.* Vgl. H. A. I, S. 644 (H): *Leo Graecè rex interpretatur Latinè, eo qui sit princeps omnium bestiarium, Isidor. Ego nec leonis nec simile uocabulum pro rege apud Graecos accipi inuenio, ut miror hoc Isidori somnium.*
[261] Borst: Der Turmbau von Babel, S. 1086.
[262] H. A. I, Bl. α 4v: *Primum igitur in ipso mundi exordio, Deus hominem creaturus,*

logie ihren biblischen Ursprungsmythos. Adam hatte nicht nur allen Tieren Namen gegeben, er hatte sie damit auch auf unverwechselbare Weise *bezeichnet*.[263] Das Hebräische als Ursprungssprache findet daher besondere Aufmerksamkeit. Sie ist die älteste Sprache und steht außerhalb der historischen Degeneration.[264] In ihrem ausgezeichneten historischen Status mag der Grund dafür liegen, daß Gessner sie nicht unter der Rubrik *Philologia* abhandelt. Sie bezieht sich auf mehr als nur auf Worte.

Im Rekurs auf die Ursprungssprache vermischen sich historische und mythische Begründungen. Der Anschluß an das adamitische Wissen kennzeichnet auch die Botanik und Zoologie der Frühen Neuzeit.[265] Rekurriert wird auf einen vorgeschichtlichen, biblisch gesicherten Ort, an dem die Dinge noch unverfälscht zur Verfügung standen. Die Zerstörung der Namen von ihrem Ursprung her bildet für Gessner, zeittypischen Anschauungen entsprechend, die Hauptursache für den Verfall des Wissens. Gessner beruft sich im Abschnitt über die Namen auf Plinius, um den Wert des antiken Wissens zu betonen:

> *Illud satis mirari non queo, intercidisse quarundam arborum memoriam, atque etiam nominum, quae authores prodidere, notitiam. Quis enim non communicato orbe terrarum maiestate Romani imperij, profecisse uitam putet commercio rerum ac societate festae pacis, omniaque etiam quae occulta ante fuerant, in promiscuo usu facta? At hercule non reperiuntur qui norint multa ab antiquis prodita, desidia rerum internitione memoriae inducta. Huius quidem ignorantiae praecipua uideri causa debet linguarum mutatio.*[266]

---

    qui in hoc mundo quasi theatro quodam spectaret omnia, omnibus uteretur, omne prius animalium genus produxit, ut in domicilium undiquaque instructum & absolutum homo ingrederetur. Deinde omnibus animalibus ad eum adductis, nomina singulis ab eo imponi uoluit. & quanquam credimus non animalia tantum sed reliqua etiam omnia ab homine, suo quodque nomine duraturo in posterum, appellata, [. . .].
    Vgl. Foucault: Die Ordnung der Dinge, S. 67f.

[263] Zu Adam als erstem Signator aller natürlichen Dinge vgl. auch Paracelsus: De rerum natura, S. 397f. Wie sich noch zu Gessners Zeiten Wahrheitsbesitz allein an die Ursprungssprache Hebräisch koppeln konnte, demonstriert nach Thorndike (History 6, S. 259f.) Figulus in seinem ›Botanologicon‹. Ein jüdischer Arzt kannte sowohl die Namen aller Pflanzen als auch deren Wirkkräfte, obgleich er niemals Hippokrates, Galen oder Avicenna gelesen hatte. – Die Koppelung von Wahrheitsbesitz und Sprachkompetenz kann sich aber auch auf das Lateinische beziehen. William Turner hegte lange Zweifel, ob ein bestimmter Vogeltyp der Elsterart zuzurechnen war. Auf einem Spaziergang an einem Fluß in Padua sieht er ein Exemplar jenes Vogels (*picae similis*), der im Englischen *Iaia*, im Deutschen *mercolphus*, von seinem Begleiter, einem einheimischen Mönch, aber *picam granatam* genannt wird. Turner folgert: *Qua re cùm apud Italicum etiam uulgus non solùm pristinae linguae Romanae, sed etiam rerum scientiae* [!]*, non obscura uestigia adhuc superesse depraehenderem, suborta est mihi hinc suspicio, auem hanc è generibus picarum esse.* Turner: AVIARVM PRAECIPVARVM [. . .] historia, Bl. H 3v.

[264] Gessner: Mithridates, Bl. 3v.

[265] Zur Ursprachentheorie im 16. Jahrhundert vgl. Strasser: Lingua universalis, S. 76–80. A. Assmann: Die Weisheit Adams, S. 311f.

Die latinitas des römischen Imperiums war die letzte universale Sprache, die nunmehr im Diskurs der Gelehrten wiederersteht. Verfall der Erinnerung und Unkenntnis der Namen schlagen sich nieder in der Veränderung der Sprachen. Die Organisation des Materials trägt diesem Verfallsprozeß des Wissens Rechnung. Die verschiedenen Sprachen werden in ihrem jeweiligen Abstand von der Ursprungssprache angeordnet: auf das Hebräische mit seinen Derivaten – Chaldäisch, Arabisch, Persisch – folgt das Griechische und das Latein.

Die Erörterung des Namenproblems in den ›drei heiligen Sprachen‹ bildet die Grundlage von Gessners Untersuchung, da diesen ein verbindlicher Erkenntniswert zugesprochen wird. Sodann folgen die verschiedenen Volkssprachen, wiederum unterschieden in die verwandten romanischen und nichtromanischen Sprachen. Historische Bruchstellen bilden einerseits die babylonische Sprachenverwirrung, aber auch Sprachenvermischungen wie zu Zeiten der Völkerwanderung. Mythische und historische Erklärungsmodelle sind hier wie auch sonst bei Gessner eng miteinander verbunden.[267] Der Namenvergleich dokumentiert somit einerseits den fortlaufenden Degenerationsprozeß, andererseits die Verwandtschaft der Sprachen untereinander.[268]

Gessner bedient sich bei der historischen Erörterung des Namenproblems philologisch-grammatischer Verfahren. Etymologie bedeutet bei ihm eben nicht mehr die Auffindung eines spirituellen Sinns in den Worten, aber auch nicht mehr willkürliche Ideenassoziation. Er knüpft eher an antike Traditionen an und benutzt für seine Analyse ein sprachgeschichtliches Verfahren. Verwandtschaft und Verfall der Sprachen lassen sich am Wortkörper festmachen: Sprachenmischung führt dazu, daß sich sprachgeschichtliche Prozesse rekonstruieren lassen, aber auch, daß fast alle Sprachen verschüttete Elemente der heiligen Sprachen enthalten.[269] Diese gilt es aufzufinden. So führt er den Namen des Raben auf einen hebräischen Ursprung zurück: *Germanicè* **Rapp** *uel* **Rab**, *quae uox ab Hebraica orab uel gorab facta uideri potest per aphaeresin.*[270] Über die polnische Benennung des Bären sagt er: *Poloni*

---

[266] H. A. I, Bl. ψ 2r (De primo capite A).
[267] Siehe auch die mythische und historische Erörterung der Schrifterfindung im Kranichkapitel.
[268] H. A. I, S. 141 (*DE BVBALO*): *Postquam igitur Latini bubalum pro boue syluestri usurpare coeperunt, aliarum etiam linguarum prouinciae idem nomen ab eis mutuatae sunt: neque id mirum, cum perpaucis animalibus peregrinis alia nomina habeantur, quàm à Latinis uel Graecis accepta, licet illi plurima primum à barbaris, id est quibusuis alijs gentibus acceperint. Graeci inquam, siue sua siue aliunde accepta uocabula Romanis & Latinis communicauerunt, illi postea nationibus caeteris praesertim à se deuictis.*
[269] Gessner: Mithridates, Bl. 2v. Vgl. Strasser: Lingua universalis, S. 76f.
[270] H. A. III, S. 321. Der Anschluß an die hebräische Sprache galt als Auszeichnung in Konkurrenz zu anderen Sprachen. So stellt Konrad Pelikan, auf den Gessner

wewer, per anadiplosin (ut apparet) Germanici uocabuli.[271] Die zeitgenössische griechische Namensform für die Lerche erklärt er aus der älteren: *Cuzula uox etiam à chamaezelo per syncopen facta apparet.*[272] Die illyrische Namensform des Wolfs leitet er aus dem Griechischen ab: *Illyricè wlk, quasi per metathesin literarum Graecae uocis.*[273] Eine Namensform für den Papageien schließlich: *Viridis auis, id est psittacus, per antonomasiam uel periphrasin.*[274]

Nicht nur die historische Ableitung interessiert, sondern zugleich die Form, in der der Wandel sich vollzieht. Die grammatisch-rhetorischen Prinzipien der Buchstabentilgung (aphaeresis), der Wiederholung (anadiplosis), der Verkürzung (synkopa), der Umstellung (metathesis), der Ersetzung (antonomasia) und der Umschreibung (periphrasis) werden als Mittel der Erklärung für die entsprechende Namenform herangezogen.

– *Bibelhermeneutik*

Als Grundlage des Vergleichs zieht Gessner die Bibel in ihren verschiedenen Redaktionen und Übersetzungen heran. Der Informationsbestand der Bibel ist aber nicht weniger verworren als der der anderen Quellen, nur ist er ungleich wichtiger. Jeweils dort, wo die Bibel Material liefert, wird der Quellenvergleich zugleich zu einem Stück Bibelhermeneutik.

> *Et quoniam in sacris quoque literis crebra diuersorum animalium mentio fit, & magna hactenus circa quàm plurima eorum nomina, alijs aliter interpretantibus, dissensio ac ignorantia apud ipsos etiam Iudaeos & eorum Rabinos fuit: in Hebraicis etiam nominibus enucleandis non mediocrem diligentiam adhibui.*[275]

An vielen Stellen deckt Gessner dabei Inkongruenzen in den Übersetzungen auf. Dabei kann sich aber auch herausstellen, daß das ursprüngliche, verlorene Benennungsmotiv wie beim Storchen in der Ursprache noch erkennbar ist. So auch beim Ibis:

> *HEBRAICAM uocem ianschuph Leuit. 11. & Esaiae 34. Septuaginta & Hieronymus ibin interpretantur. doctiores multi noctuam, & auem nocturnam esse consen-*

---

    sich in seinem Namenkapitel explizit stützt, 1533 die Ähnlichkeit des Deutschen mit dem Hebräischen fest (Borst: Der Turmbau von Babel, S. 1083). Vgl. H. A. III, S. 164: *Vox quidem* **Ar**, *deriuata uideri potest à Chaldaeis, nam Deut. 14 pro Hebraica uoce peres, quae accipitrem significat, Chaldaeus reddit [. . .], ar:* vgl. H. A. I, S. 787: *Illyrici primo, ut Germanici bisem: quae vox origine Hebraica mihi videtur.*

[271] H. A. I, S. 1065.
[272] H. A. III, S. 76.
[273] H. A. I, S. 717.
[274] H. A. III, S. 693, 328, 680. H. A. I, S. 984.
[275] H. A. III, Bl. α 4r.

> *tiunt, à uoce ianaph (uel nescheph potius) quae crepusculum significat, tum temporis enim apparet, ut Aben Ezra dicit, cum lucem interdiu fere nequeat.*[276]

Der Vergleich der verschiedenen Bibelredaktionen – Hebräisch, Septuaginta, Vulgata – dient aber nicht nur der Wiederherstellung des verlorenen Benennungsmotivs. Es dient zusätzlich der Identifizierung der unklaren Namen und somit einem hermeneutischen Ziel. Die hebräischen und griechischen Namen waren für die entstehende historische Bibelhermeneutik ein schwieriges Problem, das unter Zuhilfenahme antiker Naturkunde angegangen wurde. Zwingli etwa war im Besitz einer Ausgabe der ›Historia animalium‹ des Aristoteles, in die er als Randnotizen die jeweiligen lateinischen Tiernamen der Gaza–Übersetzung eingetragen hat.[277] Gessners hermeneutische Absicht wird in diesem Fall dadurch sichtbar, daß er häufig die infrage stehende Bibelpassage zitiert. Am Beispiel der unterschiedlichen Affennamen läßt sich das illustrieren:

> *Zijm, [. . .], uocem Hebraicam interpretes uariè reddunt, ut in Onocentauri historia dixi: aliqui cercopithecos, uel catos marinos, uel catos feros exponunt, (alij martes aut uiuerras, &c.) [. . .] Koph, [. . .], plurale kophim, Reg. 3.10. Dauid Kimhi simias interpretatur, ut LXX. quoque et Hieronymus. Chaldaeus Hebraicam uocem relinquit. Graeci quidem cepum peculiare genus simiae nominant, [. . .] mutuati forte id nomen ab Hebraeis. Sunt qui oach, [. . .], cercopithecum uel cephum esse putent, (Babel subuertetur, & cubabunt ibi bestiae horrendae, [zijm:] & implebunt domos eorum cercopitheci, [ochim,] Esaiae 13. interprete Munstero:) Alij aliter.*[278]

Zuordnung von überlieferten res und verba, Identifizierung durch Namenvergleich vor allem dort, wo die Bibel kein eindeutiges Material liefert, und Rekonstruktion des ursprünglichen Benennungsmotivs mehr in historischer als semantischer Hinsicht, aber auch Namenidentifizierung in bibelhermeneutischer Funktion bilden die unterschiedlichen Ziele, die Gessner jenseits der nomenklatorischen Absichten

---

[276] H. A. III, S. 546. Dabei können die heiligen Schriften auch die antike Tradition stützen. Vgl. ebd., S. 585: *MILVVM Plinius ex accipitrum genere esse scribit. Vocatur & Miluius [. . .] Chaldaicé [. . .] taraphitha dicitur, uidelicet à rapacitate. nam taraph rapere significat.*

[277] Nach Fischer: Conrad Gessner, S. 95.

[278] H. A. I, S. 967f. Die Schwierigkeit der Übersetzung zeigt sich auch in Luthers Bibelübersetzung von 1545. Die entsprechende Jesaia-Stelle (13) lautet bei ihm: *Also soll Babel [. . .] vmbkeret werden von Gott / [. . .] / Sondern Zihim werden sich da lagern / vnd jre heuser vol Ohim sein.* Der Übersetzungsschwierigkeit entzieht sich Luther durch eine Randglosse: *Ohim / Zihim. Ohim halt ich sey fast allerley wilde Thier / so vier füssig sind / Gleich wie Zihim allerley wilde Vogel.* Man sieht auch aus theologischer Sicht den Bedarf an einer präziseren Nomenklatur. Vgl. H. A. III, S. 640: *Hebraicum nomen kaath, [. . .], Septuaginta Leuit. 11. pelicâna uertunt, & Psalmo. 102. Dominus ponet Niniuen sicut desertum, & pernoctabunt in superliminaribus eius cuculus (kaath) atque noctua, Sophoniae 2. Munstero interprete. qui tamen Esaiae 34. kaath interpretatur pelecanum.* Vgl. ebd., S. 227 (*DE BVBONE*). Vgl. Illies: Noahs Arche, S. 15.

der Tierkunde im Rahmen seines Namenkapitels verfolgt. Über eine bloße Zusammenstellung des Materials hinaus überlagern sich jeweils unterschiedliche Funktionen.

Für die ›Historia animalium‹ läßt sich somit ein Befund sichern, der sie qualitativ von den antiken und mittelalterlichen Formen der Naturbeschreibung unterscheidet: Eine zunehmende Historisierung der Darstellung mit ambivalenten Folgen für die sachliche Erfassung des Gegenstandes. Gessner nimmt eine zeitliche Bestimmung seiner Erkenntnisposition auch in kritisch wertender Hinsicht vor, wodurch die philologische Kritik ihren Anschlußpunkt erhält. Das überlieferte Material und die Textverderbnisse geben Hinweise auf verlorene Wissensbestände, die nunmehr über die Auseinandersetzung mit dem Text rekonstruiert werden. Geschichte als Zeitdimension siedelt sich in der Anordnung des Materials wie der Einschätzung der Autoren (*veteres recentiores*) an, im Namenkapitel in der historischen Ableitung der Namen und der Zentralstellung der drei heiligen Sprachen. Demgegenüber rücken traditionelle Etymologien überwiegend in die philologische Rubrik und werden in ihrer Widersprüchlichkeit erläutert.

5. Historia und Wahrheit

a. Allegorische Spuren und deren kritische Hinterfragung

Der philologische Kommentar dient der Rekonstruktion der Sache über die Wort- oder Textgestalt der Überlieferung. Daneben nimmt Gessner in vielfältiger Form Stellung zu problematischen Sachverhalten selbst. Die Themenkomplexe, mit denen er sich dabei auseinandersetzt, machen deutlich, daß er zusehends um eine sachliche Basis der Naturforschung bemüht ist und daß selbst im Rahmen des Lexikons bestimmte Informationen herausfordern. Gerade an den bekannten Beispielen der Naturallegorese läßt sich Gessners veränderte Optik insofern bevorzugt studieren, als diese Aufschluß geben über die Verfahren der Auseinandersetzung mit dem signifikativen Traditionsmaterial.

Wolfgang Harms entnimmt Gessners Werk zu Recht Traditionsspuren einer allegorischen Naturdeutung. Schwierig zu bestimmen bleibt dabei die Grenze zwischen den aus dem Horizont antiker Überlieferung stammenden moralia einerseits und der aus spiritueller Tradition stammenden Allegorese andererseits. Der Problembereich ist hier die tropologische Sinnebene. Harms selbst bemerkt, daß sich allegorische Auslegungen traditioneller Art bei Gessner nur vereinzelt finden und diese überdies am empirischen Maßstab gemessen werden.[279] Die vielfach nur anzitierten Belege allegorischer Provenienz er-

---
[279] Harms: Der Eisvogel und die halkyonischen Tage, S. 480.

halten denn auch erst vor dem Hintergrund von Gessners theologischer Programmatik eine spirituelle Dimension. In Gessners Taxonomie hat die Allegorese – anders als bei Aldrovandi – keinen systematischen Ort, und dort, wo sie gelegentlich auftaucht, rangiert sie ununterscheidbar neben anderem Bildpotential in Rubrik H.[280] Die Allegorie tritt hier wie Epitheta, Metaphern, Sprichworte, Epigramme und Embleme in einen sprachlich-rhetorischen Zusammenhang.

Und dennoch zitiert Gessner offenbar – wenn auch aus zweiter Hand – Texte allegorischer Provenienz: den ›Physiologus‹, Thomas von Cantimpré oder die Kirchenväter Ambrosius, Basilius und Clemens.[281] Auch verwendet er innerhalb der sachlichen Rubriken hin und wieder literarische Überlieferungen mit allegorischem Potential wie im Fall des Vogels Alcyon die antike Verwandlungssage, an deren Interpretation Harms ansetzt. Eine der wenigen direkten Auslegungen innerhalb der sachorientierten Kapitel findet sich im Abschnitt über den Schwan. Gessner listet umfangreiches Material über den angeblichen Gesang des Schwans (C) kurz vor seinem Tod auf und kommt durch ein Zitat über die antike Auslegungstradition des Plato und Pythagoras zur christlichen.

> *Cantant enim, ut ait Plato, non ex tristitia, sed potius laetitia propinquante fato, quod immortales se sentiant, & ad Apollinem suum remigraturos. Nam Pythagorae erat opinio immortalem eos habere animam. Cicero Apollini sacros eos dicit ob uaticinium finis eorum. Cygnus itaque allegorice animae probi uiri comparari potest qui laetus mortem obit, Volaterranus.*[282]

Die Bibel selbst kann zum Ausgangspunkt der Allegorese werden. In seiner Systematik widmet Gessner der Verwendung von Tieren als Nahrungsmitteln eine eigene Rubrik (F). Hier wertet er antike und zeitgenössische Kochbücher aus und liefert eine Fülle von allgemeinen Hinweisen und konkreten Rezepten. Deutlicher als andernorts wird in dieser Rubrik die potentielle Verwendbarkeit auch an biblischen Normen gemessen. Die Speiseverbote der biblischen Gesetzbücher haben hier ihren Ort. Sie beruhen aber nicht auf etwaigen schädlichen physischen Wirkungen, sondern auf moralischen Implikationen und einer

---

[280] Ein seltenes Beispiel findet sich im Schwalbenkapitel (H. A. III, S. 529), wo er eine Allegorese zitiert. Zum angeblichen Winterschlaf der Schwalben lautet es dort: *Quare iudico mirabile quoddam opus esse, ac imaginem resurrectionis nostrorum corporum, Innominati authoris verba haec sunt quae recitat Gasp. Heldelinus in Encomio ciconiae.* Vgl. die Allegorese des Adlers durch Paulus Fagius (Ebd., S. 182; H,d), die der Taube (Ebd. S. 289; H,a) und die des Phönix durch Ambrosius (Ebd, S. 665f.; H,h).

[281] Clemens von Alexandrien (Stromat., Paedag.) wird im Kontext biblischer Speiseverbote häufig in F zitiert, Ambrosius im Kapitel über den Adler (H. A. III, S. 166f.), den Storch (ebd. S. 255), den Geier (ebd., S. 751f.) u. ö.

[282] H. A. III, S. 360 (C). Vgl. VOLATERRANUS [Maffei]: COMMENTARIVM VRBANORVM [...] libri, Bl. 303r.

darauf aufbauenden spirituellen Auslegung. Wo das biblische Material Hinweise gibt, begnügt sich Gessner hier selten mit dem schlichten Bibelzitat. Er fügt diesem die entsprechende Auslegung kirchlicher Autoritäten hinzu:

> *Vultur in lege Mosaica inter aues impuras censetur: nec immerito, ut scribit author Glossae, ut qui bellis & cadaueribus gaudeat. Vultur, aquila & similes aues prohibentur, quod sublimi suo uolatu (humilia enim oderunt) superbiae symbolum sint, Procopius.*[283]

Die Auslegung erklärt das Verbot und zugleich den zeichenhaften Wert des Vogels in christlicher Tradition. Neben der Genesisglosse des Prokop von Gaza zitiert Gessner in dieser Rubrik wiederholt den Kirchenvater Clemens von Alexandrien, gleichfalls mit allegorischen Auswertungen.[284] Die Rubrik F aber ist der einzige Ort, an dem Gessner über die Verteilung der biblischen Information hinaus konsequent deutende Passagen hinzufügt.

All das belegt das Fortwirken allegorischer Tradition im Rahmen des naturkundlichen Diskurses. Indem sie sich aber einreiht in das komplexe Zeichengefüge der Natur, das Gessner in vielfältiger Form neben der schlichten Datenreihung des Lexikons und der kritischen Datenerhebung des Kommentars präsentiert, und die Allegorese selbst nur gelegentlich aktualisiert wird, verliert sie ihren ehemals privilegierten Rang. Insbesondere gegenüber den vor allem in Rubrik D häufig anzutreffenden Didaktisierungen in Historien, Sprichwörtern und Hieroglyphen fällt das Zurücktreten der Allegorese auf. Rein quantitativ verschwindet sie hinter den anderen Zeichenkomplexen.

Der Umgang mit dem zeichenhaften Quellenmaterial verweist indes auch auf eine veränderte Blickrichtung. Anstelle des Deutungsaspektes sind es die unterschiedlichen Verfahren der informativen Auswertung, die sich in den Vordergrund schieben. So erklärt sich die mangelnde allegorische Entfaltung des Materials, die Reduktion auf den sensus historicus, schon aus den Vorgaben des Lexikons, der locus-orientierten Zitierweise. In der nur knapp angespielten Verwandlungssage des Alcyon fehlen die deutenden Bestandteile zu Recht. Was an diesem Ort

---

[283] H. A. III, S. 753. Vgl. auch die entsprechenden Verbote in H. A. III, S. 35 (Habicht), S. 174 (Adler), S. 230 (Schleiereule), S. 327 (Rabe), S. 325 (Kuckuck), S. 548 (Ibis), S. 560 (Möwe), S. 588 (Weihe), S. 712 (Strauß), S. 736 (Fledermaus), S. 746 (Wiedehopf) u. a.

[284] Der ganze Eintrag der Rubrik F beim Adler (H. A. III, S. 174) ist der Deutung vorbehalten: *Aquila Deuteron. 14. & Leuit. 11. inter aues immundas recensetur. Aquilae cibum nobis interdixit legislator, ut & aliarum rapacium, insinuans nullo commercio illis hominibus qui per rapinam uiuunt coniungi nos oportere, Clemens lib. 3. Paedagogi & Stromateon 5. Aquilam, halicetum, uulturem & huiusmodi sublimipetas ac rapaces aues, Moses in cibo prohibuit, fastum scilicet supra alios se extollentem & rapacitatem damnans, Procopius.*

einzig interessiert, ist die isolierte Lebensart des seltenen Vogels. In diesem Kontext liefert die antike Sage lediglich eine Information. Auch die ›Physiologus‹– und Thomas von Cantimpré-Stellen reihen sich derart ohne Deutungen in den informativen Rahmen des Lexikons ein. Die Behandlung einer spezifischen Eigenschaft des Salamander illustriert die Gewichtung. Zunächst liefert die Tradition vielfältiges Material, dessen Sinndimension indessen außer acht bleibt: Der Salamander bleibt vom Feuer unverletzt, er löscht es durch sein kaltes Temperament, er entsteht im Feuer oder lebt darin, indem er sich von ihm ernährt. Gessner thematisiert sofort die Widersprüche:

> *quae sentantiae ipsae inter se pugnant. quomodo enim uiuet in igne aut generabitur in eodem, si ignis ab ea extinguitur? Sed primum illorum qui haec stultè affirmarunt uerba recitabo, secundo loco aliorum qui tanquam falsa negarunt.*[285]

Widerspruchsfreiheit der Thesen und Ordnung des Materials nach entgegengesetzten Standpunkten: das sind die beiden Haltungen, die sich der Stellungnahme und der Materialordnung entnehmen lassen. Dazu paßt selbst die von Harms festgestellte Gegenüberstellung von Abbildungen empirischer und literarischer Provenienz.[286] Die *Figura haec ad uiuum expressa* und die *Salamandrae figura falsa* repräsentieren die beiden Formen von Abbildungen, nach der Natur und nach dem Archetyp, auf die Gessner sich prinzipiell stützt, die in ihrem Wahrheitswert allerdings eindeutig bewertet werden. Für das Nebeneinander beider Formen der Naturbetrachtung zitiert Harms ein signifikantes Beispiel aus dem Pelikankapitel: Dort stehen zwei Abbildungen nebeneinander, eines in allegorischer Tradition, das andere in empirischer.[287] Blickt man aber auf Gessners Kommentar zu diesen Abbildungen, wird deutlich, daß er mehr an der Darstellung des Vogels interessiert ist und weniger an der Deutung des dargestellten Sachverhaltes.

> *Pleraeque gentes pelicani nomen tanquam peregrinae & incognitae auis, quam pro arbitrio pictores hactenus finxerunt, adunco ut uidetur rostro pectus sauciantem, & effluentem sub ea sanguinem hiante ore excipientibus pullis: cum nulla talis, opinor, in rerum natura auis sit, nisi quis Aegyptios de uulture hoc uerè tradere putet, quod Orus literis mandauit, eum ne fame pulli pereant, femori suo uulnus infligere, & emanantem sanguinem ab illis exorberi. Verum pelecanum, cuius iconem posuimus, Itali quidam hodie appellant becquaroueglia.*[288]

---

[285] H. A. II, S. 76. bzw. S. 77: *Recitaui uerba illorum, qui salamandras ab igne non laedi scripserunt: nunc addam aliorum uerba quibus haec opinio improbatur, ut debet. exuri enim ipsam meo experimento noui, & cineris eius in re medica usus est.*
[286] Harms: Bedeutung als Teil der Sache, S. 361.
[287] Das erste (H. A. III, S. 639) illustriert die klassische Verhaltensweise des Pelikans, der sich selbst verletzt und seine Jungen mit dem eigenem Blut wiederbelebt (Bild Christi), das andere (ebd., S. 640) eine naturnahe Abbildung.
[288] H. A. III, S. 641.

Gessner interessiert an dem Traditionsmaterial die Gestalt des Vogels auf der Abbildung, die der Erfahrung widerspricht. Es ist das Verhältnis zum Geier, mit dem er anscheinend verwechselt worden ist, es ist aber in der Tat auch dessen sonderbares Verhalten. Bei den zitierten Worten handelt es sich um Gessners eigene kritische Stellungnahme zur Überlieferung. Indem er die Tradition mit der Erfahrung konfrontiert, ergreift er Partei für die letztere. Dort, wo Gessner über das Autorenreferat hinausgeht, widmet er sich nicht der Deutung des Sachverhalts, sondern der Identifizierung bzw. der Sicherung der faktischen Grundlage.

An weiteren Beispielen läßt sich Gessners naturalisierende Perspektive auf das patristische Quellenmaterial belegen. Soweit die Kirchenväter exzerpiert werden, interessieren ihn die faktischen Informationen. Der Adler gilt innerhalb der allegorischen Literatur als Sinnbild der Wiederauferstehung. Ausgehend von Psalm 103 über die Allegorese der Kirchenväter bis hin zu den allegorischen Handbüchern hält sich diese Art der Deutung.[289] Gessner indessen verfährt anders. Er diskutiert den Sachverhalt innerhalb der physischen Gegebenheiten der Tiere (C) unter Verwendung theologischer Exzerpte. Ausgangspunkt ist bei ihm ebenfalls der 103. Psalm: *Renouabitur ut aquilae iuuentus tua*. Der Psalmenvers wird als Grundlage der Erörterung auf seinen sensus historicus befragt:

> *sentit autem Psaltes uires suas quae debilitatae & propè fractae sint, sic redintegrandas ut aquilae iuuentutis robori & uigori pares esse queant. Quomodo autem renouetur uel ad iuuentam redeat aquila, alij aliter interpretantur, ut ostendam: mihi quidem uix alia ratio huius mutationis tam probabilis uidetur, quàm quae à mutatione pennarum intelligitur. uidentur enim aues quae pennas mutarint, quod in rapacibus praecipuè animaduertitur, ut aquilis & accipitribus, quodammodo renouari.*[290]

Gessner führt den Psalmenvers auf den gewöhnlichen Naturmechanismus der Mauser zurück, wobei die Alternative zu den in der patristischen Tradition gegebenen Erklärungen hervorsticht (*mihi quidem*). Neben der biblischen Autorität des Propheten Micha führt Gessner ein Exzerpt des Caelius Rhodiginus mit den Beschreibungen zweier Kirchenväter an (*Super aquilae senio duo scientissimi ac sanctissimi uiri sic scribunt:*). Hieronymus erwähnt den Umstand, daß der Adler seine Federn durch einen Sturz in den Brunnen erneuert, Augustinus bezieht den Spruch auf den Sachverhalt, daß der Adler im Alter seinen gekrümmten Schnabel und seine verwachsenen Krallen an einem Stein abschlägt.[291] Wird Hieronymus durch Gessners eigene These von der

---

[289] Schmidtke: Geistliche Tierinterpretation, S. 233–235.
[290] H. A. III, S. 166.
[291] Ebd. Gessner bezieht sich auf die ›LECTIONVM ANTIQVARVM LIBRI XXX. (1550) des Ludovico Ricchieri (Caelius Rhodiginus), Buch XIII, 20. Zu Ricchieri vgl. Brückner: Historien und Historie, S. 89.

gewöhnlichen Mauser infrage gestellt, so wird Augustin durch den Verweis auf Albertus geradezu bestätigt: *Quòd autem nimiam rostri & unguium aduncitatem acuendo ad lapidem emendet aquila, uerum & compertum esse scribit Albertus.* Wie bei seiner eingangs erfolgten Stellungnahme geht Gessner auch mit diesem Kommentar über die Zitataufreihung hinaus und stellt eine Verbindung zwischen den Belegen her. Es folgen ein weiterer Beleg aus dem Jesaia-Kommentar des R. David und einer von einem unbekannten Autor, die beide die These von der Entzündung der Federn durch die Sonnenhitze anführen, ehe diese durch einen abschließenden Albertus-Beleg nochmals bezweifelt wird. In allen Fällen konzentriert sich Gessner indessen auf die schlichte Sachlage, werden die Thesen der theologischen Autoritäten eingerahmt von kritischen Stellungnahmen.[292] Der beobachtbare Naturmechanismus bildet gegenüber dem überlieferten Bericht die eben rationalere Erklärung.

Der Hirsch, der Schlangen frißt, ist gleichfalls prominentes Beispiel patristischer und mittelalterlicher Allegorese.[293] Wie der Adler gilt er als Sinnbild der Erneuerung. Gessner zitiert den Sachverhalt aus den Quellen der Antike (Aelian/Plinius), geht aber sogleich über zu einer ausführlichen Erörterung des Problems. Der sonderbare Umstand wird anscheinend von Aelian nicht richtig erklärt: *Videtur sane Aelianus rationem qua ceruus serpentem è latibulo extrahit ignorasse, ideoque philtro hanc uim comparasse*: Es folgt eine lange Erörterung über die möglichen Kräfte, die die Schlangen aus ihrer Höhle treiben, ob es sich um *occultas* [...] *causas* handle, um sympathetische oder antipathetische Wirkungen, ob die Hitze des Atems die Schlangen erwärme und bewegungsfähig mache oder ob der Hirsch die Schlangen aus der Höhle heraussauge. Gessner diskutiert das Phänomen in der Form einer quaestio vor dem Hintergrund der zeitgenössischen Kräfte- und Signaturenlehre und entscheidet sich für die letzte Möglichkeit. Ausgegangen wird von einer (falschen) Autoritätenmeinung, woraufhin eine Reihe von Alternativen vorgestellt wird. Den Abschluß bildet die eigene Entscheidung (*respondeo*). In seinem Bezug auf Plinius bemüht sich Gessner, gegenüber der Autorität die sachliche Basis der Argumentation herauszuheben: *Dicam non tanti apud me Plinij uerba esse, quanta rei ipsius ratio certis argumentis considerata.*[294]

---

[292] Auch im Abschnitt über die Mauser des Habichts läßt sich Ähnliches beobachten. Die Thesen über die Mauser entnimmt Gessner (H. A. III, S. 8) den Werken des Tappius und Stumphius. Die angehängte Version des Gregor (*Diuus Gregorius author est*) über die Erneuerung des Habichts ist ihrerseits durch Tappius vermittelt.

[293] Kolb: Der Hirsch, der Schlangen frißt, S. 583–610. Schmidtke: Geistliche Tierinterpretation, S. 306–308.

[294] H. A. I, S. 366; zuvor lautet die Kritik: [...] *id neque authoritate alia ulla, neque experimento constet.*

Die Opposition von res und verba läßt sich also gleichfalls auf das problematische Verhältnis von Sachgehalt und Überlieferung, von autoritativen Worten und kritischer Wahrheit anwenden. Auch die Gründe, aus denen der Hirsch Schlangen frißt, erörtert Gessner anhand unterschiedlicher Autoritäten, wobei er die Verjüngungsthese bezweifelt, die ja die Basis für die allegorische Deutung abgibt: *Ego ceruos in senectute tantum serpentibus uesci, neque apud Plinium neque alium authorem idoneum legisse, memini.*[295] Gessner bestreitet hier die Quellenangabe des Albertus, auf dessen Referat sich die Stellungnahme bezieht und der selbst den Sachverhalt bezweifelt (*Et hoc ego uerum esse non puto, Albertus*). Bestätigt wird die These anscheinend nur durch mittelalterliche Autoren, von denen Gessner Isidor, einen Psalmenglossator, Vincenz und den ›Physiologus‹ anführt. Von einer möglichen Deutung ist nicht die Rede. Das Interesse hat sich verschoben. Mit zeitgenössischen Mitteln der Wahrheitsfindung: Lektüre, Autoritätenvergleich, quaestio und rationaler Argumentation wird der Mechanismus der Wirkung hinterfragt.

b. Kritik der Signaturenlehre

In medizinischer Hinsicht steht Conrad Gessner vielfach noch auf dem Boden der Signaturenlehre. Der medizinischen Nutzung der einzelnen Tiere seiner ›Historia animalium‹ ist jeweils ein eigenes Kapitel reserviert. Bei Gelegenheit erörtert er hier über den gegebenen Anlaß hinaus auch Pflanzen- bzw. Kräuterwirkungen, die mit dem jeweiligen Tier (etwa nominell) in Verbindung stehen. Die Namensanalogie verweist aber auf eine sachliche Verbindung. Gerade in diesem Abschnitt ist der Versuch, das Traditionsmaterial zu hinterfagen, unübersehbar. Am Beispiel der Lerche läßt sich ein signifikanter Fall von Analogiedenken auf der Basis der Signaturenlehre illustrieren: Eine gekochte Lerche ist ein probates Heilmittel gegen Koliken. Von der Lerche (lat. alauda, griech. korydalis) geht er über zu einem Kraut namens Korydalis, das den gleichen Zweck erfüllt (Analogie). Ausgehend von der Pflanze, die den Lerchennamen trägt, gelangt Gessner zu einer anderen (capnon), die auch *corydalion* bzw. *carion* genannt wird. Deren Wirkung nun wird einer kritischen Erörterung unterzogen:

> *Et quanquam non memini fumariae à quoquam uim colicis auxiliarem attribui. non dubito tamen quin utilis eis esse possit, illis praesertim qui propter excrementa alui indurata & flatus hac ipsa de causa collectos in hunc affectum inciderint. soluit enim aluum succus fumariae, qua soluta flatibus etiam uia patet. Conueniunt autem colicis non uehementia, sed leuia tantum medicamenta quae aluum modicè ducant. Quid uerò cum alaudis fumariae commune sit non uideo, nisi quod florum ueluti*

---

[295] H. A. I, S. 368.

*calcaria longiuscula alaudarum forte digitis pedum, aut posteriori saltem longiori (similiter ut in alaudis) comparari possunt.*²⁹⁶

Die Wirkung steht fest, nicht jedoch die genaue Kraft, die diese bewirkt. Gesucht wird sie schließlich in einer äußeren Signatur. Zwar läßt sich keine ganz deutliche Analogie zwischen Lerche und Pflanze ziehen, doch findet Gessner eine Ähnlichkeit zwischen Pflanzensporn und Lerchenkrallen. Die Gemeinsamkeit der Wirkung basiert auf einer sichtbaren Analogie.

Ein Beispiel für das problematisch gewordene Spiel der Sympathie aufgrund von Ähnlichkeitsrelationen gibt Gessner im Adlerkapitel. Im Nest des Raubvogels findet sich – alter Überlieferung gemäß – der Stein Ätites. Er dient ihm zu jeweils unterschiedlichen Zwecken: gegen Zauberei und Schlangen, zur Stabilisierung des Nestes, zur Temperierung der Eier, aber auch als Mittel zur Festlegung des rechten Geburtstermins. Je nach Region scheint es unterschiedliche Arten dieses Steins zu geben, und auch die Art der Wirkung wird unterschiedlich interpretiert. Seine Gestalt nun – ein hohler Stein mit einem kleineren darin eingeschlossen – ist analog zur Schwangerschaft entworfen. (*Est autem lapis iste praegnans, intus cum quatias alio uelut in utero sonante, Idem [Plinius] & Dioscorid;*).²⁹⁷ Die Ähnlichkeit aufgrund der Proportion macht ihn nun nicht nur für den Geburtsvorgang des Adlers verwendbar, sondern auch, wie die Aufzählung der Autoritätenmeinungen belegt, für den des Menschen. Gessner indessen erhebt ausführlich Einspruch:

> *Apud nos aliqui in hunc usum hoc genus lapidum uel rude uel crusta superiore dempta complanatum, argento includunt, ut ad quanque corporis partem alligari commodè possit: quasi uerò uis certa huic lapidi insit foetum ad sese attrahendi ut magneti ferrum. Atqui experimentis etiam hac in re non uidetur fides habenda. quicquid enim appenderis parturienti, instantibus iam doloribus partus & utero nitente, naturaque mouente foetum, ut plurimum paulò pòst pariet mulier: non minus fortè, quàm aliud quodcunque à natura excernitur, si iam maturum sit ac nisus partis excernentis accedat, ut plurimum procedet, nisi nimium infirma & debilitata sit natura. Scio animum & fiduciam nonnihil praestare: sed hic uerbis potius spe & consolatione plenis & religione confirmari, atque in Deum dirigi debet, non in phylacterijs & amuletis haerere, ne per simplicem in illa fiduciam idololatria committatur. Conatur enim daemon ut per alios innumeros dolos, sic praecipuè per magiam quae uerbis & amuletis uires mirificas tribuit, mentes hominum à Deo abstrahere, hanc interim non magiam sed creatae à Deo naturae uim esse asserens. Scio etiam occultas rerum esse facultates, qualis est magnetis in attrahendo ferro. sed in illis, cum ex primis aut secundis qualitatibus (ut physici & medici uocant) causas cur quidque fiat reddere nequeamus, unam habemus communissimam, nempe totius substantiae similitudinem aut dissimilitudinem [...]. Quaenam uerò substantiae similitudo, quae uera sympathia lapidis ad foetum in utero fuerit? An quòd similiter aliquid inclusum intra se gestat, quod concepisse, quoque ueluti grauidus lapis ui-*

---

²⁹⁶ H. A. III, S. 81 (G).
²⁹⁷ H. A. III, S. 175.

detur, sicut uterum foetus? Sed ficta huiusmodi inter se rerum similitudo innumeras nobis superstitiones peperit. atqui magis fermè ridiculum est hanc facere similitudinem secundum substantiam, atque animal pictum eiusdem substantiae cum uiuo asserere.[298]

Gegen die Verwendung von Amuletten in der Medizin hatte sich Gessner schon im Vorwort geäußert. Hier findet er nicht nur einen gegebenen Anlaß, gegen deren moralisch verwerfliche Handhabung zu polemisieren – selbst die Erfahrung läßt sich in diesem Fall durch magisch-dämonische Ursachen relativieren –, sondern zugleich die Gelegenheit, die Signaturenlehre auf ihr physiologisches Fundament zu verweisen. Ähnlichkeit und Unähnlichkeit scheinen durch die Säfte- bzw. Qualitätenlehre bedingt zu sein. Kein grenzenloses Spiel vollzieht sich hier, und entschieden lehnt Gessner den allein zeichenhaften Wirkmechanismus ab. Nicht Ähnlichkeit um jeden Preis, sondern Ähnlichkeit auf physiologischer Grundlage bestimmt die Wirkung von Heilmitteln. Die Physik legt dem Spiel der Signaturen natürliche Begrenzungen auf.

Die Fortpflanzung des Auerhahns ist von wundersamen Phänomenen umgeben. Gessner stellt sie dar und befragt sie auf ihre natürliche Basis. Die Henne empfängt, indem sie den Samen des Hahns vom Boden aufpickt. Regnet es aber auf den Samen, so entstehen *Vrhanschlangen* oder *Birgschlangen*, vertrocknet er dagegen, so versteinert er. Dieser Stein dient nun der Überlieferung nach einmal als Aphrodisiakum, zum andern macht er unfruchtbare Frauen fruchtbar. Gessners Kritik an den sympathetischen Beziehungen operiert hier mit einer homogenen naturphilosophischen Basis, die als Kontrollebene derartige Mechanismen nicht bestätigt.

Ego huic serpentium & gemmarum è genitura galli generationi, non facile crediderim. nam si huiusmodi res alienae prorsus naturae ex auis semine nasci possent, ex aliorum quoque animalium semine, quod proculdubio saepe in terram delabi contingit, multa & uaria cur minus quam galli semine nascerentur?[299]

c. Ad naturae imitationem

Im Bereich der Abbildungen ist Gessner weitgehend auf die Zeugnisse der Überlieferung oder seiner Zeitgenossen angewiesen. Die verschiedenen Darstellungstypen – nach literarischer Vermittlung, brieflicher Mitteilung und originalem Vorbild – und ihre Quellen sind bereits mehrfach beschrieben worden.[300] Die Illustrationen dienen nach Gessners eigenen Worten einmal dem Erfahrungsersatz, indem sie den Be-

---

[298] H. A. III, S. 177f. Vgl. Eis: Irrealer Magnetismus, S. 172f.
[299] H. A. III, S. 474.
[300] Gmelig-Nijboer: Conrad Gessner's »Historia Animalium«, S. 77–97. Riedl-Dorn: Wissenschaft und Fabelwesen, S. 63–65.

trachter von den Mühen und Gefahren der Reisen entlasten, zum andern aber durch Fixierung der genaueren Erfassung des Gegenstandes.[301] Von zweifelhaften Abbildungen distanziert sich Gessner, etwa bei den Walen aus der Quelle des Olaus Magnus oder bei der Darstellung des Einhorns.[302] Berühmt ist zudem die Abbildung des Rhinoceros von Dürer, das dieser lediglich nach einer Beschreibung zeichnete.[303] Die Abbildung der Giraffe und eines wilden Mannes entnimmt Gessner der Reisebeschreibung des Bernhard von Breydenbach.[304] Doch wird die Distanz zu literarischen Vermittlungen deutlich. Im vierten Band seiner ›Historia animalium‹ erörtert Gessner ausführlich das Verhältnis von fabulösen und wahren Abbildungen, verursacht sicherlich durch die Schwierigkeit der naturgetreuen Darstellung gerade in diesem Bereich. Zwar greift er notgedrungen auf die Überlieferung (Typographen) zurück, doch bleiben seine Präferenzen eindeutig: *Vtinam uero qui haec calumniantur, ueriores nobis & ad uiuum effictas imagines depromant.*[305]

Ad naturae imitationem ist das Prinzip, das schon die Botanik ihren Abbildungen zugrunde legte und das Gessner für die Tierbeschreibung übernimmt. Die Abbildung orientiert sich nicht mehr an den Vorgaben des Textes wie noch in zahlreichen naturkundlichen Texten der Vergangenheit, sondern – wo möglich – am lebenden Vorbild. Gegenüber dem Text erhält hier das Bild die dominierende Funktion. Das Beispiel des Pelikans belegte schon, daß Gessner bisweilen durch Gegenüberstellung auf die Diskrepanz von traditioneller und zeitgenössischer Darstellung verweist. Das Nebeneinander von Überlieferung und Erfahrung im Bildbereich läßt sich in gestaffelter Form an den Abbildungen der Schneegans illustrieren. Nebeneinander stehen drei Illustrationen, die die Überlieferung, den erfahrungsgestützten Bericht sowie die eigene Beobachtung repräsentieren.[306] Die intensive Suche nach

---

[301] Gegenüber den nur kurzfristigen Betrachtungsmöglichkeiten im römischen Zirkus bietet Gessner (H. A. I, Bl. ψ 1r) seinem Leser Dauerhaftes: *Nostrae uero icones, quas omnes ad uiuum fieri aut ipse curaui, aut ab amicis fide dignis ita factas accepi, [...] quouis tempore & perpetuò se spectandas uolentibus, absque labore, absque periculo, offerent.*
[302] Heißt es einmal (H. A. IV, S. 245): *Apparet autem eum ex narratione nautarum, non ad uiuum pleraque, depinxisse,* so das andere Mal (H. A. I, S. 781): *Figura haec talis est, qualis à pictoribus ferè hodie pingitur, de qua certi nihil habeo.* Vgl. Riedl-Dorn: Wissenschaft und Fabelwesen, S. 42, 63–65.
[303] H. A. I, S. 952f.: *Pictura haec Alberti Dureri est, qua clariβimus ille pictor [...] Rhinocerotem Emanueli Lusitaniae regi anno salutis 1515. è Cambaia Indiae regione Vlysbonam allatum, perpulchre expreβit.*
[304] Gmelig-Nijboer: Conrad Gessner's »Historia Animalium«, S. 79.
[305] H. A. IV, Bl. β 2v. Zu den beiden Abbildungsmöglichkeiten vgl. ebd.: *qualescunque sint aut, uerae sunt, hoc est ad naturam factae: uel ad archetypum alterius authoris qui semper nominatur.*
[306] Die drei Bildbeischriften (H. A. III, S. 605) lauten: *Icon haec onocrotali est, capti*

aktuellen, orignalnahen Illustrationen läßt sich anhand von Briefen Gessners belegen.[307] Wie im Bereich der Beschreibung wird die Überlieferung durch erfahrungsgestütztes Material ergänzt: Ein weiterer Schritt auf dem Weg zur Emanzipation vom Text.

Das Bild kann aber auch die nicht mehr als zureichend empfundene Beschreibung illustrieren. Zwar gibt sich Gessner bei der Beschreibung aus eigener Anschauung alle erdenkliche Mühe, doch verweist er bisweilen auf die Illustration als überlegenes Darstellungsmittel. Der genaue anatomische Vergleich ist durch Beschreibung nicht zu erreichen. Etwa bei der Darstellung der Zahnreihen der Spitzmäuse, die deutlich macht, daß das schriftliche Medium an seine Grenzen gelangt.

> *Sed ut res clarior fieret, geminas icones hic adieci capitum murinorum cum dentibus superioris maxillae. maior communem figuram & situm dentium in omni genere murium (excepto araneo) & similium declarat, ad cranium muris agrestis repraesentata, minor, aranei muris dentium situm figuramque utcunque refert.*[308]

d. Erfahrung als Maßstab

Historiographisch arbeitet Gessner noch, wenn er auch die Ansichten von Zeitgenossen in seine Darstellung aufnimmt. Analog zur Zeitgeschichtsschreibung handelt es sich in der Naturkunde um den Bericht dessen, der gesehen hat und dessen Zeugnis bestätigend neben die Tradition tritt: *Ego profecto nunquam Plinio nostro credidissem [...], nisi ipse has bestiolas talia promentes & oculis uidissem & auribus hisce audiuissem.*[309] Erfahrungsberichte dieser Art werden Gessner vor allem brieflich mitgeteilt.[310] Sie knüpfen an die antike Etymologie von historia an, die von ›sehen‹ sich herleitet und auf die griechische Empi-

---

in Heluetia in lacu prope Tugium, quem ipse inspeximus. bzw. *Onocrotali caput, à pictore quodam olim nobis communicatum.* bzw. *Onocrotali figura ex tabula Septentrionali Olai Magni.* Letztere Abbildung des Olaus Magnus charakterisiert der Übersetzer Heußlin (Vogelbůch, Bl. CLXXXIIIr) als *Ein Onuogel / wie jn etlich malend / aber nit recht.*

[307] Vgl. Riedl-Dorn: Wissenschaft und Fabelwesen, S. 48–52.

[308] H. A. I, S. 846. Klein abgebildet sind am Rand zwei Schädelskelette von Mäusen mit den Zähnen der oberen Kinnbacken.

[309] H. A. III, S. 571. Vgl. ebd., S. 256: *Huic planè similis est historia, quam doctissimus uir Iustinus Goblerus I. C. ad nos perscripsit, his uerbis: Praeter pietatis erga parentes laudem Gesnere, quam ciconijs & natura & historia ab antiquo tribuit, etiam re ipsa compertum est [...].* Zur concordia der Krähe im Anschluß an Horapollon vgl. ebd., S. 310: *Memini ego audire ex amico quodam qui ruri habitabat, se per annos decem aut amplius cornicum coniugium, id est marem & foeminam, certo anni tempore aliquandiu quotidie ad domum suam aduolantes, ut cibum ipsis expositum caperent, obseruasse.*

[310] So H. A. III die Briefe Justin Goblers (S. 256), August Raffael Sailers (S. 266), eines ungenannten Freundes (S. 570f.), Johann Cullmanns (S. 607f.), Melchior Guilandinis (S. 613), u. a.

rikerschule zurückgeht.³¹¹ Auf ihre Art aber fordern die Erfahrungsberichte das *recitare tantum uerba authorum*, das schlichte Autorenreferat, heraus, indem sie es am zeitgenössischen Maßstab messen. Im Kontext wechselseitiger Erhellung reklamieren so auch die zitierten Erfahrungsberichte bisweilen eine korrigierende Funktion wie der Bericht des Melchior Guilandini über den Paradiesvogel.³¹² Die Unterscheidung verschiedener Arten des Vogels Alcyon belegt Gessner gegen Aristoteles mit den Zeitgenossen Turner, Eber, Peucer und Belon, wobei die Erfahrungsbasis des letzteren ausdrücklich hervorgehoben wird.³¹³ Die Kritik an der Autorität fällt aber nicht leicht und bedarf wie schon zuvor die an Plinius einer expliziten Begründung. Ihr fortgeltendes Ansehen steht einer rücksichtslosen Kritik entgegen. Die Ansprüche der Sache selbst aber stellen sich gegen die Geltung der Autorität.

> *Verum haec scribo non ut coniecturam, cuius author ipse fui, refutem: neque ut uiris long doctissimis aduerser: sed ut diligentius inquirendi occasionem harum rerum studiosis excitem.*³¹⁴

Nur vorsichtig artikuliert sich die Skepsis innerhalb einer Wissenskonstellation, die vollkommeneres Wissen nicht erst in der Zukunft anstrebt, sondern in großem Umfang bereits in der Vergangenheit realisiert sah. Schwieriger auch gegenüber antiken als gegenüber mittelalterlichen Autoren, die – wie das Beispiel des Isidor und Albertus gezeigt hat – als Opfer ihrer ›finsteren‹ Zeit betrachtet werden konnten. Solange Erkenntnis sich weitgehend in der Rekonstruktion eines verloren gegangenen Wissens vollzog, repräsentiert zumeist in mythischen (Adam/Noah) bzw. historischen (Aristoteles/Plinius) Leitfiguren, konnte ein Angriff auf die kanonischen Autoritäten zu heftigen Aus-

---

³¹¹ *Historia est nuntiatio eorum quae visae sunt aut sicut visae*, lautet die berühmte galensche Formel. Vgl. Kambartel: Erfahrung und Struktur, S. 71f.: »*ystoria, que est narratio per se inspectionis (Autopsie) vel narratio facta per libros de his in quibus omnes qui scripserunt concordant.*«

³¹² H. A. III, S. 613: *Haec auiculae ipsius integra & certa historia, cui neotericorum peritissimi quique calculum uno ore omnes adijciunt, praeter unum Antonium Pigafetam, rostro prolixo, & pedibus palmi unius longitudine donari, falsissime affirmantem, quum hoc me hercule longe ab omni ueritate sit alienum, quod ipse aliter se rem habere, iam bis (neque enim pluries uidere contigit) oculis manibusque proprijs liquidissimè deprehenderim.* Pigafeta, Mitglied der Magellanexpedition, erkannte die Präpariertechnik, fand aber dennoch bei seinen Zeitgenossen keinen Glauben. Vgl. Wendt: Auf Noahs Spuren, S. 129f.

³¹³ H. A. III, S. 84f.: [...] *quam sententiam meam etiam doctissimus uir Guil. Turnerus Anglus tunc approbatam in suo de auibus libro publicauit, et illum nuper secuti Georg. Agricola, Eberuss & Peucerus, idem tradiderunt [...] Haec iam scripseram cum Petrum Bellonium etiam diligentissimum uirum in Graecia nuper alijsque remotissimis regionibus peregrinatum, similiter ispidam, quam ipse uocat martinet pescheur, id est apodem piscatricem, pro alcyone accipere cognoui.*

³¹⁴ Ebd.

einandersetzungen führen.³¹⁵ Demgegenüber etabliert sich allmählich das beschriebene Arsenal an Verifikationsverfahren. Erfahrung bildet unter ihnen nur eine Form – neben Autoritätsberufungen, Konsens und Argumentation –, die zudem noch mehr deklamatorischen als methodischen Anprüchen genügt.

Gessner zitiert eine Passage seines Zeitgenossen William Turner, an der sich die entstehende Skepsis, aber auch die Konkurrenz verschiedener Verifikationsverfahren ablesen läßt. Dieser Fall ist insofern signifikant, als darin einem ungewöhnlichen, wunderbaren Phänomen auf unterschiedliche methodische Weise *nachgegangen* wird. Dem Sachverhalt, daß sich der Vogel Branta in Schottland selbst reproduziert (Putrefaction) wird anhand einer Reihe von Verifikationsbemühungen auf den Grund gegangen.

> *Hoc, ne cui fabulosum esse uideatur, praeter commune omnium gentium littoralium Angliae, Hiberniae & Scotiae testimonium, Gyraldus ille praeclarus historiographus, qui multò foelicius quàm pro suo tempore Hiberniae historiam conscripsit, non aliam esse berniclarum generationem testatur. Sed, quum uulgo non satis tutum uideretur fidere, & Gyraldo ob rei raritatem non satis crederem: dum haec, quae nunc scribo, meditarer, uirum quendam, cuius mihi perspectissima integritas fidem merebatur, professione Theologum, natione Hibernum, nomine Octauianum, consului num Gyraldum hac in re fide dignum censeret: qui per ipsum iurans, quod profitebatur euangelium, respondit, uerissimum esse, quod de generatione huius auis Gyraldus tradidit, seque rudes adhuc aues oculis uidisse, & manibus contrectasse: breuique si Londini mensem unum aut alterum manerem, aliquot rudes auiculas mihi aduectas curaturum. Porrò haec berniclae generatio non usqueadeò prodigiosa illis uidebitur (inquit) qui quod Aristoteles de uolucre ephemero scripsit, legerint, quòd in Hypani fluuio ex folliculis quibusdam erumpat, & c.*³¹⁶

Explizit geht es darum, den Fabelverdacht zu vermeiden, der dem ›allgemeinen Zeugnis‹, der *gemeinen sag*, wie der Übersetzer Heußlin schreibt, anhaftet. Aber auch das Zeugnis des berühmten Historikers Gyraldus scheint »aufgrund der Seltenheit der Sache« nicht umstandslos vertrauenswürdig zu sein. Selbst die schriftliche Überlieferung bedarf einer zusätzlichen Stütze. Im empirischen Begriffsverständnis von historia wird so das Zeugnis eines Augenzeugen herangezogen, der seinerseits entscheidende moralische Kriterien der Glaubwürdigkeit erfüllt: er ist Theologe und Einheimischer, steht also jenen Vaganten und

---

[315] Berühmt ist die Kontroverse um Plinius Ende des 15. Jahrhunderts. Barbarus bittet im Vorwort seiner ›Castigationes‹ den Papst, die Autorität des Plinius zu bestätigen. Politian ermahnt Leonicenus behutsam, doch nicht einen Mann anzugreifen, »*qui fuerit de vita et litteris tam praeclare meritus*«. Zitiert nach Dilg: Die botanische Kommentarliteratur, S. 235f.

[316] H. A. III, S. 107. Gessner entnimmt die Stelle der AVIVM PRAECIPVARVM [...] historia des William Turner, Bl. 4vf. Vgl. Thorndike: History 6, S 288f. Gmelig-Nijboer: Conrad Gessner's »Historia Animalium«, S. 130f. Riedl-Dorn (Wissenschaft und Fabelwesen, S. 98f.) schreibt irrtümlich den Bericht Gessner selbst zu.

lantfarern fern, um deren Glaubwürdigkeit es schlecht bestellt ist.³¹⁷ Nachdem Octavianus – der Zeuge ist sogar namentlich greifbar – dann seinen Erfahrungsbericht zusätzlich durch einen Eid auf das Evangelium bekräftigt, gibt das Urteil der Autorität letzte Gewißheit. Aristoteles ist Garant für die prinzipielle Möglichkeit einer Vermehrung durch Putrefaction. Hier finden sich fast alle Verfahren der Wahrheitsfindung vereint: allgemeine Ansicht, historischer Bericht, Erfahrungsbericht, gesellschaftliche Reputation und Fachautorität.³¹⁸

Erfahrung als Maßstab der Wahrnehmung ist auch hier vom modernen Erfahrungsbegriff, der experimentellen Anordnung gar, weit entfernt. Skepsis gegenüber Buchwissen etabliert zwar zusehends Erfahrung als Korrektiv, vor allem im Bereich der Illustration, doch bleibt auch sie vielfach von literalen Vorgaben abhängig. Dabei geht es weniger darum, Kritik zu üben, als das Buchwissen am neuen Maßstab zu bestätigen.³¹⁹ Ein Großteil der zitierten Erfahrungsberichte bestätigen eben Phantastisches: ganze Gespräche rezitierende Nachtigallen, sich umständlich bedankende Störche, Paradiesvögel und Baumenten. Nuntiatio eorum quae visae sunt aut sicut visae: auch diese Formel bleibt auf die fides historica angewiesen.

---

[317] Müller: *Erfarung* zwischen Heilssorge [...] und Entdeckung des Kosmos, S. 321–327.

[318] Seine Kritik an der Lithotherapie äußert Gessner unter Aufbietung verschiedener Instanzen. EPISTOLARVM MEDICINALIVM [...] LIBRI, Bl 4v: *cùm nec solidius eruditorum, nec nostri seculi doctrina excellentium: neque indicium quod à gustatu & odore praecipuè sumi solet: neque experientia denique syncera.*

[319] Einige Beispiele: So schwört Kolumbus einen Eid auf die Erfahrung, daß eine entdeckte Insel (Kuba?) »Cathay« sei, mißt die Erfahrung folglich an seinen Lektüreergebnissen. Vgl. Gumbrecht: Wenig Neues in der Neuen Welt, S. 233. Der Paduaner Aristoteliker Zabarella verwendet alltägliche Erfahrungsbelege, die er auf einer Bergwanderung sammelt, um naturphilosophische Thesen des Aristoteles zu bestätigen. Vgl. Schmitt: Experience and Experiment, S. 92–124, 126. Selbst bei einem Empiriker wie Leonardo bleibt nach Crombie (Von Augustinus bis Galilei, S. 500) die Berufung auf die Erfahrung bisweilen deklamatorisch. Pierro Valeriano sieht als beeindruckter Augenzeuge an dem Elefanten, den Emanuel der Große an Leo X. sendet, sowohl die Klugheit als auch »die Wahrheit anderer ebenfalls als Weibergeschwätz gehaltenen Thierschilderungen« bestätigt. Vgl. Giehlow: Die Hieroglyphenkunde des Humanismus, S. 107. In den volkssprachlichen Tierbüchern des Walther Ryff (1545) und Michael Herr (1546) sind es einmal Albertus gegen die Schrifttradition und dann Plinius gegen Albertus, deren Glaubwürdigkeit aufgrund vermeintlicher Erfahrung betont wird. Vgl. Müller: *Erfarung* zwischen Heilssorge [...] und Entdeckung des Kosmos, S. 328. Die Texte selbst bieten demgegenüber nur Überlieferungswissen. Das Phänomen ist weit verbreitet im Mittelalter. »Potentielle Beobachtbarkeit ist das Maß, nicht die Beobachtung selbst; für sie tritt nach wie vor die Überlieferung ein.« Vgl. Grubmüller: Zum Wahheitsanspruch des Physiologus, S. 175.

6. ›Historia animalium‹ und philosophia moralis

a. Anthropozentrische Optik

Unter den Ursachen, die den Fortschritt der Wissenschaften behindert hätten, nennt Francis Bacon u. a. diejenige, daß die Wahrnehmung sich mehr nach der Natur des Menschen und nicht nach der Natur des Weltalls vollzogen habe.[320] Wie sehr eine unbefragt anthropozentrische Perspektive die eigenen Maßstäbe in die Natur verlegt, statt den Gegenständen gerecht zu werden, zeigt die Rubrik über das Verhalten der Tiere (D). An ihr wird offenkundig, auf welche Art die Zeichenfunktion der Natur im Rahmen zeitgenössischer Moralphilosophie weiterhin gültig bleibt. Gessner beschreibt hier selten aus eigener Anschauung, sondern kompiliert fast ausschließlich tradiertes Material. Die Präsentation bleibt daher vielfach von den Darstellungsprämissen der jeweiligen Vorlage abhängig. Die Entlehnung des Begriffsrasters aus dem Umfeld der philosophia moralis und die Programmatik der theologia naturalis gaben bereits erste Hinweise auf den anthropomorphen Rezeptionsrahmen. In der großen Einleitung zu seinem Werk erläutert Gessner denn auch die exemplarische Funktion der Tiere für das menschliche Leben mit dem Hinweis auf den schon erwähnten Vorredenauszug aus Theodor Gazas Aristoteles-Übersetzung, in dem ausführlich auf das Phänomen eingegangen werde.

> *Quinetiam mores ac uirtutes in homine formandi exempla & documenta ab animalibus abunde suppetunt, quod quidem cum alij quidam eruditi tum long doctissimus ille Theodorus Gaza ubi in (Aristotelis) de animalibus libros à se conuersos praefatur, copiose & eloquenter declarat.*[321]

Hier ist der Ort, an dem Gessner sichtbar an die tropologische Sinnebene mittelalterlicher Naturallegorese anknüpft. Der teleologische Aspekt der Naturbetrachtung bleibt, was zugrundeliegende Begrifflichkeit, Ordnung und Programmatik betrifft, offenkundig. Angesichts der beobachtbaren wachsenden Diskrepanz von moralisch-religiöser Programmatik und sachlicher Stoffentfaltung schon in den mittelalterlichen Enzyklopädien, bleibt aber die Darstellungsform selbst zu untersuchen, um die Differenz zur Tradition zu markieren.[322] Mit welchen

---

[320] Bacon: Novum Organon I, 41.
[321] H. A. I, Bl. a 3r. Weniger auf die philologischen Partien bezieht sich der Gaza–Hinweis (vgl. Harms: Bedeutung als Teil der Sache, S. 353) als auf die Verhaltenslehre insgesamt. Vgl. H. A. III, Bl. a 4r: *Reliquas utilitates taceo: hoc tantum addam, multa sanè praeclara & cognitu digna in his libris extare de affectibus, moribus, uarijsque uirtutibus, uitijs & ingenijs animalium, quae non tantum legentem oblectare, sed hominem etiam docere & sui officij admonere possunt.*
[322] Für die Enzyklopädien wird die Gültigkeit der geistigen Sinnebene auch für den Fall postuliert, in dem sie nur programmatisch formuliert, im Text selbst jedoch

Mitteln setzt Gessner das anvisierte Programm um, und auf welche Zeichenkomplexe greift er zurück? Das Arrangement der Zitate und der jeweilige Kontext der Exzerpte verweisen dabei auf unterschiedliche Möglichkeiten der Realisierung.

An traditionelle Verfahren angelehnt ist das Anfügen signifikativer Textsorten wie Gleichnis und Kommentar. In der mittelalterlichen Naturallegorese war das Verfahren geläufig, der beschriebenen Verhaltensweise eines Tieres jeweils eine spirituelle Deutung anzufügen, und nicht selten vollzog sich die Auswahl der res erst anhand ihres signum-Wertes. Trotz der Nebenordnung der Informationen innerhalb des Lexikons knüpft Gessner gelegentlich an dieses Verfahren an, wobei offensichtlich der Bezug zur geistlich-allegorischen Deutung zurücktritt. Der häufigen Verwendung biblischer Belegstellen stehen auffallend selten Auslegungen gegenüber. Im Abschnitt über die Taube, einen Vogel mit zentraler christlich-ikonographischer Tradition, läßt sich noch eine biblische Deutungsperspektive nachweisen. Die Taube zeichnet sich durch Friedfertigkeit aus und dadurch, daß das Weibchen ihrem Mann über den Tod hinaus treu bleibt. Diese jeweils mit vielfältigem Material dokumentierten Eigenschaften haben ihre Auswertung in der Morallehre erfahren. Indem Gessner hinsichtlich der Einfalt der Taube ein Exzerpt aus der Bibel heranzieht, zugleich aber allegorische Deutungen von Erasmus und Johannes Tzetzes in die Darstellung einbringt, evoziert er durch den Kommentar den biblischen Zeichenkontext der gegebenen Information:

Columba auis innocens est, nec rostro nec unguibus laedens, Albertus. Ecce ego emitto uos uelut oues in medio luporum. estote igitur prudentes ueluti serpentes, & simplices sicut columbae, Christus ad discipulos Matthaei X. Vbi Erasmus paraphrastes, Columbina (inquit) simplicitas praestabit, ut de omnibus bene mereri cupientes, neminem laedatis, ne prouocati quidem. serpentina prudentia, ne quam ansam illis praebeatis calumniandi doctrinam. Ioannes Tzetzes Chiliade 9. capite 263. hoc sensu haec uerba à Domino prolata ait, Seruate capita uestra quemadmodum serpens, qui insidijs petitus uapulansque ad mortem, omni modo caput suum abscondit: sic uos à tyrannis & impijs cruciati, caput seruate mihi, fidem uestram, & ne Deum negetis usque ad ipsam mortem. Simplices autem sitis sicut columbae, ac prudentes (pariter) sicut columba Noe, quae diluuij tempore dimissa ad arcam reuersa est. Omnis san columba si nata fuerit domi, non recedit inde, nisi fuerit spuria, & non genita ibi sed aliunde adducta. Poterit praeterea aliquis rhetoric hoc dictum illustrando, seruanda iubere capita hoc est authores [...] & dominos nostros, nec illos decipere aut fallere dolis sacrilegis, Haec Tzetzes. [323]

---

ausgespart wird. Vgl. Hünemörder: Antike und mittelalterliche Enzyklopädien, S. 351. Meier: Grundzüge der mittelalterlichen Enzyklopädik, S. 474.

[323] H. A. III, S. 272f. Eine griechisch-lateinische Ausgabe der ›Chiliaden‹ des Johannes Tzetzes erschien 1546 in Basel. IOannis Tzetzae Variarum HISTORIARUM LIBER, S. 167. Gessner übernimmt nicht die lateinische Übersetzung. Zu den ›Chiliaden‹ vgl.: Carl Wendel: Tzetzes, Johannes, RE VII, A, 2, Sp. 1993–2000.

Die Eigenschaft der Einfalt wird zum Anlaß für eine biblische Reminiszenz und ihre ausführliche Auslegung, wobei der Kommentar sich ausschließlich über das Zitat vollzieht. Die Exzerpte von Tzetzes und Erasmus liefern über das Bild der Taube hinaus – gewissermaßen gegen den locus – eine weitere Deutung der Klugheit der Schlange, in der Erasmus den Bibelvers tropologisch auslegt, Tzetzes hingegen weitergehend allegorisiert (*hoc sensu haec uerba*). Über das Zitat rückt die Schlange mit in den Horizont der Information wie der Deutung. Erhebung von Fakten (Albertus), biblischer Text und Deutung stützen sich wechselseitig. Die Darstellung überschreitet mit derartigen Einschüben ihren informativen Aspekt in Richtung auf einen moralischen Appell, in der erweiterten »rhetorischen« Auswertung der Metapher des Hauptes *(– capita hoc est authores [...] & dominos nostros)* zugleich auf den maßgeblichen Lektürekanon. Die Konfrontation naturkundlicher, biblischer und exegetischer Exzerpte vollzieht sich hier im Rahmen der bekannten christlich-moralischen Didaxe. Das Einfügen kommentierender theologischer Passagen dieser Art geschieht aber nur noch gelegentlich und ist seinerseits nicht mehr textkonstituierend.[324]

In den ›Hieroglyphen‹ des Horapollon, die Gessner häufig innerhalb dieses Abschnitts zitiert, dokumentiert sich nach gängiger Ansicht der frühneuzeitlichen Rezeption der Lehrgehalt der Natur bereits in einem vorschriftlichen Kulturzustand. Die Ägypter hatten demnach ihre Weisheiten statt in Buchstabenschrift in Form von Piktogrammen niedergelegt und hatten damit vor aller Schrift ein bildliches Verfahren historischer Erinnerung (*memoriae hominum tradita*) entwickelt.[325] Den Humanisten galten die Hieroglyphen gar als Relikte einer Ursprungsweisheit, die mit dem hermetischen Schrifttum in Verbindung gebracht wurde.[326] Das hieroglyphische Lexikon erfaßte fast »sämtliche Aspekte

---

[324] Auch an einander widersprechende Thesen läßt sich eine Didaxe anschließen. Gessner (H. A. II, S. 62) zitiert Thomas von Cantimpré für die These, daß die Kröte nur einen Teil der Erde verspeist, die sie mit den Füßen zusammenrafft, aus Furcht, daß ihr die Nahrung ausgehen könne (Liber de natura rerum IX,5). Ein angefügtes Albertusexzerpt bietet eine ähnliche These, kennzeichnet sie aber als Aberglauben. Gessner nun zitiert nicht die Deutung des Thomas (*hoc avaros et cupidos signat*), sondern fügt überraschend ein ähnliches Exzerpt aus dem Tierbuch des Michael Herr an, verzichtet aber gleichfalls auf die dort explizierte religiöse Deutung: *Hinc est quod superioris saeculi (apud Germanos) pictores, auaritiam expressuri, mulierem bufoni insidentem pinxerunt, Mich. Herus.* Vgl. Herr: Vnderricht, Bl. lixr.

[325] Vgl. Giehlow: Die Hieroglyphenkunde des Humanismus, S. 26: *Sunt Aegyptiorum litterae variis animalibus extremitatibusque hominum atque instrumentis sed praecipue artificium persimiles. Non syllabarum compositione aut litteris verba eorum exprimuntur, sed imaginum forma earum significatione usu memoriae hominum tradita*, so lautet Poggios Diodor-Übersetzung. Mit dem gleichen Wortlaut stellt Gessner die Hieroglyphenschrift im ›Mithridates‹ (Bl. 5r) vor.

[326] Giehlow: Die Hieroglyphenkunde des Humanismus, S. 22f. Die Editio princeps

der Menschenwelt in natürlichen Lettern.«[327] Als sacrae litterae gedeutet und in ihrer offensichtlichen Nähe zu christlichen Symbolen ließen sie sich wie die antike Überlieferung als relevante Quelle für die Naturdeutung verwenden.[328] So nimmt auch die Emblematik den Zeichenbestand der Hieroglyphik auf. Der Storch als Zeichen der Dankbarkeit, die Verjüngung des Adlers und die Schwalbe als Signum der Gerechtigkeit, um nur einige wenige Beispiele zu nennen, harmonisierten mit der christlichen Ikonographie und überdeckten eine historische Annäherung an die seltsame Schriftform.[329]

Für Gessner dienen die Hieroglyphen einerseits als Dokumente eines kaum noch greifbaren Ursprungswissens, das auf Sachgehalte verweist, andererseits als signifikative Textform, die einen Lehrgehalt ausdrückt.[330] Historischer Quellenstatus und Zeichenfunktion bilden den Leitfaden seiner Rezeption.[331] Wie Namen, poetische Sequenzen und

---

erschien 1505 (griechisch), lateinische Drucke ab 1517. Vgl. HIEROGLYPHICA [. . .] IOANNIS PIERRI VALERIANI (Basel 1556), Bl. * 3v: *Quòd si unicuique rei non exigua nobilitas ex antiquitate comparatur, scriptorum opinio est literas has quibus inde usi sunt AEgyptij, tunc primum excogitatas, cùm ueteres illi ante diluuium uiri, qui rerum coelestium rationem primi mortalium indagasse traduntur, duas diuersa materia columnas constituerunt, lateritiam unam, alteram lapideam, in quibus totum de consummatione mundi arcanum exscriberent: sunt qui descriptionem huiusmodi, animalium caeterarumque rerum figuris constitisse astruerent, in quibus tamen philosophi, poetae, historici, diuinarum etiam disciplinarum sententias delitescere uiderunt. Constantissima enim fama celebratum fuit, sacerdotes illos AEgyptios omnem naturae obscuritatem adeò manifestè sibi cognitam professos, ut eandem quasi per manus traditam, disciplinam haereditariam possiderent. [. . .] Sed ne in conquirendis multis laborare uidear, cum hac hieroglyphica instituendi ratione similitudinem habere comperio diuinas nostrorum literas [. . .].*

[327] A. Assmann: Die Sprache der Dinge, S. 244.

[328] Zur Interpretation in Verbindung mit christlichen Symbolen vgl. Sider: Horapollo, S. 16f. Ein Anzahl von Hieroglyphen läßt sich mit der ebenfalls spätantiken Physiologustradition in Verbindung bringen. Vgl. Tiemann: Fabel und Emblem, S. 62. Zur Semiotik der Hieroglyphen und ihrer Umwandlung in einen »metaphorischen Modus«, bzw. eine »allegorische Ethologie« bei Horapollon vgl. J. Assmann: Im Schatten junger Medienblüte, S. 141–160, 156.

[329] Henkel/Schöne: Emblemata, Sp. 828, 771f., 873. Zur Treue vgl. S. 273: *Aegyptij mulierem uiduam, quae ad mortem usque permanserit in eo uitae statu uolentes significare, nigram columbam [. . .] pingunt. Haec enim quandiu uidua est, alteri uiro non miscetur, Orus in Hieroglyphicis.* Zur Undankbarkeit vgl. ebd.: *Aegyptij hominem ingratum ac infestum ijs à quibus beneficio affectus est significantes, columbam pingunt. Mas enim ubi robustior euaserit, & ex consortio matris patrem expellit, itaque ei connubio iungitur, Orus in Hieroglyphicis.*

[330] Vgl. H. A. III, S. 255 (Storch); ebd., S. 272f. (Taube), ebd., S. 745 (Wiedehopf); ebd., S. 752f. (Geier). Weitere Horapollonstellen: ebd., S. 156 (Bergente); S. 310 (Krähe); S. 467 (Otidis). Vgl. H. A. I, S. 106, 272, 276, 338, 347, 365, 795, 942, 972 u. ö.

[331] Unter Berufung auf Horapollon weist Gessner (ebd., S. 310) die These zurück, daß der Rabe ein glückverheißendes Zeichen sei, wenn man ihn alleine antrifft (*Ego fortunatum hoc auspicium esse apud Aelianum non legi: & si legeretur apud*

Bilder lassen sich auch Hieroglyphen auf ihren zugrundeliegenden Sachverhalt hin befragen. Die Relation von Literalsinn und Zeichenfunktion, die vor allem aufgrund des Alters der Hieroglyphen Wahrheit verbürgt, vollzieht sich weitgehend auf der Basis moralischer und kosmischer Weisheit. Über den Cynocephalus (Hundskopf) etwa liefert Horapollon das umfangeichste Material für die Verhaltensrubrik. Durch sein Bild bezeichneten die Ägypter so unterschiedliche Dinge wie das Schwimmen, den Erdkreis, den Zorn, die Schrift und die Mondphasen.[332] Im Kontext der Verhaltenslehre weisen Hieroglyphen immer schon über den jeweiligen Sachgehalt hinaus und binden das Verhalten der Tiere an den Kosmos oder an die Anforderungen der Morallehre. Entsprechend finden sie sich in den Sachrubriken ebenso wie in den philologischen Abschnitten.[333] In letzteren sind sie speziell in bezug auf ihre rhetorische Leistung verzeichnet. In beiden Fällen bewahren sie ihre Zeichenfunktion.

Über das Werk des Horapollon hinaus greift Gessner später, in den ›Icones animalium quadrupedum‹ von 1560, auch auf die ›Hieroglyphica‹ des Pierro Valeriano zurück. Das Werk bietet einen ausführlichen Kommentar zu Horapollons Schrift, teils mit naturkundlichen Parallelen, teils mit Erläuterungen zu den Auslegungen, um die Nähe dieser ältesten Wissensform zur christlichen Religion aufzuzeigen. Allein die angestrebte Kürze der ›Icones animalium quadrupedum‹ ließ nach Gessners eigenen Aussagen nur einen sporadischen Rückgriff auf die ›Hieroglyphica‹ zu.[334] Für weitergehende *significationes* verweist er auf die gedruckte zeitgenössische Ausgabe (Basel 1556).

Gessner greift für sein Projekt auch auf Sprichwortsammlungen zurück, die neben der allgemeinen literarischen Überlieferung systematisch ausgewertet werden. Vor allem exzerpiert er die ›Adagia‹ des Erasmus und speziell für den volkssprachlichen Aspekt, die ›Germanicorum Adagiorum [...] Centuriae septem‹ des Eberhard Tappe (1545).[335] Ihren systematischen Ort innerhalb der ›Historia animalium‹

---

eum, non approbarem. nam Orus in Hieroglyphicis ita scribit: [...]. Auch relativiert er seine Skepsis an der Verhaltensweise des Pelikan, der seine Kinder mit seinem Blut wiedererwecken soll, mit einem Hinweis auf Horapollon (ebd., S. 641). Die Autorität der ältesten Überlieferung wird nicht in Frage gestellt.

[332] H. A. I, S. 972. Vgl. HIEROGLYPHICA [...] IOANNI PIERII VALERIANI, Bl. 45v–48r.

[333] Das Taubenkapitel etwa vereinigt z.T. die gleichen Stellen (Witwe; Undankbarkeit) in D (H. A. III, S. 273) und H (ebd., S. 289; Icones).

[334] Gessner: ICONES ANIMALIVM, S. 7.

[335] ADAGIORVM CHILIADES DES: ERASMI ROTTERODAMI [...], BASILEAE M. D. XLI. GERMANICORVM ADAGIORVM [...] Centuriae septem [...] per [...] Eberhardum Tappium, Argentorati M. D. XLV. [zuerst 1539]. Zu Tappe vgl. Schulte-Kemminghausen: Eberhard Tappes Sammlung, S. 91–112. Mathieu Knops: Art. Tappe, in: Killy: Literatur-Lexikon 11 (1992), S. 306.

finden die Sprichwörter in der Schlußrubrik (H), in der sie unter philologisch-rhetorischen Aspekten behandelt werden: Erklärung ihrer Bedeutung; Klärung der Herkunft durch Rekurs auf historische oder natürliche Grundlagen; Zusammenstellung des Überlieferungsbefundes, Diskussion alternativer Anwendungsfelder; schließlich Vergleich mit analogen Wendungen anderer Sprachen.[336] Das exzerpierende und kompilierende Verfahren der Stoffbearbeitung unterscheidet sich nicht grundsätzlich von dem der naturkundlichen Passagen. Für den Benutzer des Lexikons bietet diese Rubrik reichhaltiges Material für den sprachlich-philologischen Gebrauch.

Aber auch in die vorausgehenden Rubriken inseriert Gessner zahlreiche Sentenzen, dort aber bezogen auf den Sachaspekt und dessen paradigmatischen Gehalt. Auch hier vollzieht sich offenbar die Verteilung der Sentenzen unter den Aspekten von res und verba und orientiert sich einerseits am Gattungsnamen, andererseits an der jeweils zugrundeliegenden res. Nicht zufällig erfährt die Rubrik über die Verhaltenslehre (D) in diesem Zusammenhang erhöhte Aufmerksamkeit.

Seinen didaktischen Gehalt transportiert das Sprichwort, das seit je als Substrat von Lebensweisheit fungiert, in komprimierter Form. Proverbien fassen spezifische Eigenschaften von Mensch und Tier derart zusammen, daß sich ein Reservoir von Wissen über die Welt, von Lebenssituationen und von moralischen Mustern ergibt.[337] Aufgrund dieser Eigenschaft gehören Sprichworte zum klassischen Instrumentarium von Rhetorik und Homiletik, die sie als konsensfähiges Wissensreservoir in den Fundus rhetorischer Überzeugungsmittel integrieren. Die Praxis humanistischer Sprichwortsammlungen basiert – wie auch Gessners Verteilung belegt – sowohl auf ihrer moraldidaktischen sowie auf ihrer rhetorischen Leistungsfähigkeit.[338]

Sprichwörter konzentrieren das Wissen der Alten, die ausgedehnten Darstellungen der Moralphilosophie und kleiden deren Ergebnisse in prägnante Wendungen ein.[339] Gewissermaßen als Gegenpol zur narra-

---

[336] Vgl. H. A. I, S. 806f. Die Sentenz *Mutuum muli scabunt* erläutert Gessner mit Hilfe von Erasmus Materialsammlung und seinen Erläuterungen, denen er weiteres, auch volkssprachliches Material hinzufügt. Vgl. Erasmus: ADAGIORVM CHILIADES, 1. Cent. VII, 96; Tappe: GERMANICORVM ADAGIORVM [...] Centuriae, Bl. 228r.

[337] Dietmar Peil: Art. Sprichwort, in: Killy: Literatur-Lexikon 14 (1993) S. 395–397, 395.

[338] Erasmus: ADAGIORVM CHILIADES, S. 7: *Conducit autem paroemiarum cognitio, cum ad alia permulta, tum potissimum ad quatuor: ad philosophiam, ad persuadendum, ad decus & gratiam orationis, ad intelligendos optimos quosque autores.*

[339] Ebd.: *subesse enim uelut igniculos quosdam uetustae sapientiae, quae in peruestiganda ueritate multo fuerit perspicacior, quam posteriores philosophi fuerint*; bzw. *nihil aliud esse paroemias, quàm reliquias priscae illius philosophiae, maximis re-*

tiven Extension des Exempels bieten sie eine Reduktionsform von Lehre: *His enim tam breuis dictis per inuolucrum quoddam eadem innui, quae philosophiae principes tot uoluminibus tradiderunt.*[340] Ihr Geltungsbereich betrifft nach Erasmus den Umkreis philosophischen und theologischen Wissens.[341] Sebastian Franck, Zeitgenosse Gessners und Verfasser einer eigenen Sprichwortsammlung, sieht in den Sprichwörtern Weisheit schlechthin konzentriert, in den naturbezogenen Sentenzen sogar Gottes Wort manifester repräsentiert als in den schriftlichen Zeugnissen.[342] Arsenale für Sentenzen bieten entsprechend neben der schriftlichen Überlieferung (antike Klassiker, die Bibel) die alltägliche Erfahrung, vor allem aber die Natur selbst.[343]

Tendiert das Sprichwort schon aufgrund seiner Anonymität zur Allgemeingültigkeit so umso mehr, wenn als orientierender Maßstab die Natur selbst eintritt. Die Konstanz natürlicher Verhaltensformen legt bevorzugt eine sinnstiftende Lektüre nahe. Dabei werden stereotype Handlungsmuster und zentrale soziale Werte in ihrer jeweiligen Konfiguration in der Natur wiederentdeckt und zu einer zeitlosen Typologie hochgerechnet. In Erasmus ›Adagia‹ besitzen Sprichwörter über das Verhalten der Tiere einen festen Platz.

Der signifikative Kontext des Sprichworts, auf den Gessner zurückgreift, ist breit gefächert. Eher physiologische Eigenschaften liegen den Sprichworten in Rubrik C zugrunde wie *Turdus ipse malum cacat* oder *tam prouectae aetatis, quam anser niualis* bzw. *Cornicibus uiuacior*.[344] Rubrik D versammelt entsprechend Sprichworte über Verhaltensformen: *Passere salacior, Mustella rapacior, Vulpes pellace benignior, concordia cornicis,* ›antipelargein‹ u. ä. lauten hier die moralisch-exem-

---

rum humanarum cladibus extinctae; bzw. *Plutarchus [...] ueterum adagia simillima putat sacrorum mysterijs, in quibus maximae quaepiam res ac diuinae minutulis & in speciem penè ridiculis ceremonijs significari solent.*

[340] Ebd. Vgl. Stierle: Exemplum als Geschichte, S. 356f.

[341] Ebd.: *Postremo, ut cum summa rerum creatarum sit in deo, deus uicissim in omnibus, omnium uniuersitas uelut in unum redigatur. Vides quantum philosophiae, uel Theologiae magis, Oceanum nobis paroemia tantilla aperuit.*

[342] Franck: Sprichwörter, Bl. + 4v: *Vnd ist bei allen Nationen vnnd zungen die größt weißheit aller weisen in sollich hoffred vnnd abgekürtzte Sprichwörter [...].* Ebd., Bl. 91v: *Wiltu vnsern vorfarn / gemeynen leuffigen Sprichwörter (so der welt Euangelium seind / vnnd ja nichts gewissers hat) nit glauben / so erfars.* Franck: Encomion, S. 169: *Darumb ist natürlich was allenn Menschen angeborn vnd eingepflantzt ist [...]. Welcher art alle rechten sprichwörter sindt / so die natur hat gelert / vnd warlich Gottes Wort sind.* Vgl. Müller: Buchstabe, Geist, Subjekt, S. 656.

[343] Franck: Sprichwörter, Bl. + 4v: *Es ist vnder allen leeren / menschen vrteylen vnd Sentenzen nicht warers noch gewissers dann die Sprichwörter / welche die erfarung gelert / auch die natur vnd vernunfft in aller menschen hertz vnd mund geschriben vnd gelegt hat.*

[344] H. A. III, S. 723, 155, 310. Vgl. H. A. III, S. 322, 570, 735 u. ö.

plarisch auf die Natur bezogenen Didaktisierungen.³⁴⁵ Das Tugend- und Lasterschema gibt den Leitfaden: Luxuria, Raub, Zwietracht, List, aber auch Eintracht und Dankbarkeit sind nicht nur in der Natur präfiguriert, sondern bereits zur kollektiv verbindlichen Formel geronnen. Die Übertragung auf den Menschen ist gewissermaßen gattungskonstitutiv:

> Adeo naturam mirabiliter prospexit omnium inopiae: nec aliter inter homines plerique quod aequitate nequeunt, fraude impetrant. Venit hoc quoque in sermonem uulgo, ut hominem parum fidum & suorum non studiosum appellet; **Ein vngetrewen hamster.**³⁴⁶

Die Erklärung kann auch unterschiedliche Anwendungsfelder vorstellen. Unter der Verhaltenslehre der Krähe findet sich ein Adagium des Erasmus, das Gessner weit ausschreibt. Ergänzt wird es durch eine Sequenz aus Tappes Werk, die eine volkssprachliche Variante vorstellt.³⁴⁷ Der unterschiedliche Gesang von Nachteule und Krähe wird metaphorisch auf asymmetrische Konfliktsituationen bezogen. Die Konkurrenzsituation kann einmal allgemein aufgefaßt (Kampf mit einem Überlegenen), kann aber auch auf ethisches Verhalten bezogen oder gar aufgrund der Vergleichsebenen (Stimmen) auf eine ungleiche Beredsamkeit der Konkurrenten angewandt werden. Schließlich in der volkssprachlichen Version auf die Konkurrenz gleichermaßen inferiorer Gegner. In Fällen dieser Art, in denen Gessner ganze Auslegungsvarianten aus seiner Vorlage übernimmt und das Bedeutungspotential des Naturbildes entfaltet, dominiert die rhetorische Funktion die naturkundlich-moralische. Gegenüber der Denotation überwiegt die konnotative Anreicherung, durch die das Sprichwort ein ganzes Metaphernfeld für die Orientierung in komplexen Lebenssituationen zur Verfügung stellt. Wo demgegenüber über das Sprichwort allein der na-

---

³⁴⁵ H. A. III, S. 619; H. A. I, S. 855, 1083; H. A. III, S. 310, 254f. Vgl. *Perdices uafricia* (H. A. III, S. 649); *Arbustum unum non alere duos erithacos* (Ebd., S. 699); *Mali coruum, mali ouum* (Ebd., S. 325); *Pardi mortem adsimulat* (H. A. I, S. 961) u. ä.

³⁴⁶ Appendix Historiae Quadrupedum uiuiparum & ouiparum, Tiguri 1554, S. 17. Hier im Appendix, in dem zusätzliches Material nachgetragen wird, kann Sprichwörtliches gegenüber anderen Informationen an Gewicht gewinnen.

³⁴⁷ H. A. III, S. 311. *Aliud noctua sonat, aliud cornix:* [...], *prouerbium de iijs, qui inter se non consentiunt.* [...] *Accomodari potest (inquit Erasmus) uel ad eos qui decertant cum longe praestantioribus: uel ad illos inter quos morum ingenij pugnantiam, minime conuenit. Siue cum est alius alio longè facundior. Quemadmodum enim auem etiamsi non uideas, tamen è cantu licet cognoscere: ita stilus diuersus prodit pseudoepigraphiam. Nullum enim autorum genus, ubi non reperies notha quaedam & subdititia* [...] *admixta, Erasmus. Noctuam inter cornices esse uulgo Germani dicunt,* **Ein Eul vnder einem hauffen krähen,** *quam stolidus aliquis incidit in homines nasutos & contumeliosos: quale Latinum illud prouerbium est, Asinus inter simias.* Vgl. Erasmus: ADAGIORVM CHILIADES 3. Cent. II, 74; Tappe: GERMANICORVM ADAGIORVM [...] Centuriae, Bl. 43v.

turkundliche Aspekt thematisiert wird, reicht u. U. ein einfaches Zitat aus, wobei für weitere Informationen auf die Schlußrubrik verwiesen werden kann.[348] Weiterhin verzettelt Gessner innerhalb dieser Rubrik die Physiognomiken des Aristoteles und Adamantius.[349] Ganz in Analogie zur Schöpfungsordnung dominieren dabei die dem Menschen benachbarten vierfüssigen Tiere. Die Zeichen der Natur sind leitend für die Morallehre, aber sie schlagen sich nicht nur in Handlungen nieder, die in Kommentaren, Sentenzen und Bildern ihre Deutung erfahren: sie prägen sich selbst äußerlich sichtbar der Gestalt ein, wie etwa der Unterschied zwischen Mann und Frau in Löwe und Panther.[350] Die zoologische Physiognomik setzt ein Arsenal an festen Charaktertypen, das an ebenso feste Ausdrucksformen gebunden ist, und bietet auf der Grundlage der körperlichen Beschaffenheit eine moralische Semiotik der Natur.[351] Für Gessner, der im medizinischen Bereich kritisch gegenüber der Signaturenlehre eingestellt ist, gilt deren Analogieverfahren noch in der Morallehre.

Sunt quaedam corporis partes, capite secundo à nobis explicatae (ut pili, frons, oculi, nasus, labia, collum, humerorum in incessu motus) quibus qui leonem referunt, similiter ut ille magnanimi, fortes, & liberales esse iudicantur. Aristoteles in Physiognomicis cum corpus leonis descripsisset, idque uiri ideam maxim repraesentare demonstrasset, ut pantheram foeminae, corpore simul & animo: qui in uiris, inquit, fortior est & iustior, in foeminis contra, subiungit: Corpus igitur leonis huiusmodi est: [...] Hoc est ut ipse uerto, Quod animum leonis attinet, animal est liberale &

---

[348] So etwa in Rubrik D über den Fuchs: *Prouerbia aliquot à uulpis calliditate nata, Vulpes pellace benignior, Vulpes annosa haud capitur laqueo, Vulpes non iterum capitur laqueo, Vulpinari cum uulpe, Vulpina pellis assuenda si leonina non sufficit, referam in h. inter prouerbia.* (H. A. I, S. 1083).

[349] Zur Wirkungsgeschichte des Aristoteles und Adamantius vgl. Bambeck: Malin comme un singe, S. 292–316, 299f. Caelius Rhodiginus, dessen ›LECTIONVM ANTIQUARVM LIBRI TRIGINTA‹ Gessner für seine Zwecke exzerpiert, gibt (ebd. VI, 1, S. 185) eine Bestimmung der Physiognomik: *Est autem physiognomia, mantices pars, ea quae ex ore omniumque corporis membrorum facie motuque ac filo hominum coniectat mores: de qua ut Aristoteles & Adamantius, ita multi alij tam Latini, quàm Graeci scripserunt.* Zahlreiche Auflagen von Bartholomaeus Cocles ›Physiognomia et Chiromantiae Compendium‹ erschienen in der ersten Hälfte des 16. Jahrhundert. Vgl. überdies Paracelsus: De natura rerum, S. 377–384. Müller-Jahncke: Ordnung durch »Signatur«, S. 2184–2189.

[350] H. A. I, S. 652. Vgl. ebd., S. 7: *Huius loci sunt etiam quae in Physiognomicis Aristotelis legimus, ubi ex aliqua hominis & partium eius ad asinum similitudines de ingenio pronunciat [...].* Vgl. ebd., S. 996: *sus animal est impurum [...]: quare eos etiam qui partes corporis eis similes habent naturam quoque eis non dissimilem habere conijcimus, Adamant. Qui porco similem habent frontem, supercilia, labra, os uel collum, homines iudicantur inepti, stolidi, improbi, iracundi, [...] ut in B recitauimus.* Vgl. ebd., S. 61, 185, 276, 347, 365, 688, 942, 961, 1083; H. A. III, S. 8, 164, 482 u. ö.

[351] Vgl. Herzog: Mnemotechnik des Individuellen, S. 165–188, 167f.

ingenuum, magnanimum, uictoriae studiosum, mite, iustum, & pio quodam amore in eos quibus cum uersatur afficitur.[352]

Äußere Merkmale wie Augen, Nase, Lippen und Haarfarbe bilden Charakterzeichen. Die Verteilung der physiognomischen Informationen auf die Rubriken B und D markiert dabei die Wechselwirkung von äußerer Erscheinungsform und innerer Haltung. Auch ist die anvisierte Parallelität der Merkmale zwischen Mensch und Tier offensichtlich, die in der Konfrontation antiker und christlicher Autoren noch durchscheint. So stellt Gessner an die Spitze der Rubrik D über den Fuchs eine Zitatenfolge, die vor dem Hintergrund der Tiercharakteristik auf den Menschen schließt:

Vulpes astutae, malitiosae & callidae sunt, Arist. Homines colore admodum ruffo maligni [...] iudicantur, argumento uulpinum, Idem in Physiognom. Adamantius uulpis ingenium dolosum & insidiosum esse inquit. Animal est odio dignum propter rapinam, despectum propter infirmitatem, incautum suae salutis dum insidiatur alienae, Ambrosius in Hexaëmeron.[353]

Bei Ambrosius bezieht das Urteil seine Motivation ursprünglich aus dem gleichnishaften Kontext, der auf die abschreckenden, der Erde zugewandten Tiere zielt (der Fuchs als Höhlenbewohner; Hexaemeron VI,3). In Gessners Exzerpt verbleibt allein die sachliche Information, doch dafür stellen nun bereits die antiken Autoren die Übertragung auf den Menschen her. Allein die Nachbarschaft der Zitate legt eine Analogie der Deutungsrichtung nahe. Wie sehr der zugrundegelegte Tiercharakter als Urteilsgrundlage fungieren kann, wird sichtbar, wenn Gessner die Streitfrage, ob der Löwe sich um seine Kinder kümmere, mit eben jenem Hinweis auf seine männliche Idealität bezweifelt.[354] Die Physiognomik wird in diesem Fall zum Instrument der Erklärung.

An herausgehobener Stelle tritt Gessner explizit für die physiognomische Lesbarkeit der Natur ein. In der Vorrede der ›Icones animalium quadrupedum‹ von 1560 beschränkt er die Programmatik auf die Gleichnishaftigkeit der Natur zur Gottes- und Selbsterkenntnis. Die Analogieverweise zwischen Mensch und Tier münden in einer Betrachtung der Physiognomik, die allerdings auch die bekannten Zweifel an der Generalisierbarkeit der zoologischen Physiognomik ausdrückt:

---

[352] H. A. I, S. 652.
[353] Ebd., S. 1083. (D). Vgl. Vincenz: Speculum naturale, 19, 121. Die gleiche Stelle erscheint zugleich in Rubrik B (ebd., S. 1082): *Qui corporis colore admodum ruffo sunt, [...] astuti [...] iudicantur, a similitudine uulpinum, Aristoteles in physiognom.* Vgl. die Charakteristik des Panthers (H. A. I, S. 939 [B] gegen 942 [D]) und des Schweins (ebd., S. 985 [B] gegen 996 [D]).
[354] H. A. I, S.652: *Mihi certe leonem marem, tam forte & generosum animal, ut maris ideam maximè omnium repraesentet, quod foeminae etiam uenando se adiungere non solet, foemineum catulos circunducendi officium subire, uerisimile non fit.*

> *Physiognomones certe prout animantium quorundam similitudo, et eadem corporum notae, in facie aliaue parte hominis apparent, de moribus quoque, et ingenio cuiusque coniecturam faciunt, eamque ut plurimùm non uanam, nisi doctrina et disciplina naturam, sicuti in Socrate, uicerit.*[355]

Wenn auch die Übertragung auf den Menschen nicht unproblematisch erscheint, so bietet doch die Betrachtung der Tierwelt Hinweise auf charakterologische Befunde.[356] Hier, in einem Werk, das primär optisch ausgerichtet ist, ersetzt die Physiognomik, wie auch die Hieroglyphik, die narrative oder diskursive Entfaltung der Morallehre.

Die Physiognomik ist aber nur eine Variante der umfassender wirkenden Signaturenlehre.[357] Friedrich Ohly hat auf die genetische Verbindung zwischen dem Verfahren der Allegorese und dem der Signaturenlehre hingewiesen, will beide aber in Bezug auf ihren Deutungsrahmen strikt getrennt sehen.[358] Der »Etymologie als Denkform«, wie sie noch in der zitierten Tzetzes–Passage in der tropologischen Ebene präsent ist, reserviert er den transzendenten Bezug. Das allegorische Lesen im Buch der Natur dient der Verdeutlichung einer metaphysisch verankerten lex naturae, die in »exegetischer Tradition und semiotischer Ontologie« gleichermaßen sich offenbart.[359] Die durch die Bibel geoffenbarten Gesetze Gottes und Zeichen der Heilsgeschichte sind dem Buch der Natur ebenso wie dem der Geschichte eingeschrieben. Der Verweisungsrahmen ist der der biblischen Offenbarung.

Demgegenüber bleibe die Signaturenlehre, die bei Gessner auch schon im medizinischen Umfeld begegnet ist, auf Beziehungen innerhalb der Natur beschränkt. Aber neben medizinischen Wirkmechanismen lassen sich den einzelnen Wesen Verhaltensdispositionen ablesen. Der metaphysische Rahmen der Allegorese wird offenbar durch den offeneren der Moralphilosophie ersetzt, wobei Überschneidungen wei-

---

[355] Icones animalium quadrupedum, S. 5. Vgl. Herzog: Mnemotechnik des Individuellen, S. 165–168.

[356] Die Charakteristik der Fledermaus (H. A. III, S. 736) muß sich eben nicht nur auf die biblische Vorgabe stützen: *Auis est impura, non solum lege Iudaica, sed uel aspectu abominabilis.* Vgl. Gessner: ICONES ANIMALIUM QUADRUPEDUM, S. 5f.: *Haec et huiusmodi, optima et doctißima Regina, picturis hisce Animalium contemplandis, Maiestati tua in mentem uenire poterunt. Mores quidem et ingenia pingi non possunt: sed corpus cuique adeò suis moribus et ingenio aptum appositumque, per naturam largitus est Deus: ut plerunque ex ipsa facie, aut specie corporis eiusque partibus, qualis cuiusque natura sit, coniectare liceat.*

[357] Vgl. Foucault: Die Ordnung der Dinge, S. 56–61. Lepenies: Das Ende der Naturgeschichte, S. 32f. Jüttner: Die Signatur in der Pflanzenabbildung, S. 1998; Ders.: Alchemie und Sympathielehre, S. 136f.; Müller-Jahncke: Ordnung durch »Signatur«, S. 2184–2189; A. Assmann: Die Sprache der Dinge: S. 242–246.

[358] Ohly: Die Welt als Text, S. 258.

[359] Ohly: Typologische Figuren aus Natur und Mythus, S. 127. Grubmüller: Zum Wahrheitsanspruch des Physiologus, S. 171.

ter bestehen können. Was aus hermeneutischer Perspektive als Gegensatz erscheint, der transzendente und immanente Bezugsrahmen, erweist sich aus semiotischer Sicht vom Verfahren her analog. Gemeinsam ist der Allegorese und Signaturenlehre ein unbegrenztes Spiel der Analogiebezüge, das auf jeweils unterschiedliche Kontexte (Bibel, Moralphilosophie, Medizin) bezogen ist und das beiden letztlich zum Verhängnis wird. Die Konkurrenz von Allegorese und aufkommender Emblematik sowie der Versuch, die Signaturenlehre auf eine naturphilosophische Basis zu stellen, bilden die Indikatoren eines Umbruchs hin zu veränderten Verweisungszusammenhängen. Die Physiognomik und die mit ihr verbundene Charakterologie stehen dabei auf Seiten der eher eindeutigeren Bezüge.

b. Exkurs – Tugendkatalog

Wie weit die moralphilosophische Begrifflichkeit die Darstellung determinieren kann, läßt sich an den einzelnen Untergruppierungen verfolgen. Bereits die einfache Zitatreihung im Rahmen des lexikalischen Verfahrens kann durch die Wahl der Überschrift didaktisch instrumentalisiert werden. Einen Abschnitt über die Schwalben leitet Gessner mit einem Ambrosiuszitat ein, das wohl Vincenz' ›Speculum naturale‹ entstammt: *Hirundinem accipiamus maternae sedulitatis in filios grande documentum, Ambrosius.*[360] Die Eingangssequenz des Kirchenvaters dient als locus und somit als inhaltsbezogenes moralisches Ordnungskriterium für eine Anzahl von Verhaltensweisen, die Gessner aus der Lektüre der Klassiker gewinnt. Es folgen nämlich weder die Belege des Ambrosius noch diejenigen des Vincenz, sondern Exzerpte aus Plinius, Aristoteles, Aelian und Oppian, die das vorbildliche Familienleben der Schwalben – Aufzucht, Arbeitsteilung, Fütterung, Disziplinierung der Jungen – dokumentieren.[361] Gegenüber der Perspektive des Kirchenvaters, die mehr allgemein das Nisten in der Nähe des Menschen, den

---

[360] H. A. III, S. 531. Ambrosius: Hexameron V, 17. Vgl. Vincenz: Speculum naturale 16,98.

[361] H. A. III, S. 531: *In foetu summa aequitate alternant cibum, Plinius. In enutrienda prole mira tam mas, quàm foemina aequitate laborat. Impartit pullis singulis cibum, obseruans consuetudine quadam, ne qui acceperit, bis accipiat, Aristot. Iustitiam mater hirundo aduersus filios suos seruat, in distributione cibariorum suam cuique tribuens dignitatem. non enim unica tantum cibi uectione omnes pascit, neque enim posset, cum ea quae affert pusilla, & pauxillula sint: primum in lucem editum primò pascit: deinde ab illo secundum: tertium, tertio loco partum alit: sicque deinceps usque ad quintum progreditur, Aelianus. Pullos suos hoc ordine pascunt, ut illi qui cibo accepto locum mutauerit, nihil amplius largiantur, donec ad pristinum suum locum redierit, (Oppianus).* Vgl. Plinius: Nat. hist. X, 49; Aristoteles: Historia animalium 612b; Aelian: Historia animalium III, 25; Oppian: De aucupio paraphrasis I, 18 (S. 325).

kunstvollen Nestbau, die Heilkunst und die Ausdauer des Vogels thematisiert, richten sich die Exzerpte Gessners an den praktischen Anforderungen der Kindererziehung aus. Die Auflistung wird zum exemplarischen Beleg einer übergeordneten didaktischen These, die ihrerseits bereits rezipientenorientiert ist.

Vor allem dort, wo einzelne Tiere gleich mehrere vorbildliche Eigenschaften repräsentieren, orientiert sich die Darstellung an den Maßstäben eines Tugendkatalogs. Im Kapitel über das Verhalten des Löwen werden Belege und Historien über Gerechtigkeit, Dankbarkeit, Milde und Tapferkeit des vorbildlichen Tiers aneinandergereiht.[362] Das Elefantenkapitel etwa dehnt sich geradezu zu einem Tugendspiegel aus. Seine Zuneigung zu Frauen wird durch drei Exempel von Aelian und Athenaeus illustriert. Weitere Rubriken bilden Kinderliebe und Lernfähigkeit, Klugheit, Geschicklichkeit, Religiosität, Dankbarkeit, Treue, Gerechtigkeit, Abneigung gegen Ehebruch und Milde.[363] Die topische Ordnung der Rubrik folgt den einzelnen Tugenden und bildet das Reservoir für das Traditionsmaterial. Die Reihung des Belegmaterials kann aber auch mit deutlicheren Rezeptionsanleitungen versehen werden. Gewiß eine Ausnahme, aber besonders signifikant im Hinblick auf die Organisations- und Darstellungsform, ist der Abschnitt über den Storchen arrangiert, der gleich mit einer übergeordneten Sequenz einsetzt:

> *In ciconia admiramur ingenium & prudentiam, iustitiam, gratitudinem, temperantiam, & naturale in alias quasdam aues odium. Primò igitur de ingenio ac prudentia ipsarum, de reliquis deinceps dicendum.*[364]

Die Einleitungssequenz markiert die anthropozentrische Perspektive und gibt die loci-Ordnung der Rubrik vor. Der Storch verkörpert zentrale moralische Werte wie Weisheit, Gerechtigkeit, Dankbarkeit und Mäßigkeit, kurz: Tugenden, die allesamt dem christlichen Tugendkanon entsprechen. Nicht weniger signifikant als das Arsenal der Werte aber ist der Aufbau des Abschnitts und die Form der Präsentation. An welchen Orten schlagen sich die wertenden Stellungnahmen nieder und welche Textformen werden mit ihnen in Verbindung gebracht?

Ein Aelianzitat hebt einleitend die Vorbildlichkeit des Instinkts gerade in Kontrast zum Menschen hervor und setzt zugleich – wie häufiger bei Gessner – die didaktische Perspektive im Zitat dadurch fort, daß der Zitatkontext mit exzerpiert wird.[365] Die einzelnen Tugenden

---

[362] H. A. I, S. 652–660.
[363] H. A. I, S. 420–429.
[364] H. A. III, S. 254.
[365] Ebd., S. 254: *Magna cura ciconiae exacta aetate parentes alunt, etsi humanis hoc facere legibus nullis iubentur, sed sola bonitate naturae ad id impellantur.* Über den Habicht vgl. ebd., S. 9: *Hominem mortuum si inhumatum perspexerint, iniecta*

werden sukzessiv entfaltet. Die schon im Namen (*pelargus*) ablesbare und sprichwörtliche Dankbarkeit des Storchs gegenüber seinen Eltern findet Gessners besondere Aufmerksamkeit. Mit einem langen Exkurs illustriert er sodann die kulturgeschichtliche Auswertung dieses Faktums: Ein längeres Adagium des Erasmus‹ lehrt seinen Niederschlag in Sprache, Literatur und Gesetz der Griechen.[366] Eine Passage über den Storchen aus den ›Annotationes‹ des Guillaume Budé, die dort den naturrechtlichen Aspekt skizzierte, wiederholt noch einmal die juristische Bedeutung, während ein Ambrosiuszitat des Baptista Mantuanus (Spagnuoli) den schon bei Erasmus erwähnten theologischen Hintergrund erneut aufruft.[367] So illustriert der umfangreiche Exkurs nicht allein die Nutzung des Phänomens durch alle Zeiten hindurch, er verweist auch auf seinen universalen Eingang in Sprache, Gesetz, Sprichwort, Epigramm, Szepter, Hieroglyphe und Historie. All dies geschieht an einer Stelle, die informative Gehalte darstellen soll. Die Auflistung von Parallelstellen, die sonst die naturkundliche Darstellung bestimmt, überträgt sich hier auf die Didaxe, gegenüber der die Eigenschaftsbeschreibung vorübergehend in den Hintergrund rückt.

c. Exempelstruktur – Narrativität

Die teleologisch-didaktische Ausdeutung des Storchenverhaltens setzt sich im Exemplum fort. Gessner geht über zur narrativen Darstellung der Dankbarkeit des Storchen gegenüber dem Menschen, die er anhand von drei umfangreichen Historien aus Vergangenheit und Gegenwart illustriert. Für die Untersuchung des Darstellungsverfahrens stellt sich damit die Frage nach dem Status des Exempels und dem Anteil des Narrativen innerhalb des naturkundlichen Nachschlagewerks. Die Exempelforschung hat längst die Bedeutung dieser Textform weit über den volkskundlichen und homiletischen Bereich hinaus erfaßt und von inhaltlichen Definitionsversuchen Abschied genommen.[368] Seine manifeste Präsenz in fast allen Disziplinen kennzeichnet das Exempel als funktionale Einheit, die über Gattungs- und Disziplingrenzen hinaus-

---

gleba humare dicuntur: etsi illos hoc ipsum Solon, sicut Athenienses, non facere instituerit, Gillius Ex Plutarcho de Iside. Zur Dankbarkeit der Löwenkinder gegenüber ihren Eltern folgt nach der Information die Interpretation des Aelian. Vgl. H. A. I, S. 653 (= Aelian: Historia animalium IX, 1): *Tametsi Solon qui lege sanciuit filijs parentes alendos esse, haec eos facere non iussit: sed natura humanis legibus nihil egens, ipsa immobilis lex ad hoc officij munus docuit.*

[366] H. A. III, S. 254: *A ciconiae natura sumptum quae Graecè pelargus dicitur. Ea inter aues una pietatis symbolum obtinet. Extat autem lex pietatis magistra, quae edicit, ut liberi parentes alant, aut uinciantur.* Vgl. Erasmus: ADAGIORVM CHILIADES 1. Cent. X,1.

[367] H. A. III, S. 255; vgl. Budé: ANNOTATIONES, S. 50 (ius naturale)

[368] Daxelmüller: Exemplum und Fallbericht, S. 155f.

reicht. Außer in den traditionell didaktischen Feldern, der Homiletik, der Morallehre und der Historiographie, ist das Exempel konstitutiver Bestandteil in Arzneikunde, Botanik, Medizin und Grammatik.

Im Kontext des systematisch-lexikalischen und deskriptiven Diskurses der ›Historia animalium‹ fungiert das Exempel in unterschiedlichen Zusammenhängen. Als minimale narrative Einheit bezieht es sich funktional auf einen zu beweisenden Satz: Das Exempel als Beweisform bleibt dabei in seiner Erzählsubstanz meist auf die jeweilige These bezogen. So endet eine längere theoretische Erörterung über die Unfruchtbarkeit des Maulesels mit der Gegenthese, daß eine erfolgreiche Fortpflanzung Zeichencharakter besäße.[369] Gessner fügt als Beleg aus Herodot das Exempel des Zopyros an, eines Getreuen des Dareius, der während der Belagerung Babylons eine Maultiergeburt zum Anlaß für eine Kriegslist genommen hatte.[370] Die Erzählung des griechischen Geschichtsschreibers (*cum Dareius Babylonem obsideret*) wird auf das schlichte Handlungsgerüst reduziert und funktional auf die Wundergeburt bezogen. These und narrative Illustration sind im naturkundlichen Argumentationszusammenhang eng aufeinander abgestimmt. Allein als Dokument der Durchbrechung eines Naturmechanismus kann die Erzählung darüberhinaus aus einer metaphysischen Perspektive zeichenhaft gelesen werden.

In Rubrik D fungiert das Exempel im ethischen Kontext der Verhaltenslehre. In Gessners Lexikon werden immer wieder narrative Sequenzen aus Geschichte und Gegenwart inseriert. Der Umstand, daß die exzerpierten Erzählungen nur zum Teil auf ihren Informationsgehalt reduziert, meist aber als ganze narrative Blöcke eingefügt werden, dokumentiert die Ambivalenz des Darstellungsverfahrens, das zwischen philosophia naturalis und philosophia moralis changiert. Die Funktion des Exempels ist hier meist eng an geschichtsphilosophische Prämissen gebunden: »das Exempel als Interpretament mittelalterlichen und nachmittelalterlichen Denkens.«[371]

In zwei antiken Historien des Aelian und Oppian bedanken sich Störche für Hilfeleistungen von Menschen, indem sie diesen eine Perle zutragen.[372] Justin Gobler, ein Briefpartner Gessners, der ihn mit

---

[369] H. A. I, S. 796.
[370] Die Babylonier hatten die Perser verspottet, daß die Eroberung der Stadt so unmöglich sei wie eine Maultiergeburt. Vgl. Herodot: Historien III, 151–160, 151. H. A. I, S. 796.
[371] Daxelmüller: Auctoritas, subjektive Wahrnehmung und erzählte Wirklichkeit, S. 85. Vgl. Assion: Das Exempel als agitatorische Gattung, S. 229f. Kallweit: Lehrhafte Texte, S. 77f. Gegenüber den didaktischen Exempeln sind für die sachlich ausgerichteten terminologische Varianten vorgeschlagen worden: Fallbericht (Daxelmüller) und Beispielgeschichte (Assion).
[372] H. A. III, S. 255f. Vgl. Aelian: Historia animalium VIII, 22; Oppian: De aucupio paraphrastes I, 27.

wundersamen Informationen versieht, referiert einen analogen Fall aus seinem eigenen Erfahrungsbereich. Er berichtet von einem Storch, der sich für die Gastfreundschaft des Menschen mit einer frischen Ingwerwurzel revanchiert:

> Praeter pietatis erga parentes laudem Gesnere, quam Ciconijs & natura & historia ab antiquo tribuit, etiam re ipsa compertum est, hospitalitatis officium uicemque ciconias agnoscere beneficio suo, & se compensare.[373]

Die dreifach narrative Entfaltung der Storchentugend durch Aelian, Oppian und Gobler ist mehr als eine Kompilation analoger Fälle. Sie aktualisiert im Sinne von historia als Augenzeugenbericht die Kenntnis der ›Alten‹ durch eine zeitgenössische Erfahrung und führt schließlich zur expliziten Wendung an den Leser:

> Verum & hoc exemplo qualicunque, si non aliud certe nos admoneri arbitrarer, inter homines etiam cum pietatem tum hospitalitatem plurimi fieri oportere.[374]

Was die Begrifflichkeit und Programmatik im Vorfeld als Funktion des gesamten Abschnitts bestimmte – die Vorbildlichkeit des Vogels – ist hier in der idealen Exempelform en detail realisiert. Der Bericht Goblers erhält die Typik eines lehrhaften Textes, eine Art emblematischer Struktur mit Eingangsthese (inscriptio), Illustrationsmaterial (pictura-historia) und rezipientenorientierter Schlußfolgerung (subscriptio).[375] Die »Dreigliedrigkeit in der Abfolge von übergeordnetem Satz, Veranschaulichung in der Erzählung und dem zur imitatio bzw. evitatio auffordernden Resultativsatz« muß indessen nicht immer vollständig realisiert sein.[376] Sie läßt sich sowohl anders ordnen als auch auf zwei Bestandteile reduzieren. Die appellative Einbeziehung des Rezipienten geschieht nur gelegentlich, vorausgesetzt ist sie immer, wie die Lektüreanweisung der Vorrede unterstreicht.

Vorschrift, funktionale Erzähleinheit und Appellstruktur – die Gattungsmerkmale des moralisch-didaktischen Exempels – können aber auch in modifizierter Form auf anderer Ebene funktionalisiert werden.[377] Goblers Erzählung belegt nicht nur durch Erfahrung die Tugend des Vogels, sondern beantwortet zugleich die noch offene Frage, wo die Störche sich im Winter aufhalten. Die Historie bildet einen Grenzfall zwischen gleichzeitiger Illustration einer Tugend und informativer, sachlich-empirischer Auswertung. Wie im Fall der locusorientierten Mehrfachauswertung von einzelnen Sätzen gewinnt der Briefschreiber dem Exempel einen doppelten Lehrgehalt ab:

---

[373] H. A. III, S. 256.
[374] H. A. III, S. 256.
[375] Vgl. Kallweit: Lehrhafte Texte, S. 79. Schöne: Emblematik, S. 18f. Nicht zufällig zählt die Emblematik die Storcheneigenschaft zu ihrem Bestand. Vgl. Alciatus: Emblematum liber, Bl. A 3v.
[376] Kallweit: Lehrhafte Texte, S. 79.
[377] Vgl. Assion: Das Exempel als agitatorische Gattung, S. 232.

> Et quandoquidem hactenus apud multos dubium fuit, & quodammodo incompertum (inter quos etiam Plinius est) quonam loco ueniant, aut quo se referant ciconiae: uel ex hoc facto constabit, calidas eas terras & ultramarinas, ubi zinziber hodie nasci dicitur, cum à nobis auolant, petere.[378]

Das Exempel erfüllt hier im naturkundlichen Zusammenhang seine traditionell rhetorische Aufgabe als Erfahrungsbeweis in doppelter Hinsicht. Als narrative Einheit in einem nicht narrativen Darstellungsrahmen fungiert es nicht nur als didaktische Einheit, sondern beweist zugleich einen naturkundlichen Sachverhalt. In Goblers historia folgen naturkundliches und moralisches Resümee direkt aufeinander, vollzieht sich die cognitio rerum und die cognitio morum auf der gleichen narrativen Basis.

Wie sehr Gessner bemüht ist, die Vorbildhaftigkeit des Vogels aus den Bedingungen einer Tugendlehre abzuleiten, erhellt schließlich die Tatsache, daß er explizit die These Aelians zurückweist, nach der der Storch seinen Nebenbuhler hasse. Aelians These, die ein natürliches Antipathieverhältnis zugrundelegt, deutet Gessner unter Rückgriff auf Thomas von Cantimprés ›Liber de natura rerum‹ zur Ehebruchgeschichte um.[379]

d. Historia naturalis – Historia civilis

Mit der Dokumentation herausragender Ereignisse moralischer oder wundersamer Art in Form von Erzählungen orientiert Gessner sein Darstellungsverfahren an dem der exemplarischen Geschichtsschreibung seiner Zeit. Wie diese den chronologischen Verlauf der Geschichte zugunsten eines moralphilosophischen Ordnungsverfahrens aufhebt und den Fundus der historischen exempla den übergeordneten praecepta zuordnet, so realisiert Gessner seinen didaktischen Anspruch in Rubrik D auch anhand zahlreicher Beispielerzählungen, die den einzelnen Tugend- und Lasterabschnitten zugeordnet sind.[380] Weniger als in den anderen Rubriken, in die gelegentlich gleichfalls narrative Passagen eingefügt werden, konkurrieren hier sachlicher Informations- und didaktischer Lehrgehalt. Die Polarität von Sachkunde und Dinginterpretation, die schon den mittelalterlichen Enzyklopädien zugrundelag, modifiziert sich hier auf der Darstellungsebene in eine von Information und Erzählung, denen die Erkenntnisformen von Wissen

---

[378] H. A. III, S. 256.
[379] Ebd., S. 257: *Ego hanc uirtutem potius castitatis quàm riualem inuidiam in hac aue appellârim. Nam, ut Author libri de nat. rerum scribit, non dubium est ciconias castitatis sectatrices esse, foedusque coniugij inuicem seruare.* Vgl. Thomas Cantimpratenesis: Liber de natura rerum, V, 28. Gessners Quelle dürfte Vincenz' ›Speculum naturale‹ 16, 48, Sp. 1185 gewesen sein.
[380] Zur exemplarischen Historiographie vgl Seifert: Cognitio historica, S. 83f.

und Erfahrung korrespondieren: »Wenn der narrative Diskurs der Ort der Erfahrung ist, so ist der deskriptive Diskurs einerseits, der systematische andererseits der Ort des Wissens.«[381] Das Lexikon versammelt in reihender Darstellung eine Fülle von faktischen Informationen, eingebunden in die Form der Erzählung realisieren diese mit dem Erzählkontext zugleich einen darüber hinausweisenden Gehalt.

In zahlreichen Briefen, die Gessner ähnlich wie den des o. a. Justin Gobler in seine Tiergeschichte inseriert, schlägt sich das Interesse an den auffälligen Naturphänomenen nieder. Mehr als der Naturforscher scheinen die Briefpartner dabei ihr Interesse an den mirabilia narrativ zu entfalten. Sie erzählen von anthropomorphen Eigenschaften der Tiere wie von der Dankbarkeit der Störche oder von ganze Gespräche rezitierenden Nachtigallen, deren Erlebnis ein anonymer Briefpartner Gessners auf fast einer Folieseite mit zahlreichen biographischen Details und Kontexterläuterungen entfaltet. Oder sie stellen seltsame Tiere vor wie Baumgänse, den Vogelhain oder den Paradiesvogel.[382] Selbst innerhalb ausführlicher deskriptiver Passagen findet sich Gelegenheit zu einem deutenden Exkurs. Ein Brief des Raffael Sailer liefert eine Beschreibung des Blauvogels, seines Lebensraumes wie seiner Nähe zum Menschen und informiert weiter über Mauser, Brutverhalten und Jagd. Inmitten der Beschreibung fügt der Schreiber eine ausführliche versifizierte Didaxe ein.

Media & intempesta nocte expergefacta, ad astantis prouocationem, quasi iussa, claro spiritu canit, imperata quae sibi putat iniungi, prob suo officio executura, quod uersiculis aliquando utcunque delineaui. Caesia auis glaucae [. . .] uer sacrata Mineruae, Prae te cui seruit noctua nulla magis. Quid sibi uult? quis te docuit parere monenti? Instinctu proprio num facis ista tuo? Non puto sed deus est qui te ciet, usque monenti Scilicet ut morem sic homo quisque gerat. Oculos hominum aliorum alitum more appetit, quòd imaginem in ijs suam uelut in speculo intuens, cognati desyderio trahitur, ipsiusque consuetudinem desyderat.[383]

Das Bedürfnis, den Lexikonanspruch durch die Darstellung von dicta et facta memorabilia aufzulockern, offenbart sich bereits in den einleitenden Wendungen zu einzelnen Historien: *Huic loco non possum non adscribere memorabilem historiam, quem ex clarissimo uiro Justino Goblero nuper dedici* [. . .] und ähnlich lauten die Begründungen für die mitunter sehr ausführlichen Geschichten.[384] Exempel oder Historien

---

[381] Stierle: Erfahrung und narrative Form, S. 90.
[382] Vgl. H. A. III, S. 256 (zum Storch), ebd., S. 611f. (zum Paradiesvogel), ebd., S. 570 (zur Nachtigall), ebd., S. 107 (zum Vogel Branta), ebd., S. 607 (zum Hainvogel).
[383] H. A. III, S. 266.
[384] H. A. I, S. 721. Vgl. ebd., S. 425: *Non est omittenda etiam illa Aeliani historia* [. . .]. Vgl. ebd., S. 654: *His adiungam Androclis serui historiam.* Vgl. H. A. III, S. 173: *His addam ex Aeliano historiam prolixiorem quidem, sed memorabilem.* Vgl. ebd., S. 668: *ijsque qui interfuere memorabilem hanc historiam se accepisse praefa-*

der Natur als narrative Formen aber zielen auf die Didaxe und unterstützen neben Bibel und Historiographie den Nachweis der Sinnhaftigkeit der Schöpfung.

Die Lehrform des Exempels ist aber an zeitgenössische geschichtsphilosophische Voraussetzungen gebunden: »Die Struktur des »Beispiels« als Erfahrungsbeweis gründet letztlich – bei den historischen wie bei den fiktiven Erzählungen – in [...] angenommenen Ähnlichkeitsbeziehungen von gegenwärtigen und vergangenen Ereignissen und Erfahrungen.«[385] Geschichte konstituiert sich in diesem Verständnis nicht als Entwicklung, sondern in Form von Analogien. Schon bei Plutarch findet sich der auch für die christliche Historiographie verwertbare Gedanke formuliert, daß die Geschichte letztlich in Wiederholungen verlaufe.[386] Die Theorie der similitudo temporum erlaubt demnach, historische Ereignisse auf ihren Typus zurückzuführen. Die Funktion des rhetorischen Exempels gründet dabei in der unterstellten Konstanz der Erfahrungsgehalte.[387] Dem korrespondiert in verschiedenen didaktischen Zusammenhängen die Lehrform der imitatio: die Orientierung an den vorgegebenen Lehrgehalten der Geschichte ebenso wie der Natur. Das Vorredenexzerpt des Theodor Gaza hatte bereits diesem Konzept weitgehend entsprochen, indem es den Vorrang der natürlichen exempla vor den praecepta in Theologie, Diätetik und Morallehre betonte und damit die Natur selbst zur Orientierungsinstanz des Handelns machte. Und auch der zitierte Brief des Justin Gobler wiederholt und bestätigt letztlich nur einen Lehrgehalt, den die antiken Historien bereits formuliert hatten.

Insbesondere die reformatorische Geschichtsschreibung hat in unzähligen Vorreden den Nutzen des Geschichtsstudiums hervorgehoben, und mit Melanchthons Vorrede zu Caspar Hedios Übersetzung der ›Chronica Abbatis Uspergensis‹ von 1539 erfährt die moraltheologische Geschichtsdidaktik der Reformation ihre wirkungsmächtige programmatische Formulierung.[388] Der Topos ›Historia magistra vitae‹ (Cicero) betrifft nicht allein die Geschichte, sondern auch die historia naturalis, die in großem Umfang von den Exempeln der Geschichte lebt. In der Vorrede seiner Aelianausgabe von 1556 gibt Gessner dieser

---

tus. Im Kapitel über die Hunde lautet eine eigene Rubrik (H. A. I, S. 261) gar: *Historiae canum qui fidem dominis etiam post mortem seruarunt*

[385] Kallweit: Lehrhafte Texte, S. 77. Vgl. Stierle: Geschichte als Exemplum, S. 358.

[386] Zoepffel (Historia und Geschichte bei Aristoteles, S. 66) erläutert das »statische«, »strukturelle« Geschichtsbild des Aristoteles mit einem Satz des Plutarch: »entsteht aber das Geflecht der Geschehnisse aus einem zahlenmäßig begrenzten Stoff, so muß sich oft das gleiche ergeben, weil es aus dem Gleichen hervorgebracht wird.« Plutarch: Sertorius-Vita 1,1. Vgl. Knape: ›Historie‹ im Mittelalter, S. 15.

[387] Kallweit: Lehrhafte Texte, S. 79f.

[388] Brückner: Historien und Historie, S. 42f.

analogen Aufgabe von Naturkunde und Historiographie programmatisch Ausdruck. Er stellt dort die Tiergeschichten des Aelian als Pendant den exemplarischen Geschichtswerken seiner Zeit an die Seite.[389]

In den antiken Naturexempeln und den zeitgenössischen Historien haben die Tiere selbst Anteil an der Geschichte, produziert die Natur selbst facta memorabilia. Über den Handlungszusammenhang sind die Tiere vielfältig mit dem Menschen verbunden, wie er sind sie Handlungsträger in einer Natur und Geschichte umfassenden Signifikanz. Zahlreiche Historien dieser Art berichten denn auch von dankbaren Adlern, Störchen, Delphinen, von gerechten Löwen und Elefanten, von tapferen Hähnen wie von treuen Hunden. Die einzelnen Historien entfalten somit das in der Natur selbst enthaltene Tugendspektrum. Darüberhinaus finden gerade solche Phänomene ihren Niederschlag in Erzählungen, die die Strukturanalogie zwischen Mensch und Tier thematisieren. Im dritten Band sind es Historien von sprechenden Vögeln, die Gessner aus Plutarch, Aelian oder von einem zeitgenössischen Briefpartner zitiert.[390] Die Stereotypie der Lehrgehalte, die durch die einzelnen Historien exemplifiziert werden, offenbart aber den statischen Bezugsrahmen.

Die Semantik der Natur, wie sie sich in Hieroglyphen, in Physiognomik, Sprichworten und Historien realisiert, beschreibt Gessner programmatisch durch Rückgriff auf ein bekanntes Schriftmodell. In der Vorrede der Aelianausgabe entfaltet er jenes Bild von der Natur als Schrift Gottes, auf das schon die traditionelle Allegorese zurückgegriffen hatte.[391] In unterschiedlicher Form seien die göttlichen Gesetze schriftlich vermittelt: historisch in den mosaischen Geboten der Bibel (*Moses tradidit Deum mundi authorem lapideis tabulis decem praecepta, hoc est perfectißimas omnis humani officij leges, digito suo scripsisse*), psychologisch in der menschlichen Seele, die ja den Bezug zum Schöpfer spiegele (*Existimandum est autem [...] diuinae vestigia indiciaque circa bonum et malum, non solum in mente humana esse scripta*), schließlich in der Natur selbst (*sed vbique in vniverso mundo et tota rerum*

---

[389] CLAUDII AELIANI [...] opera, Bl. α 4v: *Sed, vt reuertar ad institutum, exempla quae ab hominibus ad homines duci possunt, multi ex professo scripserunt, vt inter veteres Valerius Maximus praecipuè: inter recentiores Sabellicus, Fulgosus, Egnatius, Io. Rauisius Textor. Ab animalibus vero brutis ad homines accommodata exempla et documenta, nemo ferè, nisi paucis, obiter, sparsim: solus hoc tanquam ex professo saepe ac studiose facit Aelianus, vt meritò etiam ipse, nec postremo, inter exemplorum scriptores, loco, numerari debeat.*

[390] H. A. III, S. 324f., 570f., 668. Vgl. Leu: Conrad Gesner als Theologe, S. 85f.

[391] CLAUDII AELIANII [...] opera, Bl. α 4v. Vgl. Blumenberg: Lesbarkeit der Welt, S. 52f.

natura, digito, hoc est vi et sapientia Dei).[392] Damit wird Gott im umfassenden Sinn zum *author mundi*, der als Adressaten den Menschen voraussetzt: Die Natur fungiert als normatives Kommunikationsmedium zwischen Gott und Mensch. Das Schriftmodell bietet aber nur noch den gemeinsamen Nenner für ganz unterschiedliche Zeichenarsenale, die anstelle traditionell biblisch-allegorischer Verweise den Normenhorizont der zeitgenössischen Moralphilosophie entfalten.

Die in die Natur geschriebene moralische Botschaft Gottes wirkt bis in die Aufgabenstellung der Rhetorik hinein, die im Exempel ein besonderes Wirkungsinstrument besitzt. Zum Exempel nimmt Gessner in einer zweiten Vorrede seiner Aelian–Ausgabe programmatisch Stellung. Der Horizont, aus dem dabei die Übertragbarkeit von Tierbeispielen auf den Menschen diskutiert wird, ist hier indes der der rhetorischen Argumentation.[393] Damit greift Gessner einen Begründungszusammenhang auf, der in der Gaza–Vorrede zur ›Historia animalium‹ im Rahmen universaler Legitimation nur randläufig, in einer vorausgehenden Vorrede zur Aelian–Edition schon ausführlicher zur Sprache kam. Zur Diskussion steht das Exempel als rhetorisches Überzeugungsmittel. Vernunft und Autorität bilden nach Gessners Ausführungen die beiden Hauptquellen für die Beweisführung. Die Autorität untergliedert sich ihrerseits in drei Felder. *Authoritas aut diuina est, aut humana, aut naturalis.*[394] Sie bieten eine Art christlich geprägtes Reservoir von Argumenten unterschiedlicher Geltung: Während sich göttliche und menschliche Autorität, die sich in Äußerungen und Taten präsentieren, im ersten Fall (z. B. in Heiligen) als dauerhaft gültig und unzweifelbar, im zweiten hingegen nur als wahrscheinlich erweisen, stehen die Fakten der Natur, die sich in den Tierexempln manifestieren, vom Wahrheitsanspruch her zwischen beiden. Offenbarung, Geschichte und Natur differieren also hinsichtlich ihres rhetorischen Nutzens. Auch hier hierarchisiert Gessner die Autoritätsfelder mit Hilfe einer Daseinsabstufung, deren Begründung letztlich in der biblischen Geschichtsphilosophie fundiert ist.[395] Vom Aspekt der Moral her gesehen, das lehrt die kurze Passage, stehen die Tiere näher zum göttlichen Gebot als der Mensch. Entsprechend übertrifft ihr Argumentationswert denjenigen der menschlichen Historie.

Im folgenden schreibt Gessner seine Auffassung vom Vorrang natürlicher Exempel der rhetorischen Exempeltheorie Quintilians ein und verbindet damit den ethischen Anspruch mit dem rhetorischen Auf-

---

[392] CLAVDII AELIANI [...] opera, Bl. α 4v.
[393] CLAVDII AELIANI [...] opera, Bl. β 1vf.
[394] Ebd., Bl. β 1v.
[395] Ebd., Bl. β 1v: *Et cum hominum natura deprauata, longè ab archetypo suo recesserit, animalia verò primitiuam suam et naturalem singula vim retinuerint, efficaciora quae in ipsis spectantur exempla fuerint.*

trag. Die Erörterung geht von den verschiedenen Argumentationsreservoirs auf einzelne rhetorische Techniken über, für deren Vergleich Gessner direkt aus den ›Institutiones oratoriae‹ des Quintilian zitiert. Das antike Rhetoriklehrbuch wird um ein ganzes Feld von zusätzlichen Beispielen und Anwendungsmöglichkeiten angereichert. So schreibt Gessner dem Ausdruckswert der Tierexempel die gleiche Leistung zu wie der rhetorischen Übungsform der Chrien.[396] Eine Passage des Quintilian über die unterschiedlichen Bezugsrichtungen exemplarischer Schlüsse (*Interim ex maioribus ad minora, ex minoribus ad maiora ducuntur exempla. Ad exhortationem verò praecipuè valent imparia.*) bildet auch den Ausgangspunkt für die These, daß gerade die Tiere im rhetorischen Argumentationstyp vom Kleineren auf das Größere vortreffliche Exempel abgeben.[397] Weiterhin steht dem Exempel der Vergleich, der sich weniger metaphorischer als realer Analogien (z. B. Bienen für das Staatswesen) bedient, besonders nahe.[398]

Gessner bleibt im traditionellen rhetorischen Argumentationsrahmen, wenn er die natürlichen Exempel gegenüber der Fabel aufwertet, deren fiktiver Entwurf sich mehr an Ungebildete wende, (*multo magis ea quae verè de animalibus praedicantur et ex eorum natura sumuntur*). Die Argumentation des Quintilian für die Fabel konfrontiert er mit der größeren Überzeugungskraft des Exempels.[399] Während Gessner aber an dieser Stelle mehr den unterschiedlichen Bildungsstand der Rezipienten betont – die Exempel bewegen auch die Gebildeten (*eruditorum quoque animos*) –, thematisiert er in der ersten Vorrede die klassische Differenz der Wahrheitsebenen (argumentum, historia, fabula). Zwar diene auch der Einsatz von erfundenen Fabeln letztlich der moralischen Unterweisung. Doch aufgrund des ausgezeichneten Schöpfungsstatus der Tiere (*quas communis natura leges ipsarum siue animis, siue sensibus et notitijs inscripsit*) und ihrer analogen Ausstattung zum Menschen legen sie als natürliche Exempel der Erfindungskraft des Redners Grenzen auf:

Itaque optimus naturalis orator dici merebitur, qui argumenta non tam inuenerit ipse, aut confinxerit, quàm ab ipsa natura, optima et communi animantium et hominum quoque genitrice atque nutrice, deprompserit, et ex eius tanquam copiosißimo penu mutuatus fuerit. Nam cum vbique ars imitetur naturam, eaque perfectior nusquam sit quàm in animalibus, quid ni multa ab ijs subinde ad docendum argumenta sumamus?[400]

---

[396] Ebd.: *Plurimae enim actiones animalium veluti* [chreiai] *quaedam et* [chreiodeis] *hominibus* [...] *extistimari debent.* Vgl. Quintilian: Institutiones oratoriae I, 9, 5.
[397] CLAVDII AELIANI [...] opera, Bl. β 2r. Vgl. Quintilian: Institutiones oratoriae V, 11,6 u. 11, 9f.
[398] CLAVDII AELIANI [...] opera, Bl. ß 2r. Quintilian: Institutiones oratoriae V, 11, 22–24
[399] CLAVDII AELIANI [...] opera, Bl. β 1v. Quintilian: Institutiones oratoriae V, 11, 19f.
[400] CLAVDII AELIANI [...] opera, Bl. α 5v.

Die Kunstfertigkeit des Redners und die Morallehre werden gleichermaßen auf das Naturvorbild verpflichtet. Die Rhetorik, die der Geschichtsschreibung, auch der ›naturalis historia‹, die Darstellungsverfahren vermittelt, erhält hier umgekehrt von der Naturgeschichte ein bevorzugtes Instrumentarium für die Argumentation. Gegenüber der Fabel zeichnet sich das naturbezogene Exempel dadurch aus, daß es das Grundgesetz einer jeden Kunstfertigkeit (*ars imitetur naturam*) erfüllt.

Die laudatio auf den Gegenstand des antiken Tierbuches erfolgt hier aufgrund seiner Verwendbarkeit im Redestreit. Was aber für den Nutzen der Exempel Aelians gilt, läßt sich auf Gessners eigenes Werk übertragen. Von hieraus gesehen leisten die vielen Exempel, die Gessner in die ›Historia animalium‹ einfügt, einen weiteren, über den moralischen Appell hinausweisenden Beitrag. Auch sie sind als Muster für die rhetorische Argumentation verwendbar. Die enge Wechselbeziehung von Rhetorik, Historiographie und Naturgeschichte dokumentiert sich auch in der wechselseitigen Funktionalisierung des Exempels.

IV. Volkssprachliche Rezeption der ›Historia animalium‹

1. Rezeptionskontext: Popularisierung und Didaktisierung

Die Übersetzung eines Fachbuches ist für ein gegenwärtiges Verständnis so selbstverständlich, daß man sich die Probleme, vor denen die Autoren des 16. Jahrhunderts standen, nur noch mit Mühe vergegenwärtigt. Während das aktuelle Verhältnis von Wissenschaftssprache und Volkssprache durch keine wesentlichen Differenzen gekennzeichnet ist, besteht für das 16. Jahrhundert eine noch beinah unüberbrückbare Kluft. Das reicht von der Fachterminologie, für die in der Volkssprache kein Äquivalent zur Verfügung stand, über den nur schwer zu vermittelnden theoretischen Hintergrund der jeweiligen Disziplin bis hin zu den allgemeinen Erwartungen gelehrter und nicht-gelehrter Rezipientenkreise, die nicht umstandslos vereinbar waren. Für eine nur partiell verschriftlichte Gesellschaft ist die Vermittlung von gelehrtem Wissen mit besonderen Anpassungsproblemen verbunden.

Bis ins 18. Jahrhundert ist Latein nicht eine Fremdsprache unter anderen, sie ist Gelehrtensprache schlechthin und mithin Instrument einer bildungsspezifischen Trennung.[1] Gegenüber den weitgehend lateinisch ausgerichteten artes liberales dominiert im Bereich der Praxis (artes mechanicae) die Volkssprache, wodurch die Grenze zwischen akademischer und außerakademischer Praxis zugleich eine Sprachgrenze ist.[2] Gegen den lateinischen Akademismus etablieren sich in der Volkssprache zusehends eigenständige, gesellschaftlich relevante Tätig-

---

[1] Zum Verhältnis Latein-Deutsch vgl. Wehrli: Latein und Deutsch in der Barockliteratur, S. 139–149. Ders.: Literatur im deutschen Mittelalter, S. 29–46. Grubmüller: Deutsch und Latein im 15. Jahrhundert, S. 35–49. Pörksen: Gelehrtenlatein und deutsche Wissenschaftssprache, S. 227–258. Zum Zusammenhang von Latinität, Volkssprache und entstehendem Nationalbewußtsein vgl. Kühlmann: Nationalliteratur und Latinität, S. 164f., 187f.

[2] Am Beispiel Straßburgs hat Chrisman (Lay Culture, Learned Culture, S. 171, 224–230) das Vordringen der volkssprachlichen Literatur im Verhältnis zur gelehrt theologischen und wissenschaftlichen in mehreren Phasen des 16. Jahrhunderts beschrieben. Die Volkssprache ist bevorzugtes Medium von populären und praktisch/technischen Werken. Vgl. Kleinschmidt: Volkssprache und historisches Umfeld, S. 411–414.

keitsfelder und Erfahrungsbereiche: medizinische Praxis (Kräuterbücher, Chirurgien, Hausapotheken), Reiseerfahrungen und reformatorisches Laienschrifttum.[3]

Aber auch Versuche der Vermittlung sowie Bemühungen, ein laienorientiertes Leserprofil zu entwerfen, setzen frühzeitig ein. Hugo Kuhns Diktum von der »Literatur-Explosion« im 15. Jahrhundert, das sich auf die Zunahme gerade volkssprachlicher Texte bezieht, charakterisiert einen Befund bereits für die späte Phase der Handschriftenproduktion, der sich durch den Buchdruck zunehmend verstärkt: den »einer volkssprachlichen Popularisierung der lateinischen Schrifttradition«.[4] Nicht in Opposition zu gelehrten Beständen, vielmehr als deren Transposition in die Volkssprache vollzieht sich dieser Prozeß. Der sprunghafte Anstieg der Übersetzungsliteratur seit der ersten Hälfte des 16. Jahrhunderts, insbesondere der Fachliteratur, verstärkt diese Tendenz.

Der Dualismus der Bildungsebenen wird allerdings durch Buchdruck und reformatorisches Engagement in der Volkssprache eher kanalisiert als aufgehoben. Zwar entsteht ein breites Spektrum an Übersetzungsliteratur, doch setzt sich die gelehrte Praxis der Forschung ungehindert fort: Gessner korrespondiert mit zeitgenössischen Fachgelehrten (Belon, Turner, Rondelet u. a.) auf Latein; er rezipiert zwar volkssprachliche Texte, übersetzt sie aber ins gelehrte Idiom. Für eine etwaige Vermittlung bleibt ein zentrales Problem bestehen: Auf der einen Seite die Möglichkeit, international miteinander wissenschaftliche, literarische, gar kritische Diskussionen führen zu können.[5] Auf der anderen die Schwierigkeit, den eigenen Diskurs den illiterati, d. h. hier den nicht Lateinkundigen der eigenen Sprachgemeinschaft, zu vermitteln.

Auch für die Übertragung lateinischer Tierbücher in die Volkssprache ist in diesem Sinn ein Wechsel der Bildungsebene signifikant, der weitreichende Strategien der Umarbeitung und Anpassung nach sich zieht. Die Rezeption vollzieht sich gerade nicht von Seiten der Fachleute, aus jener Perspektive, die den alleinigen Kompetenzanspruch der Akademiker infrage stellt, sondern meist von Seiten der fachlichen Laien. Die Vermittlungsleistung der Übersetzer ist bisweilen mit dem

---

[3] Kühlmann: Nationalliteratur und Latinität, S. 190. Vgl. Schreiner: Laienbildung als Herausforderung, S. 277, 279f., 287.
[4] Kuhn: Versuch über das 15. Jahrhundert in der deutschen Literatur, S. 78. Läßt sich der Befund Kuhns anhand von Belegen für das 15. Jahrhundert noch bestreiten (Grubmüller: Latein und Deutsch im 15. Jahrhundert, S. 38–45), so unterstreicht die Arbeit Chrismans seine Gültigkeit für die Druckerzeugnisse des 16. Jahrhunderts. Kästner/u. a.: Dem gmainen Mann, S. 205–223.
[5] Zu Latein als Wissenschafts- und Arkansprache vgl. Kühlmann: Nationalliteratur und Latinität, S. 194.

programmatischen Anspruch verbunden, die Bestände gelehrt-lateinischer Bildung in den deutschen Sprachraum zu überführen.
In der ersten Hälfte des 16. Jahrhunderts erscheinen in rascher Folge drei Übersetzungen, in denen die Darstellung der Tiere einen eigenständigen Rang erhält.[6] Sie bilden die erste Phase der volkssprachlichen Rezeption gelehrter Tierkunde im Druck. Die lateinische Pliniusrezeption findet 1543 ihr volkssprachliches Komplement in Heinrich Eppendorffs Übertragung der Bücher 7–11 der ›Naturalis historia‹ (Anthropologie/Tierbücher).[7] Walther Ryff übersetzt 1545 die alphabetisch geordneten Tierbücher, die Albertus Magnus seinem Kommentar zur ›Historia animalium‹ des Aristoteles angefügt hatte und die zuvor lediglich handschriftlich im höfischen Umkreis übersetzt worden waren.[8] Hinzu tritt 1546 die auf Plinius fußende Kompilation des Michael Herr.[9]

Demgegenüber vollzieht sich die zweite Phase, die durch die Gessnerrezeption repräsentiert wird, unter einer veränderten Programmatik, die deutlich reformatorischen Einfluß erkennen läßt. 1557 erscheint das ›Vogelbůch‹ des Pfarres Rudolf Heußlin, 1563 das ›Thierbůch‹ des Baseler Publizisten Johannes Herold und des Arztes Konrad Forer sowie das ›Fischbuch‹ Forers, schließlich 1589 das anonyme Schlangenbuch und Kaspar Wolffs Traktat über den Skorpion. Die Übersetzungen der ›Historia animalium‹ besitzen eine erfolgreichere Wirkungsgeschichte als die Tierbücher der ersten Phase, die jeweils nur eine einzige Auflage erlebten, und wurden bis zum Ende des Jahrhunderts mehrfach aufgelegt.[10]

---

[6] Es handelt sich hier um Werke, in denen der pragmatische Aspekt im Hintergrund steht, verglichen mit den ebenfalls verbreiteten Ökonomiken (Columella, Geoponica), Kräuterbüchern mit tierkundlichen Passagen (Dioscorides, Lonicer, Gart der Gesundheit), Jagd- und Rossarzneibüchern oder allegorischen Handbüchern, die gleichfalls in der Volkssprache erscheinen.

[7] Zu Eppendorff vgl. Grimm: Art. Eppendorff, in: NDB 4, S. 548f. Zur Druckbeschreibung und Bibliographie: Worstbrock: Deutsche Antikerezeption, S. 115 (Nr. 292), S. 187. Walter Röll: Art. Eppendorff, in: Killy: Literatur-Lexikon 3 (1989) S. 272f.

[8] Zu Ryff vgl. Benzing: Walther H. Ryff, S. 126–154. Worstbrock: Deutsche Antikerezeption, S. 195f. Chrisman: Lay Culture, Learned Culture, S. 179f. Zu den Albertus-Übersetzungen von Ernesti und Münsinger vgl. Lindner: Von Falken, Hunden und Pferden. Jan-Dirk Müller: Naturkunde für den Hof. Die Albertus-Magnus-Übersetzungen des Werner Ernesti und Heinrich Münsinger, in: Wissen für den Hof. Der spätmittelalterliche Verschriftungsprozeß am Beispiel Heidelberg im 15. Jahrhundert, hg. v. J.-D. Müller, München 1994, S. 121–168.

[9] Zu Herr vgl. Ernest Wickersheimer: Art. Herr, in: NDB 8, S. 679. Ders: Le livre des Quadrupèdes de Michel Herr, S. 267–269. Worstbrock: Deutsche Antikerezeption, S. 190. Chrisman: Lay Culture, Learned Culture, S. 179.

[10] Vogelbůch: 1557, 1582, 1600 (vgl. Ley: Konrad Gesner, S. 89/90); Thierbůch: 1563, 1583; Fischbuch: 1563, 1575, 1598.

Neben den bildungsspezifischen Barrieren erschweren kulturspezifische die Arbeit der Übersetzer. Texte, die – synchron wie diachron – auf der Basis einer anderen kulturellen Kommunikationssituation entstanden sind, lassen sich nicht umstandslos dem veränderten Rezeptionshorizont einfügen. Die Rezeption antiker literarischer Traditionen und mittelalterlicher Epen in der volkssprachlichen Literatur noch des 15./16. Jahrhunderts ist dafür ebenso ein Indiz wie diejenige von Texten benachbarter Kulturräume.[11] Wie hier Strategien der zeitgemäßen Adaptation sichtbar werden, werden auch die bisherigen Grenzen institutionenbezogener Rezeption überschritten: Neben Hof, Universität und Kloster als den privilegierten Orten literarischer Rezeption wächst durch den Buchdruck die breitere und unspezifischere Öffentlichkeit der städtischen Leserschaft, auf die hin die Texte zugeschnitten werden. Der ursprüngliche Rezeptionshorizont verblaßt in den Übersetzungen und Bearbeitungen zusehends in seinen Konturen und ist nicht mehr auf eine allein ständisch, religiös bzw. bildungsspezifisch abgrenzbare Gruppe beschränkt.[12] Auch die Fachbücher werden seit dem Spätmittelalter aus »ihrem bisherigen literarisch-sozialen Lebenskreis« enthoben, »breiteren Publikumsschichten« erschlossen und deren Rezeptionsmöglichkeiten angepaßt.[13] Der Buchdruck trägt in der Folge verstärkt dazu bei, den engen Kreis traditioneller Rezeptionsgemeinschaften aufzubrechen, ohne neue, genau umgrenzbare zu entwerfen.

Dem Prozeß der Popularisierung antiker und mittelalterlicher Literatur, wie er sich in zahlreichen Übersetzungen zu Beginn des Jahrhunderts niederschlägt, entspricht eine zunehmende Tendenz der Didaktisierung, die sich im Gefolge der Reformation noch verstärkt.[14] Die historisch fremden Texte werden unter der Perspektive einer providentiell gesicherten Moral der eigenen Weltanschauung angepaßt. Die Bearbeitungsmerkmale gehen quer durch die Gattungen, und Anpassungsprozesse dieser Art lassen sich im reformatorischen Umfeld vielfach feststellen: die Ovid–Allegorese (Posthius, Spreng), die Werke des Valerius Maximus und des Plutarch als christliche Exempelbücher und die antike Historiographie (Herodot, Diodor) als Lehrbücher der Providenz und der Lebensklugheit.[15]

---

[11] Zur Problematik der Rezeption antiker, mittelalterlicher und zeitgenössisch-höfischer Stoffe im Prosaroman (Alexander als Fürstenspiegel, Tristrant als Warnung vor der Liebe, Griseldis als Tugendexempel) vgl. Müller: Volksbuch/Prosaroman, S. 76f., 82. Vgl. Ders.: Gattungstransformation und Anfänge des literarischen Marktes, S. 442f. Chrisman: Lay Culture, Learned Culture, S. 107f.
[12] Zu den veränderten Bedingungen literarischer Kommunikation vgl. Müller: Gattungstransformation und Anfänge des literarischen Marktes, S. 434f.
[13] Unger: Vorreden deutscher Sachliteratur des Mittelalters, S. 217.
[14] Vgl. Worstbrock: Deutsche Antikerezeption, S. 169–180.
[15] Guthmüller: Picta Poiesis Ovidiana, S. 176–181 (Posthius), S. 181–185 (Spreng). Zu Niklas Heidens Valerius Maximus–Vorrede vgl. Brückner: Historien und Historie, S. 87f.

Auf diese Didaktisierung läuft auch die volkssprachliche Pliniusrezeption zu, die hier am Beispiel der Bearbeitung des Johannes Heiden verfolgt wird. Das antike Naturbuch enthält Rezeptionsangebote, aber auch -hindernisse, die unterschiedliche Bearbeitungsverfahren nach sich ziehen. Gegenüber der lateinischen Rezeption vollzieht sich die volkssprachliche unter veränderten Bedingungen.

Im gelehrten Kontext der Frühen Neuzeit bildet die ›Naturalis historia‹ des Plinius das Grundbuch der beschreibenden Naturkunde. Kaum ein Werk besitzt in der Frühen Neuzeit eine derart umfangreiche Druckgeschichte, kaum eines reicht in so verschiedene Disziplinen hinein.[16] Als universale Enzyklopädie ist sie Ausgangspunkt und fester Bestandteil jeglicher Art von Naturbeschreibung. Mediziner, Botaniker, Astronomen, Geographen und Zoologen bedienen sich ihrer als einer kanonischen Textgrundlage. Selbst dort, wo Grenzen überschritten werden, bildet Plinius den Ausgangspunkt:

Kopernikus studiert die astronomischen Bücher und versieht sie mit Randnotizen; an der Universität von Ferrara, Ende des 15. Jahrhunderts, vergleicht der Arzt Niccolo Leonicenus die eigenen botanischen Beobachtungen kritisch mit der Überlieferung des Plinius; und auch Vespucci mißt seine neuen Erfahrungen in Amerika am Informationsstand der ›Naturalis historia‹.[17] Im humanistisch beeinflußten universitären Unterricht tritt die Lektüre des faktenreichen Plinius neben die der aristotelischen Physik.[18] Humanistischen Studienprogrammen bietet sich das Werk andererseits als unerläßliche Schatzkammer für Sach- und Wortkunde an.[19] Die sachliche und sprachliche Rekonstruktionsarbeit der Humanisten, bezogen auf die antiken griechischen Texte, orientiert sich – wie etwa Theodor Gaza in seiner Übersetzung der

---

[16] Sarton: The Appreciation of Ancient and Medieval Science, S. 78–86. Nauert: Caius Plinius Secundus, Sp. 297–422.

[17] Zu Kopernikus vgl. Blumenberg: Die Genesis der kopernikanischen Welt, S. 243. Zu Vespucci vgl. ›Ein kurtzer begriff der schiffarten Albericij Vespucij‹, in: [Michael Herr] Die New Welt, der landschafften vnnd Insulen, Bl. 40v: *Sie haben vil perlin / wie oben gesagt ist / wo ich das alles nach einander erzelen wolt / so wer sein so viel / das ich ein zuuil gros Historia dauon schreiben müst / dann der gelert man Plinius der mit fleis ein Historia von den dingen gemacht hat / noch hat er nicht den tausenden theil begriffen / es were sunst ein ander werck der grösse nach worden / wie wol jm sunst nichts gebrist.*

[18] Maurer: Melanchthon und die Naturwissenschaft seiner Zeit, S. 199. Castiglioni: The School of Ferrara and the Controversy on Pliny, S. 269–279. Nauert: Caius Plinius Secundus, S. 313.

[19] Vives: De ratione studii puerilis, S. 275: *Verum si cui ocium, vel librorum copia defuerit, plurima Plinius unus suppeditabit [. . .]*. Vgl. Erasmus: De ratione studii, S.122: *Tenenda Cosmographia, quae in historijs etiam est usui, nedum in Poetis. Hanc breuissime tradit Pomponius Mela, doctissime Ptolemaeus, diligentissime Plinius.*

aristotelischen Tierschriften – an der ›Naturalis historia‹.[20] Das philologische und kulturhistorische Interesse an der antiken Enzyklopädie schlägt sich in zahlreichen Druckausgaben und Kommentaren nieder. Schließlich nimmt Conrad Gessner für seine Übersicht über die verlorenen Bibliotheken des Altertums das Werk des antiken Enzyklopädisten mit seinen 2000 angeführten Büchern zum Anlaß, das eigene bibliographische Unternehmen zu legitimieren.[21] Wie kaum ein anderes Buch liefert die antike Enzyklopädie den Autoren der Frühen Neuzeit die Folie zur eigenen Positionsbestimmung.

Für die volkssprachliche Tierbeschreibung bildet die Rezeption der ›Naturalis historia‹ neben der Gessnerrezeption die zweite Hauptlinie, die sich in ganz unterschiedlichen Formen realisiert. Von der ersten Übersetzung Heinrich Eppendorffs über die Kompilation Michael Herrs mündet sie schließlich in der Pliniusbearbeitung des Johannes Heiden. In seiner Bearbeitung laufen Plinius– und Gessnerrezeption in einer zeittypischen populären Textform zusammen. Bei Heiden steht nicht die vorlagengetreue Übersetzung, nicht die Vermittlung von gelehrtem Wissen im Vordergrund, vielmehr dessen didaktische Aufbereitung. In Heidens Adaptation, die sich durch umfangreiche Kompilationen weit von ihrem Original entfernt, manifestiert sich ebenso der volkssprachliche Akzent reformatorischer Laienbildung, wie sie ein Beispiel liefert für die durchgreifende Anpassung eines antiken Stoffes an exegetische und didaktische Bedürfnisse.[22] Zusammen mit den Gessner-Übersetzungen bildet sie ein signifikantes Beispiel für Popularisierungs- und Didaktisierungstendenzen innerhalb der volkssprachlichen Literatur.

---

[20] Nauert: Humanists, Scientists, and Pliny, S. 72–85, S. 75. Ders.: Caius Plinius Secundus, Sp. 305. Nauert verweist auf den Bericht Rudolf Agricolas, den Melanchthon (Vita Rodolphi Agricolae, in: CR 11, Sp. 442) überliefert: *Ipse significat se in Italia naturalem historiam Plinii diligenter legisse, fortassis occasione invitatus, quod in eo loco facilius inquirere plantas potuit, et haud dubie vidit Aristotelem et Theophrastum, conversos a Gaza, quos cum legeret, Plinium adiungendum esse, duxit, ut unde Gaza Latinas adpellationes sumpsisset, observaret. Haec collatio plurimum ei profuit, ad augendam et rerum cognitionem et verborum copiam.* Selbst zur historischen Homererklärung wird Plinius herangezogen. Simon Schaidenreisser erläutert Inhalte seiner Odysseeübersetzung durch Randglossen und Einschübe aus der ›Naturalis historia‹. Vgl. Odyssea: Bl. 15v, 27v, 36r, 37r, 41v, 42v, 73v.

[21] Gessner: Bibliotheca universalis, Bl. * 2v: *Vbi hodie sunt illa duo milia uoluminum ab exquisitis tantum authoribus Latinis & externis centum conscripta, de quibus attingebant studiosi propter secretum materiae perpauca, unde suos naturae thesauros Plinius Secundus congessit?*

[22] Von Seiten der Allegorieforschung (vgl. Ruberg: Allegorisches im ›Buch der Natur‹ Konrads von Megenberg, S. 325. Reinitzer: »Da sperret man den leuten das maul auff«, S. 47) ist auf die Bearbeitung Heidens bereits hingewiesen worden.

2. *Historien der Thier*: Tierkunde zwischen narratio und descriptio

Alle Gessner–Übersetzungen zeichnen sich durch eine Reduzierung der grammatisch-philologischen und literarischen Elemente aus. Sie nähern sich dadurch im zeitgenössischen Verständnis wieder jenem Texttyp an, über den Gessner eigenen Angaben nach hinausgegangen war: der historia. Ansätze zu einer Bestimmung von historia finden sich zwar innerhalb der Volkssprache, sind aber meist der gelehrten Literatur entnommen. Das, was *die histori an ir selbs belangt*, so eine zeitgenössische Umschreibung, zielt zunächst auf die verschiedenen loci der Geschichtsschreibung, die als *glieder am Leib der gantzen Historien* gekennzeichnet werden. Komplementär dazu erfaßt aber das, was *sonst zu einer Histori gehörig*, alle Arten beschreibender Gegenstandserfassung. *History* wird ganz allgemein mit Faktenerkenntnis konnotiert, unabhängig von ihrer narrativen oder deskriptiven Darstellungsform.[23]

Wolfgang Harms hat zu recht davor gewarnt, etwa Heußlins Tilgungen als Fortschritt im naturkundlichen Sinn zuverstehen.[24] Die Streichungen markieren keinesfalls einen größeren Faktizitätsanspruch; sie bilden aber auch kein Indiz dafür, daß die moralia mehr an den gelehrten Leserkreis gerichtet waren.[25] Gerade der Schlußabschnitt bei Gessner diente ja weniger wissenschaftlichen und moralischen als literarischen Zwecken. Im zeitgenössischen Verständnis standen überdies die gleichfalls getilgten philologischen Partien und Kommentare auch innerhalb der Sachrubriken eher für einen wissenschaftlichen Anspruch. Die Übersetzer streichen hier jene Elemente, deren Verständnis Gelehrsamkeit voraussetzt: philologische und sachliche Texterörterungen, hebräische und griechische Textpartien sowie grammatische Untersuchungen und literarische Anspielungen. Für das Verständnis und das Begriffsfeld von *History* bleibt die Rechtfertigung für die Kürzungen indessen signifikant. Nach Ansicht Heußlins sind es speziell die Inhalte der letzten Rubrik (H), die auszusondern sind, da sie *mer die wort dann*

---

[23] Johannes Wierus: DE PRAESTIGIIS DAEMONVM, S. 176. In der volkssprachlichen Übersetzung des Johannes Füglin lautet das Resümee: *So viel aber die histori an jr selbst belangt / als da seyn mögen die sitten deß Volcks /* [es folgen die verschiedenen loci der Geschichtsschreibung] */ welches also zu reden glieder sindt am Leib der gantzen Historien / ist er* [Hector Boethius] *auß dermassen fleissig gewest. Ja auch in denen dingen die sonst zu einer Histori gehörig (als denn sind der Landtschafften vnd Städten gelegenheit / grosse Flecken / Jnseln / Weld / Berg / neuwe pflantzungen / vierfüssige Thier /* [...] */ vnd was der dingen so ein Histori dester besser zuuerstehen dienlich seyn mögen) nichts so gering vnd kleinfüg / das er versaumbt vnnd vberschreitet / oder anderst weder es an jm selbst / erzelt habe.*
[24] Harms: Allegorie und Empirie, S. 120.
[25] Ders: Bedeutung als Teil der Sache, S. 355f.

die handlung vnd history selbst betreffen.[26] Innerhalb der volkssprachlichen Tierkunde artikuliert sich damit implizit ein Verständnis von historia, das über den narrativen Aspekt hinausreicht. Die *History* reduziert sich in Analogie zu Gessners impliziter Bestimmung auf das pure Faktengerüst jenseits philologischer Zusätze und Kommentare.

In der volkssprachlichen Literatur dient *History* aber vor allem der Kennzeichnung erzählender Literatur: der Prosaromane, der Historiographie sowie der Reiseliteratur, all jener Texte, die sich auf menschliche Handlungen beziehen und deren Darstellung sich in einem zeitlichen Kontinuum erstreckt. Gestützt wird dieser Befund anscheinend indirekt durch die Titel der naturkundlichen Werke. Hier herrscht offenbar einhellig der Buchbegriff vor. ›NEw Kreüterbůch‹ nennt Leonard Fuchs stellvertretend für viele die volkssprachliche Variante seiner ›Historia stirpium‹, und auch die zoologischen Übersetzungen laufen nicht unter dem Titel *History*, sondern unter ›Thierbůch‹, ›Vogelbůch‹, ›Fischbuch‹ etc. In der Tat liegt anscheinend die Vermutung nahe, daß »in der deutschsprachigen Literatur [...] mit Historie der Erzählcharakter fest verbunden« war.[27] Das antike Begriffsverständnis von historia als Beschreibung, wie es die lateinische Terminologie transportiert, fände somit kein Analogon innerhalb der Volkssprache.

In den naturbeschreibenden Texten der Frühen Neuzeit läßt sich aber das Verhältnis von narratio und descriptio nicht alternativ bestimmen. So rangiert die im 16. Jahrhundert sprunghaft ansteigende volkssprachliche Reiseliteratur unter dem Titel *History*.[28] Sie bildet vom Texttyp her ein Mischprodukt und markiert die Verbindung von historia als narratio und historia als descriptio, die auch in der Praxis der Geschichtsschreibung bzw. der Naturkunde sich ohnehin näher stehen, als die begriffliche Trennung suggeriert.[29] Tierkundliche Passagen oder gar ganze Anhänge sind üblich innerhalb von Reisebeschreibungen, und auch historiographische und geographische Werke enthalten wie selbstverständlich tierkundliche Rubriken.[30]

---

[26] Vogelbůch, Bl. aa iiijr. Johann Baptist Fickler, der Übersetzer der ›Historia de gentibus septentrionalibus‹ des Olaus Magnus, formuliert andererseits seine Schwierigkeiten mit bestimmten, mehr die Wissenschaft betreffenden Passagen seiner Vorlage. Vgl. Olai Magni historien, S. vijf.: *WJewol diß Capitel / meinem fürgenomnen kurtzen begriff vnd Compendio nach / wol hett mögen herauß bleiben / Dieweil es der History nicht angehörig* [...].

[27] Knape: Historie in Mittelalter und Früher Neuzeit, S. 437.

[28] ›Warhafftig Historia vnd beschreibung eyner Landschafft‹ (Hans Staden; 1557), ›Warhafftige Historien einer wunderbaren Schiffart‹ (Ulrich Schmidel; 1567), ›Der newen Weldt. Warhaffte History‹ (Hieronymus Benzon; 1582) u. ä. lauten die Titel der Reisebeschreibungen in der Volkssprache.

[29] Erasmus: De ratione studii, S. 122: *Tenenda cosmographia, quae in historiis etiam est vsui* [...]. Bodin: Methodus, S. 30: *Liber secundum rerum naturalium quae saepiùs in legendis historicis occurrunt* [...].

[30] Zu Rauwolf und Staden vgl. Müller: *Erfarung* zwischen Heilsorge [...] und

151

Reiseliteratur und geographische Schriften entfalten ihren Gegenstand einerseits narrativ, indem sie über Erfahrungen mit Sitten und Bräuchen fremder Völker berichten, andererseits liefern sie zudem ausführliche Beschreibungen von Landschaften, Fauna und Flora. Als Sonderform der Geschichtsschreibung, die ihr Material einer nicht zeitlich, sondern räumlich entfernten Erfahrungswelt entnimmt, thematisiert die Reiseliteratur jenen Aspekt von historia, der auf Erfahrung bezogen ist.

Die volkssprachlichen Tierbücher bestätigen nun allesamt dieses Begriffverständnis, allerdings unterhalb der Titelgebung. Rudolf Heußlin spricht in der Vorrede zum ›Vogelbůch‹ von *eines yeden vogels histori*, Konrad Forer im ›Thierbůch‹ von *eines yetlichen thiers history*, Kaspar Wolff schreibt die *history vom Scorpion*, und Michael Herr gibt seinem Tierbuch gar den Untertitel *warhafftige Histori aller vierfüssigen Thier*.[31] *History* in diesem Sinn bedeutet offensichtlich anderes als Erzählung, bezieht sich vielmehr auf die umfassende Darstellung eines vorab eingegrenzten Gegenstandsbereichs. Unabhängig von der Darstellungsform bildet die *History* den Ort, an dem sich das überlieferte Faktenmaterial sammelt.

Dieses kann nun seinerseits aus Historien bestehen: aus ›wahrhaftigen, erfahrungsgestützten Berichten‹, aber auch aus illustrierenden Exempeln oder aus didaktisch orientierten Erzählungen. Beschreibungen und Erzählungen sind in den historiographischen und naturbeschreibenden Textformen gleichermaßen repräsentiert, sie verteilen sich nur jeweils nach unterschiedlichen Prioritäten. Der Status des Narrativen und Exemplarischen bleibt auch in den Tierbüchern trotz manifester Kürzungen erhalten, er bildet – wie sich zeigen wird – sogar einen integralen Bestandteil der einzelnen Tierhistorien. Von ihren Einrichtungsmerkmalen überschreiten diese damit den Typus des reinen Fachbuchs und treten als zugleich didaktische Textformen neben die zeitgenössischen historiographischen Werke. Im Begriff *History* vereinen sich auch hier unterschiedliche Funktionen. Das breite Spektrum des lateinischen Begriffsfeldes geht auch in die volkssprachlichen Tierbücher ein.[32]

Entdeckung des Kosmos, S. 326f. Auch die Skandinavienbeschreibung des Olaus Magnus enthält mit den Büchern 17–22 einen umfangreichen tierkundlichen Part. Vgl. die Reisebeschreibung des Ludovico Barthema.

[31] Vogelbůch, Bl. aaijv. Thierbůch, Bl. aaijv. De scorpione, Bl. LXIIIr/v. Herr: *DEs newen thierbuchs / das ist der warhafftige Histori / gründtlicher vnd eygentlicher beschreybung*, Bl. B ir. Schon Ryff (Thierbuch Alberti Magni, Bl. 1r u. ö.) nennt seine Albertus–Übersetzung auch *Historien der Thier*.

[32] Die Reaktivierung des antiken Begriffsverständnisses von historia, seine Koppelung an die Erfahrung, ist ein wesentlicher Zug der frühneuzeitlichen Literatur. Direkt greifbar wird die Differenz zur mittelalterlichen Verwendung in der Übersetzung einer Albertus Magnus-Passage. Albertus gilt als einer der frühen

3. Volkssprachliche Tierbuchdrucke

Die volkssprachlichen Tierbücher treten neben die lateinische Überlieferung, die auch im Druck weiterhin Verbreitung findet.[33] Sie sind zunächst stark den überlieferten Vorlagen verpflichtet, doch löst sich ihr Gegenstand aus den dominant gelehrten, theologischen oder selektiv praktischen Zielrichtungen. Eine Vorstufe bilden noch die beiden letzten Drucke des ›Buchs der Natur‹ von Konrad von Megenberg (1536/1540). Die Darstellung der Tierwelt findet hier weiter im schöpfungsgeschichtlichen Rahmen statt, doch fehlen bereits die allegorischen Zusätze.[34] Vom homiletischen Nachschlagewerk wechselt so die Funktion über zum Handbuch für Ärzte und Hausväter.

In ihrem Bemühen, gelehrtes Wissen zu vermitteln, gehen die Übersetzer der ersten Phase unterschiedliche Wege. Heinrich Eppendorff situiert seine Übertragung weniger in sachlichen naturkundlichen Zusammenhängen als im Kontext seiner vorausgehenden historischen Arbeiten. Mit den *allerhand Historien / etwas vil von gůten Sitten / vnd kurtzen Sprüchen,* auf die er in der Vorrede hinweist, spielt er auf seine vorausgehenden Übersetzungen der Sprüche und Moralia Plutarchs sowie der römischen Historien des Florus an.[35] In ihrer Folge stellt die

---

Autoren, die die Tradition am Maßstab der Erfahrung messen. Erfahrung ist aber bei ihm, wie Reinitzer (Vom Vogel Phönix, S. 36) gezeigt hat, noch Oppositionsbegriff von historia. So schreibt er (De animalibus, S. 1506. Vgl. Reinitzer: Vom Vogel Phoenix, S. 36) über die Fähigkeit des Pelikans, seine Jungen wiederzubeleben: *Haec autem potius in historiis leguntur quam sint experimento probata per physicam.* Demgegenüber formuliert der Übersetzer Ryff (Thierbuch Alberti Magni, Bl. P Vr): *aber solches haltet man mehr für ein Fabel / denn für ein gewiß vnnd warhafftig Histori. Denn solches niemand jhe gesehen oder erfahren hat.* Gessner (H. A. III, S. 642) zitiert den Albertusspruch abgewandelt, doch sinngemäß: *Sed haec a quibusdam literis prodita, nullo affirmari expermento possunt, Albertus.* Der Übersetzer Heußlin (Vogelbůch, Bl. CLXXIIIr) dagegen: *Aber sőlichs (spricht Albertus) haltet man mer für ein fabel dann für ein gwüsse vnd warhafftige histori.* Vgl. auch: Thierbuch Alberti Magni, Bl. S 1r zum Walfisch gegen Albertus: De animalibus, S. 1525.

[33] Theodor Gaza übersetzt die Tierbücher des Aristoteles bereits in den fünfziger Jahren des 15. Jahrhunderts ins Lateinische. Gedruckt werden sie erstmals 1483, später im Rahmen der Lyoner Aristotelesausgabe 1529–1539 bzw. Venedig 1562–1574. Vgl. Fischer: Conrad Gessner, S. 39. Die ›Naturalis historia‹ des Plinius erscheint erstmals 1469, im folgenden in zahlreichen weiteren Auflagen im Druck. Albertus Aristoteleskommentar erscheint zuerst 1478 gedruckt, Aelians Tiergeschichten 1533 und 1565. Oppians ›Halieutika‹ 1515, 1517, 1555 u. 1597.

[34] Naturbůch / Von nutz / eigenschafft / wunderwirckung vnd Gebrauch aller Geschőpff [...] Nit allein den årtzten vnd kunstliebern / Sonder einem ieden Hauszuatter in seinem hause nützlich vnd lustig zu haben / zulesen vnd zu wissen. [...] Franckenfurt 1536. Vgl. Steer: Zu den Nachwirkungen des »Buchs der Natur«, S. 579. Ruberg: Allegorisches im ›Buch der Natur‹ Konrads von Megenberg, S. 325.

[35] CAij Plinij [...] Natürlicher history, S. 2. Worstbrock: Deutsche Antikerezeption, S. 70f. 125.

Plinius-Übersetzung lediglich einen weiteren Beitrag der Vermittlung antiker Lebensweisheit dar. Für den wohl professionellen Übersetzer im Dienst von Straßburger Druckern tritt der Bezug zum naturkundlichen Gegenstand in den Hintergrund.

Entsprechend wird als Zweck seines Unternehmens ausgegeben, *lust vnd kurtzweil* vermitteln zu wollen, damit *ein müssig gemůt / sich allerley seltzamer würckung der natur [...] da erkunden vnd erlustigen möge*.[36] Als Freizeitlektüre bietet der Verfasser das Werk seinen Gönnern an. Mit humanistischen Topoi untermauert Eppendorff überdies nicht nur seine Entscheidung für den antiken Autor, er dokumentiert damit zugleich Vertrautheit mit der Überlieferungsproblematik des antiken Textes. Eppendorff gibt vor, seinen Adressaten, den *lyeben freünden von Wyldtsperg*, ein unsterbliches Gedenken zu setzen mit einem Text, der *durch emßigen fleissz etlicher dapfferer vnnd geleerter männer* gereinigt worden sei und nunmehr mit größerem Nutzen gelesen werden könne.[37]

Nicht zufällig greift der »humanistische Schriftsteller« (Grimm) auf den antiken Autor zurück. Mit dem anthropologisch-historischen 7. Buch und den zahlreichen interpolierten Ereignissen aus der römischen Geschichte und mit den moraldidaktischen Sequenzen in den folgenden Tierbüchern überschreitet Plinius bekanntlich den naturkundlichen Anspruch erheblich in Richtung auf historiographische Gehalte.

In seiner Übersetzung folgt Eppendorff weitgehend dem Text des Plinius. Die Überschriften, die er den einzelnen Abschnitten voranstellt, entnimmt er dem ersten Buch der ›Naturalis historia‹, in dem Plinius einen Überblick über seine Enzyklopädie gegeben hatte. Eppendorff überträgt römische Termini und gibt bisweilen erläuternde, bisweilen aus biblischer Sicht korrigierende Randglossen. Der Druck enthält keine Illustrationen. Trotz seines Rezeptionsangebotes imitiert Eppendorff den gelehrten Darstellungsgestus: ohne werbeträchtige optische Signale, ohne zensierende Eingriffe in die Textgestalt, mit gelegentlicher Glossierung historischer Termini und mit humanistischem Vorredenakzent.

Zwei Jahre nach Eppendorffs Übersetzung erscheint in Frankfurt das ›Thierbuch Alberti Magni‹ des Walther H. Ryff (1545). Wie Eppendorff gehört auch Ryff zu jener neu aufkommenden Berufsgruppe, die abseits der Universität ihre Kompetenz in den klassischen Sprachen in den Dienst geschäftstüchtiger Drucker stellt und darin ein Auskommen findet. Eine Fülle populärmedizinischer Werke und Übersetzungen ist unter seinem Namen an verschiedenen Orten und bei verschiedenen Druckern überliefert.[38] Wenig bekannt ist über seine Ausbildung;

---

[36] CAij Plinij [...] Natürlicher history, S. 2.
[37] Ebd.
[38] Vgl. die Bibliographie bei Benzing: Walther H. Ryff, S. 129–154, 203–223.

vermutlich erlernte er den Apothekerberuf, während ihm ein Studium der Medizin abgesprochen wird. Die Vielzahl seiner Schriften, auch aus anderen als medizinischen Bereichen, macht eine Existenz als freier Schriftsteller geradezu wahrscheinlich.[39] So übersetzt Ryff neben den populären medizinischen Handbüchern (Hausapotheke, Chirurgie, Praktizierbüchlein u. a.) das Traumbuch des Artemidor (1540), Vitruvs ›De architectura‹, eine Chronik des Nic. Mameranus und eben auch die fünf letzten Bücher von Albertus Magnus ›De animalibus‹.[40]

Aber auch Ryff nimmt seinen Gegenstand nicht aus einer etwaigen wissenschaftlichen Perspektive in den Blick. Nicht im Kommentar der aristotelischen Tierschriften, sondern in den *letsten fünff büchern*, im alphabetischen Anhang also, habe Albertus *viel vonn Natur / vnd eigenschafften / allerley Thierer* geschrieben.[41] Die Übertragung der Bücher ist recht genau, überdies sind die einzelnen Abschnitte mit Illustrationen versehen.[42] Eine spezifische Selektion nach pragmatischen Aspekten, wie sie in den handschriftlichen Albertus–Übersetzungen festgestellt wurde, findet sich bei Ryff nicht.

Text und Bild genügen aber kaum mehr den Ansprüchen einer sich formierenden Naturbeschreibung. Wohl nicht zuletzt aus diesem Grund beruft sich Ryff explizit auf die Erfahrung des Albertus: *Denn er der Thierer eigenschafft / nit allein bei anderen Philosophen gelesen / sonder so viel jm möglich selbs ersucht / vnd / [. . .] / erfaren hat.* Unter Rückgriff auf die zunehmend wichtiger werdende Wahrheitsinstanz der Erfahrung, wie sie etwa die zeitgenössische Reiseliteratur prägt, versucht der Übersetzer, den historiographischen Geltungsanspruch seiner Arbeit zu verstärken und den Mangel auszugleichen, daß der Erkenntnisstand der Vorlage immerhin über zweihundert Jahre alt ist.[43] Auf dem Titelblatt inseriert Ryff auch einen praktischen Nutzen des Werks. Aus berufsspezifischer Perspektive verweist er auf den veterinärmedizinischen Nutzen in den Abschnitten über das Hausvieh.[44]

Ein anderer Anspruch ist mit dem Tierbuch des Michael Herr verbunden. Der ehemalige Straßburger Kartäusermönch, der sich in den zwanziger Jahren des 16. Jahrhunderts der Reformation anschließt, absolviert ein Medizinstudium in Montpellier und bekleidet später die

---

[39] Ebd., S. 126.
[40] Zur Vitruv-Übersetzung vgl. Worstbrock: Deutsche Antikerezeption, S. 159f. Zur Albertus–Übersetzung vgl. Lindner: Von Falken, Hunden und Pferden, S. 122–124.
[41] Thierbuch Alberti Magni, Bl. a ijr.
[42] Schon Gessner bemerkt in den PANDECTARVM [. . .] libri (Bl. 220r), daß die Abbildungen aus einem lateinischen Bartholomäus Anglicus-Druck stammen.
[43] Thierbuch Alberti Magni, Bl. a ijr: *Dieser Albertus aber (das du dieses auch wissest) hat herlich gelebt vnnd gelert / vor cclxv. jaren.*
[44] Ebd.: *Hierinn findestu auch viel Artznei krancker Roß vnd anders haußuieheß Auch wider die schedliche gifft der Schlangen vnd anderer gewürme.*

Stelle eines Arztes im Bürgerspital in Straßburg.[45] Wie Eppendorff zählt Herr durch seine Übertragungen antiker Autoren zum Umkreis humanistischer Übersetzer, ist sogar zusammen mit diesem am gleichen Projekt beschäftigt.[46] Mit Senecas und Plutarchs moralischen Schriften, Columellas' und Basseus' Ökonomiken, der Reisebeschreibung des Johann Huttich und dem Tierbuch ist das Spektrum seiner literarischen Übersetzungstätigkeit indes breiter gefächert als bei Eppendorf und Ryff. Zudem ediert er den zweiten Teil der ›Herbarum vivae icones‹ des Otto Brunfels.

Das Tierbuch bietet nicht mehr die Übersetzung eines bekannten Autors, sondern die Kompilation verschiedener Autoritäten. Es bildet für den deutschsprachigen Raum die erste selbständige Zusammenstellung zoologischen Wissens, die zudem gut illustriert ist. Herr stellt seine Übersetzungstätigkeit deutlich unter das Programm der Vermittlung gelehrter Inhalte in die Volkssprache. Es beginnt mit den Worten:

> *ES seind zů vnsern zeytten / Gott sey lob / nit wenig frumme / gelerte vnnd hochuerstándige månner / die vil gůter bůcher / so in sprachen vnserm gmeynen mann frembd / als Latein / Frantzősisch / Jtalianisch. etc. zuuor geschriben / in vnser Teütsche sprach gebracht vnd vertolmetscht haben / vnd das von mancherley innhalts vnnd materien der selbigen[. . .].*[47]

Herrs Arbeit offenbart die Schwierigkeit der Legitimation und Organisation des Gegenstandes für den Fall, in dem die Orientierung an einer verbindlichen Vorlage fehlt. Zwar stützt er sich explizit auf die ›Naturalis historia‹ des Plinius, doch folgt er nicht deren Ordnung. Gegenüber Eppendorff und Ryff setzt Herr sich in der Vorrede ansatzweise mit den Darstellungsproblemen seines Gegenstandes auseinander: so begründet er die Entscheidung für die bekannten Tiere, die Ausblendung des Namenproblems und mithin das Übergehen fabelhafter Tiere. Weiterhin behandelt er das Problem der Ordnung und schließlich den teleologischen Hintergrund für die Nutzung eines jeden Tiers durch den Menschen.

Die einzelnen Argumente verraten indessen sofort den fachlichen Laien. Herr ordnet seinen Gegenstand nicht nach den geläufigen Kriterien: nach Arten, Lebensraum, Größe oder dem Alphabet, sondern nach Rang. An die Spitze stellt er den Löwen als König der Tiere, aber schon die weitere Reihenfolge bringt den Verfasser in Verlegenheit.[48]

---

[45] Wickersheimer: Art. Herr, in: NDB 8, S. 679. Ders.: Le Livre des Quadrupèdes, S. 267–269. Vgl. Kästner: Der Arzt und die Kosmographie, S. 514f.
[46] Worstbrock: Deutsche Antikerezeption, S. 60f., 110, 124f., 144.
[47] Herr: Vnderricht, Bl. A ijr. Vgl. ebd.: [. . .] *das also garnahe nichts in andern sprachen geschriben / des wir inn der vnsern mangel haben / dardurch die vnsern so sich der arbeyt vnderwunden / hefftig geůbt / die Sprach geweittert vnd reicher / vnd der Ley gelert vnd verstándig worden ist.* Vgl. Kühlmann: Nationalliteratur und Latinität, S. 197–199. Kästner/u. a.: Dem gmainen Mann, S. 209.
[48] Herr: Vnderricht, Bl. A ijv, [. . .] *darnach vom Helffant / nit das ich dise ordnung*

Die Entscheidung für die vierfüssigen Tiere läßt denn auch etwa Elch, Greif und Frosch aufeinander folgen; das Übergehen der Fabeltiere bewahrt nicht davor, daß Einhorn und Greif u. a. ihren Platz erhalten. Auch die Darstellung selbst folgt keinem geregelten Verfahren. Beschreibungen, Historien, moralisierende Exkurse, Sprichworte, medizinische Rezepte und Experimente, Erörterungen und Regeln, Naturphänomene als Wunderwerke Gottes, ökonomische Exkurse aus Columella und Reflexionen über die Teleologie der Natur: in bunter Reihung bietet das Tierbuch Sachinformationen und unterhaltende Passagen zugleich.[49]

Herrs Tierbuch erhält seinen Wert nicht durch seinen Beitrag zur Zoologie, sondern durch die offensichtliche Diskrepanz zwischen Anspruch und Umsetzung. Weite Teile der Vorrede behandeln das Problem der Glaubwürdigkeit der Hauptquelle. Herr polemisiert hier ausführlich gegen die unkritische Wertschätzung des Albertus in naturkundlichen Fragen. Gegen die mittelalterliche Autorität, die schon historisch unter ungünstigen Bedingungen schreibe, setzt Herr seine antiken Gewährsmänner Plinius und Aristoteles. So bildet sein Werk geradezu eine Antwort auf die Albertus–Übersetzung Ryffs und bezieht in seiner Polemik gegen Albertus die Motivation explizit aus dem Erfahrungsvorrang, der den antiken Autoritäten Aristoteles und Plinius gegenüber dem mittelalterlichen Gelehrten zugesprochen wird.[50] Die beiden medizinisch vorgebildeten Autoren, der Übersetzer wie der Kompilator, reklamieren mit analogen Argumenten einen Wahrheitsanspruch für ihre Werke, den diese selbst mitnichten einhalten. Immerhin dokumentieren beide Arbeiten den Reflex eines veränderten Wahrheitsanspruchs, der in Ryffs Rückgriff auf die mittelalterliche Autorität, in Herrs Rechtfertigung des Plinius in jeweils unterschiedlicher Perspektive abgesichert wird.

---

also durchauß gefürt / vnd allweg das fürnåmbst thier zuuor gesetzt hab / das wer ein müsam vnd garnahe vnmöglich ding / daz ich ein Exempel geb [. . .].

[49] So endet eine Fabel über die Schildkröte (Herr: Vnderricht, Bl. 76r) mit den Worten: *Das hab ich lusts halben dem leser wöllen anzeygen / vnd den ernstlichen schrifften etwas schimpff vermischen / das acht ich werd mir niemants vergaren.*

[50] Herr, Vnderricht, Bl.A vr: *das ich diß thierbüch zum mehrern theyl auß dem Plinio gezogen / der kundtschafft gibt / das Aristoteles seine thier historien oder bücher / auß gewisser vngezweifelter erfarnis gschriben hat / deren / die dasselbig so sy jm angeben haben / selbs entpfindtlich gesehen / griffen vnd getast haben / vnd derhalben muß dem Plinio / der sein beschreibung / wie er selbs bekennet / vom Aristotele hat / auch in streitbaren dingen / mehr zuglauben sein / dann Alberto Magno oder andern / wie vorgesagt / dann Aristoteles / auß welchem Plinius das sein genommen / hat nit von hörsagen geschriben / vnd ist ein Sprüchwort / vnablänlich / das der zeüg so gesehen hat daruon er redt / mehr gilt / dann zehen zeügen die gehört haben / daruon sy reden.*

Alle drei vorgestellten Werke verzichten auf eine metaphysische Legitimation und dokumentieren primär ein sachliches Interesse am Gegenstand, ein Interesse, das auch den sozialen Status der Übersetzer widerspiegelt. Sie leiten die Tradition selbständiger volkssprachlicher Tierbücher ein und bilden den Hintergrund für die in der zweiten Hälfte des 16. Jahrhunderts einsetzende Gessnerrezeption.

4. Gessner–Übersetzungen

a. Einleitung

Anders als bei den volkssprachlichen botanischen Werken, die überwiegend von Medizinern übersetzt wurden, repräsentieren die Gessner–Übersetzer nicht den in der Sache selbst kompetenten Bearbeiter. Das verweist schon im Vorfeld auf einen veränderten Status dieser Texte. Es handelt sich um studierte Personen, meist aus dem reformatorischen Umfeld, die überwiegend aus ökonomischen Gründen zu Übersetzungsarbeiten genötigt sind. Die Biographien der Gessner–Übersetzer liegen bis auf wenige Ausnahmen im Dunkeln.

Rudolf Heußlin, ein Verwandter Gessners, scheinen nach eigenem Bekunden ökonomische Notwendigkeiten (*dieweyl ich sunst wenig zegewünnen gehebt*) zu der Übersetzung veranlaßt zu haben.[51] Gerade in Bezug auf fachspezifische Probleme, z. B. die Übersetzung der Namen von Tieren, Pflanzen, Orten und Farben, gesteht er offen seine Inkompetenz ein.[52] Konrad Forer, der das ›Thier‹- und ›Fischbuch‹ übersetzt, war Arzt und zweiter Stadtpfarrer in Winterthur; er übernimmt erst auf Anraten Gessners und Froschauers seine Übersetzungsarbeit. Johannes Basilius Herold, der Mitarbeiter an der ›Tierbůch‹-Übersetzung, war als professioneller Übersetzer und Korrektor bei mehreren Baseler Druckern tätig.[53] Seine Arbeiten umfassen weitgehend literarische, historiographische und theologische Werke im Rahmen humanistisch und reichspolitisch geprägter Geschichtsanschauung.[54] Das ›Schlangenbuch‹ ist anonym übersetzt, und allein Kaspar Wolff als

---

[51] Vogelbůch, Bl. aa iijv. So schreibt Heußlin in der Vorrede weiter, er habe *nach müglichem fleyß vnd ernst / meinem gsind / meinem weyb vnd kleinen kinden / das brot im schweyß meines angsichts / wöllen gewünnen*.

[52] Vogelbůch, Bl. aa iiijr: *so wüß daß da am fleyß / nachfragen / vnd erlernen nit erwunden: sunder vil mer an künsten / so mir zů diser arbeit seer dienstlich / deren ich doch nit aller bericht bin.*

[53] Zu Heußlin vgl. Conrad Gessner. Universalgelehrter Naturforscher Arzt, S. 154. Zu Forer vgl. Fischer: Conrad Gessner, S. 59. Zu Herold vgl. Burckhardt: Johannes Basilius Herold, S. 93–270. Ders.: Art. Herold, in: NDB 8, S. 678. Heinz Holeczek: Art. Herold, in: Killy: Literatur-Lexikon 5 (1990) S. 254f.

[54] Burckhardt: Art. Herold, in: NDB 8, S. 678.

Übersetzer des kurzen Traktats über den Skorpion zeichnet sich durch ein spezifisches Sachinteresse aus.

Die mehr oder minder fachfremden Bearbeiter bieten Rezeptionsvorschläge und Texteingriffe, die die ›Historia animalium‹ aus ihrem gelehrten Kontext lösen. Sie liefern – anders als die Übersetzer der ersten Phase – mehr Bearbeitungen und eignen sich das Vorlagenmaterial auf je unterschiedliche Art, bisweilen recht frei, an. Das Spektrum der Aneignungen erstreckt sich dabei vom Wechsel der Programmatik über die Veränderung der Ordnung und Darstellungsweise nach jeweils wechselnden Prämissen bis hin zu manifesten Zusätzen und Akzentverlagerungen. Insbesondere die beiden Übersetzer des ›Thierbůchs‹, Herold und Forer, orientieren sich innerhalb des selben Werks an sichtbar unterschiedlichen Bearbeitungsprinzipien.

Alle Bearbeitungen sind stark gekürzt, in der Programmatik und in der Anordnung des Materials erheblich verändert: das ›Thierbůch‹, das immerhin die ersten beiden Bände der ›Historia animalium‹ enthält, reduziert sich gegenüber seinen zusammen 1214 Folioseiten umfassenden Vorlagen auf gerade 172 Blätter; das ›Vogelbůch‹ umfaßt noch 263 Blätter gegenüber 779 Seiten des Originals, und das ›Fischbuch‹ schmilzt von 1297 Seiten auf ganze 202 Blätter zusammen. ›Schlangenbuch‹ und Skorpiontraktat erscheinen erst aus dem von Gessner hinterlassenen Material, so daß ihre Textgestalt nicht auf Gessner selbst zurückgeht. Ihre Übersetzungen werden hier entsprechend nur am Rande herangezogen.

b. Rezipientenwechsel

In der Titelankündigung der ›Historia animalium‹ empfahl Gessner sein Werk als *OPVS Philosophis, Medicis, Grammaticis, Philologis, Poëtis & omnibus rerum linguarumque uariarum studiosis* zum nützlichsten Gebrauch. Damit war der anvisierte akademische Leserkreis klar abgegrenzt, die in der Vorrede nachgelieferte praktische Funktionalisierung im Rahmen der artes mechanicae mehr als rhetorische Übung gekennzeichnet. Das im gelehrten Idiom präsentierte Bildungsgut reklamierte von seiner Ankündigung her eine ebenso sprachliche wie theoretisch praktische Aufmerksamkeit.

Die Übertragung in die Volkssprache zieht nun die Notwendigkeit nach sich, einen breiteren Rezipientenkreis zu entwerfen. In der Literatur des 16. Jahrhunderts steht dafür der Begriff des »gemeinen Manns« zur Verfügung, eine Bezeichnung, die speziell in Hausapotheken, Arznei- und Kräuterbüchern verbreitet ist.[55] Dieser scheinbar so

---

[55] Schenda: Der »gemeine Mann« und sein medikales Verhalten im 16. und 17. Jahrhundert, S. 10–13. Vgl. Lutz: Wer war der gemeine Mann? S. 61–69, 77–86.

anonyme Begriff ist soweit präzisierbar, daß man ihn frei von pejorativen Assoziationen lesen muß; sozial nimmt der »gemeine Mann« eine Mittelstellung ein zwischen Adel und Stadtpatriziat auf der einen Seite und der plebejischen Schicht auf der anderen. Er ist Gegenbegriff zur Obrigkeit und beinhaltet die »nicht an der Herrschaft beteiligten Gruppen im altständischen Sinne.«[56] Bildungsspezifisch ist er der nicht Lateinkundige, eventuell gar der Illiterate. Ökonomisch reicht er bis in die unteren Lohngruppen. An diesen »gemeinen Mann« wenden sich die Übersetzer Heußlin, Forer und Heiden und an seinem Verständnishorizont orientieren sie Programmatik und Gestaltung der Texte:

> *damit es dem gemeinen mann verstentlich / vnuerdrießlich zů låsen / vnd leychtlich vmb ein kleinfůgs gåltle zů kauffen wåre.*[57]

Neben der allgemeinen Adresse spezifiziert sich der veränderte Leserkreis aber schon auf dem Titelblatt des ›Vogelbůchs‹:

> *allen Liebhaberen der kůnsten / Artzeten / Maleren / Goldschmiden / Bildschnitzeren / Seydenstickern / Weydleüten vnd Kôchen / nit allein lustig zů erfaren / sunder gantz nutzlich vnd dienstlich zebrauchen*:

Derart auf den praktischen Aspekt der artes mechanicae anspielend, tragen die Übersetzer dem Wechsel zur Volkssprache Rechnung.[58] Jagd, Ökonomik, Kunsthandwerk und Medizin ersetzen hier den sprachlichen Aspekt, der mit seinen mannigfaltigen bildungsspezifischen Implikationen überdies zugunsten des bildnerischen verschwindet. Das Buch empfiehlt sich nunmehr über seine praktischen Anleitungen hinaus durch seine naturgetreuen Abbildungen, letzteres ein Rezeptionsangebot, das beinah jede Art illustrierter Texte begleiten konnte.[59] Jenseits ihres Inhaltes lehnen sich die Texte damit an den Gebrauchsrahmen von Musterbüchern der artes mechanicae an.

---

[56] Schenda: Der »gemeine Mann« und sein medikales Verhalten im 16. und 17. Jahrhundert, S. 14. Kästner/u. a.: Dem gmainen Mann, S. 206f.

[57] Thierbůch, Bl. aaijv. Vgl. Heiden: Caij Plinij Secundi [...] Bůcher und schrifften (künftig: Heiden): *Jetzt allererst gantz verstendtlich zusamen gezogen / in ein richtige ordnung verfaßt / vnd dem Gemeinen Manne zů sonderm wolgefallen aus dem Latein verteutscht* (Titelblatt). Vgl. Vogelbůch, Bl. aa iijr.

[58] *alles zů nutz vnd gůtem allen liebhabern der kůnsten / Artzeten / Maleren / Bildschnitzern / Weydleüten vnd Kôchen / gestelt*, heißt es analog auf dem Titelblatt von Forers Thierbůch. Vgl. Harms: Zwischen Werk und Leser, S. 436f.

[59] Die Ausrichtung auf Kunsthandwerker findet sich analog in der deutschen Übersetzung der Emblemata des Andreas Alciati von Jeremias Held (Frankfurt 1567. Vgl. Schöne/Henkel: Emblemata, S. XLVI), aber auch in den volkssprachlichen Ovidausgaben des 16. Jahrhunderts: *Schöne Figuren / auß dem fürtrefflichen Poeten Ouidio / allen Malern / Goldtschmiden / vnd Bildthauwern / zu nutz vnnd gutem mit fleiß gerissen durch Vergilium Solis* [...] lautet der Untertitel der deutschen Ovidausgabe des Johannes Posthius (Frankfurt 1563). Analog auch der entworfene Rezipientenkreis in der Ausgabe des Johann Spreng (Frankfurt 1563). Vgl. Guthmüller: Picta Poesis Ovidiana, S. 177, 182. Selbst ein 1564 in Frankfurt erscheinendes Büchlein mit den Bibelillustrationen Jost Ammans fügt sich in diese Programmatik ein.

Der optische Aspekt richtet sich aber nicht nur an die Kunsthandwerker, sondern bezieht ein breiteres Lesepublikum mit ein. Optische Reizfunktion erfüllen im Rahmen zeitgenössischer volkssprachlicher Literatur schon die Titelblätter.[60] Während die lateinischen Vorlagen ohne Titelillustrationen erscheinen, ziert das ›Vogelbůch‹ ein Habicht und das ›Thierbůch‹ eine exotische Abbildung: vermutlich eine Beutelratte (*Su*), die Forer im Buch selbst als das *aller schützlichest Thier* überhaupt vorstellt.[61]

Konrad Forer entwirft in seinen Vorreden zum ›Thier-‹ und ›Fischbůch‹ ein Rezeptionsangebot, das mit seiner Hervorhebung des Bildaspektes die Distanz zu Gessner illustriert. Das Interesse an den Tieren entfernt sich hier von den bei Gessner vorhandenen wissenschaftspraktischen Motiven. Immerhin ist sich Forer bewußt, durch seine Übersetzungsleistung einen Beitrag zur volkssprachlichen Bildung zu liefern, indem er das berühmte Werk *der Teütschen Nation [...] zů nutz / gůtem vnd wollust* übersetzt. Im Entwurf des Nutzungsspektrums verbleibt er im Rahmen pragmatischer Ökonomie.

Eine gegensätzliche Einstellung zum Gegenstand kennzeichnet schon im Vorfeld den Naturforscher und den volkssprachlichen Leser. Dort, wo Gessner seine eigene Immobilität beklagt und für die Datenerhebung notgedrungen auf Fremdinformationen zurückgreift, den Leser gar um Ergänzungen bittet, wird der Leser der Übersetzung explizit auf eine beschauliche Rezeptionshaltung verwiesen. Forer rechnet bei ihm nicht mit einem Interesse an Sachproblemen. Für Gessner war Reisen zumindest programmatisch ein zentrales Mittel der Datensicherung, für den volkssprachlichen Rezipienten genügt der Akt des Betrachtens und Lesens.

Mancher reiset durch frőmbde land / berg vnd thal / die geschőpfft Gottes zů erkundigen. Hie werdend sy als in einem Thiergarten / alle mit gestalt / natur vnd eigenschafft als in einem lustigen paradyß / ordenlich zů beschauwen für augen dargestelt vnnd begriffen: welches dann einem yetlichen Christenlichen Låser vil lusts vnd kurtzweyl bringen kan vnd mag.[62]

---

[60] Harms: Zwischen Werk und Leser, S. 437, 458. Schon die Titelblätter der Tierbücher Ryffs und Herrs erfüllten derartige werbeträchtige Signalfunktionen. Ryffs ›Thierbuch Alberti Magni‹ zeigt die Abbildungen von Adler, Löwe, Seewolf und Basilisk, Herrs Titelblatt ziert ein Einhorn.

[61] Thierbůch, Bl. CXLVIIIr. Vgl. Vinzenz Ziswilers ›Synoptisches Verzeichnis der Tiernamen‹ im Anhang des ›Thierbůchs‹, S. 11. In Gessners erstem Band selbst (H. A. I) findet sich das Tier nicht.

[62] Thierbůch, Bl. aa ijv. Analog heißt es im Fischbuch (Bl. aaa iijr/v): *Viel berhůmen sich grosser dingen / durchschiffen das vngestůmme Meer / ligen offt in die weite. Hie findt man alles samen gründlich / eigentlich vnd warhafftig zusamen verfaßt / gantz kurtzweilig vnd lustig / auch mit den Augen zu sehen / vnd mit den ohren zu hőren / einem jeglichen in seinem Hauß / vnd jnnerhalb seinen Zinnen.* Vgl. Müller: *Erfarung* zwischen Heilsorge [...] und Entdeckung des Kosmos, S. 83f.

Das Buch wird als Mittel des Erfahrungsersatzes angeboten. Dabei ist nicht mehr der theologische Vorbehalt des überflüssigen Aufwandes Maßstab, sondern der ökonomische der Zeitersparnis. Der angesprochene Laie wird nicht auf Eigenerfahrung gegenüber der Lektüre hingewiesen, sondern im Gegenteil zur buchorientierten Betrachtung der Tiere aufgefordert. Lediglich in Fragen der sprachlichen Korrektur soll der Rezipient verbessernd eingreifen.[63]

Als Informationsquelle rückt das Buch gegenüber der Eigenerfahrung somit dort in den Vordergrund, wo es weniger um die Ergänzung oder Verifizierung einzelner Sachverhalte als vielmehr um den Überblick über das immens angewachsene Erfahrungsmaterial geht.[64] An die Stelle des gezielten Nachschlagens tritt die kontinuierliche Lektüre des Bilderbuchs. Das Buch als Ort der Erfahrung ruft werbeträchtig die Assoziation mit dem paradiesischen Raum auf und zugleich die mit den aufkommenden Bestiarien (Gärten), in denen Exotica einem abendländischen Publikum zugänglich gemacht wurden. Das Buch vereint im Bild des abgeschlossenen Raumes die aktuelle zeitgenössische Erfahrungsmöglichkeit mit dem altbekannten theologischen Rahmen.

So zielen Original und Übersetzung auf verschiedene Leserkreise. Im ›Thier- und ›Fischbůch‹ rücken bildliche und rein informative Teile deutlicher neben die praktisch anleitenden als im Vogelbůch. Daß auch der praktische Aspekt – insbesondere in medizinischer Hinsicht – nicht problemlos an den volkssprachlichen Leser vermittelbar ist, wie zahlreiche Titelblätter volkssprachlicher Fachbücher suggerieren, betont Leonard Fuchs in seinem ›NEw Kreüterbůch‹. Er thematisiert als einer der wenigen die Gefahren, den gelehrten Gebrauchszusammenhang seines lateinischen Kräuterbuchs umstandslos auf die Übersetzung zu übertragen.[65] Auch hier wird kein spezieller Lesertyp entworfen, kein

---

[63] Thierbůch, Bl. aa iijr. Vogelbůch, Bl. aa iiijr.
[64] Ein analoge Argumentation vertritt Sebastian Münster in der Cosmographie (Bl. a iijr): *Zu vnseren zeiten ist es nit gar von nöten / das du weit hin vnd hår auff der erden vmbhår schweiffest / zů besichtigen vnd zů erfaren gelegenheit der låndern / stett [...] vnd thåler / item sitten [...] vnd regiment der menschen / eygenschafft vnd natur der thier [...]. Du magst dise ding jetzunt in den bůchern finden / vnd dar auß mer lernen vnd erkennen von diesem oder ihenem land / dan etwan ein anderer / der gleich darin iar vnd tag ist gewesen.*
[65] Fuchs: NEw Kreüterbůch, Bl. 2v: *das mich für gůt vnd nützlich angesehen / das die kreüter nit allein von den årtzten / sonder auch von den Leyen vnd dem gemeinen mann in gårten hin vnd wider vleissig gepflantzt vnd aufferzogen werden / darmit derselben erkantnuß in Teütschen landen dermassen täglich wachs vnd zůneme / das sie nimmer in vergessung möge gestelt werden. Das hab ich für nemlich hie darumb wöllen anzeygen / darmit nit die vnuerstendigen möchten meynen / das ich derhalben mein Kreüterbůch hette wöllen inn die Teütschen spraach bringen / damit auch der gemein mann kündte jhm selbert in der not artzney geben / vnd allerley kranckheyt heylen. Dann mir wol bewüßt / das vil mehr zů einem rechtschaffnen artzt gehört / dann allein kreüter vnd derselbigen würckung erkennen vnd wissen.*

durch Sprach- oder Sachkompetenz ausgezeichneter Fachmann, vielmehr der durchschnittliche Leser ohne spezielle Ansprüche.

c. Selektive Programmatik und Predigtform

Die Vorreden geben in ihrer von Gessners Programmatik abweichenden Akzentsetzung Auskunft über das jeweilige Programm der Übersetzer. So übergehen alle Gessner–Übersetzer die methodologische zweite Vorrede. Die methodische Anlage des Werks, der Überblick über die Geschichte der Tierbücher, die Bestimmung des Verhältnisses zur Wissenschaft und die detaillierte Erläuterung des Darstellungsverfahrens zielten auf einen gelehrten Leserkreis. Allein Rudolf Heußlin, der nach eigenen Worten unter Gessners Aufsicht das ›Vogelbůch‹ übersetzt, greift für seine Legitimation auf die große Gesamteinleitung zur ›Historia animalium‹ zurück. Wie der Text insgesamt, reduzieren sich auch Umfang und Aspektreichtum der Vorrede, deren Material er zielgerichtet auf eine religiöse Funktion hin exzerpiert und zuschneidet.

Schon eingangs konstatiert Heußlin den veränderten Maßstab und Bezugspunkt des Buches. Vordringlichste Aufgabe des Menschen sei die Gottes- und Selbsterkenntnis, und der Bibel als privilegiertem Dokument göttlicher Unterweisung solle nun auch die Natur an die Seite gestellt werden.[66] Der alte Topos vom Buch der Natur, das der Heiligen Schrift komplementär an die Seite gestellt wird, ersetzt die pragmatische Argumentation Gessners. Die Betrachtung der Natur ist hier programmatisch wieder linear-funktional der Bibellektüre zugeordnet.

Heußlin selegiert in der Folge das bei Gessner bereitliegende Vorredenmaterial und unterwirft es einer religiös-biblischen Optik, die auf die Pole Gottes- und Selbsterkenntnis zuläuft. Signifikant ist Heußlins Verfahren, das Nebeneinander und die relative Selbständigkeit der Legitimationsaspekte bei Gessner in ein hierarchisches Verhältnis zu setzen.

Bei Gessner verteilten sich noch biographische, pragmatische (zuvörderst der Medizin) und ästhetische, aber auch theologische und biblische Aspekte auf jeweils eigene Textabschnitte. Heußlin ordnet die Argumentation demgegenüber teleologisch auf die Bibel hin, indem er den Speculum-Dei- und den Speculum-vitae-Komplex heraushebt und in den Kontext biblischer Sprüche stellt. Der 148. Psalm, der davon kündet, daß *alle geschöpfften / himmel vnd erden / Sonn vnd Mon / die thier vnd alles vych / alle kriechenden würm / vnd alles gef[l]ügel / den*

---

[66] Vogelbůch, Bl. aa ijr. Schon mit den ersten Sätzen betont Heußlin die Priorität der Gotteserkenntnis: *DJeweyl [. . .] dem menschen hie in zeyt nichts nützer vnd eerlicher [. . .] dann daß er den einigen Gott vnd schöpffer aller dingen / vnd sich selbs / als sein geschöpfft / lerne erkennen.*

Herren loben, wird dabei zum Fluchtpunkt der Gottesbewunderung im Spiegel der Welt, während die bereits von Gessner angeführten Genesiszitate und der 8. Psalm den Ausgangspunkt für die Entfaltung des dominium-Gedankens und der Privilegierung des Menschen innerhalb der Schöpfung bieten.[67]

Den glanzvollen Schöpfungsstatus konfrontiert Heußlin – anders als Gessner – abschließend mit dem Sündenstatus, wiederum verbunden mit einem eingefügten Bibelspruch.[68] Der Züricher Pfarrer präsentiert den Aspektreichtum der Tierwelt am Leitfaden biblischer Stellen im Stil einer Predigt und tilgt alles, was didaktisch nicht verwertbar ist. Nicht zufällig schließt denn auch die Vorrede mit einer Gebetsformel. Nicht der Erfahrungshintergrund des Mediziners oder Naturforschers prägt die Form der Vorrede, sondern der des Predigers. Dem entspricht noch, daß Heußlin anders als Gessner wiederholt die Bußthematik hervorhebt, die reflexive Vergegenwärtigung des Sündenstatus (*vnd vns vnser schuld vnd pflicht erinneren mögind*), die den moraldidaktischen Impetus der Vorrede verstärkt.[69] In diesen Rahmen fügen sich auch die exemplarisch verwertbaren Passagen aus dem bekannten Gaza–Exzerpt ein, die als naturgegründete Tugendlehre der abstrakten Ethik vorgezogen werden.[70]

Entworfener Gebrauchszusammenhang und vorgestellter Text passen indessen nicht zusammen. Entgegen seiner Programmatik verzichtet Heußlin auf eine durchgreifende religiös-didaktische Bearbeitung und hält sich in der Regel an das bei Gessner vorgegebene Material. Nur in einem übertragenen Sinn oder in sporadischer Akzentuierung läßt sich das Rezeptionsangebot der Vorrede auf den Text anwenden. Es wird sich zeigen, daß die religiöse Didaxe von den Vorgaben des Gessnertextes abhängig bleibt.

Einem anderen Programm ist die mit zwei Seiten eher kurze Vorrede Konrad Forers zum ›Thierbůch‹ verpflichtet. Sie entfaltet keine biographischen Hintergründe für das Interesse am Gegenstand, skizziert nicht den enzyklopädischen Verwendungsrahmen der Tiere, auch enthält sie sich einer theologischen Zuschneidung der Argumentation wie sie Heußlin vornimmt. Das Lob des Gegenstandes, wie es bei Gessner und Heußlin jeweils unterschiedlich akzentuiert das Thema der Vorrede bildet, tritt hier an den Rand.

---

[67] Ebd., Bl. aa ijv.
[68] Ebd., Bl. aa iijr: *Ja der Esel (spricht der prophet) erkennt den stal vnnd die kripff seines herren / allein der vnbendig mensch [. . .] der wil im greiß nit bleiben.*
[69] Ebd., Bl. aa ijv.
[70] Ebd., Bl. aa iijr: *dann wir an selbigen* [den Tieren] *vilfaltige beyspel aller tugenden vnd gůten loblichen sitten habend / was stands vnd ordens wir dann seyend / vnd das vil mer dann in dem teil der Philosophy / so deß menschen låben vnderrichtet / vnd darumb Ethica genennt wirt.*

Wie Heußlin beginnt Forer in der Art einer Predigt einleitend mit einer ausführlichen Erörterung über das Thema der Nächstenliebe. Ausgehend von einer Sentenz (*Homo homini Deus*), entfaltet er das Thema, das sich zu einer Lobrede auf die Selbstlosigkeit entwickelt und in dem Appell mündet, die Energie des Einzelnen ganz in den Dienst der Gemeinschaft zu stellen. Unter Rückgriff auf Sentenzen und Exempel mündet die Predigt in dem Pauluswort: *Ein yetlicher sůche nit das sein / sondern das deß anderen ist / etc.*[71] Was als Eingangslocus für die Rechtfertigung des eigenen Unternehmens dienen sollte, nimmt breiteren Raum ein als die Vorstellung des Gegenstandes. Der rhetorische Gestus über die Pflichten des Einzelnen verdrängt geradezu das naturkundliche Thema.

Im Anschluß an die einleitende Rede behandelt Forer seine Vermittlungsleistung: den Auftrag durch Gessner und den Drucker, den Beitrag zur deutschen Literatur und die Voraussetzungen an Kompetenz, die die Übertragung eines derartigen Werkes erfordere. Nach einer kurzen Darstellung des Nutzens, der den Anwendungsrahmen des Buches rein auf den ökonomischen Aspekt eingrenzt, und einer Adresse an den Widmungsträger fällt Forer erneut in den Predigtstil zurück. Hier, am Ende der Vorrede, entwirft er kurz den bekannten religiösen Rahmen, nachdem der Leser sich *in dem spiegel der grossen wält zů belustigen / also den schöpffer durch die geschöpfft [. . .] erkennen* lerne.[72] Nach einem Lobpreis Gottes endet die Vorrede wie diejenige Heußlins mit einem Gebetsschluß.

Noch weiter rückt der naturkundliche Gegenstand in Forers ›Fischbuch‹-Vorrede in den Hintergrund. Sie verläuft nach dem gleichen Schema. Etwa die Hälfte des Umfangs nimmt hier eine Lobrede auf die Philosophie ein, skizziert ihre Funktion für die Tugend und die Erziehung (*Zuchtschul*), wobei Forer erneut in rhetorischer Manier auf illustrierende Exempel aus der Geschichte (Alexander, Diogenes) zurückgreift.[73] Erst nach einem kurzen Hinweis über die Entstehung der Übersetzung und der Dankbarkeitsadresse an die Gebrüder Walther und Heinrich von Ulm, kommt gegen Ende der Gegenstand selbst in den Blick. Wie bei dem Pfarrer Heußlin verdrängt die allgemein ethische Thematik den Sachaspekt.

Die Vorreden zum ›Schlangenbuch‹ und zum ›Traktat über den Skorpion‹ markieren am Ende des 16. Jahrhunderts den Gegensatz zwischen der reinen Vermittlungsleistung des Übersetzers und dem Sachanspruch des Fachmanns nun innerhalb der Volkssprache. Während der anonyme Übersetzer des ›Schlangenbuchs‹ wie Heußlin seinen

---

[71] Thierbůch, Bl. aa ijr.
[72] Ebd., Bl. aa ijv.
[73] Fischbuch, Bl. aaa ijr/v.

Gegenstand gleich zu Beginn im religiösen Rahmen (Buch der Natur) situiert und eigens betont, nichts hinzugefügt zu haben, ist die Vorrede des Kaspar Wolff von einem manifesten Interesse an der Sache selbst getragen. Wolff, der schon für die lateinische Version des ›Traktats über den Skorpion‹ Verantwortung trug, kündigt in seiner Übersetzung nicht nur eine umfassendere Arbeit an, er betont sogar ausdrücklich seinen eigenen Beitrag. Schließlich formuliert er einen programmatischen Satz für das Interesse an der Natur: *Dann alle die der natur erkundigung obligen / werden durch neüwe vnd wichtige sachen zů mehrer erkanntnuß derselben gereitzt vnd getriben.*[74]

d. Ordnungswechsel: Tilgung gelehrter Elemente

Einer analogen Kürzung wie die Vorreden unterliegen das Ordnungsverfahren und die Darstellungstechnik. Gegenüber der dezidierten Ordnung der lateinischen Vorlage bekunden die Titelblätter der Übersetzungen, daß der Stoff *in ein kurtze komliche ordnung* gezogen sei. Mit dem Wechsel in die Volkssprache verändert sich zugleich der Gattungscharakter der Texte: Aus dem Handbuch für Gelehrte wird ein Lesetext für Laien, der auf die lexikalischen, argumentativen und vergleichenden Verfahren verzichten kann, wie sie bei Gessner begegnet sind, und demgegenüber die rein informativen, anleitenden, narrativen und optischen Aspekte betont.

Das Namenkapitel (A) mit seinen etymologischen Ableitungen und historischen Vergleichen entfällt ebenso wie das Subsystem nach *capita*, in dem analoge Informationen gebündelt ihren Ort fanden. An die Stelle der identifizierenden Namenvergleiche treten schlichte Benennungen, an die der lexikalisch-topischen Ordnung einfache Überschriften, die zwar nicht konsequent, doch annähernd der vorgegebenen Hauptordnung folgen. Anders als in Gessners Lexikon kann sich der Leser nicht mehr im Vorfeld über den regelmäßigen Aufbau des Werks (A–H) informieren.

Um sich vor dem Vorwurf der eigenmächtigen Veränderung zu schützen, erläutert Heußlin seine Eingriffe in die Gliederung. Er habe die verschiedenen Namensformen von A ausgelassen und allein einige deutsche Namen mit der Rubrik B (Gestalt) zusammengezogen, wobei er die Beschreibung des jeweiligen Tiers aus den verschiedenen Rubriken zusammengelesen habe: *Hab derhalben also auß zweyen Latinschen capitlen nun ein Teütsch gemacht.*[75] Im gleichen Sinn werden die Abschnitte über die physischen und psychischen Verhaltensweisen (C/D) zu einem vereint, während der Speise und Nahrung eine eigene Rubrik

---

[74] De scorpione, Bl. LIIIr.
[75] Vogelbůch, Bl. aa iijr.

reserviert wird. Die letzten Kapitel (*fang, nutz, artzney*) folgen wiederum der Einteilung Gessners, wobei die abschließende philologische Rubrik (H) entfällt.

Heußlins *History*, auf die er seine Darstellung reduzieren sehen will, rückt durch ihre Ordnung in die Nähe der schon bei Leonard Fuchs begegneten Gliederung einer *History*.[76] Anders als im lateinischen Exemplar liefert die historia nicht so sehr die Orte für die versammelten Daten als die loci für die Gegenstandsbeschreibung. An diese lehnen sich auch die Übersetzer Herold und Forer an, wobei je nach Vorliebe und Interessenlage Ergänzungen oder Spezifizierungen vorgenommen werden.

So finden sich im ›Thierbůch‹ unterschiedliche Ordnungen und Bearbeitungsstrategien innerhalb ein und desselben Textes. Bis zum Buchstaben F übersetzt Johannes Herold, den weiteren Teil übernimmt Conrad Forer. In einer editorischen Notiz weist Forer auf diesen Sachverhalt hin und zugleich auf die Gründe für den Wechsel, die u. a. in der zu ausführlichen Arbeitsweise Herolds begründet lagen.[77] Offensichtlich ist auch nach Ansicht der Auftraggeber, zu denen noch Gessner selbst gehörte, eine faßliche volkssprachliche Version des voluminösen Werks angestrebt worden. Ein kurzer Vergleich beider Teile illustriert die Auswirkungen biographischer Faktoren auf die Textgestalt: Die Arbeitsweise des Historikers unterscheidet sich signifikant von derjenigen des Pfarrers und Arztes.

Wie Heußlin stellt Herold die Beschreibung der Gestalt, die in der Regel mit einer kurzen Erläuterung des Namens beginnt, an den Anfang, läßt dieser aber – in näherer Analogie zu Fuchs – eine separate Rubrik über die regionale Verbreitung folgen (Ort). Der Nahrung wird gleichfalls eine eigene Rubrik zugewiesen und wie bei Heußlin werden die Abschnitte C und D zusammengezogen, die pragmatischen Rubriken Gessners (E–G) schließlich zu zwei Hauptgruppen vereinfacht.[78]

Gegenüber Heußlin und Forer erweitert Herold aber in Anlehnung an Gessner seine Ordnung, indem er eigens am Ende einer jeden Tierdarstellung ein Kapitel unter dem Titel *History* einrichtet. Der professionelle Übersetzer versammelt hier, primär aus Gessners Schlußrubrik (H), zum Teil aus anderen Abschnitten, zum Teil aber auch aus anderen Werken, umfangreiches historiographisch oder didaktisch verwertbares Material. Dem deskriptiven *History*-Aspekt, wie er sich in

---

[76] Fuchs: NEw Kreüterbůch, Titelblatt: *die gantz histori | das ist namen | gestalt | statt vnd zeit der wachsung | natur | krafft vnd würckung | des meisten theyls der Kreuter.*

[77] Thierbůch: Bl. aa iijr.

[78] Die beiden Rubriken beschränken sich fast ausschließlich auf Fangpraktiken und umfassenden Nutzen. Vgl. Thierbůch, Bl. XVIIf.: *Wie der Bǎr gefangen werde* und *Was vom Bǎren gůt zů nutzen.*

der Gliederung der Überschriften präsentiert, stellt Herold hier auch in der Ordnung den narrativen an die Seite. Die Übersetzung gibt weite Textpassagen der Vorlage wieder, die überdies bisweilen durch ausgreifende selbständige Zusätze ergänzt werden. Der Textteil besitzt in Herolds Part der Bearbeitung ein deutliches Übergewicht gegenüber den Illustrationen.

Einen anderen Akzent setzt der Arzt und Pfarrer Forer innerhalb des gleichen Buchs. Schon die editorische Notiz wies auf den veränderten Anspruch zur Kürze hin, der auch in der Darstellung selbst immer wieder hervorgehoben wird. Gegenüber dem Interesse an spezifischen Inhalten des Textes bei Herold nimmt bei Forer dasjenige an den Illustrationen zu. Zwar folgt Forer einer ähnlichen Ordnung wie Herold, doch spezifiziert er sie. Weitgehend verzichtet wird auf die Ortsrubrik, während die physischen und psychischen Verhaltensweisen (C/D) erneut separat behandelt werden. Während jene Anleitungen getilgt werden, die aus dem Erfahrungskreis des deutschen Lesers fallen, werden diejenigen auch in der Gliederung akzentuiert, die praktisch nützlich, aber nur schwer zugänglich sind.[79] Ausführlichere Darstellungen Gessners werden durch Zusammenfassungen und weiterführende Verweise auf die lateinische Vorlage oder auf Gessners Quellen komprimiert.[80]

Speziell in den Schlußrubriken untergliedert der Arzt Forer den Gegenstand weiter nach medizinischen Kriterien. Die verschiedenen Formen des Nutzens in Ökonomie und Medizin werden entsprechend durch zusätzliche Überschriften hervorgehoben. Für den ersten Bereich beschreibt Forer etwa in separaten Abschnitten die Krankheiten der Haustiere und die unterschiedlichen Nutzungsmöglichkeiten von Hun-

---

[79] Thierbůch, Bl. CXLIXv: *DJeweyl sőlich frőmbd thier* [der Tiger] *in Europa nit gefunden mag werden / ist nit von nőten daß man von sőlchem grausamen thier artzneyen erfordere.* Die Darstellung der je nach Nation unterschiedlichen Nahrung des Ochsen übergeht Forer (ebd., Bl. CXVIIIr; vgl. auch Bl. LXIIIv): *welche der merer theil in vnseren landen nit wachsend / oder vnbekant sind / wil auß der vrsach der selbigen beschreybung vnderlassen.* Das Spektrum der Krankeiten rückt demgegenüber in den Vordergrund (ebd., Bl. CXVIIIv): *auß welchem grosser verlurst vnd schad manchem baursman erwachßt: vnd aber die so von artzney zů sőlchen kranckheiten dienstlich in Latyn geschriben habend / erstlich die so in gemein / für allerley heimlich / vnbekant kranckheiten / zebrauchen / schreybend / wil ich gleycher weyß auch zů ersten etliche stuck hårauß ziehen [...].*
[80] Thierbůch, Bl. CXXXIIr: *von welchem hie auch vil zů schreyben / ist von kürtze wågen zů vnderlassen / mag auß dem Latinischen Thierbůch erlåsen werden.* Zur Hirschjagd (ebd., Bl. LXXXIIr): *hie aber von der kürtze wågen welcher sich geflissen wirdt / nit nodt zů beschreyben / werdend in dem Latinischen bůch volkommenlich angezeigt.* Zur Pferdehaltung (ebd., Bl. CXXXVIIr): *vnd vil in anderen bůchern von jrer* [der Pferde] *haltung [...] geschriben / hie von kürtze wågen nit not zů erzellen.*

den;[81] für den zweiten listet er bisweilen die medizinische Wirkung einzelner Teile und Organe eines Tieres auf.[82] Der Darstellungsrahmen ist gerade in diesen letzten Rubriken deutlich von spezifisch medizinischen Aspekten geprägt. Eine separate Historien-Rubrik findet sich im zweiten Teil des ›Thierbůchs‹ nicht.

Trotz der Reduzierung auf wenige Rubriken erlaubt diese rudimentäre Ordnung der Übersetzungen dort eine übersichtliche Präsentation des Materials, wo der Informationsbestand übersichtlich bleibt. Sobald aber Themenkomplexe von mehreren Seiten Umfang auftreten, wirkt sich das Fehlen einer weitergehenden Binnengliederung negativ aus.

e. Vom akademischen Lexikon zum volkssprachlichen Lesetext

Die Zuordnung der einzelnen Informationen zu den Rubriken vollzieht sich häufig nicht nach der vorgegebenen Verteilung bei Gessner. Die einzelnen Abschnitte beginnen meist mit einer einleitenden Charakteristik oder resümierenden Darstellung. Der erst zu gewinnende Leser wird nicht sofort mit einer Information konfrontiert, sondern in das Thema eingeführt. Aus der Fülle an Informationen wird ausgewählt: Verzichtet wird auf Wiederholungen, durchgängige Quellenverweise, Texterörterungen und philologische Kritik, bis auf wenige Ausnahmen auf fremdsprachige Passagen: auf all jene Elemente, die einer Lesbarkeit des Textes entgegenstehen.

Heußlin macht im ›Vogelbůch‹ den Textbestand der Vorlage lesbar, indem er die aufgeführten Kennzeichen der volkssprachlichen Bearbeitung übernimmt. An einem Beispiel sollen einige davon illustriert werden. Zwei längere, doch signifikante Textpassagen verweisen auf die Unterschiede:

> *Hirundinis pulli (inquit alibi Aelianus) similiter atque canum catuli, tardum uisum accipiunt. Veruntamen eadem mater admota herba quadam uisum eis affert: & adhuc ex aetatis infirmitate alis haesitantibus tremebundos, parumque ad uolandum habiles, è nido ad cibi inquisitionem profert. Huius herbae homines quamuis compotes fieri summo cupiant opere, nunquam tamen in hac parte eorum studio satisfactum est, Aelianus. atqui alij authores plerique omnes chelidoniam, id est hirundinariam hanc herbam nuncupant. Chelidonia hirundines oculis pullorum in nido restituunt uisum, ut quidam uolunt, etiam erutis oculis, Plinius. Et alibi Chelidoniam uisui saluberrimam hirundines monstrauere, uexatis pullorum oculis illa medentes. Si quis hirundinum pullos excaecauerit, hirundinariae herbae rostro demorsae liquorem oculis infundunt, & noxam caecitatis amoliuntur, Oppianus. Sed de hoc ex*

---

[81] Thierbůch, Bll. CXIXr-CXXIIr zu den Krankheiten des Ochsen; Bll. CXXXIVv-CXXXVIv zu den Krankheiten des Pferds; Bl. LXXXVIIr/v zu denen des Hundes; Bll. XCr-XCIIIv zu den verschiedenen Nutzbereichen von Hunden.

[82] Thierbůch, Bll. LIXv-LXv (Geiß), LXIVvf. (Reh), LXXIr-LXXIIr (Hase), LXXXIIr-LXXXIIIr (Hund) u. ö.

chelidonia remedio, an eo hirundines utantur, nihil omnino certi constat, Niphus. Extrinsecus interdum si ictus oculum laedit, ut sanguis in eo suffundatur, nihil commodius est, quàm sanguine uel columbae, uel palumbi uel hirundinis inungere. Neque id sine caussa fit, cum horum acies extrinsecus laesa interposito tempore in antiquum statum redeat, celeberrimeque (celerrimeque) hirundinis. unde etiam locus fabulae factus est, aut per parentes aud id herba (quidam legit, per parentes id herba) chelidonia restitui, quod per se sanescit, Celsus. Chelidonia herba in hirundinum stercore nascitur, quae oculis plurimum suffragatur, Marcellus.[83]

Die jungen Schwalben / als auch die Hündlin / werdend kaum gesehend: aber jr můter machet sy mit einem kraut gesehend: vnd dieweyl sy noch blut vnd vngefåder sind / lőckt sy die auß dem nåst die speyß zů sůchen. Diß kraut habend die menschen / ob sy gleych ein groß verlangen darnach gehebt / noch nie erkennt / sagt Elianus. Andere gschrifftgleerten aber vermeinend diß kraut gmeinlich Schellkraut oder schwalmenkraut seyn / welches dann von schwalmen hår zů Griechisch Chelidonia / *zů Latin aber* Hirundinaria *genennt wirt / mit welchem sy jnen das verloren gsicht widerbringen sőllend: darumb habend die Schwalmen also dem Menschen gezeigt was dem gesicht vast heilsam vnd gůt seye. Oppianus sagt / daß sy diß kraut mit dem schnabel abbeyssind / vnd jnen das safft dauon in die augen trieffend. Diß kraut / als Marcellus leert / sol auß Schwalmen kaat wachsen.*[84]

Der Auszug handelt von der damals bekannten Verhaltensweise und Fähigkeit der Schwalbe, ihren erblindeten Jungen durch das Schwalbenkraut das Augenlicht wiederzugeben. Gessners Text trägt die typischen Züge eines Lexikons. Die Ansichten verschiedener Autoren werden aneinandergereiht, wobei sich naturgemäß Wiederholungen einstellen. Vorgestellt werden die Ansichten von Aelian, Plinius, Oppian; Niphus, Celsus und Marcellus, deren Namen mit einer Ausnahme (Aelian) an den jeweiligen Beitrag angehängt werden. Die Aussagen selbst werden nicht in ein Verhältnis zueinander gesetzt. Es handelt sich um schlichte Exzerpte/Zitate aus den einzelnen Autoren.[85] Entscheidend ist, daß der infrage stehende Sachverhalt keinesfalls einhellig beurteilt wird. Die opponierenden Positionen des antiken Mediziners Celsus und des Zeitgenosssen Augustinus Niphus stehen in Kontrast zu den übrigen Ansichten.

Demgegenüber verfährt Heußlin anders und nimmt signifikante Änderungen vor. Zunächst einmal kürzt er, entlastet somit seine Darstellung von lästigen Wiederholungen. Die Nebenordnung der Informationen formt er in ein zusammengehöriges Gefüge um. Er paßt die Autorennamen syntaktisch an und vollzieht überdies keine strikte Trennung mehr zwischen Zitat und Stellungnahme. Ein Zitat des Plinius erhält dadurch den Status eines Resümees. Aus dem Zitatenschatz

---

[83] H. A. III, S. 530.
[84] Vogelbůch, Bl. CCXVr.
[85] Vgl. Aelian: Historia animalium VIII, 25; Plinius: Naturalis historia XXV, 89; VIII, 97; Oppian: Paraphrasis de aucupio I, 18; Niphus: Aristoteles: De generatione animalium IV, 6, (S. 185); Celsus: De medicina VI, 6,39; Marcellus: De medicamentis liber VIII, 44 (S. 58).

wird ein lesbarer Text, wobei sich Heußlin noch die Mühe macht, die griechische und lateinische Namenform für das Schwalbenkraut dem volkssprachlichen Leser zu erläutern. Zusätzlich variiert er in einem entscheidenden Punkt: er unterschlägt die gegenläufige Meinung, wodurch der Anschein der Zweifelsfreiheit entsteht, und überführt die Nebenordnung Gessners in ein Folgeverhältnis. Als Schlußfolgerung (*darumb* [...] *also*) des beschriebenen Sachverhalts betont Heußlin dessen teleologischen Aspekt: die Funktion für den Menschen, der aus der Natur lernt, weil sie auf ihn ausgerichtet ist.

Die Tilgung insbesondere der literarischen Schlußrubrik, die Heußlin vornimmt, ist auch als Reduzierung der moralia interpretiert worden.[86] Mit den grammatischen und rhetorischen Elementen dieser Rubrik entfallen eben allerlei Sprichworte, Fabeln, Historien und Embleme, die bei Gessner den Wortaspekt betrafen. Im Text selbst aber, d. h. dort, wo die Sachnähe thematisiert wird, übernimmt der Übersetzer die zahlreichen schon bei Gessner eingestreuten moralischen Auswertungen. Die Dankbarkeitshistorien im Storchen- und Adlerkapitel finden sich bei ihm ebenso wie der zitierte Brief des Raffael Sailer mitsamt den – nun optisch herausgehobenen – didaktischen Versen, zahlreiche Hieroglyphen des Horapollon, die Speiseverbote des Alten Testaments samt Deutungen wie auch zahlreiche Sprichworte.[87] Es kommt sogar vor, daß Heußlin Sprichworte der letzten Rubrik in die vorherigen Partien einflicht oder selbständige Ergänzungen gibt.[88] Daß es dem Übersetzer eben nicht um die vollständige Entfaltung des Materials oder um die Gegenüberstellung konkurrierender Ansichten geht, wird an der Tendenz zur Kürzung sichtbar, die häufig nicht gegen, sondern für die moralisatio spricht. Das bei Gessner ausführlich auf über einer Seite präsentierte Material zur Ikonographie des Stor-

---

[86] Harms: Bedeutung als Teil der Sache, S. 355f.
[87] *Sprichworte*: Bll. LXIIIr/v (Schneegans), CXLIIIIr (Bussard), CLXIIIr (Krähe), CLXXIr (Lerche), CLXXXIv (Nachtigall), CXCIIr (Kiebitzregenpfeifer), CXCVIIIr (Rabe), CCIIr (Wacholderdrossel), CCXIr/v (Rotkehlchen), CCXXIIr (Spatz), CCXXXIIr (Storch) u. ö. *Speiseverbote*: Bll. Vv (Adler), LVr (Fledermaus), LXXIr (Kuckuck), LXXVr (Geier), CXLIIv (Habicht), CLXr (Berguhu), CLXXIVvf. (Möwe), CXCIXv (Rabe), CCXXXVIv (Strauß), CCLXr (Wiedehopf), CCLXIr (Weihe) u. ö.
[88] Vogelbůch: Bl. CCXIr/v. (vgl. H. A. III, S. 698 = Rubrik H): *Die Rôtelin wonend sålten nach bey einanderen / oder in einem wald. Dannenhår die Latiner ein sprüchwort gemachet habend:* Vnicum arbustum haud alit duos Erithacos / *wie wir sprechend: Zwen Hanen auff einem mist vertragend sich sålten. Jtem / Zwen narren taugend nit einem hauß. Welches von denen gesagt wirt / so etwan ein gaab vnd schencke nit mit lieb teilen kônnend.* Ein von Gessner zitiertes Sprichwort über eine Lerchenart (Corydon) erläutert und ergänzt Heußlin: In Rubrik A (H. A. III, S. 79) zitiert Gessner nur die griechische Version, in Rubrik H (H. A. III, S. 83) gibt er diejenige lateinische Erläuterung, die Heußlin (Vogelbůch, Bl. CLXXIr) zitiert und durch deutsche analoge Sprichworte ergänzt.

chen (Dankbarkeit) reduziert Heußlin über die Fakten hinaus zur resümierenden Formel.

Dannenhår die Griechen ein sprüchwort vom Storcken genommen / da einer gleychs mit gleychem widergilt: wenn einer denen gůts thůt / von welchen er gůts empfangen hat / als die kind jren elteren / vnd die jünger jren leermeistern. Dise gůtthat habend sy [...] genennt / von deß Storcken natur hår / welcher dann zů Griechisch Pelargus genennt wirt / als Erasmus weytlöuffig dauon schreybt.[89]

Nicht die Lehre geht verloren, vielmehr ihr umfassender Niederschlag in der literarischen Überlieferung. Was Heußlin genügt, ist der Aufweis der engen Verbindung von Natur und Moral, die sich im Verhalten und gleichermaßen im Namen des Storchen spiegelt.

An einem weiteren Beispiel läßt sich der spezifische Gegensatz von Vorlage und Übersetzung dokumentieren. Wenn Gessner über den Gesang des Schwans umfangreiches Material zusammenträgt, dann geschah das auch, um konkurrierende Ansichten über den Sachverhalt zu dokumentieren. Infrage steht nicht allein der Anlaß des Gesangs, ob dieser aus Trauer oder Freude geschieht, sondern das Faktum des Gesangs selbst. Zusätzlich zitiert Gessner die Deutung des Vogels am Beispiel von Plato, Pythagoras und Volaterranus. Heußlin reduziert diesen Abschnitt einschneidend, indem er zwar die These vom kläglichen Gesang des Vogels zitiert, dieser jedoch lediglich die Exzerpte mit der Deutung gegenüberstellt.

So er sterben wil / singt er kläglich / so er vorhin ein fåderen in sein hirn gestochen hat. Plato sagt / daß er nit von leid / sunder von fröud singe: darumb daß jnen der tod nach ist / dieweyl sy jr vntödtligkeit wüssend / vnd daß sy zů jrem Apolline farend. Diß ist auch die meinung Pythagore gewesen / daß sy namlich ein vntödtliche seel habind. Darumb vergleychet Volaterranus den Schwanen der seel eines frommen manns / welcher mit fröuden stirbt.[90]

Mit der bildlichen Deutung ist das Phänomen für den Übersetzer erledigt. Verzichtet wird auf das in der Folge vorgestellte umfangreiche kontroverse Material über den Gesang des Schwans. An weiteren Beispielen ließe sich zeigen, daß Heußlin häufig die von Gessner geäußerte Skepsis übergeht und zweifelhafte Phänomene als Tatsachen ausgibt.[91] Die teleologische Note der Vorrede wird durch diese gelegentlichen Verweise auch im Text betont. Das Zeichenpotential der Natur ist für den Pfarrer unzweifelhafter als für den Professor der Naturphilosophie.

---

[89] Vogelbůch, Bl. CCXXXIIr.
[90] Vogelbůch, Bl. CCXIXv. H. A. III, S. 360; Vgl. VOLATERRANUS [Maffei]: COMMENTARIVM VRBANORVM [...] libri, Bl. 303r.
[91] So bezweifelt Gessner (H. A. III, S. 687) die These Isidors und des Albertus, daß der Purpurvogel einen Fuß mit Schwimmhäuten und einen ohne habe und somit zwei Elementen zugleich angehöre: *Albertus & Isidorus, ex male intellectis, ut apparet, Plinij uerbis*. Heußlin (Vogelbůch, Bl. CXCv) gibt den Sachverhalt unkommentiert wieder.

Konrad Forers Arbeitsverfahren im ›Thierbůch‹ unterscheidet sich in den beschriebenen Punkten kaum von demjenigen Heußlins. Auch er greift sporadisch auf Sprichworte und teleologische Formeln zurück.[92] Häufiger noch als im ›Vogelbůch‹ finden sich aber im ›Thierbůch‹ Historien, die auch schon in Gessners erstem Band zahlreicher auftraten als in den übrigen.[93] Die narrativ-didaktischen Passagen der Vorlage unterliegen anscheinend weniger der Kürzung, als die deskriptiven. Sie unterbrechen sporadisch die Beschreibung eines jeden Tiers und überführen die Tugendlehre samt ihrer exemplarischen Darstellungsform in die Übersetzung.

Weiterhin rückt bei Forer gegenüber Herold der bildliche Aspekt deutlicher in den Vordergrund. Der Reduzierung des Textumfangs steht gerade im zweiten Teil des ›Thierbůchs‹ eine Betonung des Bildmaterials gegenüber, für das z. T. auf Gessners Anhang zum ersten Band zurückgegriffen wird. Das Verhältnis von Bild- und Textpartien ist hier ausgewogener als im ersten Teil. Ganzseitige Abbildungen, z. T. mehrere Abbildungen auf einer Seite wie überhaupt ein regelmäßigerer Wechsel von Text und Bild bestätigen jenen optisch-beschaulichen Akzent, den Forer in der Vorrede thematisiert. Forers Einrichtung zielt hier auf das Buch als Lese- und Bilderbuch. Die Textsignale, mit denen insbesondere fremdländische Tiere eingeführt werden, unterstreichen dabei den Sensationsaspekt: *DJses ist ein wunder seltzam / abentheürig / frömbd thier / auß der Jnsel Presilia in vnsere land gebracht [...].*[94]

Im Verhältnis zu den umfangreichen deskriptiven und anleitenden Passagen besitzen die narrativ-didaktischen und illustrativen Partien dennoch einen untergeordneten Status. Weder Heußlin noch Forer greifen von unwesentlichen Ausnahmen abgesehen in ihrer Darstellung über das bei Gessner vorliegende Material hinaus. Ihre Bearbeitungsform bleibt von den Vorgaben des Materials bei Gessner abhängig. Der Versuch, den deskriptiven und anleitenden Charakter des Werkes zu überschreiten, bleibt entsprechend begrenzt, mißt man ihre Arbeitsweise an derjenigen Herolds. Dieser erlaubt sich größere Freiheiten gegen-

---

[92] *Sprichworte*: Thierbůch, Bll. CXIIr (Murmeltier), CXXIXr (Otter), CXLr (Schaf). *Teleologische Formel*: Bl. CXVIr: *AUß allen thieren / so zů nutz vnd brauch dem menschlichen geschlächt erschaffen sind / sol dem Ochsen oder Rind / dergleychen auch der Ků billich der preyß ob allen gäben werden [...].* Vgl. Bll. LXIXv (Hase), LXXIIv (Kaninchen), LXXXVIIIr (Hund), CXLr (Schaf), LXXXVIr (Ochse) u. ö.

[93] Bei Forer finden sich folgende Historien: Bll. LVIIIr (Geiß), LXIIv (Kitz), LXXVIr/vf. (Elefant), LXXXVIIvf. (Hund), XCVIr (Kamel), CIIIr/v (Löwe), CVr/v (Leopard), CVIIIr/v (Maus), CXXXVIvf. (Pferd), CXLVv (Schwein), CLIIIIr (Wolf), CLXIXr/v (Kröte).

[94] Thierbůch, Bl. XCVr. Vgl. Bl. XCVIIIr: *DJses wunderbar seltzam thier [...].* Bl. CLVIIv: *DJses thier ist mit großem wunder gen Augspurg gebracht vnd gezeigt worden deß 1551 jars.* Vgl. Bll. XCIIIv, CXXIXr, CXLVIIIr, CLVIIIv u. ö.

über seiner Vorlage und knüpft damit das ›Thierbůch‹ deutlicher an benachbarte narrative Textsorten an.

f. Johannes Herolds Thierbůch-Bearbeitung

– Biographische Zusätze

Herolds Eingriffe betreffen vor allem umfangreiche Kürzungen, die Umstellung des Materials, aber auch zahlreiche Erweiterungen, die ihren Grund in eigenen Erfahrungen und Lektüreerlebnissen haben. Schon Andreas Burckhardt hat in seiner Arbeit über den Baseler Publizisten vermerkt, daß dieser seiner »Spontaneität bedenkenlos nachgebend [...] Reminiszenzen an seinen Aufenthalt in Italien« in das ›Thierbůch‹ einfließen läßt.[95] Anläßlich seines Aufenthaltes im Hause des Arztes Ambrosio Nuti im Jahre 1532 findet er die These von der Störrigkeit und Furchtsamkeit des Maultiers durch ›Erfahrung‹ bestätigt, und auch von seiner Anwesenheit im Hause der Familie Landucci in Siena weiß er naturkundlich Relevantes zu berichten.[96] Die eigenen Erfahrungen, die Herold hinzufügt, dienen z. T. der Illustration zuvor beschriebener Sachverhalte, zum andern der Ermittlung neuer Erkenntnisse. Die schlichte Übersetzung ist Herolds Sache aber nicht. Wie Heußlin, doch nicht nur programmatisch, überführt er – soweit möglich – das trockene Lexikon in einen didaktisch verwertbaren Text und lockert zudem die endlose Reihung der Informationen durch Interpolationen auf.

– History: nutz vnd kurtzweil

Einzig Johannes Herold übernimmt von Gessner den Abschnitt *Philologica*, gibt diesem aber eine signifikante Wendung. Der Verzicht auf alle sprachlich-grammatischen Erörterungen und auf philologische Kritik rückt die inhaltliche Ebene des Materials in den Vordergrund. Als *lustig historien, lustig Historien vnd Sprüchwŏrter, Lustig / lăcherlich / vnd leergebende Historien* und ähnlich unterwirft er die Rubrik dem Muster des *prodesse et delectare*. Was bei Gessner dezidiert auf die verschiedenen Formen des Wortaspektes oder des Textvergleichs bezogen war, wird bei Herold – stark gekürzt – zu einer unterhaltenden

---

[95] Burckhardt: Johann Basilius Herold, S. 97f. Heinz Holeczek: Art. Herold, in: Killy: Literatur-Lexikon 4 (1990) S. 254f.

[96] Burckhardt: Johann Basilius Herold, S. 96f. Vgl. Thierbůch, Bl. Lv: *Auch hab ich Herold selbs erfaren / als ich im jar Christi M. D.XXXII. zů der Hohen Sennen/ sunst Senis in Tuscanen / bey dem hochgeleerten theüren mann / herren Ambrosien de Nutis / der Artzney Doctorn / Professorn / des Radts vnd Legaten der selbigen statt / wonet [...].* Vgl. Bll. LIIIr/v, XLIIIr.

und belehrenden Zusatzrubrik, die nebenbei mit persönlichen Ermahnungen, vielfach auch mit umfangreichen Zusätzen versetzt wird.[97] Zudem ist der Übersetzer nicht an der Dokumentation der einzelnen Information in ihrem authentischen Wortlaut interessiert, sondern an dem didaktischen Potential. Auch hat er vorab den veränderten Lesertyp im Blick, auf dessen Bildungsstand er Rücksicht zu nehmen hat. Einzelne Sequenzen bei Gessner führt Herold ein, indem er etwa Informationen über den Autor gibt oder den betreffenden Lehrgehalt erläutert. Etwa die von Plutarch überlieferte äsopische Fabel über ein stolzes Maultier, das sich für ein Pferd hält. Bei Gessner steht sie unscheinbar am Ende der philologischen Rubrik. Herold leitet mit ihr die seinige ein. Aus der schlichten Stellenangabe (*Aesopus in conuiuio septem sapientum Plutarchi*), die Gessner seiner Geschichte als Ausweis eines korrekten historiographischen Verfahrens anhängt, wird eine in das Thema einführende Sequenz.

> *ESopus dŏrt vnder der Zăch der siben Weysen meistern / bey dem Plutarcho / sagt gar ein schŏns pŏsszlin / die zŭuermanen / so da hoch an wŏllen / aber nit betrachten was jr hărkommen oder art seye / vnd spricht:*[98]

Die Quellenangabe wird zur Vorstellung des Autors, die Fabel in ihrem Charakter beurteilt und die Auswertung bereits im Vorfeld expliziert. Gessner selbst deutet die Fabel nicht. Die schlichte Lexikoninformation erhält im Gegensatz zur Vorlage den Status einer leserorientierten Sequenz. Derartige Einrahmungen und Auswertungen des vorgefundenen Stoffs finden sich häufiger.[99]

Analog greift Herold mehrfach auch auf die bei Gessner vorhandenen Embleme des Andrea Alciati zurück. Im Abschnitt über den Jungfrauenaffen (Sphinx) wird der Verfasser beim ersten Zitat ausführlich vorgestellt und erneut der Text über seine Vorlage hinaus ausgewertet.

> *Alciatus ein geleerter / vnd zŭ vnsern zeyten vast der berŭmptest mann im Rechten / hat in dem bŭchlin seiner Răterschen / von diesem Jungkfrauwaffen / vnwüssenheit abzeweysen / gar ein lieblich gedicht / gantz künstlich geschriben:*[100]

---

[97] Vgl. Thierbŭch, Bl. XLVIv: *Hierauß der alten aberglaub / vnd jămerliche verfŭrung / darmit sy die teüfel vnd künstler betrogen / wol abgenommen wirt / wo nit reyne leer / was jamers in der wält durch die klŭgling angerichtet werde.*

[98] Thierbŭch, Bl. LIIIv. H. A. I, S. 806.

[99] Etwa direkt anschließend in der Darstellung ironischer Verse des Simonides auf den Sieger eines Maultierennens (Thierbŭch, Bl. LIIIv. Vgl. H. A. I, S. 807): *Da hat sich auch ein lăcherlicher possz zŭgetragen [...] Simonides ein berŭmpter gedichtsprăcher oder Poet [...] Jn denen worten da zeuermercken / daß der sprăcher nit mălden wŏllen / daß sy auß in er Eßlin / so verachtem thier / erzeüget / sonder von eim Rossz oder Pfărd / das etwas ansichtigers / sein hărkommen hette. Also mŭß sich der krümmen / rencken vnd lencken / der da nit vast schŏne sachen vmb gälts willen zeuerblŭmen vnderstadt.*

[100] Thierbŭch, Bl. XIv. Ähnlich im Kapitel über den Biber (Ebd., Bl. XXVIIv): *Alciatus der hochgeleert mann / auch auff dise sag sehend / durch seyn răterschen*

Die Sphinx als Sinnbild für Wollust, Hoffart und Verwegenheit, der Biber, der seine Geilen abbeißt, als Zeichen der Klugheit, der Esel als Bild der luxuria, invidia und superbia: die Embleme des Alciati schöpfen dabei aus dem traditionellen Arsenal der Tugenden und Laster. Herold verzichtet hier auf die Erörterung der jeweiligen Überlieferungszweige und die Diskussion der Bildpotentiale, die Gessner im Rahmen grammatischer Texterklärung vornimmt. Er isoliert demgegenüber den didaktischen Aspekt, den er häufig durch eigene weiterführende Erklärungen entfaltet.[101]

Bei der Zusammenstellung der Informationen hält sich Herold keinesfalls an die philologische Rubrik der Vorlage. Was er hier an Material vorstellt, entnimmt er vielfach aus vorhergehenden Abschnitten. Das Material, das er im Bärenkapitel unter dem Stichwort *History* zusammenliest, entstammt nicht weniger als drei Abschnitten (C,D,H). Unter dem Titel *Etlich lustig historien vom Hundskopff hårrůrend* gibt Herold primär eine Auflistung von Hieroglyphen des Horapollon, die er ausnahmslos den Rubriken C und D entnimmt. Anders als bei Gessner dienen ihm die Hieroglyphen nicht als Grundlage der Informationsgewinnung, sondern, eingeschränkt auf ihre moraldidaktische Funktion, als Illustrationsmittel für den ägyptischen Schriftgebrauch. Der Titel *History* vereint hier historische und didaktische Erläuterungen gleichermaßen.

> *DJe Egyptier haben den brauch | wo sy etwas tugend | laster | oder bedeütnuß anzeigen wöllen | daß sy das selbig nit durch bůchståbliche | sonder verzeichnung etlicher bildtnussen beschreyben oder fürmalen.*[102]

Das Interesse an den Hieroglyphen läßt sich mit einer früheren Arbeit Herolds erklären: 1554 hatte er die deutsche Fassung ›De deis gentium‹ des Lilio Gregorio Giraldis übersetzt, in dem sich u. a. die Hieroglyphenkunde des Horapollon befindet.[103]

Übernommen wird aus der Vorlage meist das didaktisch und historisch Verwertbare. Durch die Auflösung des Ordnungsrasters erhält dieser Abschnitt den Charakter einer wüsten Kuriositätenreihung:

---

    anzezeigen | das zů zeyten besser das gůt dann der leyb verloren | schreybt also: [...].

[101] Die Fabel des ein Seil knüpfenden Oknos, das von einem Esel wieder aufgelöst wird, untersucht Gessner in verschiedenen Überlieferungs- und Deutungstraditionen (H. A. I, S. 17f.). Alternative Deutungen sind: 1. der fleißige Mann, der durch die Verschwendung der Frau ruiniert wird; 2. Arbeit, die ohne Nutzen sich verzehrt; 3. Müßiggang und Trägheit, Faulheit; 5. vergeßliche und dumme Menschen. Herold wählt allein die erste (Bl. XLVII^v). Zu weiterführenden Deutungen vgl. Thierbůch: Bll. XIv (Sphinx), XLVIIv (Esel).

[102] Thierbůch, Bl. VIIIr/v.

[103] Burckhardt: Johann Basilius Herold, S. 269. Vgl. Höpel: Emblem und Sinnbild, S. 67–72.

Sprichworte, Embleme, historische Fakten, Bräuche, Bilder, Skulpturen sowie Fabeln, schließlich sogar eine Anzahl von Pflanzennamen finden sich dort vereinigt. Unter dem Aspekt von *History* ist all diesen kulturellen Elementen im weitesten Sinn gemeinsam, daß sie auf ihre Entstehungsgeschichte hin befragt werden. Im Kapitel über den Bären etwa werden Sprichworte, Tierkreiszeichen, Bräuche, Geschlechter, Hieroglyphen und Bibelverse durch Rekurs auf deren *geschicht, fabel* oder *sag* erläutert und überdies in einer Reihe von Historien dargelegt.

Gegenüber der Vorlage fügt Herold zwei zusätzliche Erzählungen ein. Einmal, um die Herkunft eines Sprichwortes zu erläutern: das Diktum, Jemandem eine Bärenhaut verkaufen, erläutert Herold unter Rückgriff auf eine in zeitgenössischen Exempel- und Fabelsammlungen vorliegende Fabel.[104] Zum andern, um den bei Gessner nur knapp erwähnten Brauch der Berner Bürgerschaft historisch zu erklären, dauerhaft ein Paar Bären in ihrer Stadt zu halten.[105] Es folgt die Geschichte des Herzog René von Lothringen, der anno 1476 von Karl von Burgund seines Landes vertrieben worden war und der die Eidgenossen um Hilfe ersuchte. In diesem Zusammenhang wird ein Bär, der Namenspatron der Stadt, zum (kalkulierten) providentiellen Zeichen.[106]

Zum Dank für die erfolgreiche Rückeroberung seines Landes durch die Eidgenossen stiftet der Herzog der Stadt zwei Bären, *das zů ewigen zeyten sölicher fürgangnen wundergschicht durch erhaltung der Bären die gedechtnuß nit abgienge*.[107]

Durch narrative Einschübe dieser Art verstärkt Herold einerseits die schon bei Gessner angelegte Tendenz der Rubrik, die Herkunft der kulturellen und sprachlichen Phänomene zu erläutern. Zum andern rückt bereits hier der Aspekt des Wunderbaren, Providentiell-Phantastischen in Gessner Tiergeschichte ein.

---

[104] Thierbůch, Bl. XXr: *Er verkaufft die Bårenhaut / vnd hat den Båren noch nit gestochen. Welches spruchwort on zweyfel auß der geschicht entsprungen* [. . .]. Vgl. Röhrich: Lexikon der Sprichwörtlichen Redensarten I, S. 98–100. Röhrich verweist u. a. auf die Fabelsammlungen des Äsop (1539) und Camerarius (1538), sowie auf Kirchhoffs ›Wendunmuth.‹ Stück 87: Von der Vermessenheit.
[105] Thierbůch, Bl. XXr/v.
[106] Thierbůch, Bl. XXv. Als der Herzog Reinhard sein Hilfeersuchen vor dem Berner Rat vorbrachte, begleitete ihn ein zahmer Bär in die Ratsstube: *Wie nun der Fürst sein obligende not erzellet / vnd zů bitten vmb hilff anfieng / satzt sich der Bår auff sein hindern / vnd hůb seine vorderen datzen auf / in aller maß vnd gstalt wie ein mensch der mit aufgehabnen henden in grosser seiner angst vnd not vmb Gott oder ander hilff bittet. Vnd sóliche gebård des thiers fasset gleych der Fürst zů bekrefftigung seiner worten* [. . .].
[107] Thierbůch, Bl. XXv. Vgl. H. A. I, S. 1078: *Berna Heluetiae clarissima ciuitas ursos publice alit. eodem pro insignio habet, quatuor pedibus insistentes, & nomen quoque ciuitatis ab urso factum uidetur etymo Germanico.*

– *Kontexterläuterungen*

Die methodische Verzettelung des Wissens über Tiere hatte in Gessners Werk dazu geführt, daß die Exzerpte aus den auctores, organisiert unter bestimmten loci, nebeneinander standen und Geschichten auch nur auszugsweise zitiert werden konnten. Bisweilen begnügte sich Gessner gar mit einem knappen Hinweis. Gegenüber einem gebildeten Publikum ist er von der Verpflichtung entlastet, den Verständnisrahmen ausführlich darlegen zu müssen, zumal die jeweilige Stellenangabe den Leser in die Lage versetzt, selbst nachzuschlagen. Der eingeübte Umgang mit den klassischen Autoritäten erspart zudem im Einzelfall eine detaillierte Kommentierung inhaltlicher Art.

In den Übersetzungen dagegen stellt sich die Notwendigkeit ein, auch die Inhalte den veränderten Voraussetzungen anzupassen. Herold bemüht sich in seinem Teil fast durchgängig, die geographischen Daten der historischen Quellen zu aktualisieren. Gegenüber dem gelehrten Lexikon, das an der Form des historischen Zitats sich orientiert, ist hier der Gegenwartshorizont der Bezugspunkt für die einzelnen Informationen.

Erklärungsnotwendigkeiten treten überdies verstärkt dort zutage, wo sich bildungsspezifische Elemente in die Darstellung mischen. Herold, der die Übertragung der philologischen Sparte unter dem Gesichtspunkt des prodesse et delectare vornimmt, bemüht sich, gerade dort Kontexte deutlicher herauszuarbeiten und Sacherklärungen zu liefern, wo sie sein didaktisches Programm berühren. Zwar kürzt er umfangreiche Erörterungen mythischer Ereignisse weitgehend zusammen, wie etwa die Erklärungsalternativen über die Entstehung des Siebengestirns, doch erfolgt die Kommentierung dort ausführlicher, wo es sich um wundersame und auswertbare Ereignisse handelt:

Für die Erklärung jener beiden Sterne, die den Eselsnamen tragen, greift Gessner auf die Fabel von Juno und Liber zurück. Ein Vergleich der Einleitungspassagen illustriert den Unterschied des jeweils vorausgesetzten Rezeptionshorizonts:

Liber enim à Iunone furore obiecto, dicitur mente captus fugisse per Thesprotiam cogitans ad Iouis Dodonaei templum peruenire, unde peteret responsum, quo facilius ad pristinum statum mentis rediret: sed cum venisset ad quandam paludem magnam quam transire non posset [. . .].[108]

Juno was Libero dem Blanckhart so ghassz / daß sy jn gantz mȯnig vnd vnsinnig macht / treib jn in sȯlicher wanwitz durch die land hin vnd wider: doch was er noch so bsinnt / daß er wolt dem Tempel Jupiters zůlauffen / der in Epiro zů Dodona / da yetz vngefarlich Porto Pagania stadt / nit weyt von Corfun über: dann daselbst ward sein vatter Jupiter vereert: vnd auff einem Eychbaum / in mitts im wald der vmb den tempel hårumb was / sassen etlich tauben die gaben den yhenigen so da von künff-

---

[108] H. A. I, S. 11.

tigen dingen fragtend | antwort. Doch wőllen etlich die tauben seyen auff eim Bůchbaum gesåssen: die Eychen haben aber selbs geredt: ye wie ja dem seye | so ist der Heyden walfart groß da gewesen: vnnd derhalb so wolt diser Liber auch darziehen.[109]

Das bei Gessner keinesfalls erklärungsbedürftige Orakel von Dodona wird in der Übersetzung geographisch lokalisiert und sachlich erläutert. Obgleich es sich explizit um eine Fabel handelt, lassen sich an ihr geographische, historische und mythologische Sachverhalte erläutern. Neben der Darlegung der Verstehensvoraussetzungen für die Fabel erweist sich der Text als tauglich für den historischen Unterricht.

Im Rahmen der Besprechung von Abbildungen, die Personen mit Eselsohren darstellen, verweist Gessner u. a. auf einige, die den König Midas abbilden. Gessner bezieht sich dann lediglich kurz auf die entsprechende Stelle aus Ovids ›Metamorphosen‹ – *Midae aures quomodo abierint in asininas Ouidius libro 11 Metamorphoseon quomodo graphice depingit.*[110] Herold entwickelt demgegenüber aus verschiedenen Gründen ein besonderes Interesse für diese Stelle: zum einen entfaltet er die Fabel vom Wettstreit zwischen Apoll und Pan, in der Midas die unglückliche Rolle des Schiedsrichters zu übernehmen hatte und sein Urteil ihm den Zorn des Apoll und damit die Eselsohren eintrug. Dem in antiker Mythologie unkundigen Leser illustriert Herold damit die Hintergründe des Bildes.

Zum andern gibt ihm die Stelle Gelegenheit zur Eigenwerbung, indem er auf die von ihm selbst übersetzte und edierte Erasmus–Ausgabe verweist, in der sich eben jene Stelle findet.[111] Aber auch didaktisch läßt sich die antike Fabel verwenden. Wenn Herold den Eselsohren tragenden Midas als ein *gmein sprüchwort* auffaßt, qualifiziert er diesen als Exempel, dem metaphorisch eine Lehre abgewonnen werden kann. Herold druckt infolgedessen zusätzlich zu der den Kontext erläuternden Fabel jene Ovidpassage ab, in der es um die Konsequenzen der Geschichte geht: Apolls Rache, Midas Scham, seine fruchtlosen kosmetischen Bemühungen sowie das beinahe übernatürliche Urteil, die Schande trotz aller Kaschierungsversuche publik werden zu lassen. Das Exempel erweist sich jedoch auch als gegenwartsrelevant, indem Herold es auf einen Ratschlag im Umgang mit Mächtigen auslegt. Herolds eigene Lehre lautet.

---

[109] Thierbůch, Bl. XLVIv.
[110] H. A. I, S. 17.
[111] Dabei handelt es sich um die Übersetzung von Erasmus Schrift ›de Lingua‹: Von der Zung des nimmer hoch gelobten D. Erasmi von Rotterdam, Basel 1544. Vgl. Burckhardt: Johann Basilius Herold, S. 129. Herold zitiert die Ovid–Passage im Thierbůch aber nicht nach seiner Erasmus-Übersetzung. Vgl. Von der Zung [. . .], Bl. X[V]r/v.

> Auß diser fabel wol zeuerston / das die grossen herren vil kleckstein ann statt der oren haben: derwegen gantz bhůtsam von jnen zereden / ob schon sy zů zeyten nit alle ding nach dem gschicksten wüssen aufzenemmen oder außzelegen.[112]

– Prodigien und Sündenbewußtsein

Die Zusätze des jeweiligen Bearbeiters können über punktuelle Ergänzungen hinausgehen und einen programmatischen Akzent gewinnen und, wie im Falle Herolds, zeittypisches Kolorit annehmen. An seinen Ergänzungen läßt sich studieren, daß das Interesse mancher Bearbeiter weniger der sachbezogenen curiositas als der semantisch orientierten Naturdeutung verpflichtet ist. Herold bringt gegenüber Gessner bei seiner Textbearbeitung die religiöse Perspektive deutlich stärker zum Ausdruck. Schon durch leichte Kontexterläuterungen werden die Präferenzen des Bearbeiters sichtbar.

Die Beschreibung der ihre Jungen verteidigenden Bärin, die Gessner schlicht durch eine Reihe von Zitaten, u. a. durch Oseam 13, belegt, ergänzt Herold durch erläuternde Worte:

> Ja gantz rasend wird sy so jnen etwas begegnet / oder so sy jro gefangen werden. Derhalben vnser Herr Gott / der die sünden des volcks Jsrael durch Oseam den propheten zestraaffen betröuwet / sagt: Jch wil sy anplatzen wie ein Bärin deren jre jungen außgenommen.[113]

Die Informationsreihung wird bei dem Bearbeiter zu einer zusammenhängenden Passage, das Bibelwort, dessen Kontext zusätzlich dargestellt wird, zum Anlaß, auf den historisch lokalisierbaren Zorn Gottes zu verweisen. Es ist gegenüber dem naturkundlichen Befund das Ereignis des in die Geschichte eingreifenden Gottes, das hier – noch am biblischen Material orientiert – zu einer Hervorhebung einlädt.

Gessners Beschreibung vom medizinischen Nutzen des Maulesels stellt Herold eine lange Abhandlung an die Seite, in der er über die verderbliche und heilsame Wirkung in der Natur reflektiert. In der Begegnung mit der Natur stellt sich das Theodizeeproblem. Indem er das Problem mit der Vorsehung in Verbindung bringt, kommt Herold zu einer mahnenden Interpretation der Versuchung. Das Fell des unfruchtbaren Maulesels verhindert in typisch analoger Denkweise die Geburt und fördert die Abtreibung. Gerade dieser Punkt aber muß den Gläubigen herausfordern, der das Faktum als solches zwar benennt, zugleich aber in einem langen Exkurs sich und den Autor der Vorlage von der moralischen Verantwortung für die Information entlastet:

---

[112] Thierbůch, Bl. XLVIIIr.
[113] Thierbůch, Bl. XVIv. Vgl. H. A. I, S. 1071: *Vrsi cum feritate caeteras belluas superent, pro catulis tamen omnia faciunt, Apollonius apud Philostratum. Occuram eis quasi ursus (dob, Hebraice. [. . .]) orbatus, Osee 13.*

> So můß sich der Låser ab der vilfåltigen gnad Gottes gleych hoch entsetzen / das er dem menschen die erkündigung gůts vnd böses / nach dem abfal so gar eigenlich zů ergründen verlihen / darmit jm vnuerborgen / was jm ja / also tödtlichen / das låben zů erlangen wider verholffen / vnd jm noch weyter in verderben zestürtzen anstifftlich seyn möchte. Derwegen / weder hierinn in disem herrn D. Geßners / der es alles auffs treülichest auß ander naturkündigen zůsamen getragen / noch auß meim Herolden verdolmetschen niemants erlernen sol der natur nachzeuolgen / allein in den stucken da sy nachteilig.[114]

Die naturkundliche Information mündet aufgrund ihrer Ungeheuerlichkeit in eine religiöse Betrachtung der Konsequenzen des Sündenfalls. Der Topos ›ars imitatur naturam‹, gleichsam Berufungsinstanz der Naturkunde, erfährt unter theologischem Aspekte eine Einschränkung. Nicht die etwaige naturphilosophische, bzw. medizinische, vielmehr die moralische Problematik steht im Vordergrund. Im erschrekkenden Naturphänomen gewahrt Herold den Verlust des ursprünglichen providentiellen Status, der dazu geführt habe, daß auch die Natur bereits in sich verderbliche Erscheinungen enthalte.

Daß die Natur der Ort des Widerstreits guter und böser Mächte ist, entspricht zeitgenössischer Auffassung. Im Rahmen reformatorischer Eschatologie haben außerordentliche Naturerscheinungen ihren festen Platz. Deutlich spielt Herold darauf im Kapitel über den *Forstteüfel* an, bei Gessner ein unscheinbarer Absatz innerhalb des Satyrkapitels, ohne interpretierende, geschweige denn eschatologische Zusätze. Gessner zitiert das in jener Zeit Aufsehen erregende Ereignis nach einem Brief des Georg Fabricius.[115] In der Übersetzung wird das Tier zum außerordentlichen zeichenhaften Ereignis, das einen ausführlichen Kommentar herausfordert:

> WJewol dises thier von niemants mer gesehen worden / dann eben zů vnsern zeyten vnd gefangen im jar nach Christi geburt / M.D.XXXI. on zweyfel ein erschrockenliche / bedeütliche wundergeburt gewesen: hat es auch kein sondern nammen / hab ichs ein Forstteüfel genannt / dieweyl es scheützlicher seiner gestalt / den gemalten teüflen nit vngleych sicht: wol wüssend daß der verdampt geist / so man den Teüfel nennet / on gstalt / on córpel / von malern aber auffs vngestaltest / so sy ymmer mögen / gemalet wirt: villeicht damit anzezeigen / was grausamen jamers sey der flůch Gottes / so vmb der sünden willen / auch die herrlichest sein creatur / in vnsågliche abscheüung verstoßt / etc.[116]

Schon die Namengebung offenbart die Perspektive. Statt der positiven göttlichen Spur offenbart sich der Teufel in Form einer Wundergeburt.

---

[114] Thierbůch, Bl. LIv.

[115] Bereits 1533/53 ist das Ereignis chronikalisch festgehalten, 1556 findet es zudem Eingang in Job Fincels ›Wunderbuch‹. Vgl. Schilling: Job Fincel und die Zeichen der Endzeit, S. 345.

[116] Thierbůch, Bl. XIr. Vgl. H. A. I, S. 978f.: *Satyrorum historiae subijciendum duxi monstrum istud, cuius effigiem apposui, quam eximiae eruditionis & humanitatis uir Georgius Fabricius ex Misnia Germaniae ad nos misit, & simul descriptionem, his uerbis [. . .].* Vgl. Ballauff: Die Wissenschaft vom Leben, S. 137.

Allen drei angeführten Beispielen ist in diesem Sinn der Bezug zur strafenden Hand Gottes gemein. Die leibhaftige Präsenz des Teufels sowie Wundergeburten als Prodigien der nahen Apokalypse stellen ein populäres Thema in Drucken und Flugschriften der Reformationszeit dar.[117] Es steht im Zusammenhang mit dem protestantischen Sündenbewußtsein und der eschatologischen Naherwartung. Ab Mitte des 16. Jahrhunderts bricht es sich in einer Fülle von Publikationen Bahn, angefangen von Job Fincels ›Wunderbüchern‹, über das ›Prodigienbuch‹ des Konrad Lycosthenes bis hin zu Caspar Goldwurms Werken. Herold selbst lehnt sich mit seiner Bearbeitungsform an diesen Texttyp an, hatte er doch selbst damit bereits Erfahrungen gesammelt. 1557 übersetzte er das ›Prodigorum ac Ostentorum Chronicon‹ des Konrad Lycosthenes, eine »Sensationsillustrierte«, die in chronologischer Abfolge Prodigien aller Art auflistet.[118]

Prodigien als Wunderzeichen Gottes oder mahnende Vorzeichen können sich in den unterschiedlichsten Formen realisieren: als Himmelserscheinungen, Erdbeben, Naturkatastrophen, Kriege, Seuchen, historische Ereignisse sowie – wie im vorliegenden Fall – als Mißgeburten auch im Bereich der Tierwelt. Und in der Tat findet sich der *Forstteufel* schon in Herolds Lycosthenes-Übersetzung, dort allerdings in einer eher nüchternen Darstellung.[119] Kann sich das Wunderbuch auf eine Beschreibung des Tiers beschränken, da durch den Kontext der Darstellung die Bedeutung des Phänomens schon hinreichend ersichtlich ist, wird im ›Thierbůch‹ der zeichenhafte Kontext betont. So kommt es zu dem paradoxen Umstand, daß das Wunderbuch mehr eine Beschreibung, das ›Thierbůch‹ jedoch eine Deutung des Phänomens liefert.[120]

Es ist diese Optik des Wunderbaren, die vielfach auch die Bearbeitungsweise des ›Thierbůchs‹ prägt. Diese vollzog sich dabei bisher in der Form der Kontexterläuterung, der Stellungnahme und der Umdeutung. Eine weitere Form bildet die Digression.

---

[117] Schenda: Die deutschen Prodigiensammlungen, S. 686ff. Zur Verbindung von Luthers Vorzeichenglaube mit dem humanistischen Interesse an Prodigien vgl. Brückner: Historien und Historie, S. 40.

[118] Wunderwerck Oder Gottes vnergründtliches vorbilden [...] Auß Herrn Conrad Lycosthenis Latinisch zůsammen getragner beschreybung / mit grossem fleiß / durch Johann Herold / vfs treüwlichst inn vier Bůcher gezogen vnnd Verteütscht [Franckfurt 1557]. Vgl. Schenda: Die deutschen Prodigiensammlungen, S. 699f.

[119] Wunderwerck, S. 483 (mit Abbildung).

[120] Wunderwerck, S. 483: *DJsen Forst teüffel haben des Bischoff von Saltzburg jäger im Hanßburger Forst vnder anderm geiägt gfangen / von farb falb geel / es was gantz wild / wolt die leüth nitt ansehen / verbarg sich in die winckel. Ein hanen kamb trůg es auff dem haubt / mentschen angsicht mit bart / Adler füß / schier Löwen tatzen vnd ein hunds schwantz hatt es / starb bald hungers / man mocht jm nit so lieblich locken / nit so vil gwalts thůn das es essen oder trincken wolte.*

– *Dissoziation von Erzählanlaß und Erzählung*

Es ist auffällig, daß es mittelalterlichen Autoren so leicht fällt, ihr Thema aus den Augen zu verlieren, ein Phänomen, das im Bereich des Prosaromans und der Exempelliteratur schon Erklärungsversuche nach sich gezogen hat.[121] Mit herkömmlichen Konsistenzansprüchen an die Texte heranzugehen verbietet sich geradezu, da Gattungs- und Disziplingrenzen vielfach ineinander verlaufen und noch nicht moderner Differenzierung unterliegen. Es entspricht einer gängigen Praxis frühneuzeitlicher Übersetzer, daß sie eigene Anschauungen, Erlebnisse, Lektüreerfahrungen und Kommentare in den Text einfließen lassen. So bieten Herold biographische Erfahrungen und Lektüreerlebnisse Anlaß für ausführliche narrative Exkurse.

Wie leicht Herold Stichworte zum Anlaß nimmt, Assoziationen nachzugehen, sei zunächst an einem neutralen Sachverhalt illustriert. Im Anschluß an die Beobachtung widerspenstiger Büffel in Calabrien beschreibt er sein Erlebnis der römischen Faßnacht, bei der vom Campoflora bis zum Papstpalast Büffel durch die Straßen getrieben und allseits gereizt werden, wobei die zornentbrannten Tiere oftmals Menschen töten. Die Illustration eines Sachverhalts wird erweitert durch eine nur lose damit verbundene außerordentliche biographische ›Erfahrung‹. Im Rahmen des vorgegebenen naturkundlichen Themas ergänzt Herold unter dem Aspekt von *historia* sein Quellenmaterial um den Bericht eines Augenzeugen.

Unter der Rubrik ›Von der Nahrung des Bibers‹ gelingt es Herold, das Erlebnis einer Seereise mitzuteilen. Es lohnt sich, die Assoziationskette zu verfolgen, die ihn zu seinem eigentlichen Interesse führt und nach deren Sinn zu fragen: vom Fisch *Melica*, der dem Biber als Nahrung dient, kommt er unvermittelt auf eine ähnliche Fischart, die man:

> *Milago nennt | welche | eben einem wåtteruogel gleych | mit gesamleter schaar | so sich etwas vngestůme auff dem meer erheben wil | fliegend | vnd ob dem wasser ein vnglaubliche weytin | mit außgedånntem flossen | springend. [. . .] Ich Herold hab auch jr warnen war befunden | als ich zů Palermo in Sicilien auff Genua zů außgefaren [. . .].*[122]

Damit hat Herold seinen ursprünglichen Anlaß aus den Augen verloren und kann sich der Schilderung dieses wundersamen Ereignisses hingeben: *daß ich dozemal zů meinen geferten redt | Das wår in Teütsch land zů sagen ein spott vnd mårlin.*[123] Es folgt denn auch ein selbst von erfahrenen Seeleuten nie erlebter Sturm, der über acht Tage und Nächte währt und aus dem man nur *durch Gottes hilff widerumb zů land*

---

[121] Daxelmüller: Exemplum und Fallbericht, S. 152ff. Müller: *Curiositas* und *erfarung* der Welt, S. 261–265.
[122] Thierbůch, Bl. XXIIr. Vgl. Burckhardt: Johannes Basilius Herold, S. 97f.
[123] Thierbůch, Bl. XXIIv.

kommt. Die Eigenschaft der Fische wäre Gessner in seinem Fischbuch willkommen gewesen, Herold allerdings legt wieder den Akzent auf die Funktion. Der zeichenhafte Charakter der Natur und das persönliche Erlebnis dominieren auch hier wieder das Thema, die Nahrung des Bibers darzustellen.

Sichtbar kämpft der Historiograph im Verlauf der Übertragung mit dem spröden naturkundlichen Material und nutzt immer ausführlicher die Gelegenheit zur Digression. Die Darstellung eines *History*-Abschnitts kann bis zur vollständigen Neugestaltung gehen. Über das Einhorn weiß Gessner wenig Philologisches zu berichten. Herold reduziert sein entsprechendes Kapitel auf zwei wiederum historisch lokalisierbare Ereignisse, von denen sich nur eines, zudem an anderer Stelle, bei Gessner findet.[124] Das zweite entnimmt er in ausführlicher Darstellung der Chronik des Sabellicus:

> *M. Antonius Sabellicus schreybt / in der Venediger Histori am 26. bůch ein diebstal / der deßhalb / daß ein Einghürn darbey gewesen / dem Lǎser nit vnlustig / oder verdrützig seyn sol / vnd aller oberkeit ein warnung: vnd das hat sich zůgetragen vngefarlich im jar 1448.*[125]

Der Chronist berichtet von dem aufsehenerregenden Diebstahl des Schatzes aus der Markuskirche durch den Griechen Stammato. Das Ereignis wird in seiner Vorgeschichte, seinem Verlauf und letztlich seiner Entdeckung auf einer ganzen Folioseite detailliert beschrieben. Bis auf den Umstand aber, daß sich ein Einhorn unter dem Diebesgut befand, besteht kein Bezug zu dem Thema. Der locus (Einhorn) ist nurmehr ein loser Anlaß für den Exkurs zu einem sensationellen Ereignis. Der historische Fall ersetzt hier den naturkundlichen. Nicht einmal zur historischen Ableitung läßt sich die Geschichte verwenden. Einmal nun ist diese unterhaltsam (lustig), als blasphemischer Raub innerhalb einer Kirche aber auch als eindringliche Warnung zu verstehen. Der *wunderbare diebstal*, der *aller oberkeit ein warnung* sein soll, findet seine Steigerung in der Hinrichtungsart: Der Dieb wird in Anerkennung seiner außerordentlichen Tat mit einer goldenen Krone, an einem vergoldeten Galgen und mit einem goldenen Strick gehenkt.[126]

Die an den Prodigien geschulte Perspektive führt zu einer Sensibilität für das Außerordentliche, und ihr ist es dann auch zuzuschreiben, wenn nicht nur die eigene Erfahrung den Anlaß für die Abschweifung

---

[124] Gessner (H. A. I, S. 784) berichtet in der Rubrik B von einem Einhorn, das 1520 (*circa annum Salutis 1520. ⟨annis antequam haec scriberem circiter triginta⟩*) bei Brug an der Ar gefunden worden ist. Herold überträgt es in die letzte Rubrik.

[125] Thierbůch, Bl. XXXVIIIv. Zu Sabellicus als Verfasser einer wirkungsmächtigen Exempelsammlung vgl. Brückner: Historien und Historie, S. 88.

[126] Thierbůch, Bl. XXXVIIIvf. Vgl. M. ANTHONII SABELLICI HISTORIAE RERVM VENETARVM ab urbe condita, libri XXXIII, BASILEAE 1556, S. 826f. Die Hinrichtung ergänzt Herold aus der Chronik des Franciscus Modestus.

bildet, sondern gleichfalls die Anspielung der Textvorlage das memorierte Arsenal an Bedeutsamkeiten aktiviert. Im Kapitel vom *Cercopithecus*, der Meerkatze, verweist Gessner unter der Rubrik B auf die *regio Calechut*, in der diese Tiere vorkommen. Die Einwohner seien ihnen deshalb feindlich gesonnen, weil die Affen die Vorrichtungen zerstörten, mit denen sie Saft aus den Bäumen gewännen. Um eine Vorstellung davon zu geben, wie anders geartet Herolds Interesse an dieser Stelle ist und wie weit sich der Text unabhängig von etwaiger zoologischer oder moralischer Funktion vom Erzählanlaß entfernen kann, hier ein längeres Zitat.

> *Die armen leüt haben dise thier gar vngern / dann sy jnen gantz überlåstig vnd schådlich / vrsach / in Calechuten wachßt ein baum der in aller wålt seins gleychen kaum hat / der tregt ein nussz gleych wie ein Dattelkern / vnd mag man jårlich zåchnerley nutz ab disem baum gehaben. Erstlich holtz zum fheür gantz güt vnd gnüg: ein kernen der gantz lustig zü essen: so vil flachß das zü den kleidern / als ob sy syden wåren / daruon gemacht wirt / vnd dann auch zü schiffseilen basts gnüg. Er gibt auch scheleten zü kolen / die lang fheür behalten / ein tranck an statt des weyns / sunst safft oder most / öl vnd zucker: das laub so daruon falt ist güt auff die heüser / vnnd braucht man sy an statt der ziegel / die da ein halb jar wasser halten. Yeder deren böum tregt jars auff zweyhundert nussz / von denen nimpt man die erst schaleten / vnd braucht sy an holtzes statt: vnder der selben schalen findt man ein gfåsel / gleych wie baumwollen oder flachß / den selben hechlet man / vnd bereit das best ob tüch: das mittler gibt güte schnür / auß welchen sy dann grosse seiler machen. Die schal hernach gibt güt kolen / das heütlin ob dem kernen ist lieblich zeessen / vnd eben eins fingers dick / zwüschen dem selben vnd dem kernen: so vast die nussz wachßt / so vast wachßt ein güter safft / also / wenn die nussz zeytig wirt / das du des selben saffts zwüschen haut vnd kernen etwa ein bächer / drey / vier voll des selben saffts findest / der gar süß zetrincken / lauter vnnd wolgeschmackt / schier wie roßwasser reücht. Der kernen ist hernach vor allen dingen ein wolgeschmackte speys / zü dem so machet man kostlichs öl darauß: vnd das wachßt an eim stammen des baums. Am anderen stammen lassen sy kein frucht oder nussz wachsen / sonder die schossz am stammen zwicken sy in der mittle ab / vnd ritzen sy mit einer waffen / morgens vnd abents / giessen / weiß nit was feüchtigkeit / dareyn. Die selb zeücht denn das safft des baums ansich / vnnd tropffet inn darzü verordnete gschirr / den selben safft distillieren sy by dem fheür ein mal / zwey / wie hie zü land das* Aqua vitae / *oder gebrannter weyn / gemachet wirt / das hat dann so ein starcken gschmack / das der / so des geruchs zü vil nimpt / gleych taub wirt / vnd als ob er voll weyn / niderfalt. Vnd diß tranck brauchen sy wenn sy wol låben wöllen / anstatt deß weyns. Darnach hat diser baum etlich åst / darauß hartz treüfft / welches zü zucker gemachet wirt / da ist er nit so lieblich als anderer zucker. Nun disen böumen vnd gschirren dareyn jr safft gefaßt wirt / sind die Meerkatzen gfaar / verwüsten / verschütten / zerbrechen den eynwoneren vil an disen böumen / derhalben sy den armen ein überburde.*[127]

Die Passage erweckt aus verschiedenen Perspektiven Interesse. Sie fügt ein miraculum mundi in den Text ein, das mit dem Gegenstand des Abschnitts wie des Buches insgesamt nichts mehr zu tun hat, das sich allerdings in das allgemeinere Darstellungsinteresse der Welterschlie-

---

[127] Thierbůch, Bl. Vvf.

ßung und der Suche nach den Spuren Gottes in der Schöpfung einreiht. Die Darstellung entstammt der Reisebeschreibung des Ludovico Barthema, die in lateinischer und deutscher Version u. a. im ›Novus Orbis‹ des Johann Huttich vorlag.[128] So wandern je nach Bedarf wundersame Phänomene aus Historiographie, Prodigien- und Reiseliteratur in das volkssprachliche Naturbuch, wie auch umgekehrt seltsame Tiere durchaus Eingang in die Wunderhandbücher finden.[129]

Ein weiteres Beispiel findet sich im Kapitel über den Nutzen des Esels. Neben vielen anderen Verwendungsmöglichkeiten wird auch bemerkt, daß das Horn des Eselshufes als einziges das Wasser des Styx aufzuhalten vermag. Gessner benennt mehrfach diesen Sachverhalt, verweist auf die Geschichte von Alexander, den Antipater mit Styxwasser vergiftet haben soll, und diskutiert die bei den Fachleuten umstrittene Frage, ob es sich bei dem Trinkgefäß um den Huf des Esels, des Maultieres oder des Pferdes handelt.[130]

Orientiert er sich folglich am naturkundlichen Sachverhalt, so interessiert sich Herold dagegen weniger dafür, als für die damit zusammenhängende Geschichte. Er verlagert diese in sein Historienkapitel und legt ausführlich auf fast einer Folioseite Hintergründe, Ereignisfolge und Mittel dar, die zu Alexanders Tod geführt haben, geht aber mit keinem Wort auf den Esel ein. Herold gibt für seine Darstellung keine Quellen an, bezieht sich auch für die Alexandergeschichte nur zum Teil auf die bei Gessner genannten Quellen. Er verbindet die Darstellung der Verschwörung, die auch im ›Alexanderroman‹ des Ps. Kallisthenes, in der ›Historia de preliis‹ und noch in Hartliebs ›Alexander‹ überliefert ist, mit historischen Ergänzungen aus Plutarchs ›Alexandervita‹ und einer Deutung des Styxwassers durch Pausanias.[131] Die alles durchdringende und auflösende Qualität des Wassers deutet Pausanias in den Worten Herolds folgendermaßen:

Nun dise brunnentropffen haben auch dise art / daß kein Cristall / kein gletscher / kein marmel / noch einicherley stein / auch kein yrdin gschirr sein wasser behalten mag / es zerspringt alles: darzů auch horn / bein / ertz / eysen / zin / bley / glaß /

---

[128] Novus Orbis regionum ac insularum veteribus incognitarum [zuerst Basel 1532]. Vgl. Die reysen Ludwig Vartomans [...], in: Die New welt der landschafften vnnd Insulen, Bll. 58r–92v, hier Buch 5, Kap. XVI: *Von dem aller fruchtbarsten baum der jnn der welt ist* (Bl. 76v) nebst der Ergänzung aus dem XXI. Kapitel (Bl. 77v).

[129] So enthält Herolds Wunderbuch einige Tiere aus Gessners ›Historia animalium‹, z.B. das Nashorn (S. 20), den Babion (ebd.), den Affenmenschen (S. 22, 406).

[130] H. A. I, S. 796, 806.

[131] Vgl. Ps. Kallisthenes: Alexanderroman, S. 74–77. Vgl. Johann Hartliebs ›Alexander‹, eingel. u. hg. v. Reinhard Pawis, München 1991, S. 317–320. Einzelne historische Daten, wie das Gerücht um die Involvierung des Aristoteles (nach Hagnothemis) und die Angabe des Ortes, an dem sich das Gift findet (Nonakris) fügt Herold aus anderen Quellen, etwa Plutarchs Alexandervita (Kap. 77) hinzu.

> *agstein / silber / vnd alle metall / vnnd auch das gold selbs / das doch im hőchsten wård bey dem menschen ist / erfaulet / wo diß wasser dareyn kumpt. Darauß wol abzenemmen / daß Gott auß weysem radt angesehen / durch vnachtsame ding / eben den allerkostlichst geachten überlågen seyn mőgen / anzezeigen. Dann das Berle wirdt durch den essich erweicht / der Diemant durch bocksblůt geteilt vnd geleütert: vnnd da das gold / das sunst durch gifft gereiniget vnd geseüberet wirt / das můß disem wasser weychen.*[132]

Gessner verweist auf die *History*, Herold führt sie umständlich aus. Sein Interesse ist aber nicht unmotiviert, es gilt nicht dem Ereignisverlauf, obgleich er diesen darstellt, sondern der wundersamen Qualität des Wassers. Dessen Darstellung nimmt breiten Raum ein und stellt Bezüge zum metaphysischen Kontext her, dem die Erzählung letztlich ihre Existenz verdankt. Herold selbst bemerkt die Beziehungslosigkeit seiner Darstellung zum Thema, so daß er durch einen nachträglichen Kommentar notdürftig einen Nexus herstellt:

> *Damit ich aber widerumb komme vom Esel zů sagen / vmb deß willen dise Histori angefangen / so ist die gmein red bey den scribenten / dises gifftig tődtlich wasser lasse sich in nicht eynfassen von grosser übermåchtiger seiner keltin wågen / dann in Eselshůff.*[133]

Wieder ist ein außerordentliches Ereignis Anlaß zur Abschweifung, die hier explizit in den Horizont göttlicher Vorsehung gesetzt ist. So nimmt Herold Anregungen seiner Vorlage auf, um diese in seinem Sinn weiter auszuführen. Wenn Gessner im Abschnitt über den unfruchtbaren Maulesel eine Pliniusstelle, die den zeichenhaften Charakter von historisch belegbaren Fortpflanzungen dieser Spezies betont, mit einem reduzierten Exempel aus Herodot illustriert, ist es gerade dieser Umstand, der Herold auf das Original zurückgreifen läßt. Herodot berichtet von der List des Hauptmanns *Zopyro*, der anläßlich der Belagerung Babylons durch Dareius eine Mauleselgeburt als Zeichen deutet, die Stadt mittels einer Kriegslist zu erobern. Weit ausführlicher als Gessner entfaltet er die Geschichte der Eroberung Babylons, verlagert sie gar aus der naturkundlichen (C) in die *History*-Rubrik.[134]

Vom Verfahren her analog, doch in umgekehrter Richtung, findet diese abschweifende Darstellungsart ein Pendant im zeitgenössischen Prosaroman. Das Faust- und Wagnerbuch etwa kompilieren die verschiedensten naturkundlichen Stoffe, hinter denen der Protagonist wie die Didaxe bisweilen gänzlich verschwinden.[135] Was hier im didaktischen

---

[132] Thierbůch, Bl. XLVIr. Vgl. Pausanias: Description of Greece VIII, 18.
[133] Thierbůch, Bl. XLVIr.
[134] Thierbůch, Bll. LIIIIr-LVIr. Vgl. H. A. I, S. 796: *Est in Annalibus nostris peperisse saepe, uerum prodigijs loco habitum, Plin.* Es folgt eine knappe Zusammenfassung der Geschichte aus Herodot: Historien, III, 151ff.
[135] Müller: *Curiositas* und *erfarung* der Welt, S. 252–271, 264f.

Schrifttum die Funktion einer sich im Modus der Negation befriedigenden Welterschließung erfüllt,[136] kehrt sich – zumindest was die Bearbeitung des Johannes Herold betrifft – um. Im Rahmen naturkundlicher Welterschließung werden durch das wiederholte Einfügen von Wundererscheinungen – Eselshaut, Forstteufel, fliegende Fische, Wunderbaum, Styxwasser, Maultiergeburt – implizite oder explizite Verweise auf deren Schöpfer gegeben. In dieser Intention laufen die verschiedenen Geschichten zusammen. Das vorgegebene Postulat, den Schöpfer in der Schöpfung zu bewundern oder fürchten zu lernen, wird durch wenige, doch einprägsame Beispiele im Text selbst ins Bewußtsein gerückt.

Mit der Übertragung in die Volkssprache verändert die ›Historia animalium‹ ihren Gattungscharakter. Das vielfältig verwendbare Lexikon wird unter den Händen seiner Bearbeiter notdürftig in einen Lesetext umgeschrieben, dem die Spuren seiner lexikalischen Herkunft weiterhin anhaften. Allein die Tilgung der sprachlichen, literarischen und philologischen Partien macht das Werk indessen noch nicht für ein Laienpublikum attraktiv. Auf unterschiedliche Art bemühen sich die einzelnen Übersetzer, den Handbuchcharakter ihrer Vorlage in Richtung auf alternative Nutzungsmöglichkeiten zu überschreiten. Wohl eher aus werbeträchtigen Gründen sind auf den Titelblättern besonders die Kunsthandwerker angesprochen.

Der Pfarrer Rudolf Heußlin selegiert aus Gessners Vorrede einzig die theologischen Partien, um zur kontemplativen Betrachtung der Natur anzuleiten. Konrad Forer bemüht sich um die Betonung der bildhaften Qualitäten, versucht in Analogie zum Tiergarten (Paradies) das Buch als Erfahrungsersatz zu offerieren. Die noch unter Gessners Aufsicht arbeitenden Übersetzer vermeiden beinah jegliche Art von Stellungnahme und Ergänzungen. Bis auf die jeweilige Akzentuierung der Vorreden treten sie nicht in Erscheinung. Ähnlich vorsichtig verfährt der anonyme Übersetzer des Schlangenbuchs.

Anders dagegen der Beitrag des Johannes Herold. Seine weitschweifige, durch zahlreiche eigenmächtige Ergänzungen charakterisierte Arbeitsweise war gewiß Anlaß zur Ablösung durch Konrad Forer. Der Basler Publizist überschreitet mit seinen Ergänzungen aus Historiographie, Prodigien- und Reiseliteratur bei weitem den naturkundlichen Rahmen. Seine Vorliebe für Wundererscheinungen aller Art bildet aber nur einen eher beiläufigen Aspekt seiner Bearbeitung. Auf der anderen Seite bietet allein seine Bearbeitungsweise dem anvisierten *gemeinen man* Möglichkeiten der sinnvollen Rezeption. Herold vollzieht nicht allein die Umarbeitung der *Philologica* (H) in ein Historien-Ka-

---

[136] Müller: *Curiositas* und *erfarung* der Welt, S. 257.

pitel, in dem er dem Leser zahlreiche didaktische Unterweisungen bietet, er besitzt überdies einen historischen Erklärungsanspruch: die meisten regionalen Bezeichnungen aktualisiert er und ermöglicht dem zeitgenössischen Leser erst eine Orientierung, zahlreiche historische und kulturelle Phänomene erläutert er durch Rekurs auf ihren Ursprung. Anders als Forer und Heußlin stellt sich Herold sichtbar dem Vermittlungsproblem gelehrten Wissens.

5. Die Verbindung volkssprachlicher Plinius- und Gessnerrezeption durch Johannes Heiden

a. Plinius christianus

Mit der Pliniusbearbeitung des Johannes Heiden von Dhaun von 1565 laufen volkssprachliche Plinius- und Gessnerrezeption in einem religiös orientierten Texttyp zusammen. Der Übersetzer und Bearbeiter ist als Vertrauter Kaspar Schwenckfelds, dessen Werke er aus dem Nachlaß ediert und übersetzt, einem Seitenzweig der Reformation zuzurechnen.[137] Neben seiner Pliniusbearbeitung sind es ausschließlich religiöse Schriften, durch die er hervorgetreten ist: ein ›Biblisch Namenbuch‹ (Frankfurt 1565), lateinische Übersetzungen einiger Werke Schwenckfelds und der ›Jerusalem‹-Allegorese des gleichfalls dem Schwenckfeldkreis angehörigen Adam Reissner (Frankfurt 1563).[138] Wie bei vielen

---

[137] Das Corpus Schwenckfeldianorum (=CS) 15 (1960), S. 258f. bietet einige wenige biographische Daten und eine Auflistung seiner Werke. Vgl. Fortsetzung zu Jöchers Gelehrtenlexikon 2, Sp. 1989. Eine Anzahl von Briefen Schwenckfelds an ihn sind im CS überliefert. 1569 ediert er Luthers Bibelübersetzung, vermehrt um das 3. und 4. Buch Ezra. Vgl Köster: Die Lutherbibel, S. 29. Daß es sich bei Johannes um den Bruder des Niklas Heiden von Dhaun, den Herausgeber einer Valerius Maximus–Ausgabe, die im gleichen Jahr wie die Pliniusbearbeitung erscheint, handelt, wird aus einem Gedicht deutlich, das am Ende der Ausgabe steht. Es endet mit den Worten des Niklas Heiden: *Es hats mein Brůder ohn gefahr / Nur dem Leser zů willen gmacht / Der drauff wil geben rechte acht / Gott helff daß wir der Gschöpffen recht Gebrauchen / vnd sein from vnd schlecht.* (Bl. t vir; Ende des Registers). Vermutungen werden im CS 15 geäußert (S. 258f.), daß es sich bei Johann und Adam Heiden um ein und dieselbe Person handeln könnte. Eine indirekte Verbindung über Johannes Bruder Niklas gibt vielleicht ein Frankfurter Druck, aus dem Johannes Heiden zitiert: Unter dem Namen des Adam und Niklas Heiden erscheint 1562 in Frankfurt eine lateinische Beschreibung der Krönungszeremonie Maximilians II., die im gleichen Jahr auch auf deutsch erscheint: ›Kurtze vnd gründtliche Beschreibung / wie Maximilian [. . .] zů Franckfurt am Mayn den 24. Nouembris [. . .] 1562 [. . .] gekrönt worden.‹ Auf S. 242f. seiner Pliniusbearbeitung inseriert Heiden ein sonderbares *Spectakel* aus diesem historischen Ereignis. Bl. G iijjvf.: *Verzeichnusz welcher gestalt der Ochß sampt dem Weinbrunnen zugericht gewesen.*

[138] *Intimus amicus meus* nennt Heiden Adam Reissner in der Vorrede seiner Über-

frühneuzeitlichen Übersetzern liegt sein Leben weitgehend im Dunkeln, mit Ausnahme der spärlichen Daten, die das Corpus Schwenckfeldianorum überliefert. Die erhaltenen Werke und das personelle Umfeld weisen aber schon die Richtung für eine Situierung auch der Pliniusbearbeitung. Daß diese gleichfalls den Kreis der Schwenkfeldianer berührt, geht bereits aus der Widmung hervor. Heiden richtet sie an die Söhne Georg Ludwigs von Freyberg, Michael Ludwig und Ferdinand, die beide noch persönlich von Kaspar Schwenckfeld erzogen wurden.[139]

Im Rahmen dieser reformatorisch geprägten Atmosphäre erfährt die antike Enzyklopädie eine Bearbeitung, die sie aus ihren bisherigen Rezeptionskontexten löst und jener moralisch-geistlichen Didaktisierung unterwirft, die antiken und humanistischen Texten jener Zeit vielfach widerfuhr.[140] Heidens Bearbeitung stellt unter reformatorischer Zielsetzung eine Verbindung von Plinius– und Gessnerrezeption dar, die signifikante rezeptions- und gattungsgeschichtliche Veränderungen erfährt. Nichts mehr von der Scheu vor der antiken Autorität oder dem Bemühen um den Text bzw. um historische Objektivität; aber auch kein Versuch, sachliche Vollständigkeit zu erreichen. Die Art und Weise, wie die Bearbeitung gestaltet ist, wie der Text, der im Vergleich zu seiner Vorlage auf den doppelten Umfang anschwillt, durch Selektion und Anreicherung seinen Status verändert, gibt Einblick in das Aufbauverfahren eines verbreiteten Typus kompilativer Literatur der Frühen Neuzeit. Darüber hinaus legt die Bearbeitung Zeugnis ab von einer spezifischen Rezeption der ›Historia animalium‹ Conrad Gessners, die als sachliches Handbuch, aber auch in bibelhermeneutischer Hinsicht genutzt wird. Der große Anteil an Exzerpten aus der ›Historia animalium‹ wie aus den drei Übersetzungen von Heußlin und Forer kennzeichnet Heidens Bearbeitung geradezu als einen Seitenzweig der volkssprachlichen Gessnerrezeption.

---

setzung von Reissners ›Jerusalem‹-Allegorese: IERVSALEM VETVSTISSIMA ILLA ET CELEBERRIMA TOTIVS MVNDI CIVITAS [...] Frankfurt 1563, Bl. A 4r. Vgl. Clasen: Schwenckfeld's Friends, S. 65.

[139] Weber: Kaspar Schwenckfeld und seine Anhänger, S. 20, 24. McLaughlin: Schwenckfeld and the Schwenkfelders of South Germany, S. 161.

[140] Vgl. die zur gleichen Zeit erschienene Ovidbearbeitung Johann Sprengs, die Neuausgabe des Valerius Maximus durch Niklas Heiden (Frankfurt 1565, mit einer Luthervorrede) sowie die Übersetzung der ›Colloquia‹ des Erasmus durch Justus Albert (Frankfurt 1561). Zu Valerius Maximus vgl. Brückner: Historien und Historie, S. 87f. Vgl. allgemein: Erzgräber (Hg.): Kontinuität und Transformation der Antike im Mittelalter.

b. Bibelhermeneutik, Exempelliteratur und Naturkunde

Im gleichen Jahr wie die Pliniusbearbeitung erscheint Johannes Heidens ›Biblisch Namen vnd Chronik Buch‹. Beiden Werken gemeinsam ist die Berufung auf Augustins ›De doctrina christiana‹ und der Anspruch auf ein literal orientiertes Bibelverständnis. In dieser wirkungsmächtigen christlichen Hermeneutik vereinigen sich mit der Allegoresetradition des Origines und der Philologie des Tertullian bekanntlich die beiden Hauptlinien patristischer Bibelexegese.[141] Die Anweisungen Augustins zu den Hilfsmitteln des Bibelstudiums, die Heiden in längeren Passagen programmatisch übernimmt, erstrecken sich auf die Ebenen von Sprache, Historie und Natur. Die sprachliche Analyse vermag durch den Rückgriff auf die hebräische Quelle zusätzliche Bedeutungsebenen der Bibelsprache zu erschließen.[142] Das Prinzip der zeichenhaften Schrifterklärung wird in der Folge auf die historische Ebene übertragen. Wiederum mit Berufung auf Augustin betont der Verfasser nunmehr den heuristischen Nutzen des Geschichtsstudiums für die Bibelexegese.[143] Und in der Vorrede der Pliniusausgabe heißt es unter gleicher Perspektive, aber bezogen auf den Bereich der Natur fast analog:

> *Der hochberůmpte / Gottselige Vatter Augustinus / zeigt in seinen Bůchern von der Christlichen lere [...] an / das die vnwissenheit oder vnuerstandt in dem erkantnis der Eigenschafft vnd natur der Geschöpffe oder Creaturen Gottes des Allmechtigen / nicht eine geringe / sondern fůrtreffliche grosse vrsach seie / daß man vil Sprüche vnd reden in H. Göttlichen Schrifft nicht berechnen / noch was sie im grunde fůr vnd mitbringen / eigentlich erörteren vnd auß sinnen könne / welche sonst [...] vil verstendiger vnd leichterer fallen vnd scheinen würden / wenn man sich auff die Thier / Fisch / Vögel vnd Kreuter / so hin vnd wider in der Bibel gleichnuß oder anderer weise eingefůrt vnd angezogen werden / verstůnde / vnnd was jhrer aller / oder eines yederen sondere eigentliche Natur in sich fasset / zůbegreiffen wůste.*[144]

In paralleler programmatischer Formulierung setzt der Autor sein einmal begonnenes Unternehmen der Schrifterklärung fort und weist der

---

[141] Ebeling: Art. Hermeneutik, in: RGG 3 (1959), Sp. 242–262, 249.

[142] Die Interpretation der hebräischen Wortbedeutung für Brunnen (Silaha; Biblisch Namen vnd Chronick Buch, Bl. A ijr) schließt mit dem Resümee: *Dergleichen sind noch vil andere Hebraische eigen Namen oder Wörter in der heyligen Göttlichen Schrifft / die vns zum warhafften gründtlichen verstande der dunckelen vnerörterten Sprüche nit sehr dienstlich erschiessen / vnd auff viel wege zu gutem nutz wol vnd eben kommen möchten.*

[143] Ebd., Bl. A ijv: *Sintemal denn obberůrter Augustinus in vorangezogenem Buch weiter vermeldet / vnnd mit gründtlichen beweglichen vrsachen darthut / daß die erkündigung allerley Geschichten / zu sampt der wissenschafft der Jarzal / Monden vnd Tage / welche auch hin vnnd wider in der Histori der heyligen Göttlichen Schrifft fürfallen vnnd angeregt werden / nicht wenigers frommens vnnd nutzes zum gesunden rechten verstande der Geistlichen Glaubenshendel / als eben vilgedachte erklärung der eigen Namen vnd Wörter / darleihen vnd zufügen könne.*

[144] Heiden, Bl.)(ijr.

antiken Naturenzyklopädie dabei eine grundlegende Funktion zu. Heiden zitiert in der Vorrede u. a. die bekannten allegorischen Auslegungen von Schlange, Hirsch und Adler durch Augustin und verweist auf die Schwierigkeiten bei seiner *täglichen übung in Heiliger Göttlicher Schrifft* insbesondere mit den Gleichnissen wie auch auf den Ausweg, der ihm zur Verfügung stand:[145]

> *bin auch dardurch verursachet vnnd beweget worden / des fürtreffenlichen / namhafften Römischen Philosophi vnnd Historici / Caij Plinij Secundi / Bücher vnd Schrifften von der Natur / Art vnd eigenschafft der Creaturen oder Geschöpffte Gottes / nach verbrachtem Biblischem läsen bey nachts auff ein stunde oder zwo für die handt zünemmen / vnnd darauß zü meinem sonderen vnd eignen Bericht / souil züsammen fassen vnnd vertolmetschen / als mir zür lehr vnnd erinnerung genügsam sein möchte [. . .].*[146]

Ausgehend von Augustins Allegorieauffassung (›De doctrina christiana‹, ›Ennarratio in psalmos‹), dient die ›Naturalis historia‹ zur Erläuterung undeutlicher Bibelstellen über die Tiere. Die Autorität Augustins bestimmt den Tenor der Vorrede und mit ihm die im Hintergrund sich abzeichnende Wissenshierarchie. Die Konkurrenz des Wissenswerten, die Betrachtung der Natur durch den Filter biblischer Aussagen, ja die bemühte Rechtfertigung der Beschäftigung mit der Naturkunde, einer anscheinend unziemlichen Lektüre – abseits der *täglichen übung in Heiliger Göttlicher Schrifft* [. . .] *bey nachts auff ein stunde oder zwo* – gemahnt an das augustinische curiositas-Verbot, wie es im 10. Buch der ›Confessiones‹ dargelegt wird. Naturerkenntis steht offensichtlich nicht im Zentrum des Interesses. Maßstab für die Beschäftigung mit der Natur bildet allein die Heilsökonomie des Gläubigen.

Heiden scheint mit diesem traditionellen Programm den Vorgaben seiner geistlichen Gemeinschaft durchaus zu entsprechen. Kaspar Schwenckfeld verfolgte im Rahmen seiner Geisttheologie eine analoge wissenskritische Haltung, prägnant abzulesen an seiner Rezeption der ›Imitatio Christi‹ des Thomas von Kempen, deren Übersetzung ihm zugeschrieben wird.[147] Diese setzt im zweiten Abschnitt zwar ein mit einer Reminiszenz an den ersten Satz der aristotelischen Metaphysik, der Leitformel für den Wissensanspruch des Menschen, reduziert sie aber sogleich auf den Heilsaspekt.[148] Der Primat der Heilssorge über

---

[145] Augustinus: De doctrina christiana II, 24 (Schlange). Ennarratio in psalmos, Ps. 41 (Hirsch), Ps. 102 (Adler).

[146] Heiden, Bl.)(iijvf.

[147] Vgl. CS 4 (1914), S. 262–277.

[148] [Thomas von Kempen]: Nachfolgung Christi, in: CS 4 (1914), S. 280: *EJn yetlicher mensch begert von natur vil zü wissen. Was hilffet aber kunst on Göttliche forcht? Warlich ein einfältiger Bawman / oder ein demütiger Ley / der Gott dienet / ist besser / dann ein hochfertiger künstlinger / der des himels lauff war nimbt / vnd sich selber vnnd seinen lauff versaumet. [. . .] Hör auff vnd beger nit vil zü wissen / ausser Christo / dann darinn wirt vil zerstörung vnd betriegung funden.* Vgl. Ari-

den Wissensanspruch restituiert sich hier in jenen orthodoxen Formeln, die die Emanzipation der Wissenschaften im Mittelalter kritisch begleiteten und die in Heidens zögerndem Griff zum weltlichen Text weiter zum Ausdruck kommen.[149]

Konsequent reiht sich Heiden in die Tradition allegorischer Naturdeutung ein, wenn er in der Vorrede sein Unternehmen außer mit Augustin auch mit den Werken des Basilius (›Exameron‹) und Ambrosius (›Hexaemeron‹) wie dem ›Physiologus‹ in Verbindung bringt, mit jenen Werken, die sich die Aufgabe stellen, *den HERREN in seinen Creaturen erkennen* [zu] *lernen*.[150]

All das entspräche der bekannten Tradition spiritueller Dinginterpretation, handelte es sich hier nicht um einen antiken Text, der von Inhalt, Form und Funktion her sich nicht umstandslos adaptieren läßt, und vollzöge sich die Allegorese nicht von Seiten der angeblich so allegoriekritischen reformatorischen Bewegung. Vor allem aber ist die Funktion von Gessners ›Historia animalium‹ zu bestimmen, die Heiden innerhalb des vorgegebenen Programms umfangreich exzerpiert. In der Pliniusbearbeitung wird die spirituelle Perspektive, die bei Gessner lediglich als Spur noch nachweisbar war, erneut zu einer Leitlinie der Naturbetrachtung. Aber auch andere Aspekte, die Gessners Lexikon prägten, hinterlassen in Heidens Text ihre Spuren.

Dem orthodoxen Programm nämlich folgen zwei weitere, jeweils voneinander abgesetzte Vorreden, die den Pliniustext deutlicher in zeitgenössische Bezüge stellen und deren Perspektiven die Funktion des exegetischen Hilfswerks überschreiten: das schon von Gessner her bekannte Exzerpt aus Theodor Gaza und die berühmte Sequenz des Plinius über die Entstehung der aristotelischen Tierbücher durch den Auftrag Alexanders des Großen.[151]

---

stoteles: Metaphysik I,1. Blumenberg: Der Prozeß der theoretischen Neugierde, S. 24.

[149] Eine analoge Haltung findet sich in den programmatischen Formulierungen seiner Glaubensbrüder Adam Reissner und Johann Spreng. Während Spreng in seiner Ovid–Allegorese (P. Ouidij [. . .] *Metamorphoses* oder Verwandlungen, Bl. a vjr) sein Interesse an den antiken Fabeln religiös-didaktisch legitimiert, distanziert sich Reissner (JERVSALEM / Die Alte Haubtstat der Juden, Bl. A iiijvf.) vom alleinigen Interesse am sensus historicus. Er betrachte vornehmlich die allegorische Ebene, *on welchen verstandt wenig nutz bey der Historia vnd beym Buchstaben der Heiligen Schrifft ist.*

[150] Heiden, Bl.)(iiijv. Heiden schreibt den ›Physiologus‹ dem Epiphanios zu. Vgl. Schmidtke: Geistliche Tierinterpretation, S. 52. Traditionell ist die Berufung auf Rom. 1. 20. Vgl. Nischik: Das volkssprachliche Naturbuch, S. 57. Schwenckfeld: Vom Gebeeth. Betrachtung vnd Außlegung des XXV. Psalms, in: CS 5 (1916), S. 69: *Die eusserlichen zeugnuß Gottes seind alle creaturen vnd wolthat / damit sich Gott mit seiner allmechtigkait / liebe / weißhait / vnd gůtigkait / dem menschen hat zů erkennen geben / wie Rom. 1 [20] geschrieben steht / das Gottes vnsichtbares wesen / vnd seine ewige krafft / vnd gotthait / durch die werck seiner schöpffung (wo man dero war nimbt) verstanden / vnd erkandt werden.*

Der Bericht des Plinius leitet zu einem sachlichen Interesse an der Natur über. Er handelt von dem Auftrag Alexanders an Aristoteles, alles Erreichbare über die Natur der Tiere zu sammeln und von der großen kollektiven Anstrengung, die schließlich in den Tierbüchern des Aristoteles mündet. Plinius selbst betont, in seinem Werk einiges Unbekannte hinzugefügt zu haben. Die Pliniuspassage bildet schon für Gessner und Herr das herausragende historische Zeugnis, ihren eigenen Erkenntnisanspruch zu untermauern.[152] Bei Heiden wird dieser allerdings nicht weiter programmatisch ausgeführt und auch innerhalb der Darstellung weniger systematisch als sporadisch umgesetzt. Dennoch dokumentiert sich in zahlreichen Zusätzen das Bemühen, den Informationsbestand der antiken Enzyklopädie zu überschreiten und neben dem religiösen Programm dem Text eine Form aufzuprägen, die ihn in die Nähe pragmatischer Nutztexte stellt.

Den Augustinexzerpten (1. Vorrede) folgt nach dem Bericht des Plinius (2. Vorrede) aus Gessners Naturgeschichte der Vorredenauszug aus Theodor Gazas Aristoteles–Edition (3. Vorrede). Heiden tilgt hier aber konsequent alle noch in der Vorlage vorhandenen methodologischen Passagen und bestätigt damit einen Befund, der schon die Gessner–Übersetzungen kennzeichnete. Beschränkt sich Gessner auf ein Teilexzerpt der Vorrede, das er aber wörtlich und ohne Streichungen übernimmt, so scheut sich der Übersetzer nicht vor manifesten Eingriffen.

> *WJr haben an den vernunfftlosen Thieren vilfeltige beyspil allerley tugenden vnd löblichen güten sitten / die vns vernünfftige Menschen / was Stands wir auch sind / vnsers Ampts erinnern / vnd wie sich ein jeder von rechts wegen in seinem Orden halten solt / vermanen.*[153]

Einzig noch der Aspekt der exemplarischen und praktischen Vorbildlichkeit der Tiere interessiert, ihre ordnungspolitische und allgemein moralisch verwertbare Funktion sowie ihre vielfältige praktische Nutzbarkeit im Rahmen der Schöpfungsteleologie. Bei Gaza hatten die Tierexempel ihren Ort im Rahmen der grundsätzlichen Erörterung des Verhältnisses von praecepta und exempla, das am Beispiel verschiedener Disziplinen bis hinein in wissenschaftliche Zusammenhänge verfolgt wurde; bei Heiden werden die Tierexempel isoliert und zum Maßstab gesellschaftlicher Ordnung erhoben (*Stands, Ampts, von rechts wegen, Orden*).

---

[151] Heiden, Bl. vr: *C. Plinij Bericht auff seine Bücher von den [...] Thieren [...]*. Bl. vir: *Von der Nutzbarkeit des Erkanntnis der Natur / der Thier. THEODORVS GAZA.*

[152] H. A. I, Bl. a 5r. Herr: *Vnderricht*, Bl. A vr/v.

[153] Heiden, Bl. vir. Vgl. H. A. I, Bl. b4r: *At uero in contemplandis animalium moribus exempla suppetunt omnium officiorum, & effigies offeruntur uirtutum summa cum authoritate naturae omnium parentis, non simulatae, non commentitiae, non inconstantes & labiles: sed uere ingenuae atque perpetuae.*

Was im Rahmen reformatorischer Geschichtsdidaktik dem Exempel an Leistungen zugeschrieben wurde, die Illustration von Tugenden innerhalb der Geschichte, wird hier auf den Bereich der Natur übertragen.[154] Durch *Kurtzweilige Historien* kündet denn auch das Titelblatt die didaktisch-narrative Perspektive der Naturbetrachtung an. Sie bildet neben der Bibelhermeneutik den zweiten Schwerpunkt der Bearbeitung.

Das Nebeneinander von Historien und Allegorien, wie es schon auf dem Titelblatt programmatisch hervortritt, dokumentiert den didaktischen Zug von Heidens Pliniusbearbeitung und zugleich die mögliche Verbindung von »Spiritualismus mit der ethischen Forderung« innerhalb des Schwenckfeldischen Spiritualismus, der Rechtfertigung im Gegensatz zu Luther immer auch an die praktische »Nachfolge Christi« gebunden sieht.[155] Für die Schwenckfeldische Theologie spielt die Gemeinde und das Vorbild und mithin die didaktische Textform eine gewichtige Rolle.[156] Für das religiöse Selbstverständnis ist somit die Lehre von ungleich größerer Bedeutung. Entsprechend zentral ist auch der Rang der Didaxe und des Erzählens in Heidens Text.

c. Kompilatorisches Verfahren

Die Arbeit des Schwenckfeldianers ist geprägt durch das zeittypische kompilatorische Verfahren.[157] Einmal diente es – wie bei Gessner – der Sicherung von Wissensbeständen: der Akkumulation des Stoffs, der Sammlung thematisch weit verstreuter Informationen und deren Ordnung nach vorgegebenen Kriterien. Aber auch die Neuordnung von Inhalten eines Text ist geläufig.[158] Heidens ›Biblisch Namenbuch‹ etwa bietet ein Register aller in der Bibel vorkommenden Namen und Orte, somit einen Texttypus, der in den patristischen Bibelglossaren eines Eusebius (Orte) und Hieronymus (Hebräische Namen) seine Vorläufer findet. Diese biblische Chronik enthält zu eines *jeglichen Namens vnd Orts fürgehender Außlegung / auch die Geschicht / so sich mit oder vmb denselbigen Namen vnd Ort verloffen vnnd zugetragen hat*, entzieht also

---

[154] Kosellek: Historia magistra vitae, S. 40–43. Vgl. Kapitel IV, 5, h.

[155] Gustav-Adolf Benrath: Kaspar von Schwenckfeld, in: Handbuch der Dogmen- und Theologiegeschichte 2 (1980), S. 587–591, 588f.

[156] McLaughlin hat die Differenzen zwischen Franck und Schwenckfeld im Hinblick auf didaktische Intentionen gerade an den verschiedenen Texttypen herausgearbeitet, derer sich beide Spiritualisten bedienen. Vgl. R. Emmet McLaughlin: »Sebastian Franck and Caspar Schwenckfeld: Two Spiritualists *Viae*«, in: Sebastian Franck. (1499–1542), hg. v. J.-D. Müller (Wolfenbütteler Forschungen 56) Wiesbaden 1993, S. 71–86.

[157] Zum Typus Kompilationsliteratur vgl. Brückner: Historien und Historie, S. 82–102.

[158] Melville: Kompilation, Fiktion, Diskurs, S. 137f.

im Rahmen der Exegese den biblischen Stoff seiner chronologischen Ordnung und unterwirft ihn einer nominellen.[159] In der Pliniusbearbeitung dagegen findet die kompilative Technik in einen vorgegebenen Textbestand Eingang. Das vorliegende Material ist weniger – wie bei Gessner – Gegenstand philologischer und sachlicher Analyse als Ausgangspunkt für Anreicherungen. Der antike Text liefert dabei den fixen Rahmen für die jeweiligen Ergänzungen, aber auch die Hindernisse, die den Bearbeiter zu zensierenden Eingriffen veranlassen.

Heidens Kompilation stützt sich auf verschiedene Autorengruppen: Mit einem *Zůsatz auß H. Gőttlichen Schrifft / vnd den alten Lehrern der Christlichen Kirchen / so viel sie von der Thier / Fisch / Vőgel vnd Wůrm Natur melden / oder Exempels vnd gleichniß weise einfůhren* und *den vil schőnen kurtzweiligen Historien / auß allerley andern Scribenten*, indiziert das Titelblatt die doppelte Perspektive: Maßstab bilden einerseits die theologischen Autoren, bei denen Tiere gleichnishaft auftreten, andererseits ein nicht genau bestimmtes Spektrum von Autoren. Zunächst bedarf die Heilige Schrift des Rückgriffs auf die Natur, um in ihrem ganzen Reichtum verständlich zu sein.[160] Doch wird nicht die Bibel mit den Erkenntnissen der Fachgelehrten glossiert, sondern es wird umgekehrt das naturkundliche Werk mit den Gleichnissen der Bibel konfrontiert.[161] Heidens Textbearbeitung bietet eine Exegese von Bibelstellen am Leitfaden eines antiken Klassikers. Sie verwendet dabei explizit zusätzlich Conrad Gessners ›Historia animalium‹, der ihrerseits die Aufgabe zugewiesen wird, das beizutragen, das *zů erleuterung der dunckelen vnuerständigen wort Plinij ettwas dienen kőndte*.[162] Das Verfahren wiederholt sich: Wie die Bibel der Erläuterung durch Plinius, so bedarf Plinius der Erhellung durch Gessners Naturgeschichte. Bibelhermeneutik und Naturkunde kündigen sich als Leitlinien der Bearbeitung an. Es wird sich zeigen, daß der antike Text nur zum Teil auf die Fragen nach dem Gleichnischarakter der biblischen Tiere Antwort zu geben vermag. Mittelbar wird in diesem Fall auch die Fachenzyklopädie Gessners bibelhermeneutisch genutzt.

Heidens kompilatorische Technik knüpft auch formal an bekannte exegetische Verfahren an. Der Hinweis auf die Arbeitsweise, die Exzerpte *gleichsam kleinen Concordantz Glőßlen / ein jederes an seinen ort* zu plazieren und *alles vndter seine gewisse locos oder stållen* zu verzeichnen, setzt auf die bewährte Technik der Glossierung.[163] Interpolation,

---

[159] Biblisch Namen vnd Chronick Buch, Bl. A ijv.
[160] Augustinus: De doctrina christiana II, 16.
[161] Ersteres Verfahren der Schriftauslegung kennzeichnet die Standardwerke mittelalterlicher Schriftauslegung: ›Anselmus‹ von Laon ›Glossa ordinaria‹ und die ›Sentenzen‹ des Petrus Lombardus. Vgl. M. Elze: Schriftauslegung, in: RGG 5 (1959), Sp. 1524f.
[162] Heiden, Bl.)(iiijr.
[163] Heiden, Bl.)(iiijr.

Glosse und Konkordanz als traditionelle Formen mittelalterlicher Kommentierung bilden dabei die probaten Instrumente der Stellungnahme. Sie reichen über eine bloß additive Reihung hinaus. Widerspruch oder Bestätigung, aber auch Deutungen und Zusätze durch anerkannte Autoritäten prägen als unterschiedliche Formen der Kommentierung den Text, in dem der Autor selbst weitgehend hinter sein Material zurücktritt, die Konkurrenz der Ansichten sich durch das Zitat vollzieht. Nicht an einer neuen Topik, sondern am vorgegebenen Text orientiert sich das Kommentierungsverfahren. Ein Beispiel:

Eingangs des 8. Buches wird der Elefant in seinen Eigenschaften vorgestellt: Er ist das größte Tier, seine sinnlichen Eigenschaften ähneln denen des Menschen, er versteht dessen Sprache, ist gehorsam und dienstbar. Zudem behält er, was er gelernt hat, ist liebessüchtig und ehrgeizig. Soweit die einleitende Charakteristik des Plinius. (Nat. hist. VIII,1) Durch zwei eingefügte Historien, die durch Indices auf die vorab genannten Eigenschaften bezogen werden (* = Größe; + = Sprachkenntnis, Gehorsamkeit, Gedächtnis), illustriert Heiden in der Folge die Charakteristik des Elefanten durch Plinius. Die biblische Geschichte des Juden Eleazarus bei der Belagerung der Stadt Betzura, bei der große Kampfelefanten eingesetzt wurden (1 Macc. 6), verweist dabei ebenso auf die *tugenden* des Tiers wie die von Athenäus und Aelian überlieferte über einen sprachkundigen und dienstfertigen Elefanten, der sich um ein kleines, ihm anbefohlenes Kind gekümmert habe.[164] Schon hier werden durch Interpolation zwei Schwerpunkte der Kommentierung sichtbar: Die Orientierung an biblischem, bzw. Gessners Tiergeschichte entnommenem historiographischem, Material und die Illustrierung abstrakter Begriffe durch exemplarische Erzählungen.

Eine Fülle von Exzerpten aus antiken, mittelalterlichen und zeitgenössischen Autoren verteilt sich in dieser Form über den Pliniustext. Bis auf die wenigen Hinweise der Vorrede zu Motivation und Entstehungsbedingungen des Werks verschwindet er hinter der Fülle der Exzerpte. Es finden sich kaum persönliche Stellungnahmen, keine eigenen Erfahrungen, keine argumentativen Exkurse.[165] Selbst seine Program-

---

[164] Heiden, S. 87f. Randglossen geben zudem (ebd., S. 17) weiterführende Informationen: *Hieuon ließ weiter beim (Aristotele) de natura Animal. lib. 7. cap. 3.4. [. . .]*, aber auch entgegengesetzte Thesen (ebd., S. 15): *Wider dises schreibet Aristoteles Hist. animal lib 7. c.2.* Konkordanzen von Bibelstellen treten ebenfalls als Randglossen auf, im Zusammenhang mit dem jeweiligen Text auch als Interpolation. Vgl. ebd., S. 465 eine Konkordanz, die wohl unter Rückgriff auf Gessner entstanden ist (vgl. H. A. S. 290).

[165] Selten treten sachliche Kommentierungen in Parenthesen auf (Heiden, S. 438, 442). Plinius‹ Hinweis, daß sich in der Stadt Theben keine Schwalben aufhalten, erläutert Heiden (ebd., S. 445) kurz durch eine Notiz aus dem 6. Buch der ›Metamorphosen‹, der Untat des Tereus an Philomela. Plinius liefert wenig Material über Heringe, so daß Heiden (ebd., S. 360) hier ergänzt: *wöllen wir [. . .] vom*

matik verkündet Heiden weitgehend durch die Worte anderer. Die zugrundeliegende Hermeneutik bleibt analog zu bekannten bibelexegetischen Verfahren schriftfixiert: Texte legen sich ausschließlich durch Texte aus.[166] Erkenntnis vollzieht sich nicht durch Erklärung, sondern durch Aneinanderreihung oder Gegenüberstellung von Exzerpten, die einzig durch ihre Zitatform miteinander in Beziehung treten.

Entsprechend begrenzt ist das Spektrum an Stellungnahmen, die weniger im Rahmen einer historisch objektivierenden Prüfung sich vollziehen als in einer weltanschaulichen Vereinnahmung. Auch hängt das Verfahren der Kommentierung mehr von den biblischen Vorgaben und vom Assoziationsrahmen des Bearbeiters bzw. von der Inspiration durch das Quellenmaterial ab als von einer im voraus entworfenen Methode.

Heiden gibt vor, sich bei seiner Übersetzung auf diejenige des Heinrich Eppendorff zu stützen, vor allem im 7. Buch, der Anthropologie.[167] Anders als in den folgenden Tierbüchern interpoliert er in diesem Teil keine fremden Textzeugnisse. Lediglich durch Illustrationen und Randglossen kommentiert er korrigierend den antiken Text insbesondere dort, wo antike und christliche Geschichtsauffassung in Konkurrenz zueinander treten: in ihrer kulturgründenden Funktion.[168] Zum anvisierten Programm trägt das 7. Buch in der Tat wenig bei. Als Ergebnis stellt sich eine Inhomogenität der Bearbeitung ein: Während der erste Band lediglich den Pliniustext wiedergibt, liefern die Tierbücher eine Kompilation unterschiedlichster Autoren.

Für sein bibelhermeneutisches Programm verwendet Heiden Luthers Bibelübersetzung, aus der er zahlreiche Passagen, bisweilen auch Randglossen übernimmt,[169] zudem eine Vielzahl von Kirchenvätern. Er zitiert aus dem ›Hexaemeron‹ des Ambrosius, aus Cassiodors und Augustins Psalmenkommentaren, den ›Moralia‹ des Gregor, aus der

---

Håring / weil er in Teutschlande so gemein / vnd aber Plinius sein nicht vil gedenckt / auß Alberto / Gesnero / Jouio vnd Forero / souil nötig / hie kürtzlich meldung thůn.

[166] Eine derartige, typisch mittelalterliche Hermeneutik praktiziert auch Adam Reissner in seiner Jerusalem-Allegorese. (Vgl. JERVSALEM / Die Alte Haubtstat der Juden, Bl. A vr).

[167] Heiden, Bl.)(iiijr: *Aber das erste Bůch Plinij von den menschen habe ich mehrtheils bey H. Eppendorffij vertolmetschung bleiben lassen / allein das ichs mit dem Originale latinischen exemplar hin vnd wider verglichen / dem selbigen ettwas gleichförmiger zůmachen mich vnternommen habe.*

[168] Vgl. Heiden, S. 74–82. Bei der Beschreibung der Entstehung der Gesetze, der Astronomie, der Schrift, der Bau- und Schiffskunst, aber auch der Königsherrschaft und Kriegskunst werden jeweils biblische Vorläufer zu den antiken gefunden. Die Randglossen berufen sich auf Josephus und Eusebius. Heiden entnimmt sie dem ›Eygentliche[n] bericht der Erfinder aller ding‹ des Polidorus Vergilius [dt. um 1565].

[169] Heiden, S. 211f., 235, 242, 264, 298f., 305f.

›Glossa ordinaria‹ sowie aus den exegetischen Schriften von Hieronymus, Origines, Laktanz, Tertullian, Beda und vielen mehr.

Neben den geistlichen Autoren stehen aber in großem Umfang solche anderer Disziplinen: Historiker, Geographen, Mediziner, Botaniker und Ökonomen, aber auch Dichter. Es ist angesichts dieser bunten Vielfalt an Autoren unwahrscheinlich, daß Heiden dabei immer auf die Primärquellen zurückgreift; wahrscheinlicher ist demgegenüber die Nutzung von Sammelquellen. Der Buchdruck begünstigt in diesem Fall eine leichtere Handhabung der Exzerpte, die kaum gattungs- bzw. disziplinenspezifischen Restriktionen unterliegt. »Kompilationsliteratur zehrt in Inhalt und Anlage am einfachsten aus Kompilationsliteratur«, beschreibt Wolfgang Brückner den Umstand, daß häufig für diesen Texttyp nicht auf Primärtexte zurückgegriffen wird, sondern auf Sekundärquellen.[170] Der Großteil der Exzerpte entstammt häufig eben nicht den angegebenen Quellen, sondern ist en bloc anderen Kompilationen entnommen, von denen Gessners Enzyklopädie das umfangreichste Material liefert, womit sie zugleich ihren Handbuchcharakter bestätigt. Daneben treten das ›Buch von der Auferstehung‹ des Saynischen Superintendenten Jacob Michael Fabri, der ›Jagteufel‹ des Cyriacus Spangenberg und der ›Eigentliche [. . .] bericht der Erfinder aller ding‹ des Polidorus Vergilius. Für weite allegorische Passagen ist als Quelle ein allegorisches Nachschlagewerk anzunehmen.

Aber auch die direkt exzerpierten und korrekt zitierten zeitgenössischen Autoren überschreiten den theologischen Rahmen: Neben den ›Collectaneen‹ (1563/65) des Manlius stehen historiographische Werke wie Sebastian Münsters ›Cosmographia‹ (1544), neben den literarisch-moraldidaktischen Ovid–Allegoresen von Johann Spreng (1563) und Johannes Posthius (1564) naturkundliche wie das ›Thierbuch Alberti Magni‹ (1545) des Walther Ryff und schließlich medizinisch-botanische wie das ›Enchiridon‹ (1563) des Georg Maler (Pictorius) und das Kräuterbuch des Pierandrea Mattioli.

Für die Gessnerexzerpte stützt sich Heiden zum einen auf die lateinische Originalausgabe, zusätzlich aber auch auf die volkssprachlichen Übersetzungen von Konrad Forer (Thierbůch und Fischbuch) und Rudolf Heußlin (Vogelbůch). Ihnen entnimmt er nicht nur umfangreiche Sequenzen, häufig liefern sie ihm bereits prägnante Zusammenfassungen umfassender Originalpassagen. Gelegentlich macht er seine direkte Quelle sichtbar, verwechselt aber des öfteren Namen.[171] Die Übersetzung des ›Vogelbůchs‹ schreibt er Forer zu, dessen Arbeit er gelegentlich mit den Begriffen *collectaneis* oder *Digestis* cha-

---

[170] Brückner: Historien und Historie, S. 93.
[171] Das Bemühen um genaue Autorenzuschreibung, Indikator wissenschaftlicher Praxis, tritt an den Rand.

rakterisiert.¹⁷² In Relation zu den anderen Werken, auf die Heiden zurückgreift, liefern mit Ausnahme des allegorischen Handbuchs Gessner und Gessnerübersetzer bei weitem das umfangreichste Material.

Das Exzerpierverfahren erlaubt einerseits Rückschlüsse auf die selektive Optik des Kompilators, zugleich aber auf den Bestand bedeutungstragender Informationen, die Heiden in der Faktenfülle seiner Hauptvorlage zielsicher aufspürt: So übernimmt er aus der ›Historia animalium‹ – wo möglich – für jedes Tier die Namentrias der heiligen Sprachen. Ebenso das Vorredenexzerpt aus Gazas Aristoteles–Übersetzung, einige Abbildungen, insbesondere aber zahlreiche Historien, aber auch Hieroglyphen und Sprichworte, ja selbst für Bibel- und Kirchenväterbelege samt Deutung nutzt er Gessners Werk. Kurz: für all jene facta, dicta et realia memorabilia, durch die er den antiken Text anreichern und damit den exemplarischen Geschichtswerken jener Zeit annähern kann.

Die Bindung an Plinius bleibt aber insofern sichtbar, als die interpolierten Passagen sich durch ein verkleinertes Druckbild vom Bezugstext abheben. Original und Exzerpt bleiben optisch unterschieden. Zudem ordnet der Verfasser das Material des antiken Textes eher informativ-übersichtlich, nicht mehr in der fortlaufenden Form seiner Vorgänger, wodurch er dem heterogenen Materialbestand der antiken Enzyklopädie Rechnung trägt. Neben die einzelnen Kapitelüberschriften, die Heiden von Eppendorff übernimmt, treten abschnitts- und satzgliedernde Einheiten. Das homogene Druckbild der vorhergehenden Ausgaben wird so parzelliert in einzelne Informationssequenzen.

Den einzelnen Tierkapiteln sind jeweils Abbildungen beigefügt, die aber nur zum geringen Teil aus Gessners Werk entnommen sind. Zum Großteil entstammen sie Ryffs ›Thierbuch Alberti Magni‹ oder der mit Illustrationen von Virgil Solis versehenen Ovidbearbeitung des Johannes Posthius. Aber auch auf Bibelillustrationen von Jost Amman wird für das Bildprogramm der Pliniusbearbeitung zurückgegriffen, so daß auch die Bildebene die heterogene Kompilationstechnik widerspiegelt.¹⁷³

Indessen bleibt auch der Originaltext nicht von Eingriffen verschont, so daß die Trennung durch verschiedene Drucktypen kein Anzeichen für ein etwaiges humanistisch-philologisches Bewußtsein bedeutet. Eine Vielzahl historischer Termini, Titel und Begriffe der antiken Welt überführt Heiden, zeitgenössischem Brauch entsprechend, in solche der

---

¹⁷² Heiden, S. 312, 433: *Forer ex Gesneri collectaneis.* Ebd., S. 332, 341, 349: *Forer ex Gesneri Digestis.*
¹⁷³ Separat veröffentlicht sind die Illustrationen in: NEuwe Biblische Figuren / deß Alten vnd Neuwen Testaments [...] Franckfurt am Mayn 1564.

eigenen Erfahrungswelt. Es wird sich im weiteren Verlauf zeigen, daß zumindest in den Büchern 8–11 er bisweilen ohne Kennzeichnung erheblich in den Pliniustext eingreift, weite Passagen kürzt und andere erläuternd ergänzt. Auch in der Ordnung bringt Heiden eine Veränderung an. Er fügt jedem Tierkapitel einen *Zůsatz auß den andern Bůchern Plinij* an, der eine wohl über das Register zusammengesuchte Ansammlung von curiosa und praktischen Anleitungen bietet. Zumindest ansatzweise versucht Heiden damit, die praktische Nutzfunktion seines Werks analog zu den vorausgehenden Tierbüchern zu untermauern.

Leichtere Übersetzungsnuancen akzentuieren mitunter den antiken Wortlaut im Sinne des Bearbeiters. Außer religiös-weltanschaulichen und moralischen Passagen werden solche verändert, die methodische Einordnungen leisten oder vereinzelt historische Exkurse aus der römischen Geschichte betreffen.[174] Die Transkription der eingeschobenen Exzerpte ist uneinheitlich: sie reicht von wörtlichen Übertragungen über eingreifende Zensur und sprachliche Varianten bis hin zu raffenden Zusammenfassungen. Der Text selbst enthält eine Fülle unterschiedlicher Bearbeitungsweisen: Zusätze, Streichungen, Eingriffe in die Übersetzung, Bildkommentare und Randglossen werden als Instrumente der Kommentierung genutzt.

So entsteht auf der Bild- wie auf der Textebene eine Symbiose antiker, biblisch-patristischer, historischer und naturkundlicher Daten, die der Koordination bedürfen. Der antike Text wird an den Kontext christlicher Heilslehre angepaßt, und seine Aussagen werden umgemünzt in Belege fundamentaler christlicher Glaubenswahrheiten. Der Pliniustext besitzt dafür bereits zahlreiche Anknüpfungspunkte. Die naturkundliche Enzyklopädie geht unversehens in ein theologisches Kompendium über und verändert ihren Gattungsstatus. Insofern ist anders als bei Eppendorff Vorsicht geboten bei der Kennzeichnung von Heidens Bearbeitung als Plinius-Übersetzung.[175] Gleichzeitig aber ist die religiös-moralische Bearbeitung Heidens ein Beispiel für die Funktionalisierung der ›Naturalis historia‹ auf verschiedenen Rezeptionsebenen. Heidens Bearbeitung besitzt eine erfolgreiche Wirkungsgeschichte.

---

[174] Nat. hist. X,20: Der Augur Mucius: vgl. CAij Plinij [. . .] History, S. 142; Heiden, S. 413. Nat. hist. X,36: Entsühnung der Stadt: vgl. CAij Plinij [. . .] History, S. 145; Heiden, S. 421. Nat. hist, X,71: Schwalben als Siegesboten: vgl. CAij Plinij [. . .] History, S. 152; Heiden, S. 445. Naturkundliche Passagen: Nat. hist. X,22: vgl. CAij Plinij [. . .] History, S. 142; Heiden, S. 413. Nat. hist. X,32: vgl. CAij Plinij [. . .] History, S. 144; Heiden, S. 420. Nat. hist. X,43: vgl. CAij Plinij [. . .] History, S. 147; Heiden, S. 424.

[175] Rupprich (Die Deutsche Literatur vom späten Mittelalter bis zum Barock, 2, S. 450) führt Heidens Bearbeitung unter »Gebrauchs- und Wissenschaftsliteratur auf«, Nauert (Caius Plinius Secundus, S. 316f.) als Übersetzung.

Bis zum Ende des Jahrhunderts folgen drei weitere Auflagen – 1571, 1584, 1600 –, die sich allerdings wiederum von der ersten Auflage deutlich unterscheiden werden.[176]

d. Naturkundliche Ergänzungen

Mit dem Zitat der Pliniussequenz über die Entstehung der aristotelischen Tierschriften formulierte Heiden ein sachbezogenes Interesse an der Natur. Auch innerhalb seiner Bearbeitung trägt er dem Rechnung, indem eine Vielzahl von naturkundlichen Exzerpten über den ganzen Text verteilt werden. Wie Plinius Aristoteles nicht nur als Vorlage verwendet, sondern überdies nach eigenen Angaben um relevante Informationen ergänzt hatte, so verfährt Heiden seinerseits mit der ›Naturalis historia.‹ Er nutzt sie als exegetisches Handbuch, versieht sie aber zugleich mit zahlreichen Zusätzen naturkundlicher Art, für die er überwiegend auf Gessners ›Historia animalium‹ und deren Übersetzungen zurückgreift. Die Nutzung des gelehrten Nachschlagewerks durch Heiden ist bisweilen so umfassend, daß der Pliniustext demgegenüber in den Hintergrund rückt, der vorgegebene locus nurmehr Anlaß zu einem ausführlichen Exkurs ist. Daneben verwendet Heiden umfangreiche Partien aus Ryffs ›Thierbuch Alberti Magni‹ sowie einzelne Exzerpte aus dem Kräuterbuch des Pierandrea Mattioli und dem ›Enchiridon‹ des Georg Maler (Pictorius).[177]

Die Zusammenstellung der Informationen erfolgt allerdings ohne System. Als Früchte einer kursorischen Blütenlese in seinen Quellen sind die eingestreuten Exzerpte weit entfernt von einer geordneten Zusammenstellung und erinnern eher an das auf curiosa konzentrierte Verfahren des Plinius. Die Textform der ›Naturalis historia‹ setzt auch hier der geordneten Kompilation enge Grenzen.

Die Exzerpte wiederholen oder ergänzen meist die bei Plinius vorgegebene Information. Heiden knüpft bisweilen zeitgenössisches Material

---

[176] Nauert: Caius Plinius Secundus, S. 316f. Die weiteren Auflagen unterziehen auch das VII. Buch einer Bearbeitung. Es wird gleichfalls an den christlichen Kontext angepaßt, indem es nunmehr mit Erörterungen über Gott als höchster Instanz einsetzt. Demgegenüber entfallen die meisten allegorischen Passagen. Das Druckbild wird homogenisiert, so daß zwischen Pliniustext und Exzerpten nur noch mühsam unterschieden werden kann.

[177] Vgl. die Entlehnungen aus Ryffs ›Thierbuch Alberti Magni‹ im 9. Buch, wobei in den Klammern die Blattzahlen der Vorlage stehen: Heiden, S. 309 (Vviv), S. 322 (Siiijr), S. 331 (Tjr), S. 342 (Tiiijv), S. 346 (Viiijvf.), S. 349 (Viiijr), S. 352 (R iijr), S. 353 (Rijv), S. 357 (Viiijr), S. 358 (Tijr), S. 360 (Rijr), S. 362 (Siiijr), S. 371 (Siiijr), S. 372 (Siijr: Verwechselt mit Ambrosius), S. 383 (Xijv) u. ö.. Vgl. Mattiolis Kräuterbuch: Heiden, S. 151–159, 205f., 246. Vgl. Pictorius' ›Enchiridon‹: Heiden, S. 347 (Enchiridon, Bl 26v), S. 354 (27r/v), S. 374 (29vf.), S. 390f. (27vf.), S. 393 (27v), S. 477 (22v), S. 480 (21r) u. ö.

seiner Quellen an den antiken Informationsstand an: zum Zweck der Bestätigung, der Korrektur oder der Ergänzung. Die antike Überlieferung findet hier ansatzweise ihren Maßstab in der Gegenwart.[178] Im Verein mit der weitgehend medizinisch und diätetisch ausgerichteten Zusatzrubrik besitzen die eingeschobenen Exzerpte einen vorwiegend pragmatischen Akzent: Ernährungsfragen, Gesundheitsprophylaxe, Rezepte und Informationen allgemeiner Art wechseln einander ohne jede Ordnung ab. Eine spezifische Darstellungsintention läßt sich anhand dieser Reihung nicht feststellen. Das Interesse an der Natur, das sich hier dokumentiert, ist nicht das des Naturforschers.

e. Allegorisches Programm

Die Divergenzen über die Möglichkeiten der Schriftexegese bilden gewiß eine Ursache für die Aufspaltung der Konfessionen in einander bekämpfende Richtungen. Luthers Auseinandersetzung mit Erasmus galt hermeneutischen Fragen. Darüber hinaus markieren gerade die Randfiguren der reformatorischen Bewegung das Spektrum gegensätzlicher Deutungsansätze: Der beinah vollständigen Lösung vom Literalsinn etwa bei einem Außenseiter wie Sebastian Franck steht die zunehmende Betonung desselben bei Luther gegenüber. Dessen Eintreten für ein literales Verständnis der heiligen Schrift in der Polemik gegen die allegorischen Auswüchse von Kirchenvätern und Schwärmern sind hinreichend bekannt, indessen dürfen hier die Grenzen nicht zu eng gezogen werden. Die Allegorese besitzt zumindest in der Frühphase auch bei den Wittenberger Reformatoren ihren Ort.[179] Weniger als eine Form der Schriftexegese denn als eine der Didaxe und der Polemik war sie auch weiterhin bei Luther akzeptiert.

Kaspar Schwenckfeld nimmt demgegenüber eine konventionellere Position ein. In seiner Theologie verbinden sich traditionelle und zeitgenössische Formen der Schriftauslegung, abzulesen an seinem Verhältnis zum Alten und Neuen Testament. So basiert sein geistliches

---

[178] Vgl. Heiden, S. 149: *Bellonius: Zů Constantinopel lest man die Frembdling diser zeit [...]*. Ebd., S. 217: *Heinrich von Eppendorff: Anno / 1533. war ein Portugaleser / ein Artzet / zů Ferrar [...] bey mir [...]*. Ebd., S. 221 *Herold: Ich habe zů Montalimo in Toscana [...] gesehen [...]*. Ebd., S. 240: *D. Forer: Jn dem fluß Ledi / nicht weit von Montpelier / haben vnser ettliche gesehen [...]*. Ebd., S. 271: *Gesnerus: Noch bey menschen gedencken hat ein ŏlmacher zů Basel [...]*. Ebd. S. 434: *Gesnerus: Ich halte die Orerhanen seien die Vŏgel / welche Plinius* Tetraones *nennet*. Ebd., S. 443: *Aloisius: Es ist offenbar / daß nit allein die Wachteln / als Plinius wil [...] mit der fallenden sucht behafft werden [...]*.

[179] Vgl. die Arbeiten Reinitzers zur protestantischen Naturallegorese: Reinitzer: Zur [...] Allegorie im ›Biblisch Thierbuch‹, S. 370–387., 374–376. Ders.: »Da sperret man den leuten das maul auf«, S. 27–56, 32–39. Vgl. Kleinschmidt: Denkform im geschichtlichen Prozeß, S. 390. Wernle: Allegorie und Erlebnis bei Luther.

Verständnis der Schrift auf dem schon von Hieronymus und Origines – seinen Gewährsmännern – beschriebenen Verhältnis von *bild oder figur*, bzw. dem *historischen bůchstabischen sinn* auf der einen und der *himmlische*[n] *ewige*[n] *warheit*, dem *gőttlichen geistlichen sinn des Hailigen gaists* auf der anderen Seite.[180] Die Typologie von Verheißung und Erfüllung bestimmt das Verhältnis von Altem und Neuem Testament.[181] Beide stehen aber nicht unter dem gleichen Schriftprinzip. Für das Neue Testament reklamiert Schwenckfeld ein wörtlich-geistliches Verständnis, insbesondere in den Selbstaussagen Jesu.[182]

Am selbstverständlichen Gebrauch allegorischer Verfahren erweist sich schon rein äußerlich auch Heidens Orthodoxie. Das vorgegebene Programm Augustins realisiert er durch eine Vielzahl von interpolierten Allegorien. Für die Allegoresen der Schrift stützt sich Heiden auf die kanonischen Autoritäten, auf die er aber nur zum Teil direkt zurückgreift. So zitiert er aus dem ›Hexaemeron‹ des Ambrosius zwar umfangreiche Partien, aber schon zahlreiche Kirchenväterbelege über die natürlichen Zeichen der Wiederauferstehung entnimmt er nicht den angegebenen Autoren, sondern Jakob Michael Fabris ›Auferstehungsbuch‹.[183] Für andere Kirchenväterbelege ist gleichfalls als Quelle ein allegorisches Kompendium wahrscheinlich. Insbesondere dort, wo Heiden ganze Auslegungsreihen einzelner biblischer res durch verschiedene Kirchenväter bietet, liegt eine derartige Vermutung nahe. Zahlreiche Zusammenstellungen dieser Art, von der Reihenfolge der Autorennamen und den Stellenangaben, von den Bibelbezügen und vom Umfang der Exzerpte her, finden sich etwa in der ›Isagoge‹ des Santo Pagnini, einem allegorischen Handbuch biblischer Termini, das 1532 im Druck erschien.[184] Heidens Zitate tragen demgegenüber aber sichtbar refor-

---

[180] Schwenckfeld: Von der hailigen Schrifft / jrem Jnnhalt / Ampt / rechtem Nutz / Brauch vnd mißbrauch, in: CS 12 (1932), S. 462. Vgl. VNDERSCHAJD DES Alten vnd Newen Testaments / der Figur vnd warheit, in: CS 4 (1914), S. 432: *Drumb so muss mann die figuren deß alten Testaments / nu nimmer nach dem buchstaben richten / Sonder man muss sie nach dem geiste / vnd nach der erfullung in Christo Jhesu ansehen* [. . .]. Vgl. CS 5 (1916), S. 69f. Seebass: Caspar Schwenckfeld's Understanding of the Old Testament, S. 87–102.

[181] Schwenckfeld: Von der Figur und irer erfůllung, in: CS 2 (1911), S. 479f.: *Denn der innhalt desselbigen* [neuen Testaments] *bringet inn der summa nichts anders mit sich / denn ein offenbarung / verkůndigung vnd erfůllung des grossen Geheimnis Gőttlicher verheissung imm alten Testament den Våttern geschehen* [. . .].

[182] Schwenckfeld: CONFESSION vnnd Erclerung vom Erkantnus Christi vnd seiner Gőttlichen Herrlicheit, in: CS 7 (1926), S. 646: *Nicht das ich drumb die Tropos, Parabolas vnd Allegorias oder literas vnd signa sonst in h. schrifft wőlle verwerffen / das sei ferr / sonder ich maine die wort Christi / wenn er durch das* Est & sum *von jhm selbst / deßgleichen / wenn der h. gaist in den Aposteln von dem seinen redet* [. . .].

[183] So den gesamten Eintrag über den Phönix (Heiden, S. 402f.) wie umfangreiche Partien aus dem Adlerkapitel (ebd., S. 407–409).

[184] Ob die ›Isagoge‹ als direkte Quelle gedient hat, ist unsicher. Einige Exzerpte

matorische Bearbeitungsspuren, die vor allem in der Betonung des christologischen Aspekts liegen.

Die Allegorese nimmt vielfach vom Alten Testament her ihren Ausgangspunkt und reproduziert die bekannten Deutungen der Kirchenväter. Überall dort, wo eine Beschreibung des Plinius an eine biblisch belegte Passage, eine Vorschrift oder ein Gleichnis erinnert, fügt Heiden diese in den Text ein und versieht sie, soweit möglich, mit einer Auslegung:

Plinius' Beschreibung der Straußenfedern (Nat. hist. X,1), die untauglich zum Fliegen sind, gemahnt an den Hiob-Spruch (Hiob 39): *Die Federn des Straussen sind schöner denn die Flügel vnd Federn des Storcks.*[185] Angefügt wird die Deutung dieser Stelle durch Gregor den Großen, der sich auf das Verhältnis von Schein und Sein bezieht: der Strauß wird zum Bild des religiösen Heuchlers. Der biblische Spruch findet durch die antike Autorität sein Fundament in der Natur und wird zugleich in der tropologischen Sinnebene gedeutet.

Dort, wo Plinius über den Adler schreibt, daß er weder durch Alter noch Krankheit stirbt, sondern durch Verwachsung des Schnabels (Nat. hist. X,15), zitiert der Bearbeiter Psalm 103 mit einer Erläuterung Sebastian Münsters und einer Auslegung durch Augustin.[186] Der Adler, der sich am Fels verjüngt, verweist auf den Gläubigen, der *in Christo* den alten Adam abwirft und erneuert wird.

Das Verfahren wiederholt sich in Heidens Kompilierpraxis: Entsprechend wird der in der Nacht rufende Hahn nach Gregor zum Bild des die Gläubigen aufweckenden Apostels; die Solidarität der Hirsche beim Übersetzen über einen Fluß, auf die der 41. Psalm anspielt, gemahnt uns in der Exegese Augustins daran, durch Gemeinsamkeit das Gesetz Christi zu erfüllen, und der Habicht aus Hiob 39, der sich im Südwind erneuert, zielt wiederum nach Gregor auf die Mahnung des

---

finden dort keine Stütze wie die Allegorese des Pferdes nach der ›Glossa ordinaria‹ oder die des Schafs nach Augustins und Cassiodors Psalmenkommentar. Andererseits findet sich die Allegorese des Panthers (Heiden, S. 120) nach Rupert von Deutz, Gregor und Ambrosius dort ebenso wie die Verweise auf *Cyrill*, Augustin und Rupert für die Deutung der Schlange als Antichrist (ebd., S. 141) oder diejenigen Cassiodors, Hieronymus‹ und Augustins für die Deutung des Elfenbeins (ebd., S. 100). Die Taube deutet Heiden nach Augustins ›Liber contra Faustum 12‹, cap. 20; den Hund nach ›Epist. ad Honorat‹ 120 und nach ›De sermone domini‹ 2 (ebd., S. 200f.), mit Autoren und Werkangaben, die sich gleichfalls in der ›Isagoge‹ finden. Zitiert wird nach der Ausgabe Lyon 1536.

[185] Heiden, S. 399.
[186] Heiden, S. 407f. Die Quelle für den Komplex bildet weitgehend Fabris ›Auferstehungsbuch‹, Bl. 98v–99v. Auch die beiden folgenden Einschübe, die Deutung des Hieronymus (Heiden, S. 408) und die Zitatreihe aus der ›Glossa ordinaria‹ und Jorath (ebd., S. 409) entstammen Fabris Buch (Bl. 275r/v), wobei letztere ihrerseits dem ›Speculum naturale‹ (XVI,36) des Vincenz von Beauvais entnommen ist.

Paulus, den alten Menschen abzuwerfen, um nur einige wenige Beispiele anzuführen.[187] Die Dominanz der christologischen Deutung entspricht reformatorischem Programm.[188] Zahlreiche Auslegungen zielen direkt auf Christus, wie die von Hirte und Schafherde, Lamm, Jonas und Walfisch, Perle, Phönix, Adler und Pelikan.[189] Die christologische Note dokumentiert sich hier bisweilen durch Zusätze gegenüber der angegebenen Quelle oder durch Eingriffe in den Wortlaut der Exzerpte.[190] Häufig manifestiert sie sich durch die Gegenüberstellung von Bibelstellen des Alten und Neuen Testaments.[191] Die Ereignisse und Dinge des Alten Testaments erhalten typologisch jeweils ihr erfüllendes Komplement im Neuen Testament.[192] In heilsgeschichtlicher Dimension erhalten die alttestamentarischen Tiergleichnisse Zeichencharakter. Abgesichert ist dieses typologische Verständnis durch die Tradition, wie sie sich in zahllosen Auslegungen der Kirchenväter, insbesondere durch Augustin, Gregor, Ambrosius, aber auch durch Hieronymus und Origines ausgeprägt hatte. Jenseits der Bevorzugung tropologischer und typologischer Deutungen läßt sich in Heidens Allegorese kein spezifisches theologisches Programm feststellen.

Heiden schließt an die patristische Lehre von der »doppelten Bezeugung Gottes im liber naturae und liber scripturae« an, wenn er bibli-

---

[187] Heiden, S. 427 zu Gregors Deutung des Hahns; S. 173f. zu Augustins Auslegung des 41. Psalms; S. 415 zu Gregors Habichtdeutung.

[188] Reinitzer: »Da sperret man den leuten das maul auff«, S. 41.

[189] Heiden, S. 247 (Hirte und Schafherde), S. 259 (Lamm), S. 311 (Jonas und Walfisch), S. 376f. (Perle), S. 402f. (Phönix), S. 408f. (Adler), S. 468f. (Pelikan).

[190] Der Auslegung des Adlers nach Fabris Vorlage wird durch eine Reflexion auf den alten Adam ergänzt (Heiden, S. 408), die Deutung der Perle nach Theophylakt mündet in einem Lobpreis Jesu (ebd., S. 376f.), der weder im Original (vgl. Theophylakt: Enarratio in Evangelium Matthaei, cap. 13, in: PG 123, Sp. 290), noch in der ›Isagoge‹ Pagninis (S. 613) sich findet. Die Deutung des Pelikan aus Manlius ›Collectaneen‹ tilgt gegenüber der deutschen Version die Hinweise auf die Kirche. Vgl. Heiden, S. 469. Manlius: LOCORVM COMMVNIVM, Der Erste Theil, Bl. 9v–10v.

[191] So ist Jonas der Antitypus von Christus (Heiden, S. 311); Matth. 13 u. Jesaia 45 werden parallelisiert für die christologische Deutung von Muschel und Perle (ebd., S. 376f.); der äußerliche Schein des Elfenbeins aus Apoc. 18 wird mit der Prophetie des Amos Kap.6 und 3 konfrontiert (ebd., S. 101). Vgl. weitere Beispiele S. 225, 233, 235, 247, 254, 257, 258f. 266, 376, 422, 424, 427, 428. Zur Typologie als Auslegungsform vgl. Ohly: Vom geistigen Sinn des Wortes, S. 14.

[192] Heiden selbst konfrontiert römische Opfervorschriften (Nat. hist. VIII,183) mit biblischen Opferverboten (Ps. 50). Angefügt wird eine Passage (Heiden, S. 238f.) aus dem NT (Hebr. 10), die das Verhältnis beider Testamente in Bezug auf Opferpraxis und Gottesdienst definiert: *Das Gesetz hat den schatten vonn den zükůnfftigen gůtern / nicht das wesen der gůter selbs [...] Da hebet er das erste (das alte Testament mit seinen opffern) auff / daß er das ander (das newe Testament mit seinem Gottesdienst) einsetze / Jn welchem willen wir sind geheiliget / einmal geschehen durch das opffer des leibs Jesu Christi.*

sche Tiergleichnisse und antike Naturlehre sich wechselseitig erhellen läßt.[193] Gilt für den Protestantismus eine Bevorzugung der tropologischen Sinnebene, so nutzt Heiden für sein geistliches Programm durchaus auch das traditionelle Spektrum des vierfachen Schriftsinns.[194]

Ein kompaktes Beispiel für verschiedene allegorische Sinnebenen auf engem Raum gibt das Kapitel über den Löwen; Heiden unterstützt seine Auslegung mit einer Fülle von Bibelbelegen und theologischen Autoritäten. Ausgangspunkt ist die Furchtlosigkeit und überlegene Selbstgewißheit des Löwen. Damit gibt der antike Text den sensus historicus vor. Den allegorisch-typologischen Sinn untermauert Heiden unter Berufung auf Hilarius, Ambrosius und Augustin mit Belegen aus dem Alten Testament und bezieht diese in bonam partem auf Christus: *In h. Schrifft verstehet man bey des Löuwen tůgent vnd seinem adelichem starckem gemůt / den Löuwen vom stamm Juda vnsern Herren Jesum Christum/*, in malam partem auf den Teufel: *Des Löuwen boßheit vnd grimm aber bedeut den Satan [...] als Petrus schreibt [...].*[195] Tropologisch-moralisch wird gedeutet, wenn *der Löuwe mit seiner stercke all gerechte mannhaffte Christen figuriren* soll, und eine anagogische Dimension klingt an, wenn *Sein freche Mörderische art [...] auff den Antichrist vnnd desselben anhange / die falschen Propheten vnd alle gottlose Menschen* hinweist.

Über alle vier Sinnebenen erstreckt sich die Auslegung des Schafs nach Cassiodor und Augustin. Die Schafe des 5. und 95. Psalms verweisen typologisch auf *das gleubige ausserwölte Volck Christi / wie solches Johannis am 10. vnnd 21. genůgsam bewisen wirt*; als *albere ongellige sennfftmůtige Thier* bezeichnen sie tropologisch die Einfalt und Wohltätigkeit des Christen; anagogisch werden sie gedeutet, *wenn die geistliche Schaff Christi die Wolle jhres alten menschens abgelegt vnd im Wasser der Widergeburt sauber gereiniget sind.*[196] In beiden Fällen verrät schon das Arrangement der Belege Vertrautheit mit dem Schema geistlicher Dinginterpretation.

---

[193] Ohly: Typologische Figuren aus Natur und Mythus, S.127.
[194] Zur Typologie des vierfachen Schriftsinnes vgl. Ohly: Vom geistigen Sinn des Wortes, S. 1–31. Die Bibel selbst kann für das typologische Verfahren herangezogen werden. Heiden (S. 225) zitiert aus Matth. 21 die Erfüllung der Prophezeiung des Zacharias (Zach.9), nach der Jesus auf einem Esel zur Tochter Zions (Jerusalem) kommen werde. Gregor und Beda liefern eine anagogische Deutung.
[195] Heiden, S. 114. In bonam partem folgt die Reihe: Hilarius (zum 131. Psalm), Ambrosius (zum 118. Psalm), Augustinus (De civitate Dei 16, 41). Vgl. Pagnini, S. 460. Für die negative Auslegung stehen die Kirchenväter Gregor (zu Hiob 16), Origines (Homilie 11 in Hesekiel), Augustinus (zum 109. Psalm) und Hieronymus (zu Jesaia 65). Vgl. Pagnini, S. 460–463. Vgl. Ohly: Vom geistigen Sinn des Wortes, S. 9. Schmidtke: Geistliche Tierinterpretation, S. 331–347.
[196] Heiden, S. 253.

Bei Heiden finden sich nicht nur mehrere sensus-Ebenen, er benutzt zudem bisweilen außerbiblische Allegorien. Aus Michael Jakob Fabris ›Buch von der Auferstehung‹ etwa führt er an Fröschen und Schwalben die Möglichkeit der Auferstehung vor.[197] Über die Tiergleichnisse der Bibel hinaus legt auch die Natur Zeugnis ab von zentralen heilsgeschichtlichen Ereignissen. Weiterhin stützt Heiden sich auf Autoritäten wie Hieronymus und vor allem Origines, deren Allegorese Luther bekämpft hatte. In einem Fall kommentiert er gar eine Allegorese des Origines mit derjenigen Luthers, die signifikant die verschiedenen Prämissen illustriert: Den Spruch Deut. 14: *Du solt das Bůcklin nit kochen / weil es noch seine Mŭter seuget*, deutet Origines typologisch. Um eine Speise Christi zu werden, müssen wir entwöhnt werden und sowohl den fleischlichen Lüsten wie unserem alten Fleisch, unserer Mutter Eva, entsagen.

> *Lutherus legt gedachten spruch also auß: Man sol den schwachen im glauben auff nemen / auff daß wir nicht die / so der Milch noturfftig / mit harter speise verterben / Rom. 14.*[198]

Gegenüber der geistlich-figurativen Deutung des Kirchenvaters lehnt sich diejenige Luther enger an den vorgegebenen Bildgehalt an und verbleibt im Rahmen tropologischer Deutung.[199]

Das allegorische Programm bezieht Anregungen auch aus der ›Historia animalium‹. Verwendet Gessner bisweilen Bibel- und Kirchenväterbelege in Form bloßer Stellenangaben, so nutzt Heiden derartige Hinweise für sein spirituelles Programm, kehrt somit den Verwendungszusammenhang geradezu um. Gegenüber der faktischen Information setzt sich erneut das spirituelle Verweissystem durch.

Gessner verweist etwa auf die These, daß der Geier durch den Wind empfängt und führt dafür eine Reihe von Autoren an, darunter auch einen Beleg des Ambrosius. Er begnügt sich im Rahmen seines Interesses mit dem sensus historicus. Heiden zitiert demgegenüber zusätzlich die Deutung des Ambrosius, der das Phänomen als natürliches Zeichen der unbefleckten Empfängnis betrachtet.[200] Der Pliniustext selbst bietet

---

[197] Heiden, S. 390, 444f. Fabri: Von der Allgemeinen Aufferstehung der Todten, Bl. 276r/v: *darab wir allein [...] ein vorbild vnserer allgemeinen Aufferstehung zů nemmen hetten*. Vgl. ebd., Bl. 273r. Vgl. Ohly: Typologische Figuren aus Natur und Mythus, S. 128f.
[198] Heiden, S. 260.
[199] Die Differenz zu Luther wird noch an einer anderen Stelle sichtbar: Die verschiedenartigen Schafe erinnern an die biblische Geschichte von Jakob und Laban (Gen. 30). Heiden (S. 247) zitiert sie vollständig und fügt eine *Glossa ordinaria* hinzu, die Jakob als Christus, die gesprenkelten Lämmer als *widergeborne Kinder Gottes*, die schwarzen hingegen als *sůndhafftige menschen* auslegt. Luther begnügt sich an der gleichen Stelle lediglich mit einer erläuternden Glosse, daß *Jakob [...] der natur mit kunst half*.
[200] Heiden, S. 412. Vgl. Ambrosius: Hexaemeron V, 20.

keinen locus für diesen naturkundlichen Sachverhalt, so daß Heiden für diesen Zweck auf Belegstellen des Horapollon und des Ambrosius zurückgreift. Beide aber stehen bei Gessner in unmittelbarer Nachbarschaft. Daß nicht der Kirchenvater, sondern Gessner die Anregung gab, ergibt sich somit aus dem Kontext.[201]

Neben die Allegorien der Kirchenväter treten solche humanistischer und reformatorischer Autoren: Erasmus, Melanchthon, Gessner, Johann Spreng, Johannes Posthius, Michael Jakob Fabri und Adam Reissner, in einem Fall selbst Luther sind mit geistlichen Auslegungen vertreten.[202] Erasmus' Deutung von Matth. 10, *Seit einfeltig wie die Tauben*, entnimmt Heiden wiederum der ›Historia animalium‹. Er eliminiert dabei jedoch die Sequenz über die Schlange, die Gessner nach Tzetzes (Chiliade 9, 23) ausführlich mit zitiert.[203] Anders als im gelehrten Diskurs ist der Bearbeiter nicht an den originalen Wortlaut des Zitats gebunden, den er je nach Bedarf kürzt oder erweitert.

In der Verwendung altkirchlicher Allegorien durch die Protestanten dokumentiert sich die noch unentschiedene Haltung der Reformatoren gegenüber der geistlichen Deutung.[204] Aus den ›Collectaneen‹ des Manlius exzerpiert Heiden die angeblich durch Melanchthon angeführte Allegorese des Pelikan: Die natürliche Feindschaft zwischen Pelikan und Schlange verweist auf die Feindschaft zwischen dem Menschen und dem Teufel: So wie die Schlange die Jungen des Pelikan tötet, so vergiftet der Teufel die Menschen; wie der Pelikan sich für seine Jungen opfert, so Jesus Christus für die Menschheit; schließlich entspricht die Dankbarkeit der geretteten Jungen gegenüber der Mutter derjenigen des Gläubigen gegenüber Gott, wie auch umgekehrt die Rache an den Undankbaren ihre Entsprechung im Verhältnis Gott-Mensch findet.[205] Das vielfach deutbare christologische Bild verdrängt hier sogar

---

[201] An einer Stelle (S. 462) greift Heiden direkt auf eine der bei Gessner selten zu findenden Allegorien zurück: *Gesnerus: Durch die Taube wirt in h. Schrifft die keusche vnabfellige Braut (des himlischen Gesponsen Christi) verstanden: denn wie die Taube sich treuwlich an jrem gespan helt / vnd an demselbigen nicht brüchig wirt / also redet der geistliche Gespons von seiner Braut / Meine Taube / ist einig vnd wolkommen / jhre augen sind wie Taubenaugen / Cant.1.2.* Vgl. H. A. III, S. 287: *Columba in sacris literis pro sponsa vel coniuge clarissima accipitur: quod in columbacer genere praecipue coniugij lex firmissima, & mirus inter coniuges amor spectetur. Columba mea, formosa mea, Cant.2.*

[202] Heiden, S. 462f. (Erasmus), S. 468f. (Melanchthon), S. 402f. (Sachs), S. 440f. (Spreng). Eine spirituelle Deutung der Heuschrecken durch Adam Reissner gibt Heiden auf Seite 492.

[203] Heiden, S. 462f. Vgl. H. A. III, S. 272f.

[204] 1561 ediert Jacob Hertel eine Sammlung lutherischer Allegorien. Protestantische Allegoriehandbücher (Franzius, Frey) erscheinen gegen Ende des Jahrhunderts. Vgl. Reinitzer: Zur [...] Allegorie im ›Biblisch Thierbuch‹, S. 370–387. Ders.: »Da sperret man den leuten das maul auff«, S. 40–47. Rehermann: Die protestantischen Exempelsammlungen, S. 580.

[205] Heiden, S. 468f. Manlius: LOCORVM COMMVNIVM, Der Erste Theil, Bl.

den Sachbezug. Der Pliniustext selbst (Nat. hist. X,115) liefert an dieser Stelle nur einen indirekten locus für das Manliusexzerpt. Er beschreibt das Verhalten des Reihers, der in der Lage ist, vorverdaute Muscheln wieder auszuspeien. So identifiziert Heiden den Pelikan mit dem Reiher (platea); außerdem fügt er die bekannte allegorische Abbildung hinzu, auf der der Vogel seine Jungen mit dem eigenen Blut tränkt, jene Faktenbasis also, die der antike Text ihm an dieser Stelle verweigert.

Der Phönix ist weder nach der Züricher Bibel noch nach der Lutherbibel ein biblisch bezeugter Vogel. Anders für Johannes Heiden. Er verteidigt die Existenz dieses wundersamen Tiers sogar manifester als Plinius.[206] Wohl aufgrund der langen allegorischen Auslegungstradition, die den Phönix zum sichtbaren Indikator christlicher Heilswahrheiten macht, übergeht er jegliche Skepsis an der Existenz des Vogels. Die Art der Eingriffe in die Textgestalt des Plinius (Streichungen, Zusätze, Übersetzungsmanipulation) verweist auf die Strategie:

Ein Bibelzitat nach Sebastian Münster stattet den orientalischen Wundervogel schon zu Beginn mit der unbezweifelbaren Autorität der Bibel aus. In dessen Bibelübersetzung scheint Heiden in Hiob 29 in der Tat jenen Beleg zu finden, den ihm die ansonsten verwendete Lutherbibel versagt. *In nido meo expirabo, & more Phoenicis multiplicabo dies: Ich wil meinen Geist auffgeben in meinem Nest / vnd so alt werden als Phenix.*[207] Aber nicht auf die Münster–Bibel greift Heiden für sein Zitat zurück, sondern auf Michael Jacob Fabris ›Bůch von der Aufferstehung‹, dem er sämtliche interpolierten Belege in diesem Kapitel entnimmt.[208]

Äußert sich Plinius skeptisch über die öffentliche Ausstellung eines Phönix zu Kaiser Claudius Zeiten im Jahre 800 ab urbe condita, so übernimmt Heiden unbezweifelt die falsche Übersetzung Eppendorffs: *vnd es hat niemand gezweifelt / es seie derselbig Vogel / ein rechter Phenix gewesen.*[209] Die Verwendbarkeit des Phönix in eschatologischer Hinsicht läßt keinen Zweifel an der Authentizität des Belegs aufkommen. Der Übersetzungsvorschlag der Vorlage (Eppendorff) setzt sich gegenüber dem Original durch. Ein als Randglosse beigefügter Beleg

---

9v–10v. Zur Tradition dieser Deutung vgl. Gerhardt: Die Metamorphosen des Pelikan, S. 14–16.

[206] Zur Allegorese des Phönix vgl. Reinitzer: Vom Vogel Phoenix, S. 40f.

[207] Heiden, S. 402. *In nido meo expirabo, ac more phoenicis multiplicabo dies* [...], heißt es in der Bibelübersetzung Münsters von 1546 (Hebraica Biblia, latina planeque; noua SEBAST. MVNSTERI TRANSLATIONE [...], BASILEAE 1546, IIOB XXXIX, S. 1359).

[208] Heiden, S. 402f. Vgl. Fabri: ›Von der Allgemeinen Aufferstehung der Todten‹, Bl. 273r/v, 274r/v.

[209] Heiden, S. 403. Reinitzer: Vom Vogel Phoenix, S. 40f. Vgl. Nat. hist. X,5: *sed quem falsum esse nemo dubitaret.* CAij Plinij [...] History, S. 138: *vnd nyemants gezweifelt hatt / es sey ein rechter Phenix gesein.*

aus der Chronik des Caspar Hedio überführt die antike Zeitangabe in die neue historische Zeitrechnung.

Zwei weitere Eingriffe entziehen den Wundervogel einerseits der Möglichkeit heidnischer Interpretation, andererseits spezifizieren sie dessen eschatologische Funktion. Die Beziehung des Phönix zu antiken kosmologischen Vorstellungen, die Plinius erörtert und die auch Eppendorff wiedergibt, kappt Heiden, indem er eine längere Passage über dessen Lebenszeit in Verbindung mit dem ›Großen Jahr‹ tilgt.[210] Die astronomischen Vorstellungen, die mit dem ›Großen Jahr‹ verbunden sind, speziell der im Hintergrund stehende Zyklusgedanke stören anscheinend die Singularität des nunmehr christlich gedeuteten Bildinhalts. Astronomische und theologische Zeitvorstellungen sind dabei nicht umstandslos harmonisierbar.

Heimo Reinitzer hat darauf hingewiesen, daß dem autoritativen Beleg der Bibel eine Hans Sachs–Allegorie über den Phönix zugeordnet wird, in dem die einzelnen bei Plinius beschriebenen Eigenschaften des Vogels ausgelegt werden.[211] Hiernach stellt der Vogel in traditionell allegorischer Deutung einen Typus dar, der den Opfertod und die Wiederauferstehung Christi verbildlicht. Die eschatologische Interpretation des Phönix wird über die interpolierte Allegorie hinaus durch eine leichte Korrektur exegetischen Ansprüchen angeglichen. Plinius' (wie auch Eppendorffs) Nachricht, daß der Phönix nach vollendetem Nestbau dieses mit wohlriechenden Kräutern fülle und sodann sterbe, ersetzt Heiden durch eine spezifische Notiz über die Todesart: *vnd mit seinen flůglin durch hitz der Sonnen ein feuwer auffweglen / das jn anzůnde vnd verbrenne.*[212] Das Sterben und Verfaulen in Analogie zum Weizenkorngleichnis ersetzt Heiden durch den Feuertod. Er folgt damit einem Wandel in der Auslegungstradition, der sich im Gefolge der Christenverfolgung vollzog.[213] Der Zusatz gegenüber Plinius und Ep-

---

[210] Dagegen schreibt Eppendorff (CAij Plinij [...] History, S. 138): *Der selbig Manilius schreibt auch / das bey des vogels leben die vmbkerung des grossen jars fürgeen soll / auch die anzeygung des grossen vngewytter / vnd der vmblauff des gestyrns. das soll sich aber anfahen vmb den mittag / auch auff den tag wenn die Sonn in Wider dritt. Vnd das jar der selbigen vmbkŏrung / soll gewest sein vnder den Burgermeysteren Publio Licinio / Marco Cornelio / da Cornelius Valerianus anzeyget / das er ein Phenicem hab sehen in Egypten flyegen.* Zur Kritik der Zyklentheorie vgl. Augustinus: De Civitate Dei XII, 18, 14, 21.

[211] Reinitzer: Vom Vogel Phoenix, S. 40f. Hans Sachs: Der eynig vogel fenix, in: Ders.: Werke 1, S. 324f. Vgl. Theiß: Exemplarische Allegorik, S. 124. Auch hier ist Fabris Buch die Quelle (Bl. 274r/v) und erklärt, warum Heiden (S. 402) nicht den Verfasser, sondern lediglich wie Fabri *ettliche Teutsche Reimen in Truck außgangen* ankündigt.

[212] Nat. hist. X,5: *replere odoribus et superemori.* CAij Plinij [...] History, S. 138: *erfülle es mit gůtten geschmäcken / vnd sterbe also dar auff.*

[213] Vgl. Reinitzer: Vom Vogel Phoenix, S. 25f.: In der Wandlung der Phönixallegorie, nach der der Vogel nun nicht mehr – in Analogie zum paulinischen Weizenkorn-

pendorff, daß der ›wiederauferstandene‹ Vogel *am dridten tage den verstorbenen besinge*, projiziert einen weiteren Aspekt des christlichen Wiederauferstehungsritus auf den des Phönix. Hans Sachs Phönix-Allegorie wird ergänzt durch zwei weitere Auslegungen aus den Kirchenvätern. Bezieht Cyprian die Geburt des Phönix auf die Möglichkeit der unbefleckten Empfängnis, so Tertullian auf die grundsätzliche Möglichkeit der resurrectio carnis.[214] So wird der orientalische Wundervogel zur Verkörperung gleich zweier zentraler Heilsbotschaften. Die Deutung des Phönix ist ein extremes Beispiel für die konkrete Umsetzung von Heidens allegorischem Programm. Entgegen der zeitgenössischen Tendenz der zunehmenden Dissoziation von Faktenbasis und Allegorese, die eine genauere Naturbeschreibung nach sich zieht, paßt Heiden die literale Grundlage an die Bedürfnisse der Auslegung an.[215]

Einen Parallelfall bietet die Allegorese des Schwans aufgrund seines Gesanges kurz vor dem Tod. Wo aber Plinius (Nat. hist. X,63) die These vom kläglichen Gesang aufgrund von Beobachtungen grundsätzlich in Zweifel zieht, modifizieren sie die beiden Übersetzer: *welches ich für ein geticht halte / weil man gewisse erfarnis hat / er sol ein gar liebliche freudenreiche melodey vor seinem ende machen.*[216] Sie harmonisieren damit den Sachverhalt mit jener Auslegungstradition, die in dem Schwanengesang ein Bild der freudigen Jenseitserwartung des sterbenden Christen sieht. Damit ist aber die Basis geschaffen für eine ausführliche Auslegung des Schwans aus den ›Metamorphosen‹ des Ovid, die Heiden der allegorisierten Metmorphosen-Ausgabe seines Glaubensbruders Johann Spreng entnimmt.[217]

Mit dem Aufweis spiritueller Deutungen, teils anschließend an die Fakten des Pliniustextes, teils diese modifizierend oder ergänzend, wo

---

gleichnis – verfault, sondern sich selbst verbrennt, tritt nun die veränderte Auffassung vom Wiederauferstehungsglauben zutage: Der Rettung können auch diejenigen gewiß sein, die den Feuertod erleiden.

[214] Heiden, S. 403: *Cyprianus: Die Geburt des Vogels Phenix / bedeut die geburt des Herren Jesu durch Gottes krafft one Manns Samen.* Vgl. Fabri: Von der Allgemeinen Aufferstehung der Todten, Bl. 273v.

[215] Zur Verschiebung von Faktenbais und Auslegungsmöglichkeiten vgl. Meier: Argumentationsformen kritischer Reflexion, S.116–159.

[216] Heiden, S. 440. Vgl. CAij Plinij [...] History, S. 151: *möcht wol nit war sein (wie ich meyne) dann ettliche ein erfarnüssz haben / er hab ein lyeblichen gesang.*

[217] Heiden, S. 440f. P. Ouidij Nasonis [...] *Metamorphoses oder Verwandlung*, Bl. 163v–164v. Sprengs Ovidausgabe, die der Tradition der »kirchlichen Textauslegung« verpflichtet ist, erschien zuerst 1563 lateinisch, 1564 auf Deutsch. Vgl. Guthmüller: Picta Poiesis Ovidiana, S. 181–185, 184. Johann Spreng (1524–1601), Übersetzer antiker Autoren, gehörte wie Valentin Ickelsamer und Adam Reissner zum Augsburger Bekanntenkreis Schwenckfelds. Vgl. Clasen: Schwenckfeld's friends, S. 65. Zur Biographie vgl. Klemens Alfen, Petra Fochler u. Elisabeth Lienert: Deutsche Trojatexte des 12.–16. Jahrhunderts, S. 139.

der antike Text sich ausschweigt, setzt Heiden sein allegorisches Programm mehr gegen die Vorlage durch, als daß diese – wie in der Vorrede dargelegt – exegetische Hilfestellung liefert. Ersatz leistet in diesem Fall Gessners Naturgeschichte, die im Ausnahmefall auch selbst einmal für die Deutung herangezogen werden kann. Der Rückgriff auf zahlreiche Kirchenväter und die Realisierung verschiedener Ebenen der Sinnerschließung stellt die Exegese des Schwenckfeldianers in die Nähe mittelalterlicher Verfahren und entfernt sie von Luthers Prinzipien der Schriftauslegung. Demgegenüber betont die Verwendung von Allegorien reformatorischer Autoren (Spreng, Manlius, Fabri) den christologischen Akzent.

f. Sensus historicus

Die Darstellung des Plinius liefert aber nur einen Teil der Daten, die für die biblischen Gleichnisse aussagekräftig sind. Für die anderen relevanten Informationen greift Heiden daher in selektiver Optik wiederum auf Gessners Nachschlagewerk zurück. Was für die reformatorische Geschichtsbetrachtung gilt, trifft hier auch auf die Naturkunde zu: Die Natur wird nicht für sich betrachtet, um etwaige Lehren aus ihr abzuleiten; die Wahrnehmung steht unter dem Diktat ethischer, hier vor allem biblischer Vorgaben und sucht nur noch die Bestätigung durch die jeweilige Autorität.[218] Der Pliniustext bleibt für dieses Unternehmen an vielen Stellen unergiebig. Für die Bestätigung einer Hiobsequenz (Hiob 39) bedarf es daher einer Ergänzung des Pliniustextes durch eine andere antike Autorität: *Oppianus: Die Adler gebrauchen sich des geblüts der geraubten Thier an statt des trancks / fragen sonst keinem andern tranck nach / Job. 39. Des Adlers Jungen sauffen blut.*[219]

Plinius (Nat. hist. X,2) erwähnt über die Straußeneier lediglich, daß sie ob ihrer Größe als Trinkgeschirr Verwendung finden. Heiden dagegen bezieht sich bei seinem Eingriff auf einen konkreten biblischen Verwendungszusammenhang, wieder vor allem auf Hiob 39. Beschrieben wird dort die Eigenschaft des Strauß, der seine Eier durch die Sonne ausbrüten läßt und darüber hinaus seine hungernden Kinder vernachlässigt, eine signifikante res in der Deutungstradition der Naturallegorese.[220] Der biblischen Straußenpassage schaltet Heiden die Belege zweier Autoritäten vor: die naturkundliche des Albertus Magnus und die theologische des protestantischen Hebräisten Paulus Fagius, die jeweils einen dieser Sachverhalte belegen.[221] In den Pliniustext

---

[218] Brückner: Historien und Historie, S. 52.
[219] Heiden, S. 405; H. A. III, S. 166.
[220] Schmidtke: Geistliche Tierinterpretation, S. 415–417.
[221] Heiden, S. 400: Albertus belegt die These, daß der Strauß seine Eier in den Sand legt, Fagius diejenige, daß er seine Jungen verläßt.

fügt sich so ein Exzerptblock ein, der ohne konkreten Bezug zum antiken Text eine biblische Sequenz erläutert. Heiden entnimmt den gesamten Einschub Gessners ›Historia animalium‹, in der die verschiedenen Stellen gleichfalls nahe beieinander, doch in unterschiedlichen Rubriken (C/D) stehen. Die veränderte Optik Heidens manifestiert sich dadurch, daß Gessner sich bei der Hiobstelle lediglich mit einer knappen Anspielung begnügt, Heiden sie indessen vollständig zitiert.[222] Hier erlaubt nicht die naturkundliche Information des Plinius Assoziationen an den biblischen Gehalt, sondern die Bibelstelle wird zum Anlaß, naturkundliches Basiswissen nachzutragen. Sichtbar bilden die biblischen Vorgaben den Leitfaden für die Lektüre von Plinius und Gessner. Die biblische Sequenz erhält damit ihr naturkundliches Komplement zugewiesen und so die Basis einer weitergehenden Deutung: Der beschriebene Sachverhalt eröffnet nun das Verständnis von *Threnorum 4. Die Tochter meines Volcks müß vnbarmhertzig sein / wie ein Strauß in der Wüsten / Michee. 1. Ich müß klagen wie die Drachen / vnd trauwren wie die Straussen.* Was bei Gessner den Status einer enzyklopädischen Auflistung besitzt, rückt bei Heiden in einen argumentativen Zusammenhang: Die Absicherung von biblischen Aussagen durch einen naturkundlichen Beleg und der Ausblick auf mögliche Deutungen.

Das Verfahren selbst ist schon bei Gessner vorgeprägt, tritt aber im Rahmen seiner enzyklopädischen Auflistung eher in den Hintergrund. Das Nebeneinander von Naturbeschreibung und Deutung manifestiert sich dabei in gelegentlich eingeschobenen Bibelsequenzen. Herausgelöst aus der Reihe der Autorenreferate erhalten sie Zeichenfunktion. Unterstützt werden kann diese zusätzlich durch die Selektion der Quellen. Im Kontext der Besprechung des Brutverhaltens der Rebhühner gibt Gessner eine Auflistung unterschiedlicher Autoren: Das Rebhuhn ist bekannt dafür, daß es fremde Eier entwendet und ausbrütet, auch biblisch abgesichert durch Jerem. 17, dessen Deutung selbst Gessner zitiert.[223] Heiden nun selegiert das Material in bibelhermeneutischer Optik, indem er einzig den Jeremia-Spruch und von den Autoritäten allein die Kirchenväter zur Stütze exzerpiert. Für die Übersetzung der Kirchenväter greift er auf die Vorlage Heußlins zurück, die Stellenangabe und den Bibelspruch ergänzt er aus Gessner.[224] Das Material rückt

---

[222] Ebd. Vgl. H. A. III, S. 711: *Fertur de natura huius auis quòd matres semper uolent, ac pullos suos relinquant, qui ob inopiam cibi flent atque ululant. ad quod saepe alludit Scriptura, ut Micheae 1. Faciam planctum sicut dracones, & luctum sicut filiae ianeah, id est ululae siue struthiones. item Threnorum 4. Filia populi mei crudelis caieenim, id est sicut ululae uel struthiones, P. Fagius. Struthio relinquit oua sua Job 39.* Zu Fagius: NDB 4, S. 744.

[223] Gessner (H. A. III, S. 648) führt Belege von Kiranides, Jeremias, Hieronymus, Ambrosius/Albertus, Obscurus und Aelian an.

[224] Heiden, S. 460. Vgl. H. A. III, S. 648. Vogelbůch, Bl. CXCIIIIr.

wieder in seinen genuinen theologischen Kontext. Wieder wird die begleitende Lektüre der Enzyklopädie bibelhermeneutisch genutzt.

Bei vielen Passagen dieser Art liefert Gessner die entscheidende Anregung. Das Verhältnis zum entsprechenden locus kann gegenüber der antiken Enzyklopädie auch eine korrigierende Funktion einnehmen. Gessner belegt in Rubrik D den Umstand, daß der Rabe seine Kinder verläßt, mit einem Zitat aus Gregors ›Moralia‹ und verweist knapp auf Hiob 39: *vnde etiam scriptum est Iob. 38. Quis praeparat coruo escam?*[225] Im Rabenkapitel des Plinius selbst findet Heiden erneut keinen locus für dieses Phänomen, wohl aber findet er bei Gessner eine analoge Pliniuspassage, die die Rettung der Rabenjungen *quadam ratione naturae* behauptet. Ein im Nest wachsender Wurm erlaube den Jungen das Überleben. Heiden fügt diese Passage als Zusatz in den Pliniustext ein und schafft so die Basis seiner Kommentierung. Aus einer späteren Rubrik der ›Historia animalium‹ (H,c) interpoliert er zusätzlich drei Bibelzitate: Jene rhetorische Frage aus Hiob 39: *Wer bereit dem Raben die speise / wenn seine Jungen zů Gott růffen / vnd fliegen jrre / wenn sie nicht zůessen haben?* Es folgen ein zwei Zitat aus Psalm 47 und Lukas 12, die gleichfalls Gott als providentielle Instanz für die Rettung reklamieren. Die Lukaspassage ergänzt er zusätzlich gegenüber der Vorlage.[226] Ausgehend von den Vorgaben Gessners, schafft Heiden einen Kontext, in dem die Bibelpassagen eine präzisierende Antwort auf die Ausgangsthese des Plinius geben.[227] Eine spirituelle Ausdeutung unterbleibt.

Daß die Bibel auch in handfester praktischer Hinsicht das Verhalten reguliert, wird am Phänomen der biblischen Speiseverbote sichtbar. Die Bücher Leviticus und Deuteronomium behandeln diese unter dem Gesichtspunkt von Reinheit und Unreinheit. Conrad Gessner hatte sie, oftmals versehen mit spirituellen Deutungen, in die Rubrik F seiner Enzyklopädie aufgenommen. Heiden exzerpiert penibel gerade diese Passagen und fügt sie meist am Ende des Abschnitts in den Pliniustext ein. Fast ausnahmslos stützt Heiden sich in Anlehnung an Gessner dabei auf die ›Katenen‹ des Prokop von Gaza, bisweilen auch auf das ›Stromateon‹ des Clemens.[228]

> Clemens lib. 3. Paedagogi & Stromateon 5. *Der Adler wirt Leuitici 15. vnd Deuter. 14. vnter die vnreine Thier gezelet / vonn dessen fleisch so wol als auch von andern reuberischen Thieren / die Juden nicht solten essen / da mit angezeiget ward / daß*

---

[225] H. A. III, S. 323.
[226] Heiden, S. 422. Vgl. H. A. III, S. 331.
[227] Heiden kompiliert im Bärenkapitel an vier Stellen (S. 182, 185f.) verschiedene Bibelexzerpte, die er allesamt von Gessner (H. A. I, S. 1079f.) entlehnt. Er schließt sie topisch locker an die jeweiligen Pliniusstellen an, fügt aber auch hier (S. 186) eine über Gessner hinausgehende Deutung hinzu.
[228] Zu Prokop vgl. Wolf Aly: Prokopios von Gaza, in: RE 32,1 (1957), Sp. 259–273.

*man nicht solt gemeinschafft haben mit denen menschen / die auß anderer leut raub leben. Procopius: Moses hat des Adlers / des Geiers vnnd anderer dergleichen hochflüchtigen reuberischen Thier fleisch in der speise zůniessen verbotten / vorzůbilden / daß man nicht hoch einher faren / noch anderer leuth schadens oder nachteils solle geleben.*²²⁹

Auch die biblischen Speiseverbote erhalten so ihre naturkundliche bzw. metaphorische Legitimation. Faktische Unsauberkeit, wie im Falle von Ibis, Kuckuck und Möwe, aber auch der Zeichencharakter der Natur, verbieten den Genuß, der vor dem Hintergrund der sympathetischen Wirkung zugleich eine diätetische Warnung bildet.²³⁰ Konnotiert werden Laster wie Mord, Hoffart, Raub, Arglist, Finanzen, List, Geiz, Bosheit u. a. Theologischer Vorbehalt und medizinische Wirkung greifen ineinander. Umgekehrt werden gerade dort bestimmte Tiere zur Speise empfohlen, wo die Heiden sie als Götter verehren.²³¹ Die verschiedenen Verfahren der Negativkonnotierung dokumentiert zusammenfassend das Straußenkapitel: allegorisch hatte ihn Gregor im Anschluß an Hiob 39 als Bild für die Heuchler gedeutet; bibelhermeneutisch erklären Albertus und Fagius seine Gleichnishaftigkeit für fehlende Weisheit; als unreines Tier fällt er unter die Speiseverbote; schließlich spielt er als Tier der Wüste eine negative Rolle in der Prophetie. Durch die versammelten Exzerpte erhalten die Tiere eine Wertung, die sich aus dem jeweiligen biblischen Zusammenhang ergibt.

g. Selektion von Tradition

Die Konfrontation der antiken Enzyklopädie mit den Maßstäben der Heiligen Schrift zieht zwei Verfahren der Kommentierung nach sich. Die Bestätigung biblischer Gleichnisse durch den antiken Autor – bzw. andere Autoritäten – oder die Opposition gegen antike Überlieferungen. Widerstand erwecken naturgemäß jene Passagen, die heidnischen

---

²²⁹ Heiden, S. 411. Vgl. H. A. III, S. 174 (F). Entsprechende Exzerpte finden sich S. 401 (Strauß/ H. A. III, S. 712f.), S. 412 (Geier: Hoffart/ H. A. III, S. 753), S. 414 (Habicht: Mord/ H. A. III, S. 35), S. 417 (Kuckuck: Etymologie der Unreinheit: kaat = Kuckuck/ H. A. III, S. 352), S. 418 (Weihe: Rauben, Finanzen/ H. A. III, S. 588), S. 455 (Wiedehopf: Trauer/ H. A. III, S. 746f.), S. 457 (Möwe: Geiz, Unrat/ H. A. III, 560) u. ö.
²³⁰ Im Storchenkapitel nimmt Heiden (S. 438) dann selbst einmal Stellung. Dem Hinweis des Plinius (Nat. hist. X,60) über den Geschmackswandel der Zeit, daß gegenüber früher nunmehr Kraniche bevorzugt und Störche gemieden würden, folgt sofort der Kommentar: *jrer gifftigen speise halber / derer sie sich gebrauchen / Ich wil geschweigen daß man von jhrem fleisch solt essen.*
²³¹ Heiden, S. 237. Vgl. H. A. I, S. 1000: *In lege Mosis Leuit. 11. & Deuter. 14. suilla prohibetur: quia nec ruminat sus & uictu impurissimus est. Animalia quaedam quae diuino cultu prosequebatur Aegyptus, ut ouem & bouem, Deus pura in cibo haberi uoluit, ut contemnere ea discerent Iudaei. illa uero quae Aegyptij auidius lurcabantur, prohibuit, ut suillam, quam in solitudine etiam desyderabant Iudaei, Procopius.*

Aberglauben transportieren. Heiden kürzt konsequent in jenen Abschnitten, in denen antike Götterkulte und Augurenpraxis oder wundersame Ereignisse thematisiert werden. Dabei fallen nicht nur einzelne Begriffe, Sätze und Abschnitte der Zensur zum Opfer, sondern bisweilen ganze Kapitel des Originaltextes.[232] Der Pliniustext dient somit nicht nur als Ausgangspunkt der Bibelexegese, er erfährt selbst in seinem Bestand zahlreiche Eingriffe. Im Kapitel über den Adler werden etwa die Hinweise über dessen Zuordnung zu Jupiter gekürzt. Plinius Bemerkung, daß der Adler nicht vom Blitz getroffen und deshalb dem Jupiter zugeeignet werde (Nat. hist. X,15) – ein Hinweis, den wie viele ähnliche auch Eppendorff getreu zitiert –, reduziert Heiden auf das schlichte Faktum: *Man wil sagen es sol allein den Adler nie kein Donnerstreich troffen haben.*[233]

Da das Phänomen der *anzeigung* zukünftiger Ereignisse nicht gänzlich abgelehnt wird – Heiden selbst gibt das Prophezeiungskapitel der ›Naturalis historia‹ wieder –, kommt es dort zu leichteren Korrekturen, wo die Religion thematisiert wird.[234] Aus Plinius Darstellung, daß Tiere sowohl durch Eingeweideschau als auch durch *andere anzeygung* (Eppendorff) zukünftige Dinge voraussagen, wird mit bezeichnender Akzentuierung ein Ausschlußverhältnis.

> *Die Thier warnen vns offt vor vnglück vnd allerley gefahr | Nit meine ich mit jhren Zäserlen oder eingeweide | darauff ietz ettliche Menschen steiff fussen | sonder durch andere vil gewissere bericht.*[235]

Wird hier die Möglichkeit prinzipiell anerkannt, so bedarf es im konkreten Fall dennoch der entschiedenen Korrektur. Dem antiken Brauch werden zwei Exzerpte aus Polidorus Vergilius entgegengestellt, die Eingeweideschau und Vogelflug eindeutig als Aberglauben kennzeichnen.[236]

---

[232] So ein ganzer Abschnitt von Nat. hist. X,36. Vgl. CAij Plinij [. . .] History, S. 145: *Von dem vogel [. . .] Anzünder genannt.* Heiden, S. 421. Vgl. weitere Beispiele Nat. hist X,20: Heiden, S. 413; Nat. hist. X,21: Heiden, S. 413; Nat. hist. X,28: Heiden, S. 417; Nat. hist X,30: Heiden, S.419; Nat. hist X,31: Heiden, S. 419; Nat. hist. X,33: Heiden, S. 420; Nat. hist X,34: Heiden, S. 421; Nat. hist. X,40: Heiden, S. 424; Nat. hist. X,41: Heiden, S. 424; Nat. hist. X,45: Heiden, S. 426; Nat. hist. X,49: Heiden, S.429 u. ö.
[233] Heiden, S. 409. (CAij Plinij [. . .] History, S. 140.
[234] Heiden, S.159–161. Vgl. S. 429 (Nat. hist. X,49) die Trennung zwischen Vogelschau (getilgt) und legitimer Anzeigung durch den Hahn.
[235] Heiden, S. 160. Vgl. Nat. hist. VIII, 102: *siquidem et pericula praemonent non fibris modo extisque, circa quod magna mortalium portio haeret, sed alia quadam significatione.*
[236] Heiden, S. 160: *Vergilius Polidorus: So gar abergleubisch waren die Römer | daß sie im Kriege nichts handleten one anschauwung der eingeweide an den Thieren | vnd daheime nichts one besichtigung der Vögel fürnamen.* Vgl. Polidorus Vergilius: Eygentlicher bericht der Erfinder aller dinge, I,24, Bl. 73r/v.

Gleichfalls getilgt werden anzügliche Passagen, wenn etwa im Pliniustext von der Liebe einer Gans zu einem Menschen oder Widder die Rede ist oder das Paarungsverhalten der Feldhühner detailliert beschrieben wird.[237] Religiöse und moralische Vorbehalte bestimmen hier die Darstellung, was sogar soweit führt, daß topisch vorbildliche Tiere wie die Tauben erst durch gezielte Kürzungen ihre moralische Dignität erhalten.[238] Die Zusätze evozieren dann den Eindruck sozialer Vorbildlichkeit.

Der Widerstand gegen heidnischen Aberglauben realisiert sich aber nicht nur durch Streichungen. Schon die Polemik gegen die Augurenpraxis verwies auf ein anderes Verfahren. Gerade dort, wo eine Nähe zu biblischen Themen besteht und die Bibel selbst Material zur Widerlegung liefert, wird die Passage abgedruckt, um sie desto eindrucksvoller zu widerlegen. Ein bezeichnendes Beispiel stellt das XLVI. Kapitel vom Stier Apis dar, der in Ägypten als ein Gott verehrt wird.[239] Assoziationen an den Auszug aus Ägypten und den Tanz um das Goldene Kalb mögen für die Wiedergabe des Abschnitts verantwortlich gewesen sein. Zunächst werden durch den Pliniustext und eine hinzugefügte Herodot–Passage die wundersamen Umstände der Geburt des heiligen Tiers, seine prophetische Gabe wie der sich daraus entwickelnde Ritus beschrieben. Eine kurze Passage aus Conrad Gessners ›Historia animalium‹ rückt aber dann das Phänomen in den biblischen Zusammenhang. Gessner vermutet, daß die Juden die Anfertigung des goldenen Kalbs von den Ägyptern übernommen hätten, bei denen ein solches Tier als Gott verehrt worden sei. Der kurze Einschub verifiziert den Sachverhalt als einen historisch belegten Fall innerhalb der Heilsgeschichte, bezieht aber dadurch gegen den antiken Vermittler Stellung. Plinius selbst stellt nämlich die Möglichkeit der prophetischen Gabe des Stiers in der Art eines Historiographen nüchtern dar und enthält sich jeglicher Polemik.

---

[237] Nat. hist. X,51; CAij Plinij [...] History, S. 149; Heiden, S. 432. Nat. hist. X,101f.; CAij Plinij [...] History, S. 158; Heiden, S. 460. Vgl. Nat. hist. X,32; Heiden S. 420. Andere Passagen werden wertend kommentiert: so, wenn von der *vnzimlichen liebe* eines Elefanten zu einer Ägypterin berichtet wird (vgl. CAij Plinij [...] History, S. 43: *lyebe*; Nat. hist. VIII,13: *vis amoris*). Vgl. auch die Kritik am Paarungsverhalten der Muraale (Heiden, S. 355 gegen Fischbuch, Bl. 46v).
[238] Getilgt werden: CAij Plinij [...] History, S. 159: *Da fahet der dåüber an zů rucken / sticht die daube mit dem schnabel. aber gleich daruff versůnen sye sich mit dem schnåblen. vnd ee er vff die daub sitzet / so lauffet er vmb ein ring.* Vgl. Nat. hist. X,104f. Heiden, S. 462. Vgl. auch folgende Streichung: CAij Plinij [...] History, S. 159: *wiewol er* [der Spatz] *der Dauben in der geyle wol zů gleichen.* Nat. hist. X,106; Heiden, S. 464.
[239] Heiden, S. 243f.

Hier nun geht es primär nicht mehr um einen naturkundlichen Bericht bzw. um eine neutrale Schilderung fremder Sitten und Riten, sondern um die Konkurrenz der wahren mit der falschen Religion. Das Ereignis wird aus einem anderen historischen Blickwinkel betrachtet. Durch eine weitere, aus Gessner exzerpierte Geschichte wird versucht, den Aberglauben bloßzustellen. Herodot überliefert eine Geschichte von der Eroberung Ägyptens durch den Perser Cambyses. Bei dieser Gelegenheit ging der Perserkönig auf seine Weise gegen den Apiskult vor, indem er die Priester bestrafen ließ und den Stier kurzerhand abstach. Heiden benutzt nun mit seinem Exzerpt aus Gessners ›Historia animalium‹ das Argument des griechischen Geschichtsschreibers gegen den törichten Aberglauben der Ägypter.[240]

Die Mittel der Religionskritik lassen sich weiterreichen. Belegt schon das persische Experiment im Zitat des griechischen Historikers die Überlegenheit griechischer Götter gegenüber den ägyptischen, so dient es Heiden insofern, als es das Argument der Unsterblichkeit für die eigene Polemik übernimmt. Nicht nur der biblische Kontext disqualifiziert den Apiskult, sondern auch der augenscheinliche Beweis, den die Antike selbst zu Verfügung stellt.[241]

Die Kommentierung der Erfindungskapitel des 7. Buchs durch Exzerpte aus Polidorus Vergilius setzt analog gegen antike Gründerfiguren jeweils biblische Autoritäten. Randglossen und Illustrationen aus der biblischen Geschichte kommentieren hier kritisch den antiken Text.[242]

h. Naturordnung

– Conditio humana

Die christliche Vereinnahmung des antiken Autors vollzieht sich auf verschiedenen Ebenen, von denen Allegorese und Bibelhermeneutik,

---

[240] *ob das nicht schöne Götter weren | die fleisch vnd blůt hetten | vnd sich mit einem Eisen verwunden vnd so leichtlich fellen liessen.* (Heiden, S. 244). Vgl. Herodot: Historien III, 27–29.

[241] Heiden (1584), S. 208. Die Tendenz der Kritik verstärkt sich noch in der Ausgabe von 1584. Dort wird ein weiterer Beleg hinzugefügt, der aus der gleichen Perspektive heraus erfolgt. Sebastian Franck ist hier ein zusätzlicher Garant der Einschätzung, wenn er einen anderen Ursprung des Kultes beschreibt und ihn eindeutig als *Abgőtterey* qualifiziert.

[242] Heiden entnimmt die Randglossen unter Berufung auf Josephus und Eusebius dem ›Eygentliche[n] bericht der Erfinder aller ding‹ des Polidorus Vergilius [dt. um 1565]. Vgl. Pol. Verg. I,6, Bl. 26vf. (Erfindung der Schrift; Heiden, S. 74f.), I,14, Bl. 44v (Musik; Heiden, S. 80), II,1, Bl. 78v (Gesetz; Heiden S. 74), II,1, Bl. 105r (Kriegskunst; Heiden, S. 78), III,9, Bl. 177r/v (Stadtgründung; Heiden, S. 76), III, 29, Bl. 130v (Schmiedekunst; Heiden, S. 76), IV,15, Bl. 202 (Schiffahrt; Heiden, S. 81). Abgebildet werden u. a. der Turmbau zu Babel (Heiden, S. 75) und die Arche Noah (ebd., S. 81).

Zensur und kritische Kommentierung nur die sichtbarsten Formen darstellen. Der Pliniustext selbst enthält aufgrund seines stoischen Hintergrundes zahlreiche Identifikationsangebote: die Göttlichkeit des Kosmos, die Zentralstellung des Menschen, die Teleologie der Natur. Schon durch leichte Kontextwechsel erhalten sie bei Heiden eine andere Aussagedimension.

Plinius beklagt in der Vorrede zum VII. Buch über die ›conditio humana‹ die mangelhafte Ausstattung des Menschen gegenüber den Tieren. Aus der Perspektive des Sündenfalls erfährt sie eine spezifisch christliche Interpretation. Daß der Mensch für seine Spitzenstellung in der Schöpfung von der Natur hart bestraft worden ist, und daß die Schmerzen der Kinder bei der Geburt allein durch den Umstand, daß sie geboren worden sind, begründet werden, wird durch den beigefügten Paradiesholzschnitt und die Randglosse *Nemlich vnder dem flůch Ade, Rom. 5.*[243] in eine andere Perspektive gesetzt. Der vorangestellte Holzschnitt vereinigt drei Szenen: Gott als Hüter des Paradieses, die Erschaffung Evas und den Sündenfall; die Reminiszenz an die Erbsünde als das der Geschichte zugrundliegende Schuldverhältnis überführt den stoischen anthropologischen Befund in ein zu verantwortendes, revisionsbedürftiges Ereignis der Heilsgeschichte, manifest vor allem in der umfassenden Lernbedürftigkeit des Menschen.[244]

Vor diesem Hintergrund erhalten Ausgangspunkt und Zweckbestimmung der antiken conditio humana eine veränderte Deutung. Die Teleologie der Natur auf den Menschen hin entspricht gleichfalls biblischer Lehre.[245] Auch das Spektrum der negativen menschlichen Affekte – superbia, avaritia, luxuria, rabies –, das Plinius vor dem Hintergrund der konstanten und friedfertigen Tierwelt skizziert, läßt sich als Folge des Sündenfalls dem christlichen Lasterkatalog eingliedern. Der antike Autor formuliert hier Einsichten, die lediglich in den ›richtigen‹ Zusammenhang zu stellen sind. Eingriffe in den Text selbst sind von daher nicht notwendig.

---

[243] Heiden, S. 2. Vgl. die analoge Didaktik in Sebastian Francks Geschichtsbibel (Bl. 174r/v), die den naturkundigen Plinius durch seine Vorrede zum VII. Buch vorstellt. Hier fällt der Begriff »Sünde« sogar im Text.

[244] Demgegenüber ziert das Titelblatt noch das Bild des mythischen Sängers Orpheus im Kreis der Tiere. Erst später, in der Ausgabe von 1584, wird auch dieses antike Element zugunsten eines biblischen Bildes (Arche Noah) getilgt.

[245] Heiden, S. 1f.: *Der anfang aber wirt gantz billich dem Menschen zůgeeignet / dieweil mans darfůr acht / daß die Natur seinet halben / alle andere ding beschaffen habe* [...].

– *Providenz*

Die Ordnung der Natur, die der antike Autor nur gelegentlich hinterfragt, wird von Heiden in die Zweckmäßigkeit der Schöpfung Gottes überführt. Auch hier erleichtert der Naturbegriff der Stoa die christliche Rezeption. Der göttliche Kosmos der Stoa ersetzt die Vielgestaltigkeit des antiken Polytheismus, ein Wechsel, der schon Zwingli zu einer wohlwollende Beurteilung des Plinius veranlaßte.[246]

Die Einsicht in die Zweckmäßigkeit der Natur und deren Fundierung in göttlicher Providenz wird durch die Montage eines Galenzitats – wiederum aus Gessners Naturgeschichte – direkt thematisiert. Die Beobachtung des antiken Arztes, die Geissen legten ohne Anleitung von Natur aus ein konstantes Ernährungsverhalten an den Tag, versieht Heiden mit dem kurzen Hinweis *oder* [von] *Gott*.[247] In Galens Beobachtung wendet sich ein *Gitzlin* nach einer Kaiserschnittgeburt unter einer Auswahl von Nahrungsmitteln *on alle lehr* direkt der Milch zu. Der antike Arzt faßt den Fall also als ein Experiment über instinktives Verhalten auf und bezieht sich abschließend bewundernd auf eine analoge These des Hippokrates. In dieser wird nun wiederum von Heiden eine signifikante Umbesetzung vorgenommen:

> *Als wir solches sahen / schreien wir all zůgleich: Hippokrates habe / on allen zweiffel / die warheit geschrieben / da er meldet / die Natur vnnd art der vnuernůnfftigen Thier komme von keinem Leermeister her / sonder werde jnen von Gott ein vnd angepflantzt.*[248]

Über die vorsichtige Schlußfolgerung des antiken Autors hinaus etabliert Heiden zusätzlich die verantwortliche lenkende Instanz. Die narrative Entfaltung des Naturexperiments mündet in einer metaphysischen Rückversicherung. Die antike Instanz der Natur agiert bei Heiden nicht selbständig, sie wird zum Instrument für den christlichen Schöpfergott. Dessen Ratschluß bleibt aber nicht weniger undurchsichtig als die wirkende Natur des Plinius. Zwar kann er befragt, nicht aber bewertet werden. Beziehen Plinius und Eppendorff den Umstand, daß bestimmte Tiere nur bestimmten Regionen vorbehalten sind, auf die »wunderbare Vielfalt der Natur« bzw. den etwaigen »Neid der Natur«, so Heiden konkreter auf die Verwunderung angesichts der *anschauwung der eigenschafft der Geschöpff Gottes*, die nun, ohne zu werten, in Ehr-

---

[246] Zwingli: Von der Fürsichtigkeit Gottes, S. 118: *Es wirt ouch damit ich's bschließ, vnbillich verspottet Plinius, daß er das jhenig, das wir Gott nennend, ein Macht der Natur nennet [...].*

[247] Heiden, S. 260. Vgl. H. A. I, S. 315 (De Hoedo). Gegenüber Plinius schreibt Heiden (S. 399) ebenso über die Straußenfedern, daß *jhnen auch die Federn vonn Gott der Natur angeschaffen seien.*

[248] Heiden, S. 260. Bei Gessner (H. A. I, S. 315) lautet die Passage: *Ouibus uisis, omnes exclamauimus, Hippocratem uere dixisse, animalium naturas esse indoctas, (& reliqua) Galenus lib 6. de locis affectis, cap. 6.*

furcht vor dem unergründlichen Phänomen verharrt.²⁴⁹ Eine Präzisierung hatte ohnehin schon, die gleiche Frage betreffend, das 8. Buch gegeben, wo auf das Wunder hingewiesen wurde, *daß Gott der Natur nicht allein disem Lande andere Thier bescheret/ denn jenem.*²⁵⁰

Das Ersetzen der Instanzen zieht noch keine tiefgreifenden Eingriffe in die Textgestalt nach sich. Erst wo der Naturmechanismus in einen Kommunikationszusammenhang überführt wird, offenbart sich die christliche Umbesetzung. Der Zug der Störche in den Süden geschieht nicht mehr an einem bestimmten Tag, sondern wird personal aufgefaßt, *als ob sie dessen einen gewissen außtrücklichen befelch hetten.*²⁵¹ Die Tiere gehorchen einer idealen Ordnung, die allerdings auf ihre lenkende Instanz hin durchsichtig gemacht werden muß. Die Natur wird zur Manifestation eines zeichensetzenden, mitunter strafenden Willens. Ihre Ordnung erhält durch die Integration in den Schöpfungsrahmen gegenüber Plinius die Attribute von Gut und Böse zugewiesen. So ist das Krokodil nicht nur gefährlich, sondern ein *schedliches böses Thier*, das Schwein wird zur *vnflåtigen wüsten Sauw*, der Rabe ist *reuberischen geschlechts*, der Adler unterdrückt in *tyrannischer weise* alle Vögel, und Pfau und Hahn erhalten das Attribut der *hoffart*.²⁵² Auch basieren die biblischen Speiseverbote überwiegend auf negativen Verhaltensweisen der Tiere, die moralisch begründet werden. Unschwer sind dahinter mittelalterliche Lasterkataloge zu erkennen. Zwar kennt auch Plinius Verkörperungen von Tugenden durch Tiere, skeptisch aber äußert er sich über die Zuweisung etwaiger Laster.²⁵³ In negativem Sinn lesbar ist die Natur bei ihm nicht. Sofern er, antiker Auguren- und Fatumsgläubigkeit entsprechend, Zeichen sieht, beziehen sie sich auf historische Ereignisse. Demgegenüber gewahrt Heiden gar direkte strafende Eingriffe in die Naturausstattung wie etwa bei den Maulwürfen, *die jhrem*

---

²⁴⁹ Heiden, S. 450: *Woher kompt aber dises / oder wer mag wissen / warumb nicht allein den Menschen vnd vierfüssigen Thieren / sondern auch den Vöglen / so im freien weiten lufft schweben / jre gewisse zil vnd Marckstein / vber welche sie nicht fahren / noch one jren eigen nachteil sich begeben sollen / vorgesteckt vnd angesetzt seien?* Vgl. Nat. hist. X,76. CAij Plinij [...] History, S. 154.
²⁵⁰ Heiden, S. 294. Vgl. Nat. hist. VIII, 225: *Mirum rerum naturam non solum alia aliis dedisse terris animalia.*
²⁵¹ Heiden, S. 438. Vgl. Nat. hist. X, 61: *lege praedicta die recedunt.* Die Elefanten tauschen im Kampf ihre ermüdeten Streiter gegen ausgeruhte aus, *als ob sie des befelch hetten oder rechte vernünfftig weren*, heißt es bei Heiden (S. 96) gegenüber Eppendorff. Vgl. CAij Plinij [...] History, S. 45: *als ob sye vernunfft vnd ordnung hetten.* Hier scheint Heiden auf Plinius (Nat. hist. VIII,23) zurückzugreifen: *ac velut imperio aut ratione per vices subeunt.*
²⁵² Heiden, S. 145, 268, 419, 404, 429f., 425f.
²⁵³ Über den Pfau schreibt Plinius Nat. hist. X,44: *ab auctoribus non gloriosum tantum animal hoc traditur, sed et malivolum, sicut anseri verecundum, quoniam has quoque quidam addiderunt notas in his, haud probatas mihi.* Heiden (S. 426) tilgt demgegenüber die skeptische Schlußnotiz.

wert nach gering / vnd sonst auch / als abscheuwliche vnreine Thier vonn Gott der natur vnter die Erde verstossen / vnd mit ewiger blindtheit gestrafft sind.[254] Bei Plinius war die Natur als ganze göttlicher Kosmos, Inbegriff zweckmäßiger Ordnung. Sie enthielt zwar vorgegebene Antipathien, aber keinen Schuldzusammenhang. Bei Heiden werden ihr die Zeichen der verfehlten Heilsgeschichte eingezeichnet. Wie an der Humangeschichte lassen sich an der Natur die Folgen des Sündenfalls ablesen.[255]

Ihren Fluchtpunkt findet schon die stoische Naturordnung, wie Plinius in der Vorrede expliziert, im Menschen.[256] Der Vorstellungshintergrund, der diesen Gedanken leitet, ist ein pragmatischer. Durch Nutznießung bestimmt der Mensch seinen zentralen Rang: Die Schafe liefern ihm Wolle, die Bienen Wachs und der Igel die Bürste; die von den Tieren verkörperten Selbstheilungskräfte, ihre Fähigkeit, Heilmittel und medizinische Techniken zu erfinden, die Plinius in einem gesonderten Kapitel behandelt, werden durch Nachahmung von dem Menschen genutzt.

Deutlich zieht Heiden in der entsprechenden Rubrik Parallelen zur zeitgenössischen Medizin, indem er der Auflistung der einzelnen Erfindungen durch die Tiere Exzerpte und Illustrationen aus der zeitgenössischen Botanik, dem Kräuterbuch des Andrea Mattioli, beifügt und derart die Lernfähigkeit des Menschen belegt: *Von dem Wasserpferdt habens die Artzt erlernet / daß sie den krancken ein ader schlahen lassen* und *Wie der Vogel Jbis sich selbs Clistiert / vnd das jm die Menschen solche kunst abgelehrnet vnnd nach thůn*, faßt Heiden die Entdeckung medizinischer Techniken durch die Tiere, die schon Plinius erwähnt, prägnant in Randglossen zusammen.[257] Über mehrere Seiten stehen jeweils die kurze These des Plinius, zeitgenössische Rezeptanordnung, die Abbildung des erfindenden Tiers und der jeweiligen Heilpflanze nebeneinander. Der dokumentierte Kenntnisstand der Botanik bestätigt die Erfindungskraft der Natur. Neben der biblischen Lehre steht so eine praktisch-medizinische, die auf den providentiellen Ursprung verweist. Die Verbindung von zeitgenössischem Rezept und antiker Entstehungstheorie verbindet Providenz- und Teleologiegedanken.

So wird die antike Naturteleologie bei Heiden zur göttlichen, diachron und synchron wirkenden, Providenz. Schreibt Plinius etwa, daß

---

[254] Heiden, S. 295f. Vgl. Nat. hist. VIII,226: *adeo ne religio quidem a portentis submovet delicias.*
[255] So schreibt Melanchthon (Vorrede zu Caspar Hedios Chronik, in: CR 3, Sp. 878) Noah die privilegierte Erfahrung zu, *beide Welt gesehen* zu haben und Zeuge gewesen zu sein *wie sich nach dieser Straf die ganze Natur verändert und schwach worden ist.* Vgl. Blank: Mikro- und Makrokosmos, S. 97f.
[256] Hans Blumenberg: Art. Teleologie, in: RGG 6 (1959), Sp. 674–677, 675.
[257] Heiden, S. 149f. 150–159.

die Natur den Hahn erschaffen habe, um den Menschen morgens aufzuwecken, oder daß die Rettung von Romulus und Remus dem Schicksal zuzuschreiben sei, so setzt Heiden beide Male Gott als entscheidende Instanz der Vorsehung in Natur und Geschichte ein: (zum Hahn) *welche Gott der Natur drumb erschaffen* bzw. zur Rettung der Gründer Roms: *daas sol man vil mehr der Göttlichen versehung / [...] zů schreiben.*[258] Wieder kommt es lediglich auf die Umbesetzung eines tradierten Schemas an, das der Text selbst schon enthält. Der präzisierende Hinweis auf die providentielle Instanz erfolgt in beiden Fällen aber nicht zufällig. Im Falle des Hahns bereitet er, über das schlichte Faktum hinausgehend, die spirituelle Botschaft vor, die das Tier zum Zeichen des erwachenden Christen macht; im Falle von Romulus und Remus korrigiert es den römischen Glauben an das Fatum.

Die Ausrichtung der Schöpfung auf den Menschen und die göttliche Gebotsinstanz betont Heiden bisweilen durch Übersetzungsvarianten. Das Verhalten der Zugvögel – Kraniche, Störche – beschreibt Eppendorff so, daß die Kraniche Gäste des Winters, die Storche Gäste des Sommers seien; bei Heiden sind sie geradezu Zeichen für den Menschen: *Aber die Kranich verkůndigen vns den Winter / vnd die Storcken den Sommer.*[259]

Auch die antike Zweckmäßigkeit der Natur wird teleologisch auf den Menschen hin gedeutet. Diejenigen Tiere, die überwiegend den Raubtieren zum Opfer fallen, hat die Natur in weiser Voraussicht mit einer zahlreichen Nachkommenschaft ausgestattet.[260] Heiden interessiert an dieser Stelle weniger der Naturmechanismus als dessen Zweck:

> *Die schaffende würckende Natur aller dinge / hat sich sonderlich an disem ort gantz milt vnd reichlich gegen den armen dürfftigen Menschen erzeigen vnd beweisen wöllen / das sie jetz vnd vilgedachte vnschedliche albere Thier / welche denn gůt vnd köstlich zur auffenthaltung vnd zur speise des Menschlichen Geschlechts sind / so fruchtbar vnd samreich hat machen vnd zůrichten wöllen.*[261]

– *Anthropomorphe Anreicherung*

Das Verhalten der Tiere rückt zudem unter eine künstliche, d. h. technische Perspektive, die nicht nur benannt, sondern gegenüber dem Original in ihren einzelnen Bestandteilen präzisiert wird. Wie im Bereich der Tugenden und Laster werden Mensch und Tier vor dem Hintergrund eines homogenen Rasters beschrieben. Dadurch, daß der

---
[258] Heiden, S. 427. Vgl. Nat. hist X,46. Heiden, S. 120. Vgl. Nat. hist VIII,61.
[259] Heiden, S. 438; CAij. Plinij [...] History, S. 150f.
[260] So heißt es bei Plinius (Nat. hist. VIII, 219: *benigna circa hoc natura innocua et esculenta animalia fecunda generavit.*
[261] Heiden, S. 285.

Mensch den Tieren eine Anzahl von Künsten verdankt, ist seine Optik geschärft für eine weitergehende Parallelisierung des Verhaltens.

Heidens Einstellung zur *anschauwung der eigenschafft der Geschöpff Gottes* unterstreicht bisweilen den anthropomorphen Charakter der Natur. Plinius selbst gibt im Kapitel über die Nachtigall das Verfahren vor. »Diesem Vogel gebührt wie wenigen unsere Bewunderung« (Nat. hist. X,81), so daß man *seiner natur eigenschafft ettwas ferner nachdenkken sol*, wie Heiden zusätzlich betont. Gemeint ist der Gesang, die Tatsache, daß dieser *nach volkomener kunst der Music erschalt vnd regieret wirt*. Mehrfach wird der Kunstcharakter des Gesangs betont: *Nachtigallen Singen im Sommer / im Winter aber dichten sie*, ihre Kehle enthält *die gantze kunst*, die Menschen kaum nachzuahmen vermögen, *jren thon* führen diese Vögel *recht nach der kunst*, sie lernen, indem sie *dem Leermeister antwort mit nachsingen*, schließlich, nach fünfzehn Tagen lassen *dise aller holdseligste kunstreicheste Meistersenger* in ihrem Gesang nach.[262] Was der Pliniustext in diesem Fall bereits weitgehend vorgibt, die Kunstfertigkeit der Tiere, sucht Heiden andernorts entsprechend auszugestalten.[263] Andeutungsweise beim *Meerfreuwlin*, von dem Plinius berichtet, man habe sie auf einer Muschel blasen hören, Heiden indessen nuanciert: *mit einem Snecken Horn pfeiffen vnnd gar lieblich wolgereimbte melodien füren*.[264]

Über die Technik der Nahrungsvorsorge der Murmeltiere äußert sich Plinius nur knapp.[265] Heiden demgegenüber entfaltet den Vorgang:

> *Gebrauchen sich aber einer besonderen kunst / wenn sie jhr Füter zůsammen bringen / vnd vor jhrer verkriechung in die Hölenen einfüren wöllen / denn es sagen ettliche von jnen / daß sich je eins vmb das andere / vnter jhnen an rücken lege / vnnd alle vier vber sich gehn Himel strecke / deme sollen denn die andern Heuwe auffladen / so hoch als das Gestel seiner außgestreckten Datzen reichet / vnd es demnach mit jhrem Gebiß bey seinem Wadel fassen / vnnd gleich einem Schlitten biß in die Hölenen ziehen / vnd alda entladen [. . .].*[266]

Plinius zitiert im Buch über die Fische eine Verhaltensweise des Nautilus, die analog zur Seefahrt beschrieben wird. Die *artliche Schiffart* dieses *wunderbarliche[n] seltzame[n] Fisch[s]* beschreibt Heiden wiederum zielgerichteter in bezug auf menschliche Kunst:

---

[262] Heiden, S. 452–454.
[263] Den Beginn des 32. Kapitels des 11. Buchs malt Heiden (S. 457) gegenüber Plinius und Eppendorff aus: *DJE form vnnd weise / der kunstreichen wunderbarlichen Nester des Vogels Halcyonis / sol vns ja billich vrsachen vnd erinnern / daß wir der geschwinden sondern geschicklicheit / welcher sich auch die andere Vögel gebrauchen / im bauwe jhrer Hütten / ettwas weiter nachsinnen [. . .].*
[264] Ebd., S. 307f.
[265] Nat. hist. VIII,132: *quidam narrant alternos marem ac feminam subrosae conplexos fascem herbae suspinos, cauda mordicus adprehensa, invicem detrahi ad specum ideoque illo tempore detrito esse dorso.*
[266] Heiden, S. 188. Analoge Exzerpte finden sich in der Darstellung des Bibers (S. 166) und des Dachs (S. 193).

> *daß er die fordere zwenn arm | zwischen welchen er ein dünnes zartes fellin hat | außstrecket | vnnd gebraucht sich derselbigen an statt des Sågels | Mit den andern armen aber růdert er | vnnd regirt das gantze Schiff mit seinem Schwantz | der mitten in der růstung steht | lauirt also eine gůte weil auff dem Meer anhin | gleich ers den Rennschifflin nachthůn | vnnd wie man zů schiff fahren solt | mit fleiß nach der kunst gelehrnet het[. . .].*²⁶⁷

Der anthropomorphe Blick des religiösen Bearbeiters entdeckt sich selbst in der Natur und beginnt gerade dort aufmerksam zu werden. Ein Teil der eingefügten Passagen und Exempel basiert auf dieser Analogie: Die Raben werfen Steine in eine Schüssel, wenn sie das Wasser darin nicht erreichen können, und belegen derart ihre Kenntnis von Naturgesetzen; die Rinder der Stadt Susis verstehen sich auf die *zallkunst*; die Hunde können *einer sachen fein gründtlich nachdencken*; wenn das Eichhorn seinen Schwanz nach Plinius als Decke verwendet, fügt Heiden zwei Notizen aus Gessner hinzu, die weitere Instrumentalisierungen erwähnen: zum einen als Sonnenschirm, zum andern als Segel beim Übersetzen über ein Wasser.²⁶⁸

Die Beispiele mögen genügen. Meist stammen sie von antiken Autoren, insbesondere aus den spätantiken Tierdarstellungen des Plutarch und Aelian. Für Heiden sind sie Indikatoren einer nach Maßgabe des Menschen wohleingerichteten Schöpfung. Das Auffinden von Techniken innerhalb der Tierwelt ist eben nicht allein Faszinosum, es ist zugleich Beleg für die providentielle Ordnung der Natur. Die Beispiele über die Murmeltiere und das Eichhorn verwendet Huldrych Zwingli in seiner Predigt ›Von der Fürsichtigkeit Gottes‹ neben vielen anderen Belegen aus der Tierwelt.

Die Geschicklichkeit der Tiere findet aber ihre Grenze im Menschen. Heiden versäumt nicht, zwei Historien anzuführen. Die eine handelt von dressierten Affen, die ihre Natur letztlich nicht verleugnen können; die andere von einem listigen Maultier, das durch die Klugheit des Thales erzogen wird.²⁶⁹ Dort, wo das Tier sich mit dem Menschen mißt, muß es gegenüber dem höheren Wesen zurückstehen.

Dem Interesse für anthropomorphe Techniken entspricht das Interesse für soziale Kontexte. Weniger die Sammlung und Ordnung aller Informationen nach einem vorgegebenen Raster bestimmt das Verfahren als das Bemühen, die oftmals eher nüchterne und knappe Darstellung der Verhaltenslehre der Tiere durch die Exzerpte in einen gesell-

---

[267] Heiden, S. 366f.
[268] Im Abschnitt über die Raben ist der Durst der locus, der die Caelius–Passage nach sich zieht (Heiden, S.420). Zum Schwanz des Eichhörnchens folgt eine Sequenz von Gillius und Vincenz (S. 193). Vgl. S.241 (Ochsen), S. 201f. (Hunde). Alle Belege stammen von Gessner.
[269] Heiden, S. 230, 278. Das Maultier, das sich seiner Last – Salzsäcken – jeweils durch Niederlegen im Fluß entledigt, bekommt auf den Rat des Thales große Schwämme aufgeladen.

schaftlich-moralischen Zusammenhang zu überführen. Indem derart die sozialen Strukturen der eigenen Erfahrungswelt in die Tierwelt projiziert werden, erhalten sie den Status einer natürlichen gottgegebenen Ordnung. Dazu einige Beispiele:

Plinius äußert sich nur knapp über die Sammlung der Störche vor ihrem Winterflug, ihre gegenseitige Verständigung durch Klappern mit dem Schnabel und die Tötung der Saumseligen. Heiden interpoliert aus dem Vogelbůch Heußlins eine Heldelinus-Passage. Berichtet wird das gleiche Ereignis, doch nun unter dem Aspekt eines sozialen Raumes: aus der Sammlung wird ein Reichstag, eine Musterung des Heerzuges, aus der Verständigung ein Strafgericht (*vrteilen, straffen*) gegen die Verspäteten, aber auch gegen die Ehebrecher. Das Urteil schließlich kommt durch allgemeine Übereinkunft zustande.[270]

Die Benutzung der alten Nester durch die Störche und die Fürsorge der Jungen für die Alten, die Plinius anführt, präzisiert Heiden durch ein Exzerpt aus dem ›Vogelbůch‹: Aelian, Heldelinus, Kiranides und Albertus liefern Belege für gegenseitige Fürsorge: die Eltern ernähren ihre Jungen, lehren sie fliegen und schützen sie vor Unwetter, wofür diese sich später um ihre Eltern kümmern.[271]

Die Vielzahl von Belegen dieser Art offenbart das Interesse. Auch hier ist meist Gessner die Quelle für jene Ergänzungen, die nicht im Blickfeld des antiken Autors lagen. Bei seinen Exzerpten aus Gessners Naturgeschichte entgehen Heiden nicht die sozialpolitisch verwertbaren Beispiele. Die Ordnung der Tierwelt als Maßstab gesellschaftlicher Ordnung war dort in zahlreichen Exempeln aus spätantiken Naturbeschreibern (Aelian, Plutarch, Oppian) Bestandteil der Verhaltenslehre. Solidarität, gegenseitige Fürsorge, Treue und Dankbarkeit galten als zentrale Aspekte einer harmonischen Sozialordnung, die sich nahtlos auch in den Horizont einer christlichen Gesellschaftslehre einfügen ließen.

Für Heidens biblisch geprägte Optik spielt indessen ein weiterer Aspekt christlicher Sozialordnung eine Rolle: der hierarchische. Schon die Gaza–Vorrede, die in ihrem moraldidaktischen Part individuelle Tugend, Familien- und Herrschaftsordnung miteinander verband, akzentuiert Heiden noch in diesem Sinn: *Ampt, Stand, Orden, bessern, zemen, sündigen, vermanen,* lauten hier die rezeptionssteuernden Begriffe.[272]

Die Lehre vom Hausstand regelt die Kompetenzverteilung wie die Pflichten der Familienmitglieder. Traditionell dient etwa die Natur als

---

[270] Heiden, S. 439. Vgl. Plinius: Nat. Hist. X, 62.
[271] Heiden, S. 440. Vgl. Vogelbůch, Bl. CCXXXIIr.
[272] Heiden, Bl. vir: *Jn summa / es ist nichts daß der Mensch anfahen / oder ja mit gůtem recht seinem ampt vnd stande nach zur hand nemen sol / er hat sein vilfeltige schöne Exempel an den Thieren.*

Berufungsinstanz, die untergeordnete Rolle der Frau festzulegen. In Juan Luis Vives Ehelehre wird der Gehorsam der Frau durch Rückgriff auf analoge Muster aus dem Tierreich gefordert:

> *In allen gschlechtern der thier / seind die weiblein den månnlin gehorsam [. . .] vnd erzaigen sich lieblich / leyden gedultigklich / das sie von jnen gestrafft vnd geschlagen werden / Vnd die natur hat sie gelert / das sollichs soll vnd můß geschehen.*[273]

Die Überordnung des Mannes legitimiert sich aus christlicher Perspektive einerseits durch die Schöpfungsgeschichte, andererseits aus der Rolle der Frau beim Sündenfall. Die Frau gilt in dieser Perspektive per se als affektgesteuert, eitel, stolz und ehebrecherisch. An diese biblisch abgesicherte und anscheinend natürlich fundierte Psychologie knüpft Heiden durch Übersetzungsnuancen und Interpolationen an: Im Einklang mit Plinius‹ Kritik an der Verschwendungssucht der römischen Perlenmode kann Heiden die *eitele pracht der hochtrechtien stoltzen Weiber* beklagen, denen er das Perlengleichnis aus Matth. 7 als Sinnbild auf die *fleischlichen jrrdischen Menschen* anfügt. Analog folgen der berühmten Perlenwette zwischen Cleopatra und Antonius, von der Plinius berichtet (Nat. hist. IX,119–121), Bibelstellen, die generell vor der Schmucksucht der Frauen warnen.[274]

Die historisch dokumentierten exempla werden mit biblischen Forderungen konfrontiert. Kleine Varianten verraten bisweilen den wertenden Akzent. Aus dem Pfauenkapitel exzerpiert Heiden eine Sequenz über das prächtige Rad des Vogels. Seine *Hoffart* zeigt er aber nicht mehr, wie bei Heußlin, wie ein *schönes*, sondern – nun in Analogie zum Vogel – wie ein *hochträchtiges* Weib. Das indianische Huhn verändert entsprechend im Zorn die Farbe seines Halses nicht mehr wie ein erzürnter Mensch, sondern *gleich einem erhitzigten erzůrnten Weibe*.[275] Die Bildfelder für Lasterhaftes bleiben in diesen Fällen an das Negativbild der Frau gebunden, wie auch bei den zahlreichen Beispielen für das Laster des Ehebruchs, der ausnahmslos von Frauen begangen wird.

Selbst einander widersprechende Befunde lassen sich didaktisch verwerten. Aus der ›Historia animalium‹ entnimmt Heiden zwei Sequenzen über den Gesang des Nachtigallweibchens. Die erste These des Ambrosius besagt, daß der Vogel seine Eier durch den Gesang aus-

---

[273] Juan Luis Vives: Underweysung ayner Christlichen Frauwen, übers. v. Christoph Bruno (Augsburg 1544), S. LXIIIIv; zitiert nach Maria E. Müller: Schneckengeist im Venusleib, S. 155.
[274] Heiden, S. 378f. Vgl. S. 379: *Paulus 1. Timot.3. Jch wil das sich die Weiber in zierlichem Kleide mit scham vnnd zucht schmůcken / nicht mit Zöpffen oder Gold / oder Perlen / oder köstlichem Gewand / sondern wie sichs zimmet den Weibern / die da Gottseligkeit beweisen / durch gůte werck.*
[275] Heiden, S. 448f. Vogelbůch, Bl. CIIIr. H. A. III, S. 465.

brüte. Sie wird durch eine Passage aus dem Buch Salomon ergänzt. Die Gleichzeitigkeit von nächtlicher Brutpflege und Gesang wird durch das Salomon-Zitat zum Zeichen für das *klůge Weib*, das die Kinder aufzieht und nachts durch Spinnen das Brot verdient.[276]

In ungenauer, aber suggestiver Autorenzuschreibung werden Aristoteles und Caelius für die These herangezogen, daß außer der Nachtigall alle Vogelweibchen schweigen und auch jene während der Brut: *damit die natur zůuerstehen gegeben / daß allen Weibsbildern still schweigen sonderlich wol anstande.*[277] Nicht der naturkundliche Sachverhalt interessiert primär – die Widersprüche zwischen den beiden Thesen thematisiert Heiden nicht –, vielmehr bildet auch hier die Verbindlichkeit der jeweiligen Moral den Maßstab für den Naturbeleg.

i. Exemplarische Geschichtsschreibung und Heilsgeschichte

– Historia magistra vitae

Neben den theologischen Zusätzen kündigt schon das Titelblatt *vil schöne kurtzweilige Historien / auß allerley andern Scribenten* an, *damit die Beschreibung der Natur aller vermeldten Geschöpff Gottes bezeuget / vnd als gewiß erfahren / für Augen gestellt wirt*. Der Anspruch der Historien auf Wahrheit läßt sich hier weniger auf die faktischen Verifikationsbemühungen beziehen, wie sie mit der historioskopischen Bestimmung von historia verbunden sind, als auf die Zeugniskraft und die Veranschaulichung der Erfahrungsgehalte der Schöpfung. Nicht die Information wird verifiziert, sondern ein vorab feststehender Erfahrungsgehalt an immer neuem Material bestätigt. Erst recht nicht lassen sich die verwendeten Topoi mit dem neuzeitlichen, auf die Sache selbst bezogenen Wahrheitsbegriff identifizieren.[278] Insofern die *erfarung auß den exempeln der historien* erwächst, d. h. Glaubensgewißheiten in den überlieferten Dokumenten der Geschichte aufgesucht werden, läßt sich Heidens Programm in Analogie zur reformatorischen Historiographie setzen.[279]

---

[276] Heiden, S. 454. Das Ambrosiuszitat steht bis auf die Deutung bei Gessner (H. A. III, S. 569). Bei Ambrosius selbst (Hexameron V, 24) fehlt der Hinweis auf Salomon.

[277] Heiden, S. 452f. H. A. III, 569, 570.

[278] Vgl. auch die religiös orientierte Historiographie Sebastian Francks. Wenn dieser auf den Wahrheitsanspruch von Historien gegenüber *maeren* pocht, so zielt auch er weniger auf die faktische Gehalte – ihre methodische Sicherung spielt in seiner Form der Historiographie keine Rolle – als auf die paradoxen Erfahrungsgehalte, die er den konkreten historischen Ereignissen abgewinnt. Analog finden sich bei Heiden selten wahrheitsbeteuernde Formeln wie *Gesnerus bezeugts* (S. 98, 193, 91) oder eine kritische Hinterfragung des Dargestellten. Zur Erfahrung als Grundprinzip auch religiöser Welterschließung vgl. Kühlmann: Nationalliteratur und Latinität, S. 191.

Faktischer Anspruch und exemplarische Funktion bilden die beiden Bezugspunkte, die der Historiabegriff miteinander verbinden, aber auch jeweils isolieren kann.[280] Zu unterscheiden ist somit die Wahrheit der Begebenheit und die reklamierte Wahrheit der Moral. Wo es um die didaktische Verwertbarkeit geht, spielt in Heidens Bearbeitung der Unterschied zwischen fiktiven und realen Sachverhalten keine Rolle.[281] Den Status der Quellen, der bei Gessner zunehmend diskutiert wird, übergeht Heiden; unhinterfragbar bleibt die Wahrheitsinstanz der Bibel, ihre Wertmaßstäbe liefern weitgehend die Kriterien zur Funktionalisierung der Quellen.

– Lehrhafte Texte

Anders als Plinius begegnet Heiden die Natur primär in ihrem Gleichnischarakter. Schon die zusammengelesenen Textzeugnisse aus Bibel und Kirchenvätern waren einer übergeordneten geistlichen Didaxe verpflichtet. Anzeigen, Anbilden, Bedeuten, Verstehen u. ä. lauteten die rezeptionssteuernden Wendungen, durch die die jeweilige geistliche Lehre eingeleitet wurde. Lehrhaftigkeit setzt sich fort in den zahlreichen Exzerpten aus Gessners Naturgeschichte und zahlreichen anderen Texten, die weniger auf einen informativen als auf einen Erfahrungsgehalt rekurrieren.[282] Gegenüber Gessners Enzyklopädie verschiebt sich schon rein quantitativ das Gewicht der Darstellung hin zur Didaxe. Was in dem Lexikon nur ein Bestandteil unter anderen war, rückt in der Bearbeitung der ›Naturalis historia‹ in den Vordergrund.

---

[279] Vgl. Knape: Historie in Mittelalter und Früher Neuzeit, S. 370. Zu Franck, Carion, Peucer, Aventin, Melanchthon u. a. vgl. ebd., S. 370–374.

[280] Müller: Gedechtnus, S. 209. Ders: Volksbuch/Prosaroman im 15./16. Jahrhundert, S. 65–71.

[281] Bereits die Anpassung der Faktenbasis an die Bedürfnisse der Allegorese zeugt davon. Heiden unterschlägt zudem etwa die skeptischen Äußerungen Gessners zu den anthropomorphen Verhaltensweisen von Biber (Heiden, S. 166; H. A. I, S. 338) und Hund (Heiden, S. 201f.; H. A. I, S. 185). Ein weiteres Beispiel bildet die Darstellung der Sphinx, deren Existenz Gessner bezweifelt, Heiden nichtsdestoweniger aber veranlaßt, dem ›Thierbůch‹ (Bl. XIv) ein Emblem Alciatis zu entnehmen, das das wundersame Tier als Zeichen von Wollust, Hoffart und Verwegenheit auslegt (Heiden, S. 128f.) Hinzu fügt er das Bild desjenigen Tieres, das der Gessner-Übersetzer Herold als Forstteufel umgedeutet hatte. – Über theoretische Überlegungen Zwingers, die Grenzen von historia eher durch die Didaktik als durch die Wahrheit bestimmen zu lassen, vgl. Seifert: Cognitio historica, S. 87.

[282] Anders als bei Franck etwa enthält der Schwenckfeldische Spiritualismus nach Gustav-Adolf Benrath (Kaspar von Schwenckfeld, in: Handbuch für Dogmen- und Theologiegeschichte 2 [1980], S. 587–591, 590) einen »lehrbaren Mittelpunkt«.

Ein Kriterium der Unterscheidung liefert bereits die Form der Einschübe. Unübersehbar ist der Anteil an didaktischen bzw. präskriptiven Textformen: Neben den Allegorien stehen biblische Gesetzesvorschriften und Speiseverbote, Sprüche, Sprichworte, Glossen, Hieroglyphen, emblematische Text-Bildpartien und zahllose Historien. Sie durchziehen regelmäßig den Text und markieren in unterschiedlicher Form den zentralen Fixpunkt der Bearbeitung: die Illustration ethischer und heilsgeschichtlicher Gehalte.[283] In zahlreichen Sprichworten, die Heiden als Randglossen dem antiken Text beifügt, manifestiert sich zusätzlich die erfolgreiche Didaktisierung der Bilder aus der Naturgeschichte.[284]

Unter den *wunderbarlichen Thieren / die in Mohrenlandt [...] jhr wohnung haben*, befindet sich nach Plinius auch die Sphinx. Heiden greift an dieser Stelle auf das schon von Herold übernommene Alciati–Emblem zurück und illustriert es mit dem Bild des *Forstteuffels*. Die einführende Vorstellung des Autors, die Herold noch für nötig befunden hatte, entfällt:

Alciatus zeucht in seinem Bůch De Emblematis, ein schön geticht von dem Sphinx ein / die vnwissenheit dadurch fůrzůbilden vnd abzůweisen / vnd spricht:
Was wunderbildts ist das ich sich?
Ein Jungkfrauwaff / bericht doch mich /
Was bdeut der Jungkfrewlich anblick /
Sein Löwen Fůß / sein Flůgel dick?
Den vnuerstand / der sich vrsacht
Auß leichtem gmůt / wollust vnnd pracht /
Diß Thier Kopfft / der sich selbs erkennt /
Zwey / drey / vierfůssigs ein Mensch nennt /
Fůrsichtigkeit schenckt dem den Krantz /
Der den Menschen erkennet gantz.[285]

---

[283] Die Hieroglyphen des Horapollon übernimmt Heiden nur gelegentlich aus Gessners Tiergeschichte. So bezeichnet der Hirsch, der vor einem Pfeiffenspieler steht, einen Menschen, der sich durch Schmeichelei verführen läßt (Heiden, S. 173), eine tragende Bärin steht für einen, der in der Jugend häßlich und erst im Alter schön wird (ebd., S. 182), eine ihr Junges tragende Äffin illustriert denjenigen, der seinem verhaßten Sohn eine Erbschaft hinterläßt. Vgl. ebd., S. 286 (Hase), S. 412 (Geier).

[284] Die Verhaltensweise der Bären, im Winterschlaf an den Tatzen zu saugen, glossiert Heiden (S. 183; H. A. I, S. 1080): *Gesnerus: Wenn die Deutschen einen höflich straffen wöllen / daß er arm / geitzig oder karg seie / sprechen sie / Er seuget an den datzen wie ein Bär.* Vgl. S. 137, 218f., 234, 237f., 246, 265f., 279, 344, 428f., 432, 439. Die Sprichworte enthalten aber nicht nur umfangreiches natürliches Bildmaterial zur Beurteilung menschlichen Verhaltens, mit ihrer Hilfe lassen sich selbst die Grenzen menschlicher Freiheit markieren. So finden die Bemühungen eines ägyptischen Königs, dressierte Affen unter eine Festgesellschaft zu mischen, letztlich in der Natur ihre Grenzen, die dafür schon die Formel geprägt hat, *daß ein Aff ein Aff vnd sonst nichts anders seie / vnd wie lange man es auch verhele oder vermentle / so bliebe er doch ein Aff.* Heiden, S. 279. Vgl. Thierbůch, Bl. Vr.

[285] Heiden, S. 128. Heiden übernimmt auch die ausführliche Auslegung des Emblems bei Herold. Vgl. Thierbůch, Bl. XIv.

Wo der Lehrgehalt nicht explizit ausgesprochen wird, verbirgt er sich in der narrativen Einkleidung des Exempels. Ausführlich greift Heiden auf jene Historien zurück, die Gessner selbst im Kapitel über die Verhaltenslehre (D) präsentiert hatte und durch die er insbesondere die Vorbildhaftigkeit der Tiere für den Menschen bezeugt sehen wollte. Quantitativ nehmen sie den größten Raum ein und schreiben der antiken Enzyklopädie sichtbar einen narrativen Zug ein.

Der Pliniustext liefert in der Regel bereits den locus für die eingeschobenen Passagen, der zugleich als inscriptio fungiert. Im Kapitel über den Elefanten gibt Plinius die These vor, der jeweils zwei Erzählungen aus Gessners Tiergeschichte angefügt werden: *Sie wissen von keinem Ehebruch*, bzw. daß *die Helffanten auch ein besondere anmůtung zů der gerechtigkeit* haben.[286] Andererseits zitiert Heiden die biblische Geschichte von der Teufelsaustreibung aus Matth. 8 und fügt eine Auswertung Bedas an, die mit den Worten einleitet: *Auß diser Hystorien kǒnnen wir zů vnserer lehre abnemen* [...].[287] Fehlt im ersten Fall der Appell an den Leser, so im zweiten das einleitende Motto. Der Exempelstatus der Historien wird dadurch nicht berührt.

Nicht notwendig ist die exemplarische Illustration an die narrative Entfaltung gebunden. Heiden übernimmt aus Heußlins ›Vogelbůch‹ die schon bei Gessner aufgelisteten Exzerpte über die Brutpflege der Schwalben, die mit dem gleichen Resultativsatz einsetzen: *Die Schwalben geben vns ein sonderliche feine Lehr | Vetterlicher vnd mütterlicher treuwe gegen den Kindern.*[288] Es folgt aber nicht eine Erzählung, sondern eine Auflistung unterschiedlicher fürsorglicher Verhaltensweisen.

– Christlicher Wertekanon als Bezugspunkt von Historien

Das Verfahren der Kompilation gibt nicht nur Aufschluß über die Ordnung von Texten, es offenbart zudem die jeweils gültigen Maßstäbe gesellschaftlichen Handelns.[289] Die Stereotypie der Werte, die durch die einzelnen Historien illustriert werden, verweist auf das zugrundeliegende Normensystem. Zentrale Werte des Dekalogs und der Tugend- und Lasterkataloge werden vielfach variiert wiederholt. Sie bestimmen nicht die Ordnung des Textes – diese ist durch den Pliniustext vorgegeben –, wohl aber bilden sie wiederkehrende Motivkomplexe. Heidens Exzerpierverfahren bleibt abhängig von biblischen Vorgaben, auch wenn er sich nicht allein auf biblisches Material stützt. Auffällig ist die

---

[286] Heiden, S. 93f. Vgl. H. A. I, S. 428. Nat. hist. VIII,13.
[287] Heiden, S. 267.
[288] Heiden, S. 446. Vgl. Vogelbůch, Bl. CCXVv. Die Quellenberufung auf Ambrosius fehlt schon bei Heußlin.
[289] Buck: Die »studia humanitatis« und ihre Methode, S. 146. Uhlig: Loci communes als historische Kategorie, S. 148.

Rekurrenz von Historien über Götzendienst (1. Gebot), Dankbarkeit (4. Gebot), Ehebruch (6. Gebot) und Gerechtigkeit (5./7. Gebot). Gerade dort, wo es um zentrale christliche Normen geht, werden Erzählungen zur Illustration herangezogen. Mit Ausnahme der ersten Rubrik liefert Gessner zu allen anderen das wesentliche Material. Daneben greift Heiden auf antike und zeitgenössische Exempelliteratur zurück.

– Anlaß zur Polemik gegen heidnischen Götzendienst durch eingefügte Historien bietet der antike Text wiederholt.[290] Die Widerlegung des Apiskultes ist dafür ebenso ein Beispiel wie die zahlreichen Polemiken gegen heidnischen Augurenkult oder besonders prägnant Aelians Exempel vom vermessenen Hanno, der sich mit Hilfe dressierter Nachtigallen zu einem Gott erheben wollte.[291]

– Elefanten und Störche besitzen eine ›natürliche‹ Abneigung gegen den Ehebruch. Die Tugend ist Anlaß für eine Reihe von Zusatzhistorien, in denen Ehebrüche der Menschen durch die Tiere (Natur) öffentlich gemacht werden.[292] Die Natur selbst enthält vielfach jene vorbildlichen Regulierungen des Ehelebens, die der Mensch durch Gebote nur mühsam einhält. Sie läßt sich gar instrumentalisieren, wie im Fall des Purpurvogels, der angeblich vermeintliche Ehebrüche der Frau durch seinen Selbstmord anzuzeigen vermag.[293]

– Beispiele wechselseitiger Dankbarkeit, insbesondere im Familienverband, aber auch im Verhältnis Herr – Knecht und Mensch – Tier bilden die umfangreichste Gruppe. *Ein auge das den Vatter verspottet / vnd verachtet der Můter zůgehőrchen / das můssen die Raben am Bach außhacken*, zitiert Heiden die Bibel (Prov.30), und positive Vorbilder finden sich reichlich in der Natur.[294] Aus den ›Loci communes‹ des

---

[290] Vgl. das Flavius Josephus Zitat (Heiden, S. 160f.) über den Juden Mosollamus, der einen Wahrsager (*Schwartzkůnstler*) an der Ausübung seiner ›Kunst‹ hindert. Heiden entnimmt die Geschichte Polidorus Vergilius. Vgl. Eigentlicher bericht der erfinder aller ding, Bl. 73r/v. Zu weiteren Stellen vgl. Heiden, S. 238, 244, 282. 472f.

[291] Heiden, S. 472f. Der Versuch, die Natur gegen ihre oberste Instanz zu vereinnahmen, findet in der Natur selbst ihre Grenzen. Die Dressur der Vögel mißlingt, so daß *Hannon jrenthalben wol ein armer Mensch bleiben / vnnd Gott lassen Gott sein* mußte. Vgl. Aelian: Variae Historiae XIV, 30.

[292] Mit zwei Historien illustriert Heiden die Strafe an ehebrüchigen Frauen durch Elefanten (S. 93), mit jeweils einer durch Hund (S. 197) und Storch (S. 438). Unterschiedliche Strafen für Ehebruch haben Mann und Frau (Todesstrafe) in Armenien (S. 239) zu gewärtigen.

[293] Heiden, S. 475. Das Exzerpt stammt aus dem Vogelbůch, Bl. CXCIr/v. Vorbildliches Eheleben demonstrieren Krähe (Heiden, S. 419), Halcyon (ebd., S. 456) und Taube (ebd., S. 462). Die Vorbildhaftigkeit der Tierwelt aber geht über in eine patriarchale Ordnungsfunktion, wenn allein Historien vorgestellt werden, in denen die einzelnen Tiere Ehebrüche von Frauen offenbaren bzw. strafen.

[294] Heiden, S. 420. So wird ein alter, blinder Habicht von seinen Jungen ernährt (ebd., S. 415), die Storchenkinder speisen und tragen ihre Eltern, wenn diese alt

Manlius, jenem Text, der den Auftakt zu einer Fülle von protestantischen Exempelbüchern bildet, interpoliert Heiden einen Fall, der das Exempel direkt in eine Lehre überführt. Die Geschichte eines undankbaren Sohnes, der seinen alten Vater karg versorgt, selbst aber im Überfluß lebt und daher durch Schlangen ›gestraft‹ wird, endet mit einer Wendung an den Leser: *Allen vndanckbaren Kindern gegen jren Eltern zum Exempel vnd vorbild.*[295] Insbesondere dort, wo es sich um wechselseitige Dankbarkeit handelt, greift Heiden auf die Historien Gessners zurück.

Die exemplarische Erzählkonfiguration liegt in den Geschichten dieses Typs fest, lediglich die Besetzungen wechseln: Wirt/Frau – Storch, Frau/Knabe – Delphin, Cervanus – Delphin, Löwe – Sklave, Spinne – Mönch usw.: immer geht eine hilfreiche Tat voraus, für die sich das jeweilige Tier erkenntlich zeigt.[296]

Auch hier entgehen die Exzerpte nicht der Anpassung. Heiden zitiert aus Gessners Lexikon eine Geschichte des Aelian, die die Dankbarkeit des Adlers belegen soll. Er tilgt dabei aber die spezifische Pointe der antiken Historie: Ein Bauer rettet auf dem Weg zu einer Quelle einen Adler, der gegen eine Schlange kämpft, im Bewußtsein von dessen göttlicher Auszeichnung. Der Adler seinerseits revanchiert sich etwas später, indem er den Bauern davor bewahrt, das von der Schlange vergiftete Wasser zu trinken. Verweist Aelian so auf das religiöse Motiv der Rettung, indem er diese als Korrespondenz von Gottesdienst und göttlicher Providenz (Jupiter) versteht, so reduziert Heiden durch die Tilgung antiker Bezüge die Geschichte auf ein einfaches Naturexempel, das dadurch in den christlichen Kontext paßt: *Also erzeigte sich der Adler danckbar gegen deme / der jm sein leben gefristet.*[297]

– Historien über Gerechtigkeit finden sich ebenfalls über den ganzen Text verteilt. Auch sie illustrieren entweder deren Fundierung in der Natur oder deren Wiederherstellung in der Geschichte. Ausgeprägten Gerechtigkeitssinn legt die Natur in den Elefanten und Hunden an den Tag, die in den Historien selbst zu Akteuren der Ordnung werden.[298]

---

und erblindet sind (ebd., S. 440), und auch die Kinder des Merops und der Rellmäuse kümmern sich um ihre Eltern (ebd., S. 291, 459).

[295] Heiden, S. 297f. Vgl. Manlius: LOCORVM COMMVNIVM, Der Erste Theil, Bl. 127r–128r. Wachinger: Der Dekalog als Ordnungsschema, S. 251–255.

[296] Vgl. Heiden, S. 118 (Löwe/Sklave; vgl. Thierbůch, Bl. CIIIv), S. 169 (Spinne/Mönch; vgl. Thierbůch, Bl. CLXIXvf.), S. 318 (Frau/Knabe/Delphin; vgl. Fischbůch, Bl. 95v), S. 329 (Cervanus/Delphin; vgl. Fischbůch, Bl. 95r), S. 438f. (Wirt/Frau/Storch; vgl. Vogelbůch, Bl. CCXXXIIr/v).

[297] Heiden, S. 410. Vgl. H. A. III, S. 173: *Agricola uel quod non ignoraret, uel quod auditione accepisset aquilam Iouis nuntiam & ministram esse [...] Hanc ne gratiam, cum sis illa (nam auem recognoscebat) tuo conseruatori refers? itane Iouem gratiarum inspectorem & perfectum ueteris?*

[298] Heiden, S. 94. Vgl. Thierbůch, Bl. LXXVIIr. Heiden, S. 197. Vgl. Thierbůch, Bl. LXXXVIIvf.

Die Ordnung des Sozialverbandes leitet die Wahrnehmung: Einhaltung der zugewiesenen Position, gegenseitige Fürsorge, Altersvorsorge für die Eltern, naturgegebener Pflichtenkanon. Wie sehr Historien dieser Art insgesamt dem theologischen Programm verpflichtet sind, wird deutlich, wenn Melanchthon in seinen ›Loci communes theologici‹ die Gebote des Dekalogs als leges naturae bestimmt, den Gesetzesbegriff folglich im Sinne von moralischer Vorschrift faßt. Offenbart sind sie aber nicht nur in den alttestamentlichen Geboten, die Natur selbst trägt ihre Zeichen. Der Dekalog als Orientierungsrahmen der Exempelliteratur (Manlius, Hondorf) dient auch Johannes Heiden als *ein* Maßstab seines Exzerpierverfahrens. Der Pliniustext, seinerseits schon durch eine Fülle von Historien und narrativen Passagen geprägt, erhält durch die exzerpierten Historien aus Bibel, Chroniken und Gessners Tierbüchern den lehrhaften Charakter eines zeitgenössischen Exempelbuchs.[299]

– Historiographische Bestandteile

Plinius' Enzyklopädie überschreitet mit ihren zahlreichen historischen Partien bereits deutlich den naturkundlichen Rahmen. Was der Naturforscher aber als redundante Information übersehen kann, entgeht nicht dem religiös orientierten Betrachter. Die ethische Perspektive unterzieht natürliche und historische Sachverhalte gleichermaßen ihrem Urteil. So existiert innerhalb des naturkundlichen Werkes durchaus ein eigener historischer Diskurs.

Deutlicher als bei Gessner bilden Natur und Geschichte bei Heiden einen homogenen Erfahrungsraum, der sich durch Geschichten bildet. Sie besitzen ihren gemeinsamen Bezugspunkt in der Ethik.[300] Wie sehr Geschichte und Natur einer einheitlichen Perspektivierung unterliegen, wird schon rein äußerlich in der Gleichrangigkeit der aus den Vorlagen (Gessner u. a.) exzerpierten Historien sichtbar, die sowohl von naturkundlichen Autoritäten (Aelian, Plutarch) als auch von antiken (Herodot, Caesar, Josephus) und zeitgenössischen Historio- bzw. Cosmographen (Aventin, Münster, Spangenberg u. a.) stammen. Dabei liefern wie selbstverständlich Historiker naturkundliche Fakten, wie umgekehrt die Naturbeschreiber exemplarische Geschichten. In großem Umfang zehrt die Naturkunde von den Fakten und Exempeln der Geschichte. Daneben treten wie selbstverständlich die zahlreichen Historien der Bibel. Gegenüber der einen Schöpfung und ihrem Gesetzgeber,

---

[299] Rehermann: Die protestantischen Exempelsammlungen, S. 580–646. Vgl. Wachinger: Der Dekalog als Ordnungsschema, S. 239–263.
[300] Kosellek: Historia magistra vitae, S. 40–43. Brückner: Historien und Historie, S. 39ff.

der sich in der Heiligen Schrift, der Natur und der Geschichte offenbart, relativieren sich historische, disziplinäre und gattungsmäßige Unterschiede.

In verschiedenen Formen findet Historisches Eingang in Heidens Bearbeitung: durch Stellungnahme zu den Bräuchen der Alten, durch Bildkommentare und durch Vorstellung von historischen Beispielfiguren positiver und negativer Art.

An der Stelle, an der Plinius den römischen Brauch vorstellt, Adler als Feldzeichen zu tragen (Nat. hist. X,16), opponiert Heiden mit Hilfe eines angeblichen Exzerpts aus Erasmus› ›Chiliaden‹.[301] Dieser kritisiert danach den Brauch, ausschließlich Raubtiere zu Emblemen der Herrschaft zu machen, und interpretiert den Befund als Relikt heidnischer Tradition.[302] In der Tat hatte Erasmus in seinem Adagium ›Scarabaeus aquilam quaerit‹ in der Art eines »pädagogischen Fürstenspiegels« durch das Bild des Adlers tyrannische Herrschaft kritisiert.[303] Aber nicht den ›Adagia‹ des Humanisten entnimmt Heiden die kritische Sequenz – sie findet sich dort nicht –, sondern der ›Geschichtbibell‹ des Sebastian Franck. In der Vorrede zur ›Kaiserchronik‹ hatte Franck unter Verwendung des Adagiums von Erasmus eine radikale Allegorese des Adlers vorgestellt, deren allgemein fürstenkritische Tendenz ihm politische Verfolgung eintrug. Auf diese Vorrede greift Heiden zurück und entnimmt ihr wörtlich das kritische Exzerpt.[304] Innerhalb des Pliniustextes dient es aus christlicher Perspektive der Distanzierung vom heidnischen Brauch und der Kritik an der Praxis der Herrscher, sich ihrer Gewalt zu rühmen. Die historische Notiz innerhalb des naturkundlichen Werkes wird kommentiert unter Rückgriff auf ein historisches Werk der eigenen Zeit. Nicht die Wahrheit des historiographischen Datums steht zur Beurteilung an, vielmehr dessen moralische Qualität.

Die Abbildungen überschreiten ebenso den Rahmen naturkundlicher Illustration. An die Seite der Tierdarstellungen treten mythologische Szenen. Sie sind in großem Umfang der Ovidbearbeitung des Johannes Posthius oder Johann Spreng entnommen und stammen von Virgil Solis. Sie durchziehen das gesamte 7. Buch und prägen auch weitgehend

---

[301] Heiden, S. 409f.
[302] Heiden, S. 410: *Dabey man wol mag abnemen [mag] / das die Wapen ein vberblieben heidnisch stuck sind / von vnsern heidnischen Eltern auff vns geerbt / der wir vns so fast rühmen / vnd doch billich schemen solten / weil wir für Christen (die vil andere Wapen haben) wöllen gesehen sein / vnd wissen wie die welt vnnd des fleisches weißheit / also auch desselben adelischen Schild vor Gott stincken.*
[303] Kühlmann: Staatsgefährdende Allegorese, S. 66.
[304] Franck: Chronica, Bl. 159r/v. Zur Adlervorrede vgl. Kühlmann: Staatsgefährdende Allegorese, S. 50–76.

das achte.[305] In ihrem neuen Kontext sind die Illustrationen zu den ›Metamorphosen‹ aber kaum noch identifizierbar und veranschaulichen nurmehr allgemein die Nutzung von Tieren in praktischen Verwendungszusammenhängen wie Jagd, Ackerbau, Kampf. So dient die Szene, die ursprünglich die Verwandlung des Cygnus in einen Schwan darstellt, nun zur Kritik des Augurenwesens.[306] Das Bild des Midas illustriert das Satyrthema und Orpheus im Kreis der Tiere die Hirschjagd mittels eines Instruments.[307] Unabhängig vom thematischen Bezug erhalten die Abbildungen ihren Ort aufgrund von leicht identifizierbaren Inhalten. Umfangreiche Bildinhalte bleiben demgegenüber ohne Bezug. Allemal aber betont die Vielzahl der Abbildungen dieser Art den pragmatischen Rahmen, in dem Tiere Verwendung finden.

Allein die Verwandlung der Gefährten des Odysseus in Schweine wird mit ihrem ursprünglichen didaktischen Kontext übernommen. Für die Reminiszenz an die Odyssee greift Heiden ohne konkreten locus-Bezug zunächst auf Gessners Philologieabschnitt zurück, aus dem er eine längere Xenophon–Passage entnimmt. Sie präsentiert Sokrates als ein Muster der Askese und gibt Ratschläge der Selbstbeherrschung. Dem Xenophonverweis auf die Circe-Episode fügt Heiden aus der Ovidbearbeitung des Johannes Posthius (1563) die Illustration und eine versifizierte Didaxe hinzu:

> *Postius: Circe gab jhren Gesten ein |*
> *Ein tranck | macht sie damit zů Schwein.*
> *Die mőgen nemlich wol sein Seuw |*
> *Die vnzucht glůst vnd füllerey.*[308]

Das naturkundliche Thema (Schweinezucht), in dessen Kontext die historische Reminiszenz eingerückt wird, ruft Assoziationen moralischer

---

[305] Vgl. Heiden, S. 104f., 11o, 151, 160, 173, 175, 185, 194, 196, 198f., 201, 206, 210f., 213, 217, 222, 232, 236, 240f., 269, 273, 282 ü. ö.

[306] Heiden, S. 160. Das Bild illustriert die Geschichte von Cygnus in simultaner Darstellung. Es zeigt einen Mann, der einen Abhang hinabstürzt, und einen davonfliegenden Schwan. An seinem Platz im Pliniustext erhält die Illustration einen anderen Kontext: es verbildlicht nun – in Analogie zur Astronomiekritik – die gefährlichen Konsequenzen der Betrachtung des Vogelflugs.

[307] Heiden, S. 160 (zu Metam. VII,6: Cygnus), ebd., S. 10 u. 282 (zu Metam. XI,4: Midas), ebd., S. 173 (zu Metam. X,3: Orpheus).

[308] Heiden, S. 271. Zu Xenophon: *de dictis & factis Socratis*. Gessner beruft sich zudem auf jenen *innominatus ille cuius de allegorijs Homericis libellum nos olim Latinum fecimus*, dessen Homerallegorese Gessner also selbst übersetzt hat (H. A. I, S. 1031). Gemeint sind wohl die ›Allegoriae in Homeri Fabulas‹, die Gessner 1544 unter dem Namen des Heracleides Ponticus zuerst lateinisch ediert hat (Vgl. Wellisch: Conrad Gessner, S. 185). Vgl. Leu: Conrad Gesner als Theologe, S. 55f. Heiden ersetzt dies durch die Passage aus der Ovidbearbeitung des Johannes Posthius (1537–1597), die 1563 erschien (IOHAN. POSTHII GERMERSHEMII TETRASTICHA IN OVIDII METAMOR. LIB. XV., Bl. 165r). Vgl. Guthmüller: Picta Poesis Ovidiana, S. 176ff.

Art hervor, für die der antike Geschichtsschreiber und der zeitgenössische Ovid–Bearbeiter die herausragenden, illustrativen und didaktisch verwertbaren Belege liefern.[309]

Weitere Abbildungen veranschaulichen biblische Ereignisse des Alten und Neuen Testaments, die zum einen einer von Jost Amman illustrierten, zeitgenössischen Bibel entnommen sind: sie stehen ausschließlich im 7. und zu Beginn des 8. Buchs und zeigen die Arche Noah, den Turmbau zu Babel sowie alttestamentliche Schlachtenszenen.[310] Zum andern entstammt die Illustration von der Auferweckung des Lazarus nach Lukas 7 den ›Miracula, Wunderwerck Jhesu Christi‹ von Adam Reissner, die im gleichen Jahr wie Heidens Werk in Frankfurt erschienen sind.[311] Acht zusätzliche Illustrationen betreffen Ereignisse der römischen Geschichte, von denen allein die Abbildung von Romulus und Remus und der römischen Wölfin auf den ersten Blick identifizierbar ist. Sie leitet das Kapitel über den Wolf ein und illustriert die Kontroverse um den römischen Gründungsmythos, den Heiden gegen Plinius mit Hilfe eines Livius–Exzerpts historisch widerlegt.[312]

Die Abbildungen verweisen innerhalb des naturkundlichen Werks sporadisch auf historische Ereignisse, die der antike Text einerseits oder die Exzerpte andererseits thematisieren. Neben die antike Geschichte und Mythologie können auch optisch Dokumente der Heilsgeschichte treten.

Ein negativer Akzent christlicher ikonographischer Tradition bestimmt die Darstellung des Schweins. Er schlägt sich in wertenden Wendungen und eingefügten Historien nieder. Innerhalb der Darstellung des Plinius finden die lukullischen Zubereitungen des Schweins breiten Raum

---

[309] Analog wird die Circe-Episode im historisch-poetischen Kontext in Schaidenreissers Odyssee-Übersetzung (Odyssea, Bl. 42r) glossiert: *Durch Circem will Homerus vnd all Poeten die wollust zůuersteen geben / welche durch jren siessen tranck / das seind die leiblichen raitzungen / vihische / vngeperdsam / vnd vnuernünfftige leüt macht.*

[310] Heiden, S. 1 (Paradies: Gen I; vgl. NEuwe Biblische Figuren [. . .], Bl. A jr), S. 75 (Turmbau zu Babel: Gen. XI; vgl. Bl. A ivr), S. 78 (Eroberung Midians: Judic. VII; vgl. Bl. E jv), S. 79 (Krieg gegen Ahab: Regum. IX; vgl. Bl. H iijr), S. 80 (Krieg gegen Ammon: Judic. XI; vgl. Bl. E ijr), S. 81 (Arche Noah: Gen. VIII; vgl. A ijv), S. 116 (Simsons Kampf gegen den Löwen: Judic. IIII; vgl. E ijv). Vgl. Schmidt: Die Illustrationen der Lutherbibel, S. 245–262, 249, 250, 406, 423.

[311] Miracula, Wunderwerck Jhesu Christi, Bl. LXXXIIIv.

[312] Heiden, S. 136. Die acht Illustrationen erscheinen 1568 bei Sigmund Feyerabend in einer lateinischen-Livius–Ausgabe. Vgl. TITI LIVII [. . .] LIBRI OMNES, S. 4 (Romulus und Remus; Heiden, S. 136), S. 7 (Rat der Konsuln; Heiden, S. 44), S. 63 (Koriolan; Heiden, S. 38), S. 356 (Überraschender Tod; Heiden, S. 71), S. 212 (Manlius und Gallus; Heiden, S. 42) , S. 362 (Seeschlacht; Heiden, S. 82), S. 462 (Eroberung von Syrakus; Heiden, S. 59), S. 512/532 (Schlacht mit Elefanten; Heiden, S. 87).

(Nat. hist. VIII,209). Heiden unterschlägt hier einerseits das Lob römischer Gelage, intensiviert andererseits aber die schon bei Plinius anklingende Kritik an deren Auswüchsen.[313] Eine Reihe von Geschichten, die die Gefahren der Wildschweinjagd beschreiben, interpoliert er zudem aus dem ›Jagteuffel‹ des Cyriacus Spangenberg (1560), wobei er ihn nur in zwei Fällen als Quelle anführt.[314] Den Unglücksfällen fallen illustre Herrscher zum Opfer. Sie ereignen sich nicht durch bloße Unvorsichtigkeit, sondern aufgrund von Umständen, die auf andere, höhere Ursachen verweisen.[315] Heiden entnimmt die Geschichten der Historienrubrik der protestantischen Teufelschrift, die dort auf die Mahnung abzielt, daß *vnser Jeger auch zum teil solten bewegt werden / vnd vrsach nemen / etwas Gottfürchtiger / vnd Christlicher sich auff den Jagten zu halten.*[316]

– *Heilsgeschichtliche Perspektive*

Die exemplarische Geschichtsschreibung beruht auf einem statischen Geschichtsmodell. Weder die politische Geschichte, aus der Plinius zitiert, noch die Geschichte als eigenständiger Ereigniszusammenhang ist ihr Thema. Die Exempel über Tugenden und Laster verzichten daher vielfach auf zeitliche und räumliche Bestimmungen. Sofern sie sich auf einen zeitlichen Aspekt beziehen, ist es die Heilsgeschichte mit ihren stereotypen providentiellen Eingriffen. Auch hier liefert die Bibel die maßgeblichen Vorbilder, sei es in den alttestamentlichen Tierplagen, sei es in der Relativierung säkularer Instanzen insgesamt. Dort, wo Plinius

---

[313] So zitiert Heiden nur die öffentlichen Verbote (S. 268; vgl. Nat. hist. III,77), nicht aber ihre Unterlaufung. Plinius Feststellung: *Et hoc annales notarunt, horum scilicet ad emendationem morum* (Nat. hist. VIII,78), wird demgegenüber bei Heiden (S. 269) zur vehementen Schelte: *damit die Nachkommen bewegt vnd verursacht würden / die böse lustsüchtige weisen der verschwender vnd schleckmeuler zu rechtfertigen vnnd zustraffen.*

[314] So die Geschichte vom Tod des Johannes Commenius (Heiden, S. 269; vgl. Jagteuffel, Bl. Xiijvf.) im Jahre 1142, des Jsacio Commeno (Heiden, S. 270; vgl. Jagteuffel, Bl. Xijvf.), des Krösussohnes Atys (Heiden, S. 273; vgl. Jagteuffel, Bl. Viijr), sowie weitere kurze Berichte nach »Xiphilinus ex Dione« (Ebd.), Aventin und Stumph (Heiden, S. 274; vgl. Jagteuffel, Bl. Xiir/v).

[315] Während der Kaiser von Konstantinopel Johannes Comenus durch die leichte Berührung eines vergifteten Pfeils stirbt, wird Isaac Comneno nach dem historischen Bericht des Psellus auf der Jagd von einem *kalte*[n] *Wind in der einen seiten gerüret* (Heiden, S. 270), der ihn in ein Fieber fallen läßt. Nach dem Bericht des Thracesius (ebd.) dagegen begegnet letzterer auf der Jagd einem gespenstischen Wildschwein, das sich überraschend ins Meer stürzt. Wie vom Blitz getroffen fällt darauf der Kaiser vom Pferd. In beiden Berichten verbringt er den Rest seines Lebens als Mönch. Auch die Geschichte vom Krösussohn Atys (ebd., S. 273), der gerade durch seinen Beschützer Adrastus bei der Jagd umkommt, erhält in diesem Sinn Zeichencharakter.

[316] Spangenberg: Jagteufel, Bl. T iiijr.

die skytische Reiterei thematisiert, erhebt Heiden mit Hilfe von Bibelsequenzen Einspruch gegen allzu starkes Vertrauen in säkulare Machtmittel: Prouerbiorum *21: Roß werden zum streittage bereitet / aber der sieg kompt vom HERREN*.[317]

Eine Anzahl von Historien aus Bibel, antiker und zeitgenössischer Historiographie dokumentiert die Grenzen natürlicher Regularitäten an der Allmacht Gottes. Dessen allgegenwärtige Präsenz in der Geschichte läßt sich schon daran ablesen, daß Exempel seines Wirkens durch alle Zeiten hindurch geboten werden. Der Gott der Geschichte waltet jenseits der Naturgesetze und Machtverhältnisse. Tobias erblindet nur vorübergehend durch Schwalbenkot, ein Unfall, der ihn gleich Hiob auf die Probe stellt.[318] Neben antiken Historien, wie die schon von Herold ausgewertete von der Eroberung Babylons durch Dareius, stehen historische Sagen. Heiden greift für das Exempel vom Bischof Hatto auf Sebastian Münsters ›Cosmographie‹ zurück: aus ökonomischer Not hatte dieser im 10. Jahrhundert eine Anzahl Menschen verbrannt und war dafür *durch das vrtheil Gottes* in einem Turm bei Bingen durch Mäuse gerichtet worden. Einen analogen historischen Beleg fügt Heiden, gleichfalls aus Münsters ›Cosmographie‹, vom polnischen König Pompilius an: *Vnd da lernen wir / das kein gewalt noch rach ist wider Gott den HERREN*.[319] Dort, wo Heiden wie hier ausführlicher auf historische Ereignisse eingeht, vollzieht sich die Darstellung unter den Prämissen der Heilsgeschichte.

In zahlreichen eingefügten Historien manifestiert sich der providentielle Mechanismus von Strafe und Auszeichnung durch die Geschichte hindurch. Die heils- und kirchengeschichtlichen Ereignisse, von denen Gessner nur selten berichtet, erfahren die erhöhte Aufmerksamkeit Heidens. Im Kapitel vom Löwen bemüht er sich, anhand einer Fülle von Zitaten aus Bibel, Kirchenvätern, antiken Autoren, den heilsgeschichtlichen Rahmen als Gegenentwurf zur Einrichtung der Natur zu dokumentieren. Die Naturgeschichte Gessners liefert in diesem Fall das wesentliche historische Material:[320]

---

[317] Heiden, S. 216. Vgl. S. 161f. (Exod. 8: Ungeziefer insgesamt), S. 186 (2. Reg. 2.: Bären), S. 288, 292 (1. Sam. 5: Mäuse), S. 297 (Exod. 8: Frösche), S. 298 (Numer. 21: Schlangen), S. 492 (Exod. 10: Heuschrecken).

[318] Heiden, S. 447: *Solch vbel aber ließ Gott vber jn kommen / daß die nachkomen ein Exempel der gedult an jme hetten [. . .]* (Tob.2).

[319] Heiden, S. 288f. Vgl. Münster: Cosmographei, Bl. dcij: Bischoff Hatto; Bl. Mx: Pompilius. Hondorff wird später beide Historien als Belege für das 5. und 7. Gebot in sein ›Promptuarium Exemplorum‹ aufnehmen. Vgl. Schade: Andreas Hondorffs Promptuarium, S. 679f.

[320] Gessner (H. A. I, S. 656) zitiert ausführlich einige Textorstellen als Belege für die Providenz Gottes: *Ioan. Rauisius Textor in Epithetorum libro leonis historiam scribens, quales hae ferae erga sanctos aliquos & martyres ad poenam eis obiectos,*

Zwei Erzählungen, die von der Rettung des Propheten Daniel aus der Löwengrube berichten, werden an der Stelle eingeführt, an der Plinius bemerkt (Nat. hist. VIII,47), daß Löwen bei abnehmender Stärke im Alter auch Menschen angreifen.[321] Vor diesem Hintergrund gewinnt das Daniel-Beispiel exemplarischen Charakter für das providentielle Walten Gottes, waren doch schon in der Bibel die Stellen ein Beleg für dessen schirmende Hand.[322] Naturbefund und historischer Befund werden miteinander konfrontiert und erhalten gerade aufgrund ihrer Nichtidentität ihre providentielle Dimension.

Die folgenden Exzerpte setzen den kirchen- und heilsgeschichtlichen Aspekt fort. Das in der Regel friedliche Verhalten des Löwen gegenüber Schwachen und Schutzlosen (Nat. hist. VIII, 48) bedarf nun seinerseits der Erklärung, wo das Schicksal christlicher Märtyrer in den Blick gerät. Da die Rettung Daniels nicht die Regel darstellt, im Gegenteil durch die römische Justiz bei der Christenverfolgung infrage gestellt schien, ergänzt Heiden hier in legitimatorischer Absicht Bibel- und Kirchenväterbelege, die die Gewalt des Löwen gleichfalls als providentielles Ereignis erscheinen lassen. Allein die Kombination der loci des Ausgangstextes und der exzerpierten Texte setzt die Exzerpte in ein Kommentarverhältnis zueinander:

1. Reg. 13 berichtet von einem Propheten, der von seinem Esel herab einem Löwen zum Opfer fällt, während der Esel unverletzt bleibt: *wie Gott vber jhn verhenget habe / weil er seinem befelch vngehorsam gewesen / daß jn ein Lôuwe von seinem Esel reiß vnd erwůrgete.*[323] Auch von den Märtyrern Ignatius, Satyrus und Perpetua berichten Eusebius und Textor, daß diese den Löwen zum Opfer gefallen seien.[324]

Alle drei Stellen folgen auch bei Gessner direkt aufeinander, jedoch in einer mehr lexikalischen Nebenordnung.[325] Auf die *historia prophetae cuiusdam* aus Reg. 13 verweist er nur knapp, von Ignatius erwähnt

---

se praebuerint, recenset: cuius nos hic uerba recitabimus, ordine quodam literarum, de uiris primum sanctis, postea de mulieribus & uirginibus. Sciendum est autem in martyres leonum clementiam, non ex ipsorum natura, sed maiore ui protectam, quae pijs promittit impune eos super aspidem & basiliscum ambulaturos, & tuto leonem draconemue conculcaturos, Psal. 91. Vgl. IOANNIS RAVISII TEXTORIS [...] OPVS EPITHETORVM, S. 515–517.

[321] Heiden, S. 112.
[322] Gessner (H. A. I, S. 656) führt im Rahmen seines lexikalischen Verfahrens die Danielstellen an, ohne sie erzählerisch zu entfalten. Auch die meisten folgenden Belege (Heiden, S. 113) über das Schicksal von Märtyrern (Ignatius, Satyrus Perpetua, Eleutherius), und glaubensfesten Jungfrauen (Martina, Priscia, Doria) sind der Textstelle entnommen.
[323] Heiden, S. 113.
[324] Heiden, S. 113. Vgl. IOANNIS RAVISII TEXTORIS [...] OFFICINA I, S. 101.
[325] H. A. I, S. 675.

er die Standhaftigkeit im Glauben und die Verurteilung durch Trajan. Heiden setzt demgegenüber gegen den ungehorsamen Propheten, der der Strafe Gottes anheim fällt, unter Rückgriff auf die Kirchengeschichte des Eusebius die Hoffnung des Glaubenszeugen.

> *Eusebius Lib.3.ca.28. Da der H. Jgnatius den Lôwen ward vorgeworffen / auß befelch des Keysers Traiani / weil er vom Christlichen glauben nicht wolt abstehen / sprach er: Jch bin ein Weitzenkorn Christi / durch die zåne der Thier wil ich gemahlen werden / auff daß ich ein brot oder speise Christo werde.*[326]

Belegt das erste Zitat (Reg.13) die prinzipielle Möglichkeit eines durch die Natur strafenden Gottes, so lassen sich die folgenden Eusebius– und Textorzitate nur vor dem Hintergrund eschatologischer Hoffnung verstehen. Das Ignatiusexempel vermittelt allein bei Heiden Trost durch die Anspielung auf das Weizenkorngleichnis, die Heiden über Gessner hinaus zitiert. Der Tod der Märtyrer, als historisches Faktum nachträglich durch das Textorzitat belegt, wird durch die prinzipielle Möglichkeit der resurrectio carnis in seiner weltlichen Bedeutung relativiert.

Plinius' Darstellung des Löwen (Gewalt gegen Menschen, Nachsicht gegenüber Schutzlosen) wird konfrontiert mit biblischen und christlich-historischen Belegen. Der biblische Sonderfall (Daniel) bestätigt sich allein als Ausnahme gegenüber den Schicksalen einiger glaubensstarker Frauen. Den historischen Regelfall integriert Heiden derart in den Rahmen christlicher Lehre, indem er einerseits auf die Providenz verweist, andererseits auf eschatologische Hoffnungen. Wer geschont wird, wird es durch die Allmacht Gottes; wer nicht, dem bleibt der Wiederauferstehungsglaube. Auch diese Einschübe dienen somit der Korrektur des Plinius aus heilsgeschichtlicher Perspektive.

Die Reihung der Zitate erfolgt bei Heiden nicht ohne Plan. Deutlich bildet das bei Gessner vorgefundene Material den Leitfaden der Darstellung, wird aber je nach Bedarf in seinem theologischen Kontext weiter entfaltet. Die Möglichkeiten der Stellungnahme scheinen allerdings begrenzt zu sein. Außer den an biblischen Maßstäben ausgerichteten Glossierungen finden sich keine spezifischeren Auseinandersetzungen mit dem Material.

– Naturexempel versus Providenz

Die Konfrontation von natürlichen Regularitäten und providentiellen Eingriffen zieht ein spezifisches Verfahren der Bearbeitung und Kompilation nach sich. An einer Reihe von Historien läßt sich illustrieren, wie Heiden das Erzählmaterial seiner Vorlagen in analoger Form für seine Zwecke reduziert und mit antithetischem Material konfrontiert.

---

[326] Heiden, S. 113. Zu Ignatius vgl. Reinitzer: Vom Vogel Phoenix, S. 26f.

Die Antithese, ob bezogen auf die Pole heidnisch – christlich, Tugenden und Laster oder Auszeichnung und Verdammung, ist in diesem Fall die leitende Form der Gestaltung:

Nachtigallen besitzen schon nach Plinius die natürliche Gabe, Geräusche und Laute zu imitieren, eine Feststellung, die Heiden durch illustrierende Exempel aus Gessner zusätzlich dokumentiert. Eine weitausgreifende Erzählung über sprechende Nachtigallen, die ein ungenannter Freund Gessners anläßlich des Reichstags zu Regensburg 1546 beobachtet und diesem mitgeteilt hatte, reduziert Heiden indessen auf ganze fünf Zeilen. Ihn interessieren nicht die Umstände der Beobachtung und der Inhalt der Historien, nicht deren private und politische Hintergründe oder gar die Prüfung des Sachverhalts. Allein das Faktum der Sprachfähigkeit bleibt erhalten, wodurch die Erzählung auf ein Naturexempel reduziert wird.

Dagegen setzt Heiden aus anderer Quelle nun die von Aelian überlieferte Geschichte vom vermessenen Karthager Hanno und dessen mißlungenem Versuch, sich mit Hilfe dressierter Nachtigallen zum Gott zu erheben. Sie bildet den Bezugspunkt für das vorausgehende Exempel. Natürliche Gabe der Nachtigall und menschliche Hybris, die durch die Natur – die Vögel versagen ihren Dienst – ihre Grenzen erfährt: auf diese Opposition zielen die einander konfrontierten Geschichten. Die Erzählung des ungenannten Freundes wird gegenüber der Vorlage aus ganz spezifischen Interessen reduziert.[327]

Aber auch die Überführung einer naturkundlichen Information in ein Exempel ist innerhalb der Darstellung des Plinius möglich. Dessen Notiz, daß gestohlene Schweine die Stimme ihres Hirten erkennen und dadurch einst ein Schiff zum Kentern brachten, entfaltet Heiden unter Rückgriff auf Gessner narrativ, restituiert den ursprünglichen Handlungszusammenhang. Er ersetzt die Information durch die von Aelian überlieferte Geschichte von Seeräubern, denen eben dieser Naturmechanismus zum Verhängnis wurde.

Dessen hat man gleichen wol gůte gewisse kundtschafft / daß wie ettliche Meerreuber auff eine zeit einem Hirten sein Herd Schwein abgetrungen / auch schon einen zimlichen streich damit von Lande verrůckt waren / vnnd aber der Hird seinem brauch nach anfieng zů ruffen vnd zů locken / da haben sich die Schwein / so bald sie solche stimm erkannt vnd zů ohren gefasset / alle auff eine seiten begeben / vnd als sie mit jhrer grossen vngestůmme das Schiff vmbgerissen / daß es vnder vnnd zůsampt den Reubern zů grunde gangen / sind sie herauß geschwummen / vnnd den negsten jhrem Hirten zůgesetzt.[328]

---

[327] Das Exempel verhält sich damit als reiner Sachbeleg analog zu seiner Funktion innerhalb der Morallehre. Zum Exempel als »minimale[r] narrative[r] Einheit« im Verhältnis zur »minimale[n] systematische[n] Einheit des moralphilosophischen Satzes«, deren kürzeste Verbindung es herstellt, vgl. Stierle: Geschichte als Exemplum, S. 358.

[328] Heiden, S. 267. Vgl. Nat. hist. VIII,208: *compertum agnitam vocem suarii furto abactis, mersoque navigio inclinatione lateris unius remeasse.*

Handlungsträger sind in diesem Fall die Menschen, die sich des Mechanismus zu ihrem Schutz bedienen. Der Expansion des systematischen Satzes hin zur Erzählung entspricht jedoch auf der anderen Seite zugleich eine Reduktion.[329] Auch diese Geschichte wird gegenüber ihrer Vorlage auf ihren exemplarischen Gehalt reduziert.[330] Ziel ist allein, den natürlichen Mechanismus zu illustrieren, die Strafe an den Dieben stellt sich nebenbei ein. Expansion und Reduktion erhalten ihren Sinn aber erst vor dem Hintergrund der folgenden Erzählung. Heiden stellt dem Aelianexempel die biblische Geschichte von der Teufelsaustreibung durch Jesus (Matth. 8) entgegen. Hier aber, im biblischen Kontext, kehrt sich der Mechanismus um, bricht die Macht der höheren Instanz die natürliche Anlage.[331] Auf Geheiß Jesu fahren die Teufel in eine Schweineherde, die sich darauf ins Meer stürzt. Wie im vorausgehenden Beispiel sind beide Ereignisse aufeinander bezogen und dokumentieren die Unterordnung der Natur unter das göttliche Gebot. Der naturkundliche Sachverhalt wird auch hier nicht als Faktum hingenommen, sondern in einen Sinnzusammenhang eingebettet.

Bei gleicher kompilativer Technik kann der übergeordnete Sinnzusammenhang in den Hintergrund rücken, ohne sich indessen gänzlich aufzulösen. Einige Exempel und Historien gehen so nicht in der Illustration von Geboten, Tugenden und Lastern auf. Zwar funktionieren sie nach dem gleichen Prinzip, indem sie eine voraufgehende These illustrieren, doch lassen sie sich nur bedingt didaktisch ausmünzen. Bereits in den beschriebenen Fällen waren jeweils ein Naturexempel und ein religiös orientiertes Exempel aneinander gekoppelt.

Die Kröte gilt traditionell als ein giftiges und damit vorab negativ besetztes Tier. Allegorisch bezeichnet sie den Geiz. Plinius verweist zwar auf ihre giftigen Qualitäten, aber zugleich auf ihre heilsamen. Der

---

[329] Erneut in Analogie zum moralischen Exempel vgl. Stierle (Geschichte als Exempel, S. 356): »Das Exemplum ist eine Form der Expansion und Reduktion in einem. Expansion im Hinblick auf die zugrundeliegende Sentenz, Reduktion im Hinblick auf eine Geschichte, aus der herausgeschnitten, isoliert wird, wessen die Sprachhandlung des Exemplums bedarf, um sich zu konkretisieren.«

[330] Getilgt werden Ortsangabe, Verlauf des Diebstahls und das kalkulierte Schweigen der Hirten. Das *hüpsch exempel* überliefern auch Forer (Thierbůch: Bl. CXLVv) und Gessner (H. A. I, S. 997). Dort wird die Geschichte wie bei Aelian (Historia animalium, VIII, 19) vollständig erzählt.

[331] Die traditionelle Treue des Pferdes gegenüber seinem Herrn relativiert Heiden (S. 210) zunächst durch eine Glosse über Josua 11, darauf mit zwei Exempeln: *Da der Keyser Licinius seine Tochter / des Christlichen glaubens halber / welchen sie angenommen vnnd nicht verlassen wolt / den Rossen thet fůrwerffen / das sie von denselbigen zerrissen vnd zůfleischet wůrde / fiel seiner Rosse eins vber jhn / vnd richtet jhn eines bisses hin.*
Suidas: Wie der Hippomenes innen wart / seine tochter het sich bekrefftigen lassen / warff er sie den Rossen fůr / die zerfleischten sie zů kleinen stůcken auff.

Bearbeiter nun fügt dessen Darstellung eine Reihe von Exzerpten hinzu, die gerade in ihrer polaren Anordnung wiederum signifikant sind und sichtlich an die vorgegebenen loci ›Heilkraft‹ und ›Gift‹ anknüpfen. Die Heilkraft der Kröte wird nicht nur anhand von Parallelstellen bei Plinius belegt. Auch Conrad Gessner wird für einen Fall herangezogen, in dem Herzog Friedrich von Sachsen gedörrte Kröten erfolgreich als Heilmittel verwendete.[332]

Dieser knappen positiven Nutzung folgt nun wesentlich ausführlicher und in narrativer Entfaltung die Beschreibung der Gefahren. Ausgangspunkt für zwei Historien ist der Spruch des Albertus: *Die Krotte wirt ettwan von der Spinnen stichen vmbracht.*[333] Um nun einerseits den Spruch des Albertus zu bestätigen, zitiert Heiden hier einen *seltzamen fall* aus den ›Colloquia‹ des Erasmus, andererseits für die These der Giftigkeit der Kröte eine Zusammenfassung der 7. Novelle des 4. Tages aus Boccaccios ›Dekameron‹.[334]

Erasmus berichtet von einem englischen Mönch, der von seinen Glaubensbrüdern schlafend, mit einer Kröte auf dem Mund, in seiner Zelle aufgefunden wird. Mit Hilfe einer Spinne, die ihr Netz am Fenster angelegt hatte, gelingt es den erschrockenen Männern, die Kröte zu töten und den Mönch zu retten. *Dise wolthat erzeigte die Spinne jrem Würdt*, lautet die Schlußformel, die der Geschichte eine über das Naturfaktum (Feindschaft Kröte – Spinne) hinausgehende Aussagequalität gibt. Der zu belegende Sachverhalt wird in einer Erzählkonfiguration präsentiert, die insofern einen narrativen Überschuß enthält, als sie die Gegnerschaft der beiden Tiere in Funktion auf eine Nutzbarmachung durch den Menschen thematisiert. Das Epimythion der Geschichte zeigt deutlich die Verschiebung im Hinblick auf die Ausgangsthese.[335]

Die Novelle von Simona und Pasquino erzählt demgegenüber vom tragischen Fall zweier Liebenden. Während eines Spazierganges im Garten säubert sich Pasquino mit einem Salbeiblatt die Zähne und stirbt unverzüglich. Bei einem Lokaltermin rekonstruiert die angeklagte Simona, die im Verdacht steht, ihren Geliebten vergiftet zu haben, den Vorgang und erleidet das gleiche Schicksal wie Pasquino. Zu spät bemerken die betroffenen Anwesenden, daß die Ursache für den Tod in dem Salbeistrauch lag, den der Gifthauch einer immensen Kröte vergiftet hatte.

---

[332] Heiden, S. 169. Vgl. H. A. II, S. 64. Nat. hist. VIII,110.
[333] Heiden, S. 169.
[334] Erasmus: Colloquia, De amicitia, S. 704f. Erasmus und mit ihm Gessner (H. A. II, S. 63) künden eine *fabulam Britannicam* an.
[335] Eine analoge Spannung zwischen Ausgangsthese und Schlußfolgerung war schon bei Gessner im Storchenkapitel aufgetreten. Die Dankbarkeitshistory konnte naturkundlich und moralisch ausgewertet werden.

Wie in den zuvor beschriebenen Fällen reduziert sich Boccaccios Novelle auf ein Naturexempel. Gleichzeitig steht es aber in Opposition zur wundersamen Rettung der Mönchsfabel, bildet gewissermaßen deren Negativ. Entsprechend sind auch die Rolle der Protagonisten angeordnet: Während der Gottesmensch durch den Beistand der Natur providentiell dem Tod entgeht, fallen das *Kebsweib* und ihr Geliebter, für die Heiden sichtlich weniger Sympathie aufbringt als Boccaccio, ihren negativen Ausprägungen zum Opfer.

Die antithetisch angeordneten Geschichten transportieren offensichtlich eine Moral, die sich aus dem christlichen Normensystem ableitet. Aufgrund einer dem Menschen übergeordneten Macht stellt sich jeweils Gerechtigkeit ein. Deutlich in dem Exempel über Hanno und die Seeräuber, hintergründig im Boccaccioexempel. Gerade durch ihr antithetisches Arrangement verstärken die Historien ihren didaktischen Charakter.

Die Typologie der Exzerpte, die in Heidens Bearbeitung eingehen, ergibt trotz ihrer heterogenen Herkunft einen homogenen Befund. Umfangreiches theologisches und historisches Quellenmaterial fließt in den naturkundlichen Text. Historien aus der Bibel, aus Manlius' ›Collectaneen‹, dem ›Jagteuffel‹ Spangenbergs und aus Polydorus Vergilius stehen neben Exzerpten etwa aus Münsters ›Cosmographie‹ und Sebastian Francks ›Geschichtsbibel‹. Hinzu treten einzelne literarische Quellen, die aber allesamt an die dominierende didaktische Funktion gebunden bleiben: Schon für die Allegorese griff Heiden über Fabris ›Auferstehungsbuch‹ auf *ettliche Teutsche Reime* (Hans Sachs) zurück. Ebenso interpolierte er für die Schwanenallegorese eine Passage aus der Ovid–Bearbeitung des Johann Spreng, für die Auslegung der Circe-Episode ein Exzerpt aus der Ovid–Bearbeitung des Johannes Posthius. Vielleicht über eine Sekundärquelle, vielleicht aber auch als direktes Exzerpt nutzt Heiden sogar eine Novelle aus dem Dekameron des Boccaccio für seine Zwecke.

Die erwähnten Autoren werden allerdings nur sporadisch exzerpiert. In weitaus größerem Umfang wird die ›Historia animalium‹ Gessners zu Rate gezogen, die komprimierter analoges Material aus verschiedenen Gattungen und Disziplinen zur Verfügung stellt. Neben zahllosen Historien und Sprichworten findet Heiden bei Gessner durchaus biblisches Material, wie u. a. die Exzerpte Textors im Löwenkapitel. Eine Fabel aus Erasmus ›Colloquia‹ entnimmt Heiden dem Lexikon und aus Herolds Gessner–Übersetzung überdies ein *schön geticht* aus den ›Emblemata‹ des Andreas Alciati.[336]

---

[336] Heiden, S. 409f., 169, 128f.

Die zahllosen Exzerpte aus den verschiedenen Werken erschweren eine präzise gattungsspezifische Bestimmung. Antike Enzyklopädie, allegorisches Handbuch, protestantisches Exempelbuch oder medizinisch-diätetisches Rezeptbuch: In Heidens Pliniusbeitung verlaufen die Gattungsgrenzen, indem sich ein religiös-moralisches Interesse einem naturkundlichen Text aufprägt, ohne dessen genuine Textfunktion zu verleugnen.

V. Zusammenfassung

Jenseits streng traditions- und wissenschaftsgeschichtlicher Perspektiven wurde nach Gessners spezifisch zeitgenössischen Verfahren der Gegenstands- und Materialbehandlung gefragt. Die Anlage der ›Historia animalium‹ als Lexikon und deren Situierung im Kontext akademischer Disziplinen – Philosophie, Medizin, Grammatik – markierten den wissenschaftssystematischen und institutionellen Ort der Tierkunde. Innerhalb des akademischen Fächerkanons bildet sie keine eigene Disziplin. Entsprechend multifunktional ist der Rezeptionsrahmen der ›Historia animalium‹ angelegt. Soweit sich die Tierbeschreibung als Gemeinschaftsaufgabe konstituiert, geschieht dies im Rahmen eines gelehrten Kreises, dessen Mitglieder auch über nationale Grenzen hinweg in brieflichem Kontakt stehen. Gessner blendet in seinem Bemühen um Rechtfertigung zunächst den wissenschaftlichen Aspekt aus und bestimmt die Funktion der ›Historia animalium‹, über allgemein praktische und traditionell metaphysische Leistungen hinaus, als umfassende Datensammlung im Vorfeld von Wissenschaft.

Die Dichotomie von Sprach- und Sachaspekten, die sich in Gessners Tiergeschichte als Grundriß der Materialbehandlung auf unterschiedlichen Ebenen abzeichnete – in der u. a. rhetorischen Funktionszuweisung und der Ordnung, im Darstellungsverfahren und in der Methodik der Materialbehandlung – erwies sich als Reflex einer zeitgenössischen, humanistisch beeinflußten Lektüre-, Exzerpier- und Analysepraxis: Das rhetorische Schema von res und verba verweist in seiner manifesten Präsenz auf den literarischen, textfixierten Status der Gessnerschen Tiergeschichte, die sich in ihrer Anlage primär über Bücher und über die Rekonstruktion verschütteter Bestände konstituiert.

Vor aller wissenschaftlichen Fragestellung leistet die ›Historia animalium‹ in Reaktivierung des antiken Begriffsverständnisses eine Zusammenstellung der Daten, deren Gliederungsprinzipien und Darstellungsform nicht weniger den Literar- als den Wissenschaftshistoriker angehen. Sie bietet eine Materialsammlung, die, gemessen an früheren Ansprüchen, komplexerer Ordnungsformen bedarf. Weniger die alphabetische als die von Gessner entworfene topische Ordnung weist hier über die Tradition hinaus. Historiographische loci werden – im Anschluß an die Botanik – den Anforderungen der Tierkunde angepaßt und verweisen damit auf die analogen Muster, nach denen Naturgeschichte und Historiographie ihren jeweiligen Gegenstand ordnen. Gessners verschiedene Register, unter denen er das immense Material zusammenstellt, spiegeln dabei Mittel der zeitgenössischen artes und Philosophie: rhetorische (res-verba/historia/descriptio-Schema), dialektische (Oppositionen), grammatische (Buchstaben, Silben, Worte, Texte) Katergorien fungieren ebenso als Ordnungskriterien wie rein praktische (Medizin, artes mechanicae), aber auch die der philosophia moralis mit ihren klassischen Untergruppen Ethik, Ökonomik und Politik. Daneben steht ansatzweise die historische Perspektive, die die Materialentfaltung bisweilen zu einer Art Erkenntnisgeschichte des Gegenstandes macht. Gessner handhabt in der ›Historia animalium‹ die anerkannten Instrumentarien seines akademischen Umfelds.

Die Vielfalt der Ordnungsverfahren verhindert eine homogene Perspektive auf den Gegenstand selbst, die, sofern überhaupt schon möglich, Verwandtschaftstypen und Klassen bestimmen würde. Gessner folgt hier denn auch weitgehend Aristoteles. Nur implizit lassen sich veränderte Einstellungen feststellen. So wirft das Ungenügen an bisherigen Klassifikationsversuchen bereits die Frage nach neuen Ansätzen auf, ohne sie indes beantworten zu können. In der ›Historia animalium‹ ist derartiges vorab suspendiert. Den eingestandenen Mangel des Zusammenhangs wendet Gessner jedoch positiv, wenn er zu einem grammatischen Paradigma greift, um den Status seines Werkes im Verhältnis zur Philosophie zu bestimmen. In diesem Zusammenhang ist sein lexikalischer Charakter weniger für den Rezeptionsaspekt aussagekräftig als für die systematische Bestimmung von historia: Die grammatische Bestimmung von historia zielt nur zum Teil auf deren vorwissenschaftlichen Status, sie markiert überdies den Rang, der der historia als Erfahrungswissen nunmehr im Kontext wissenschaftlicher Fragestellungen zugewiesen wird. Lexikon und Grammatik, historia/experientia und scientia folgen einem analogen Zuordnungsverfahren, sind gewissermaßen komplementär aufeinander angewiesen. Mit Hilfe der sprachlichen Metapher untermauert Gessner somit den zunehmenden Rang deskriptiver Naturkunde, wie er auch mittels einer phonetischen Metaphorik (Vokale, Semivokale, Konsonanten) die Hierarchie der Wesen umschreibt. Gessners wissenschaftssystematische Argumentationen verlaufen insgesamt eher metaphorisch (Körpermetaphorik, kosmische Metaphorik – Sonne/Planeten – Quellenmetaphorik, sprachliche Metaphorik), lassen sich aber durchaus an zeitgenössische wissenschaftstheoretische Diskussionen über das Verhältnis von historia und scientia anschließen.

Die Darstellung selbst stützt sich überwiegend auf Bücher und nur zum Teil auf Erfahrung. Mit experientia ist eben nicht allein die Eigenerfahrung gemeint, sondern das Faktum (cognitio quod est) jenseits seiner medialen Vermittlung. Das markiert die Differenz Gessners zur empirischen Wissenschaft. Auch die Beurteilung der Arbeitsgrundlage unterliegt noch grammatisch-rhetorischen Prämissen. Unterschieden wird in der Quellenübersicht weniger nach Sachkriterien als nach Alter und Sprachstand, wobei humanistische Epochenvorstellungen eine explizite Skepsis gegenüber dem mittelalterlichen Quellenmaterial nach sich ziehen. Überraschend ist für ein modernes Bewußtsein der Umstand, daß die Grenzen zwischen Fachautoritäten, Naturkundigen also im engeren Sinn, und Historikern und Dichtern verschwimmen. Auch letztere werden in die Datenammlung miteinbezogen. Ist Gessner vor dem Hintergrund des res-verba Aspekts an den stilistischen Wendungen vorab interessiert, so rechtfertigt er auch manche Sachinformation, die er den Literaten entnimmt.

Neben der historiographischen Inventarisierung, die allein durch den immensen Bücherbestand den Großteil der Arbeit ausmacht, zeichnen sich verschiedene Verfahren der kritischen Stellungnahme ab. Das historiographische Unternehmen wechselt dabei in ein historioskopisches über. Quellenkritik, Kommentar, diskursive Erörterung und Erfahrung bilden hier die unterschiedlichen Instrumentarien der Gegenstandsbehandlung. Erst langsam, zunächst mehr auf der Bild- als auf der Textebene, gewinnt die Erfahrung einen privilegierten Rang.

Die argumentative Kritik kann sich auf verschiedene methodische Prinzipien stützen: aristotelische Prämissen der Naturphilosophie, Galensche Temperamentelehre, Signaturenlehre und Empirie gelten nicht dogmatisch, sondern werden je nach Erfordernis spezifiziert und können von Fall zu Fall in Konkurrenz zueinander treten. Während Gessner etwa in der Medizin in Distanz zur Signaturenlehre tritt, lassen sich deren Prämissen in der Physiognomik weiterhin nachweisen. Demgegenüber distanziert er sich sogar von der Erfahrung, sofern er einen dämonologischen Hintergrund befürchtet. In Fragen der Methodologie ist Gessner nur schwer festzulegen. Er greift vielmehr je nach Bedarf in das breite Spektrum verifizierender Mittel, als daß er einer homogenen Denkform unterworfen wäre. Die unterschiedlichen Formen der Namenanalyse bestätigen einen analogen Befund.

Der wissenschaftliche Bezugspunkt der ›Historia animalium‹ bezieht durchaus beide Sparten der philosophia mit ein: realis und moralis. Letzterer ist gar eine eigene Rubrik (D) in Programmatik, Aufbau und Textformen verpflichtet. Stellt diese für den modernen Leser eher einen Anachronismus dar, so bildet sie im homogenen Rahmen frühneuzeitlicher Wissenschaft das Analogon zur Naturphilosophie. Die einzelnen (signifikanten) Daten, die das Lexikon in ganz verschiedenen Textformen – Kommmentar, Hieroglyphe, Physiognomik, Sprichwort, historia – präsentiert, lassen sich als Illustrationen oder als induktives Material zu den übergeordneten praecepta der Ethik verstehen. Hier findet auch umfangreiches narratives Material seinen Platz, hier fungiert die historia als Exempel bisweilen ununterscheidbar zwischen Naturkunde und Morallehre. Historia naturalis und civils stehen in bezug auf ihren exemplarisch-moralischen Anspruch gerade in diesem Abschnitt eng beieinander.

Die Untersuchung der Übersetzungen Heußlins, Herolds und Forers und der Rezeption der ›Historia animalium‹ in der Pliniusbearbeitung Heidens verwiesen auf die unterschiedlichen Rezeptionsformen, denen Gessners gelehrtes Lexikon in der Volkssprache unterworfen wird. Dabei galt es zunächst, die Bearbeitungsformen offenzulegen, die aus dem Nachschlagewerk einen auch für Laien rezipierbaren, lesbaren Text machten. Der Transfer in die Volkssprache erfordert spezifische Verfahren der Vermittlung. Die einzelnen Übersetzer und Bearbeiter gehen dabei trotz mancher Gemeinsamkeiten eigene Wege. Der Schwerpunkt des Interesses lag hier bei jenen, die durch ihre Bearbeitungsformen den Anspruch eines reinen Fachbuchs überschritten.

Im Entwurf des Rezeptionsrahmens tragen die Übersetzer zunächst den Bedingungen des Marktes Rechnung. So werden die Tierbücher in Legitimation und Darstellungsform den Anforderungen eines breiteren Publikums angepaßt. Der »gemeine Mann«, der als Leser nunmehr anvisiert wird, läßt sich jedoch keinem besonderen Rezeptionsinteresse zuordnen. Entsprechend allgemein bleibt das Leserprofil.

Ein intensives Interesse am Gegenstand kann weder bei den Übersetzern noch beim Leser vorausgesetzt werden. Handeln erstere meist aus ökonomischen Gründen, so werden dem Leser Rezeptionsvorschläge unterbreitet, die auf religiöse Kontemplation oder auf den informativen Überblick zielen. Gegenüber der dezidierten Gebrauchsanweisung im akademischen Umfeld verbleibt die vorgeschlagene Nutzung in der Volkssprache letzlich im Spannungsfeld von contemplatio und allgemeiner Neugierde (Forer). Das Buch als Bibliotheksersatz, wie Gessner es noch formuliert hatte, wird ersetzt durch das Buch als Erfahrungsersatz. Die religiöse Akzentuierung, die in Programmatik (Heußlin), einzelnen Zusätzen (Herold), aber auch als ganze Bearbeitungstendenz (Heiden) zum Ausdruck kommt, ist gegenüber den direkt vorausgehenden Tierbüchern ein Spezifikum der Gessnerrezipienten. Der explizit praktische Vorschlag zur Nutzung – etwa für die Kunsthandwerker – entspricht allerdings mehr einer verbreiteten Vermarktungsstrategie, als daß er einen konkreten Gebrauchszusammenhang beschreibt.

Aus dem veränderten Leserprofil folgt als Konsequenz für den Text eine Gattungsüberschreitung. Die Übersetzer liefern *Historien der Thier*, indem sie im Sinne von historia als Beschreibung den Text auf das Faktengerüst reduzieren. Die Nebenordnung der Information wird durch Tilgung von Wiederholungen, Kommentaren und sprachlichen Erörterungen notdürftig in ein syntaktisches Gefüge überführt. Was bei Gessner innerhalb des Lexikons schon angelegt war, geht dabei in die Übersetzungen ein: die Überschreitung des rein deskriptiven Anspruchs im Hinblick auf exemplarische Erfahrung. Historia als Beschreibungen und historia als Erzählung prägen diesen Texttyp und lassen sich je nach Perspektive unterschiedlich akzentuieren.

Die einzelnen Übersetzer setzen in ihrer Arbeitsweise je nach Bildungshintergrund unterschiedliche Schwerpunkte. Während sich der Pfarrer Heußlin auf einen religiösen Vorredenappell beschränkt, ansonsten sich aber am Vorlagentext orientiert, liefert der Mediziner Forer an hervorgehobener Stelle medizinische und ökonomische Anleitungen.

Gegenüber Forer und Heußlin erweist sich Herold als der eigenmächtigere Bearbeiter. Der professionelle Übersetzer vermittelt dem Leser über die naturkundlichen Informationen der Vorlage hinaus nicht nur historische und geographische Erklärungen sowie moraldidaktische Unterweisungen. Wenn Herold eine eigene *History*-Rubrik einrichtet und diese überdies mit umfangreichen eigenen Ergänzungen aus Historiographie, Prodigien- und Reiseliteratur versieht, liefert er ein Beispiel für Gattungsüberschreitung und das noch enge Wechselverhältnis von Historiographie und Naturbeschreibung, wie es auch in anderen Gattungen der Frühen Neuzeit zum Ausdruck kommt. Herolds Vorlagentext reduziert sich in diesem Zusammenhang phasenweise zum bloßen Stichwortgeber für das eigene Interesse.

Vollends vermischen sich die Gattungen in Heidens Pliniusbearbeitung, die einen eigenen Typus der Gessnerezeption darstellt. Nicht der Gessnertext selbst wird bearbeitet, sondern unter Verwendung der ›Historia animalium‹ wird die ›Naturalis historia‹ des Plinius angereichert. Unter den Händen Heidens gerät der Auszug aus der antiken Enzyklopädie zu einem christlichen Exempelbuch, das mit Allegorien, Historien, Sprichworten und Emblemen versetzt wird. Gegenüber der Vermittlung gelehrten Wissens steht hier die Didaxe im Mittelpunkt. Der Rückgriff auf Quellenmaterial ganz unterschiedlicher Provenienz – theologische, historische, literarische, medizinische und naturkundliche Texte – markiert denn auch das Fehlen von strikten Gattungs- und Disziplingrenzen. Die bibelhermeneutische, moralisch-exemplarische, aber auch naturkundliche Perspektive des Bearbeiters findet in Gessners ›Historia animalium‹ und deren Übersetzungen umfangreiches Material. Sie liefern mit Ausnahme der Allegorien die mit Abstand umfangreichsten Informationen.

Die Rezeption des antiken Autors aus christlicher Perspektive zieht außer der schlichten Zensur verschiedene Strategien der Bearbeitung nach sich. Heiden greift durch leichte Umbesetzungen stoische Gehalte seiner Vorlage auf und integriert sie in den christlichen Kontext. Zudem intensiviert er aus dem Horizont einer homogenen Schöpfungsordnung die anthropomorphen Eigenschaften der Tiere und zeichnet der antiken Naturvorstellung die Züge einer göttlichen Schöpfung, ja selbst die Spuren des Sündenfalls ein. Das Kompilationsverfahren, dessen sich Heiden bedient, lehnt sich mit seinen Interpolationen und Glossierungen an mittelalterliche Vorbilder an. Für sein bibelhermeneutisches Programm sucht er einerseits in dem antiken Naturbuch nach Bestätigungen für die Gleichnisse der Bibel und die Allegorien der Kirchenväter. Stereotyp opponiert er andererseits mit Hilfe der Exzerpte gegen widerstrebende Gehalte seiner Vorlage, wobei er vielfach antithetisch Belege gegenüberstellt. Das Quellenmaterial – so etwa umfangreiche Historien aus Gessners Tiergeschichte – wird im Rahmen dieser Praxis vielfach auf seinen exemplarischen Gehalt reduziert.

Die Pliniusbearbeitung bietet damit einen Text, der sich in den Rahmen der zeitgenössischen Exempelliteratur einfügt. Sie dokumentiert zugleich im Bereich der beschreibenden volkssprachlichen Naturkunde die Möglichkeiten der Gattungsmischung. Der Pliniustext verliert über weite Partien seinen naturkundlichen Charakter. Im umfang- und facettenreichen Rückgriff auf Gessners ›Historia animalium‹ bietet Heidens Bearbeitung ein Dokument für deren Wirkungsgeschichte gerade jenseits fachlicher Ansprüche.

VI. Literaturverzeichnis

Primärtexte

CLAVDII AELIANI PRAENESTINI PONTIFICIS ET SOPHIstae, qui Romae sub Imperatore Antonino Pio vixit, Meliglosus aut Meliphthongus ab orationis suauitate cognominatus, opera, quae extant, omnia Graecè Latinèque è regione, VTI VERSA HAC PAGINA COMMEMORANTVR: PARtim nunc primùm edita, partim multò quàm antehacbemendatiora in utraque lingua, cura & opera CONRADI GESNERI Tigurini [. . .] Tiguri [1556].

Rodolphi Agricolae Phrysii Epistola »De formando studio.«, in: Joseph Hauser: Quintilian und Rudolf Agricola. Eine pädagogische Studie. Programm zum Jahresbericht des K. humanistischen Gymnasiums zu Günzburg 1910, S. 48–59.

Thierbuch. Alberti Magni / Von Art Natur vnd Eygenschafft der Thierer / Als nemlich Von Vier fůssigen / Vôgeln / Fyschen / Schlangen oder kriechenden Thieren / Vnd von den kleinen gewůrmen die man Jnsecta nennet / Durch Waltherum Ryff verteutscht [. . .] Franckfurt 1545.

Albertus Magnus De animalibus libri XXVI. Nach der Cölner Urschrift, hg. v. Hermann Stadler, 2 Bde. (Beiträge zur Geschichte der Philosophie des Mittelalters 15/16) Münster 1920.

ARISTOTELIS, ET THEOPHRASTI, HISTORIAS, QVIBVS CVNCTA FERE quae Deus Opt. MAX. homini contemplanda & usurpanda exhibuit, adamussim complectuntur: creaturas inquam omnes [. . .] BASILEAE 1534 [Übers. v. Theodor Gaza].

[Hieronymus Bock] HIERONYMI TRAGI, DE STIRPIVM, MAXIME EARVM, QUAE IN GERMANIA NOSTRA NASCVNTUR, [. . .] usitatis nomenclaturis, proprijsque differentijs, neque non temperaturis ac facultatibus, commentariorum Libri tres, Germanica primum lingua conscripti, nunc Latinam conuersi, INTERPRETE DAVIDE KYBERO Argentinensi 1552.

[Johann Bocksperger] NEuwe Biblische Figuren / deß Alten vnd Neuwen Testaments / geordnet vnd gestellt durch den fůrtrefflichen vnd Kunstreichen Johan Bockspergern [. . .] vnd nach gerissen mit sonderm fleiß durch den Kunstverstendigen vnd wolerfarnen Joß Amman [. . .] Franckfurt am Mayn M.D.LXIIII.

[Jean Bodin] IO. BODINI METHODVS AD FACILEM HISTOriarum cognitionem: ACCVRATE DEnuo recusus, Lugdunensem (Lyon) M.D.LXXXIII.

[Otto Brunfels] COntrafayt Kreüterbůch Nach rechter vollkommener art / vnnd Beschreibung der Alten / besstberůmpten årtzt / vormals in Teütscher sprach / dermasszen nye gesehen / noch im Truck auszgangen. [. . .] Durch Otho Brunnfelsz Newlich beschriben. [Strasszburg] M.D.XXXII.

[Guillaume Budé] ANNOTATIONES GVLIELMI BVDAEI PARISIENSIS, secretarij regij, in quatuor et viginti Pandectarum libros, per autore diligentißime recognitae et auctae, Basileae [. . .] M.D. XXXIIII.

ADAGIORVM CHILIADES DES. ERASMI ROTERODAMI TOTIES RENASCI spero aequis lectoribus esse gratissimum, quando semper redeunt tum auctiores, tum emendatiores, BASILEAE M.D. XLI.

Erasmus: De ratione studii, hg. v. J.-C. Margolin, in: Opera omnia Desiderii Erasmi Roterodami Recognita et adnotatione critica instructa notisquae illustrata (Sous le patronage de l' union académique internationale et de l'académie royale Néerlandaise des sciences et des sciences humaines) 1,2, Amsterdam 1971, S. 79–151.
Erasmus: Colloquia, hg. v. L.-E. Halkin, F. Bierlaire u. R. Hoven, in: Opera omnia Desiderii Erasmi Roterodami Recognita et adnotatione critica instructa notisquae illustrata (Sous le patronage de l' union académique internationale et de l' académie Royale Néerlandaise des sciences et des sciences humaines) 1, 3, Amsterdam 1972.
Erasmus: De duplici copia verborum ac rerum, hg. v. B. I. Knott, in: Opera omnia Desiderii Erasmi Roterodami Recognita et adnotatione critica instructa notisquae illustrata (Sous le patronage de l' union académique internationale et de l' académie Royale Néerlandaise des sciences et des sciences humaines) 1,6, Amsterdam-New York-Oxford-Tokyo 1988.
[Michael Jacob Fabri] Von der Allgemeinen Aufferstehung der Todten. Auß Göttlicher warer Schrifft / an Zeugnissen / Exempeln vnd lebendigen vorbilden [. . .] Durch M. Michael Jacob Fabri / Saynischer Superintendens [. . .] Franckfurt am Mayn 1564.
[Sebastian Franck] Chronica zeitbůch vnnd Geschichtbibell von anbegyn biß in diss gegenwertig M.D. xxxvi. iar verlengt / Darinn bede Gottes vnd der welt lauff / håndel / art / wort / werck / thůn / lassen / kriegen / wesen / vnd leben ersehen vnd begriffen wirdt. [. . .] Durch Sebastianum Francken von Wôrd [. . .] [Straßburg] M.D. XXXVI.
[Sebastian Franck] Das Theür vnd Künstlich Bůchlin Morie Encomion [. . .] von Erasmo Roterodamo schimpfflich gesplit [. . .] Von der Haylôßigkaitt: Eyttelkaitt: vnd vngewißhait aller Menschlichen Künst vnd weyßhait [. . .] auß Heinrico Cornelio Agrippa / De Vanitate / etc. verteütscht. Von dem Bawm deß wißens Gůtz vnd bôß [. . .]. Encomium: Ein Lob des Thorechten Gôtlichen Worts [. . .] Alles zum tail verteütscht / zum tail beschrieben / durch Sebastianum Francken von Wôrd [Ulm 1534/1542], in: Sebastian Franck: Sämtliche Werke. Kritische Ausgabe mit Kommentar, Bd. 4: Die vier Kronbüchlein, hg. v. Peter Klaus Knauer, Bern u. a. 1992.
[Leonhard Fuchs]: DE HISTORIA STIRPIVM COMMENTARII INSIGNES, MAXIMIS IMPENSIS ET VIGILIIS ELABORATI, ADIECTIS EARVNDEM VIVIS PLUSQVAM quingentis imaginibus, nunquam antea ad naturae imitationem artificiosius effictis et expressis, LEONHARTO FVCHSIO MEDICO [. . .] BASILEAE [. . .] M. D. XLII.
[Leonhard Fuchs]: NEw Kreüterbůch / in welchem nit allein die gantz histori / das ist / namen / gestalt / statt vnd zeit der wachsung / natur / krafft vnd würckung / des meysten theyls der Kreüter [. . .] beschriben / sonder auch [. . .] abgebildet vnd contrafayt ist [. . .] Durch den hochgelerten Leonhart Fuchsen der artzney Doctorn [. . .] Basell 1543.
CONRADI GESNERI medici Tigurini Historiae Animalium Lib. I. de Quadrupedibus uiuiparis [. . .] TIGVRI APVD CHRIST: FROSCHOVERVS, ANNO M. D. LI.
CONRADI GESNERI medici Tigurini Historiae Animalium Liber II. de Quadrupedibus ouiparis [. . .] TIGVRI EXCVDEBAT C. FROSCHOVERVS ANNO SALVTIS M. D. LIIII.
CONRADI GESNERI Tigurini medici & Philosophiae professoris in Schola Tigurina, Historiae Animalium Liber III. qui est de Auium natura. [. . .] TIGVRI APVD CHRISTOPH. FROSCHOVERVM; ANNO M. D. LV.
CONRADI GESNERI medici Tigurini Historiae Animalium Liber IIII. qui est de Piscium & Aquatilium animantium natura. [. . .] TIGVRI APVD CHRISTOPH. FROSCHOVERVM, ANNO M.D.LVIII.

ICONES ANIMALIVM QUADRVPEDVM VIVIPARORVM ET OVIPARORVM, QUAE IN HISTORIAE ANIMALIVM CONRADI GESNERI LIBRO I. ET II. DESCRIBVNTVR, CVM NOMENCLATVRIS SINGVLORVM LATINIS, GALLICIS, ET GERMANICIS PLERVNQUE, ET ALIARVM QVOQVE LINGVARVM, CERTIS ORDINIS DIGESTAE [...] TIGVRI [...] M.D. LX.
Konrad Gesner: Bibliotheca universalis und appendix, Faks. Ausg. hg. v. Hellmut Rosenfeld u. Otto Zeller (Milliaria 5) Osnabrück 1966.
EPISTOLARVM MEDICINALIVM, CONRADI GESNERI, PHILOSOPHI ET MEDICI TIGVRINI, LIBRI III. [...] Omnia nunc primùm per CASPARVM VVOLPHIVM Medicum Tigurinum, in luce data. TIGVRI [...] M.D. LXXVII.
Konrad Gessner: Mithridathes. De differentiis Linguarum tum veterum tum quae hodie apud diversas nationes in toto orbe terrarum in usu sunt. Neudruck der Ausgabe Zürich 1555, hg. u. eingel. v. Manfred Peters, Aalen 1974.
PANDECTARVM SIVE Partitionum uniuersalium Conradi Gesneri Tigurini, medici & philosophiae professoris, libri XXI. [...] Tiguri [...] M.D. XL VIII.
PARTITIONES THEOlogicae, Pandectarum Vniversalium Conradi Gesneri Liber ultimus [...] Tiguri M.D.XLIX.
LOCI COMMVNES SACRI ET PROFANI SENTENTIARVM OMNIS [...] per IOANNEM STOBAEVM [...] à Conrado Gesnero Tigurino Latinitate donati, Francofurti 1581.
Vogelbůch Darinn die art / natur vnd eigenschafft aller vőglen / sampt jrer waren Contrafactur / angezeigt wirdt: [...] durch Růdolff Heüßlin mit fleyß in das Teütsch gebracht / vnd in ein kurtze Ordnung gestelt. [...] Zürych bey Christoffel Froschouer [...] M.D.LVII. (Faksimiledruck, hg. v. Josef Stocker-Schmidt, Zürich 1969).
Thierbůch Das ist ein kurtze bschreybung aller vier fůssigen Thieren / so auff der erden vnd in wassern wonend / [...] durch D. Cůnrat Forer [...] in das Teütsch gebracht / vnd in ein kurtze komliche ordnung gezogen. [...] Zürych bey Christoffel Froschower [...] M.D.LXIII. (Faksimiledruck, hg. v. Josef Stokker-Schmidt, Zürich 1965).
Fischbuch / Das ist / Außführliche beschreibung / vnd lebendige Conterfactur aller vnnd jeden Fischen / [...] Durch den weitberhůmpten Herrn Doctor Conrad Gesner in Latein erstmals beschrieben. Hernach aber von Herrn Conrad Forer der Artzney D. ins Teutsch gebracht [...] Franckfurt am Meyn [...] M.D. XCVIII.
Schlangenbuch. Das ist ein grundtliche vnd vollkommne Beschreybung aller Schlangen / so im Meer / sůssen Wassern vnd auff Erden jr wohnung haben [...] Erstlich durch den Hochgelehrten weytberůmpten Herrn D. Conrat Geßnern zůsamen getragen vnnd beschriben / vnnd hernaher durch den Wolgelehrten Herrn Jacobum Carronum gemehrt vnd in dise ordnung gebracht: An yetzo aber mit sondrem fleyß verteütscht. [...] Zürych in der Froschow / M.D. LXXXIX.
DE SCORPIONE. Kurtze beschreybung deß Scorpions / auß deß Weytberůmpten Hochgelehrten Herrn D. Conradt Gessners S. History vom Vngeziffer zůsamen getragen / gemehrt vnd verfertigt / Durch den Hochgelehrten Herrn D. Caspar Wolphen der loblichen Statt Zürych Medicum. Vnd an jetzo auß dem Latin mit fleyß verteütscht. [...] Zürych in der Froschow M.D. LXXXIX.
[Johannes Herold] EXEMPLA VIRTVTVM ET VITiorum, atque etiam aliarum rerum maxiME MEMORABILIVM, FVTVRA LEctori supra modum magnus Thesaurus, HISTORICOS conscripta [...] Et Locorum Communium [...] loco esse possunt. Basileae 1555.
[Johannes Herold] Wunderwerck Oder Gottes vnergründtliches vorbilden / das er inn seinen gschöpffen allen / so Geystlichen / so leyblichen [...] erscheynen /

hören / brienen lassen. [. . .] Auß Herrn Conrad Lycosthenis Latinisch zůsammen getragner beschreybung / mit grossem fleiß / durch Johann Herold / vffs treüwlichst inn vier Bůcher gezogen vnnd Verteütscht o. O./o. J. [Frankfurt 1557].

[Johannes Herold] Heydenweldt Vnd irer Götter anfångcklicher vrsprung / durch was verwhånungen den selben etwas vermeynter macht zůgemessen / vmb dero willen / sie von den alten verehert worden. [. . .] Diodori des Siciliers vnder den Griechen berhůmptsten Gschichtschreibers sechs Bůcher [. . .] Dictys des Candioten wharhaffte beschreibung / vom Troianischen krieg / [. . .] Hori eins vor dreytausent jaren / in Aegypten Künigs vnd Priesters / gebildte waarzeichen [. . .] Planeten Tafeln / darinnen die / so in obermelten Göttern / an stat der siben vmbschweyffenden sternen benambset [. . .] Durch Johann Herold beschriben vnd jnns teütsch zůsammen gepracht. [Frankfurt 1557]

[Michael Herr] Die New welt, der landschafften vnnd Insulen, so bis hie her allen Altweltbeschrybern vnbekant / Jungst aber von den Portugalesern vnnd Hispaniern jm Nidergenglichen Meer herfunden. [. . .] Straßburg [. . .] M.D. XXXIIII. [übers. v. Michael Herr].

[Michael Herr] GRündtlicher vnderricht / warhaffte vnd eygentliche beschreibung / wunderbarlicher seltzamer art / natur / krafft vnd eygenschafft aller vierfüssigen thier [. . .] mitt höchstem fleiß zůsamen getragen / vnd auffs kürtzest in Teütsche sprach verfasset / durch den hochgelerten Michael Herr / der artzney Doctor. [. . .] Straßburg M.D. XLVI.

[Johannes Heiden] IERVSALEM, VETVSTISSIMA ILLA ET CELEBERRIMA TOTIVS MVNDI CIVITAS, EX SACRIS LITERIS ET APPRObatis Historicis ad unguem descripta: [. . .] QVAE ADAMVS REISNERVS MAGNO PRImùm labore Germanica lingua delineata edidit: nunc autem Latinè omnia perscripta [. . .] PER IOHANNEM HEYDENVM Eyflandrum Dunensem. FRANCOFVRTI [. . .] M.D.LXIII.

[Johannes Heiden] Biblisch Namen vnd Chronick Buch: Darjnn die Hebraische / Chaldaische / Syrische / Griechische vnd Lateinische / Namen / Gottes vnd deß HERRN Christi / Jtem / der Menschen / Völcker / Abgötter / Götzen / Königreich / Lånder / Stått [. . .] so in der Heyligen Göttlichen Schrifft fürkommen / vnd biß daher in vnser Teutschen Sprache nie dermassen erkläret / Jetzt aber zu erst alle vertolmetschet / vnd mit gründtlicher verstendiger Außlegung gantz eigentlich gedeutet. [. . .] Durch M. Johan Heyden / Eifflender von Dhaun. [. . .] Franckfurt am Mayn / M.D. LXXIX.

[Ps. Kallisthenes] Der Alexanderroman mit einer Auswahl aus den verwandten Texten, übers. v. Friedrich Pfister (Beiträge zur klassischen Philologie 92) Meisenheim 1978.

[Levinus Lemnius] LEVINI LEMNII OCCVLTA NATVRAE MIRACVLA. Von den wunderbarlichen Geheimnissen der Natur / vnd derselben fruchtbarlichen betrachtung / nicht allein nůtzlich / sondern auch lieblich zulesen. Aus dem Latein in die Deutsche sprache / auff bitt etlicher leute / vnd gemeinem Vaterlandt zum besten gebracht / Durch Jacobum Horscht [. . .] Leipzig M.D. lxxix.

[Livius] TITI LIVII PATAVINI, ROMANAE HISTORIAE PRINCIPIS LIBRI OMNES, QVOTQVOT AD NOSTRAM AETATEM PERVENERVNT: [. . .] FRANCOFVRTI [. . .] M.D.LXVIII.

[Martin Luther] Biblia: das ist: Die gantze Heilige Schrifft: Deudsch auffs new zugericht Wittenberg [. . .] M.D.XLV., hg. v. H. Volz u. H. Blanke, 3 Bde., München 1974.

[Raffaelo Maffei] COMMENTARIORVM VRBANORVM RAPHAELIS VOLATERRANI, OCTO & triginta libri, accuratius quàm antehac excusi, cum duplici eorundem indice secundum Tomus collecto. BASILEAE [. . .] M.D. XXX.

[Johannes Manlius] LOCORVM COMMVNIVM, Der Erste Theil. Schône ordentliche gattirung allerley alten vnd newen exempel / Gleichnis / Sprûch / Rahtschlege [. . .]. Von vielen jaren her / auß Herren Philippi Melanthons / vnd anderer Gelerten fûrtrefflichen Menner Lectionen / Gesprechen vnd tischreden zûsamen getragen / vorhin im Latin / vnd jetzt zûm ersten in Teutscher Sprach an tag gegeben. Durch Johannem Manlium. Franckfurt am Mayn 1565.

MARCELLI DE MEDICAMENTIS LIBER RECENTSVIT MAXIMILIANVS NIEDERMANN LIPSIAE ET BERLONII MCMXVI. Zweisprachige Ausgabe, übers. v. Jutta Kollesch u. Diethard Nickel (Corpus Medicorum latinorum V) Berlin 1968.

[Pietro Andrea Mattioli]: Kreuterbuch Des Hochgelerten weitberûmbten Herrn Petri Andreae Matthioli [. . .] Jetzund widerumb auffs new / mit vielen Kreutern vnd Figuren [. . .] gemehret vnd verfertiget Durch Den hochgelehrten Herrn Ioachimum Camerarium der Artzney Doctorem [. . .] Franckfurt 1586.

[Philipp Melanchthon] Corpus Reformatorum. Philippi Melanthonis Opera quae supersunt omnia, hg. v. Karl Gottlieb Bretschneider, 28 Bde. Halle 1834–1860.

[Sebastian Münster] Cosmographei oder beschreibung aller lånder / herschafften / fürnemsten sitten / geschichten / gebreüchen / hantierungen etc. ietzt zum dritten mal trefflich sere durch Sebastianum Munsterum gemeret vnd gebessert / in weltlichen vnd naturlichen historien. [. . .] Basel M.D.L. (Faks.-Ausgabe, hg. v. R. A. Skelton u. A. O. Vietor, Amsterdam 1968).

Olai Magnj historien, Der Mittnachtigen Lånder [. . .] ins Hochteütsch gebracht / vnd mit fleiß transferiert / Durch Johann Baptisten Ficklern / von Weyl / [. . .] Basel 1567.

[Augustino Nifo] AVGVSTINI NIPHI MEDICIS PHILOSOPHI SVESSANI EXPOSITIONES IN OMNES ARISTOTELIS LIBROS De Historia animalium. De partibus animalium, & earum Causis. Ac de Generatione animalium [. . .] VENETIIS [. . .] 1546.

[Oppian] Eutecnii Sophistae Paraphrasis Oppiani vel potius Dionysii Librorum De Aucupio interprete Conrade Gesnero, in: Oppiani poetae cilicis de venatione libri IV. et de piscatione libri V. cum paraphrasi graeca librorum de aucupio. Graece et latine curavit Joh. Gottlob Schneider, Argentorati MDCCLXXVI, S. 319–344.

[Ovid] IOHAN. POSTHII GERMERSHEMII TETRASTICHA IN OVIDII METAMOR. LIB. XV. quibus accesserunt Vergilij Solis figurae elegantiss. & iam primùm in lucem editae. Schône Figuren / auß dem fûrtrefflichen Poeten Ouidio / allen Malern / Goldtschmiden / vnd Bildthauwern / zû nutz vnnd gûtem mit fleiß gerissen durch Vergilium Solis / vnd mit Teutschen Reimen kûrtzlich erkleret / dergleichen vormals im truck nie außgangen / Durch Johan. Posthium von Germerszheim, FRANCOFVRTI [. . .] M.D. LXIII.

P. Ouidij Nasonis / deß Sinnreichen vnd hochverstendigen Poeten / *Metamorphoses* oder Verwandlung / mit schônen Figuren gezieret / auch kurtzen Argumenten vnd außlegungen erklåret / vnd in Teutsche Reymen gebracht / Durch M. Johan Spreng von Augsburg Franckfurt 1564.

SANTIS PAGNINI LVCENSIS ISAGOGAE AD SACRAS LITERAS LIBER VNICVS, LYON 1536.

Theophrast von Hohenheim: De natura rerum, in: Theophrast von Hohenheim, gen. Paracelsus Sämtliche Werke, hg. v. Karl Sudhoff, I: Medizinische naturwissenschaftliche und philosophische Schriften, Bd. 11, München-Berlin 1928, S. 307–403.

[Paracelsus] Avreoli Philipp Theophrasti Bombasts‹ von Hohenheim Paracelsi / des Edlen / Hochgelehrten / Fûrtrefflichsten / Weitberûmbtesten *Philosophi* vnd Medici Opera Bûcher vnd Schrifften / so viel deren zur Handt gebracht [. . .] durch IOHANNEM HVSERVM [. . .] in Truck gegeben. Straßburg M.DC.III.

[Georg Pictorius]: ENCHIRIDON, Oder ein seer nutzlich Handtbůchlein / von den sieben dingen / so die Artzt natürlich ding nennent / vnd von den sechs nit natürlichen / sampt den dreyen / so wider die natur genannt [...] Durch Georgium Pictorium, Villinganum, Auß Hippocra., Galeno, Auicenna, Aegineta vnd anderen fleissig beschryben. Mühlhausen 1563.

CAij Plinij Secundi von Veron / Natürlicher History Fünff Bůcher. [...] Newlich durch Heinrich von Eppendorff verteütscht [...] Straßburg [...] M.D. xliij.

Caij Plinij Secundi / Des furtrefflichen Hochgelehrten Alten Philosophi / Bůcher vnd schrifften / von der Natur / art vnd eigentschafft der Creaturen oder Geschöpffe Gottes / [...] Jetzt allererst gantz verstendtlich zusamen gezogen / in ein richtige ordnung verfaßt / vnd dem Gemeinen Manne zů sondern wolgefallen auß dem Latein verteutscht. Durch M. Johannem Heyden / Eifflender von Dhaun. [...] Franckfurt am Mayn / Anno 1565.

CAII PLINII SECVNDI, Des Weitberumbten Hochgelehrten alten Philosophi vnnd Naturkůndigers / Bůcher vnd Schrifften / von Natur / art vnd eygenschafft aller Creaturen oder Geschöpffe Gottes [...] Jetzundt widerumb mit sonderm Fleiß durchsehen / mit vielen fůrtrefflichen Historien gebessert vnd gemehrt / mit schönen neuwen Figuren gezieret [...] Franckfurt am Mayn M. D. LXXXIIII.

C. Plinius Secundus d. Ä.: Naturalis Historiae Libri XXXVII. Naturkunde, Lateinisch – deutsch, Buch VII–XI, übers. u. hg. v. R. König u. G. Winkler, München 1975–1990.

[Polidorus Vergilius] Eigentlicher bericht / der Erfinder aller ding [...] Jnn acht Bůchern vonn Polydoro Vergilio im Latein beschrieben Jetzunder aber durch Marcum Tatium Alpinum treulich verdeutscht [...] Franckfurdt [o. J.].

[Adam Reissner] MIRACVLA, Wunderwerck Jhesu Christi welche er zu Jerusalem vnd im land Jhuda / hie auff Erden / gethan / vnd damit bezeugt / daß er Messiah der Heilmacher / HERR vnd Gott / wie die Euangelisten beschriben [...] erklert vnd außgelegt [...] Durch Adam Reißner [...] Franckfurt am Maym M.D.LXV.

[Ludovico Ricchieri] LODOVICI CAELII RHODIGINI LECTIONVM ANTIQVARVM LIBRI XXX. RECOGNITI AB AVCTORE, ATQVE ita locupletati: ut tertia plus parte auctiores sint redditi [...] BASILEAE [...] M.D.L.

[Simon Schaidenreisser] Odyssea, Das seind die aller zierlichsten vnd lustigsten vier vnd zwaintzig bücher des eltisten kunstreichesten Vatters aller Poeten Homeri [...] durch Maister Simon Schaidenreisser [...] mit fleiß zů Teütsch tranßferiert [...] Augustae [...] M. CCCCC. XXXVII. (Faksimiledruck der Ausgabe Augsburg 1537, hg. v. Günther Weydt u. Timothy Sodmann, Münster 1986).

[Kaspar Schwenckfeld] Corpus Schwenckfeldianorum Publ. under the Auspices of the Schwenckfelder Church Pennsylvania and the Hartford Theological Seminary Connecticut, hg. v. Ch. D. Hartranft, E. E. Schultz-Johnson u. a., 19 Bde., Leipzig 1911–1961.

[Cyriacus Spangenberg] Der Jagteuffel / Bestendiger vnd Wolgegrůndter bericht / wie fern die Jagten rechtmessig / vnd zugelassen. [...] Durch M. Cyria. Spangenberg. [Eisleben] ANNO 1.5.6.0. (Fotomechanischer Nachdruck der Originalausgabe 1560, Leipzig 1977).

[Eberhard Tappe] GERMANICORVM ADAGIORVM CVM LATINIS AC GRAECIS collatorum, Centuriae Septem. Iam denuo recognitae et locupletae per ipsum authorem, Eberhardum Tappium Lunensem. Argentorati [...] M.D. XLV.

[Ravisius Textor] IOANNIS RAVISII TEXTORIS NIVERnensis OFFICINA, uel potius naturae Historia [...] BASILEAE [...] M.D. XXXVIII.

[Ravisius Textor] IOANNIS RAVISII TEXTORIS NIVERNENSIS OPVS EPITHETORVM INTEGRVM AB IPSO AVTHORE AVCTVM, RECOGNITVM ATQVE in nouem formam redactum, [...] s. l. 1578.

Thomas Cantimpratensis Liber de natura rerum. Editio princeps secundum codices manuscriptos, Teil 1: Text, hg. von H. Boese, Berlin-New York 1973.

[William Turner] AVIVM PRAECIPVARVM, QVARVM APVD PLINIVM ET ARIstotelem mentio est, breuis & succincta historia. PER D. Guilielmum Turnerum, artium et Medicinae doctorem: Coloniae [...] M.D.XLIIII.

[Johannes Tzetzes] IOannis Tzetzae Variarum HISTORIARVM LIBER VERSIBUS POliticis ab eodem Graecè conscriptus, & PAVLI LACISII Veronensis ad Verbum Latinè conversus [...] BASILEAE [M.D. XLVI.].

[Pierro Valeriano] HIEROGLYPHICA SIVE SACRIS AEGYPTIORVM LITERIS COMMENTARII, IOANNIS PIERRI VALERIANI BOLZANI BELLVNENSIS, Basel 1556.

LAVRENTII VALLAE PATRICII ROMANI, IN HISTORIARVM FERDINANDI REGIS ARAGONIAE LIBROS PROOEMIVM, in: Opera omnia, hg. von Eugenio Garin, 2 Bde. (Monumenta Politica et Philosophica Rariora I,6) Turin 1962.

IO. Antonii Viperano: De scribenda historia liber, Antverpiae 1569, in: Kessler: Theoretiker humanistischer Geschichtsschreibung.

[Juan Luis Vives]: De ratione studii puerilis Ep. II, in: Joannis Ludovici Vivis opera omnia distributa et ordinata in argumentorum classes praecipuas a Gregorio Majansio, Tom. I, Valentiae M.DCC.LXXXII., S. 257–280.

[Johannes Wierus] DE PRAESTIGIIS DAEMONVM. Von Teuffelsgespenst Zauberern vnd Gifftbereytern / Schwartzkůnstlern / Hexen vnd Vnholden [...] Erstlich durch D. Johannem Weier in Latein beschrieben / nachmals von Johanne Fuglino verteutscht [...] Franckfurt [...] M.D. LXXXVI.

[Huldrych Zwingli] Von der Fürsichtigkeit Gottes, ein Büechlin in Latin beschriben durch Meister Huldrich Zwinglin, vertütscht durch Leo Jud, in: Zwingli Hauptschriften 2: Zwingli, der Prediger II. Teil, bearb. v. O. Farner, Zürich 1941, S. 83–250.

Sekundärliteratur

Alfen, Klemens, Petra Fochler, Elisabeth Lienert: Deutsche Trojatexte des 12. bis 16. Jahrhunderts. Repertorium, in: Die deutsche Trojaliteratur des Mittelalters und der Frühen Neuzeit. Materialien und Untersuchungen, hg. v. H. Brunner (Wissensliteratur im Mittelalter 3) Wiesbaden 1990, S. 1–197.

Apel, Karl Otto: Die Idee der Sprache in der Tradition des Humanismus vonDante bis Vico (Archiv für Begriffsgeschichte 8) Bonn 1963.

Assion, Peter: Altdeutsche Fachliteratur (Grundlagen der Germanistik 13) Berlin 1973.

Assion, Peter: Das Exempel als agitatorische Gattung. Zu Form und Funktion der kurzen Beispielgeschichte, in: Fabula 19 (1978) S. 225–240.

Assmann, Aleida: Die Sprache der Dinge. Der lange Blick und die wilde Semoise, in: Materialität der Kommunikation, hg. v. H. U. Gumbrecht u. K. L. Pfeiffer, Frankfurt a. M. 1988, S. 237–251.

Assmann, Aleida: Die Weisheit Adams, in. Dies. (Hg.): Weisheit. Archäologie der literarischen Kommunikation III, München 1991, S. 305–324.

Assmann, Jan: Im Schatten junger Medienblüte. Ägypten und die Materialität des Zeichens, in: Materialität der Kommunikation, hg. v. H. U. Gumbrecht u. K. L. Pfeiffer, Frankfurt 1988, S. 141–160.

Ballauff, Theodor: Die Wissenschaft vom Leben. Eine Geschichte der Biologie, 1: Vom Altertum bis zur Romantik, Freiburg/München 1954.

Bambeck, Manfred: Malin comme un singe oder Physiognomik und Sprache, in: AKG 61 (1979) S. 292–316.

Barner, Wilfried: Barockrhetorik. Untersuchungen zu ihren geschichtlichen Grundlagen, Tübingen 1970.

Barwick, Karl: Probleme der stoischen Sprachlehre und Rhetorik (Abhandlungen der Sächsischen Akademie der Wissenschaften, Phil.-Hist.-Klass. 49,3) Berlin 1957.

Benzing, Josef: Walther H. Ryff und sein literarisches Werk. Eine Bibliographie, in: Philobiblon 2 (1958) S. 126–154, 203–226.

Blank, Walter: Mikro- und Makrokosmos bei Konrad von Megenberg, in: Geistliche Denkformen in der Literatur des Mittelalters, hg. v. K. Grubmüller, R. Schmidt-Wiegand u. K. Speckenbach, München 1984, S. 83–100.

Blumenberg, Hans: Die kopernikanische Wende, Frankfurt a. M. 1965.

Blumenberg, Hans: Der Prozeß der theoretischen Neugierde, Frankfurt a. M. 1973.

Blumenberg, Hans: Die Genesis der kopernikanischen Welt, Frankfurt a. M. 1981.

Blumenberg, Hans: Die Lesbarkeit der Welt, Frankfurt a. M. 1983.

Boas, Marie: Die Renaissance der Naturwissenschaften 1450–1630. Das Zeitalter des Kopernikus, Nördlingen 1988 (›The Scientific Renaissance‹ 1450–1630, London 1962).

Bodson, L.: Aspects of Pliny's Zoology, in: Science in the Early Roman Empire: Pliny the Elder, his Sources and Influence, hg. v. R. French and F. Greenaway, London-Sydney 1986, S. 98–110.

Boehm, Laetitia: Der wissenschaftstheoretische Ort der historia im früheren Mittelalter. Die Geschichte auf dem Wege zur »Geschichtswissenschaft«, in: Speculum Historiale. Geschichte im Spiegel von Geschichtsschreibung und Geschichtsdeutung, hg. v. C. Bauer, L. Böhm u. M. Müller, Freiburg-München 1965, S. 663–693.

Böhme, Hartmut: Verdrängung und Erinnerung vormoderner Naturkonzepte. Zum Problem historischer Anschlüsse der Naturästhetik in der Moderne, in: Ders.: Natur und Subjekt, Frankfurt a. M. 1988, S. 13–37.

Borst, Arno: Der Turmbau von Babel. Geschichte der Meinungen über Ursprung und Vielfalt der Sprachen und Völker, I,3, Stuttgart 1960.

Braun, Lucien: Paracelsus und der Aufbau der Episteme seiner Zeit, in: Die gantze Welt ein Apotheken, Fs. Otto Zekert, hg. v. S. Domandl (Salzburger Beiträge zur Paracelsusforschung 8) Wien 1969, S. 7–18.

Brincken, Anna-Dorothee von den: Geschichtsbetrachtung bei Vincenz von Beauvais. Die Apologia Actoris zum Speculum Maius, in: Deutsches Archiv 34 (1978) S. 410–499.

Brückner, Wolfgang: Historien und Historie. Erzählliteratur des 16. und 17. Jahrhunderts als Forschungsaufgabe, in: Volkserzählung und Reformation, S. 13–123.

Brückner, Wolfgang: Loci Communes als Denkform. Literarische Bildung und Volkstradition zwischen Humanismus und Historismus, in: Daphnis 4 (1975) S. 1–12.

Buck, August: Der humanistische Beitrag zur Ausbildung des naturwissenschaftlichen Denkens, in: Ders.: Die humanistische Tradition in der Romania, Bad Homburg-Berlin-Zürich 1968, S. 165–181.

Buck, August: Die humanistische Polemik gegen die Naturwissenschaften, in: Ders.: Die humanistische Tradition in der Romania, Bad Homburg-Berlin-Zürich 1968, S. 150–165.

Buck, August: Die »studia humanitatis« und ihre Methode, in: Ders.: Die humanistische Tradition in der Romania, Bad Homburg-Berlin-Zürich 1968, S. 133–150.

Buck, August: Der Wissenschaftsbegriff des Renaissance-Humanismus, in: Ders.: Studia humanitatis. Gesammelte Aufsätze 1973–1980, Festgabe zum 70. Geb., hg. v. B. Guthmüller, K. Kohut u. O. Roth, Wiesbaden 1981, S. 193–206.

Buck, August: Juan Luis Vives' Konzeption des humanistischen Gelehrten, in: Juan Luis Vives. Arbeitsgespräch in der Herzog August Bibliothek Wolfenbüttel vom

6. bis 8. November 1980, hg. v. A. Buck (Wolfenbütteler Abhandlungen zur Renaissanceforschung 3) Hamburg 1981, S. 11–21.

Burckhardt, Andreas: Johannes Basilius Herold. Kaiser und Reich im protestantischen Schrifttum des Basler Buchdrucks um die Mitte des 16. Jahrhunderts (Basler Beiträge zur Geschichtswissenschaft 104) Basel-Stuttgart 1967.

Bylebyl, Jerome L.: Medicine, Philosophy, and Humanism in Renaissance Italy, in: Science and the Arts in the Renaissance, hg. v. J. W. Shirley and F. D. Hoeniger, London/Toronto 1985, S. 27–49.

Canguilhem, Georges: Der Gegenstand der Wissenschaftsgeschichte, in: Ders.: Wissenschaftsgeschichte und Epistemologie. Gesammelte Aufsätze, hg. v. W. Lepenies, Frankfurt a. M. 1979, S. 22–37.

Carus, Victor: Geschichte der Zoologie bis auf Joh. Müller und Charl. Darwin (Geschichte der Wissenschaften in Deutschland. Neuere Zeit. 12) München 1872.

Castiglioni, Arturo: The School of Ferrara and the Controversy on Pliny, in: Science Medicine and History. Essays on the Evolution of Scientific Thought and Medical Practice, written in Honour of Charles Singer, hg. v. E. Ashworth Underwood, 1, London/New York/Toronto 1953, S. 269–279.

Chibnall, Marjorie: Pliny's *Natural History* and the Middle Ages, in: Empire and Aftermath. Silver Latin II, hg. v. T. A. Dorey, London-Boston 1975, S. 57–78.

Chrisman, Miriam Usher: Lay Culture, learned Culture. Books and social Change in Strasbourg, 1480–1599, New Haven-London 1982.

Clasen, Claus Peter: Schwenckfeld's Friends: A Social Study, in: MQR 46 (1972) S. 58–69.

Crombie, Alistair C.: Von Augustinus bis Galilei. Die Emanzipation der Naturwissenschaft, München 1977 (zuerst 1959).

Daxelmüller, Christoph: Exemplum und Fallbericht. Zur Gewichtung von Erzählstruktur und Kontext religiöser Beispielgeschichten und wissenschaftlicher Diskursmaterien, in: Jahrbuch für Volkskunde N. F. 5 (1982) S. 149–159.

Daxelmüller, Christoph: Auctoritas, subjektive Wahrnehmung und erzählte Wirklichkeit. Das Exemplum als Gattung und Methode, in: Germanistik – Forschungsstand und Perspektiven, Vorträge des Deutschen Germanistentages 1984, hg. v. G. Stötzel, 2: Ältere Deutsche Literatur / Neuere Deutsche Literatur, Berlin-New York 1985, S.72–87.

Delauny, Paul: La zoologie au seizième siècle (Histoire de la Penseé 8) Paris 1963.

Dihle, A.: Niccolo Perottis Beitrag zur Entstehung der philologischen Methode, in: Res Publica Litterarum IV (1981) S. 67–76.

Dilg, Peter: Studia humanitatis et res herbaria: Euricius Cordus als Humanist und Botaniker, in: Rete 1 (1971) S. 71–85.

Dilg, Peter: Die botanische Kommentarliteratur Italiens um 1500 und ihr Einfluß auf Deutschland, in: der kommentar in der renaissance, S. 225–252.

Dilg, Peter: Die Pflanzenkunde im Humanismus – Der Humanismus in der Pflanzenkunde, in: humanismus und naturwissenschaften, S. 113–134.

Durling, Richard J.: Konrad Gesners Briefwechsel, in: humanismus und naturwissenschaften, S. 101–111.

Eis, Gerhard: Irrealer Magnetismus in der vorromantischen Fachliteratur, in: Ders.: Vor und nach Paracelsus. Untersuchungen über Hohenheims Traditionsverbundenheit und Nachrichten über seine Anhänger, Stuttgart 1965, S. 168–176.

Eisenstein, Elisabeth L.: The Advent of Printing and the Problem of the Renaissance, in: Past and Present 45 (1969) S. 19–89.

Eisenstein, Elisabeth L.: The Printing Press as an Agent of Social Change. Communications and Cultural Transformations in Early-Modern Europe, 2 Bde., Cambridge/London/New York/Melbourne 1979.

Epochenschwellen und Epochenbewußtsein, hg. v. R. Herzog u. R. Kosellek (Poetik und Hermeneutik 12) München 1987.

Erzgräber, Willi (Hg.): Kontinuität und Transformation der Antike im Mittelalter. Veröffentlichung der Kongreßakten zum Freiburger Symposion des Mediävistenverbandes, Sigmaringen 1989.

Fischer, Hans: Conrad Gessner (26. März 1516 – 13. Dezember 1565) Leben und Werk, Zürich 1966.

Florey, Ernst: Die Lage der Zoologie und ihre historische Entwicklung, in: Zoologie heute. Aufgabe, Stand und Förderungsmöglichkeiten der zoologischen Wissenschaft in der Bundesrepublik Deutschland, hg. v. W. Rathmayer, Stuttgart 1975, S. 6–17.

Fohrmann, Jürgen: Der Kommentar als diskursive Einheit der Wissenschaft, in: Diskurstheorien und Literaturwissenschaft, hg. v. J. Fohrmann u. H. Müller, Frankfurt a. M. 1988, S. 244–257.

Formen und Funktionen der Allegorie. Symposion Wolfenbüttel 1978, hg. v. W. Haug, Stuttgart 1979.

Foucault, Michel: Die Ordnung der Dinge. Eine Archäologie der Humanwissenschaften, Frankfurt a. M. 1980. (Les mots et les choses, Paris 1966).

Foucault, Michel: Archäologie des Wissens, Frankfurt a. M. 1981 (L'archéologie du savoir, Paris 1969).

Gerhardt, Christoph: Die Metamorphosen des Pelikans. Exempel und Auslegung in mittelalterlicher Literatur. Mit Beispielen aus der bildenden Kunst und einem Bildanhang (Trierer Studien zur Literatur 1) Frankfurt a. M.-Bern 1979.

Gerhardt, Mia I.: Zoologie Médiévale: préoccupations et procédés, in: Methoden in Wissenschaft und Kunst des Mittelalters, hg. v. A. Zimmermann, (Miscellanea Medievalia 7) Berlin 1970, S. 231–248.

Conrad Gessner 1516–1565. Universalgelehrter Naturforscher Arzt. Mit Beiträgen von Hans Fischer, Georges Petit, Joachim Staedtke, Rudolf Steiger u. Heinrich Zeller, Zürich 1967.

Gigon, Olof: Plinius und der Zerfall der antiken Naturwissenschaft, in: Arctos 4 (1966) S. 23–45.

Giehlow, Karl: Die Hieroglyphenkunde des Humanismus, in: JKhS 32 (1915) S. 1–232.

Gilbert, Neal W.: Renaissance Concepts of Method, New York 1960.

Gmelig Meyling-Nijboer, Caro: Conrad Gesner (1516–1565) Considered as a Modern Naturalist, in: Janus 60 (1973) S.41–51.

Gmelig-Nijboer, Caroline Aleid: Conrad Gessner's »Historia Animalium«. An Inventory of Renaissance Zoology (Communicationes Biohistoricae Ultrajectinae 72) Utrecht 1977.

Goetz, Hans-Werner: Die »Geschichte« im Wissenschaftssystem des Mittelalters, in: Franz-Josef Schmale: Funktionen und Formen mittelalterlicher Geschichtsschreibung, Darmstadt 1985, S. 165–213.

Goltz, Dietlinde: Naturmystik und Naturwissenschaft in der Medizin um 1600, in: Sudhoffs Archiv 60 (1976) S. 45–75.

Grassi, Ernesto: Macht des Bildes. Ohnmacht der rationalen Sprache. Zur Rettung des Rhetorischen, München 1979.

Greenfield, Concetta Carestia: Humanist and Scholastic Poetics, 1250–1500, Lewisburg/London/Toronto 1981.

Grubmüller, Klaus: Etymologie als Schlüssel zur Welt? Bemerkungen zur Sprachtheorie des Mittelalters, in: Verbum et Signum. Beiträge zur mediävistischen Bedeutungsforschung, Fs. Friedrich Ohly, hg. v. H. Fromm, W. Harms u. U. Ruberg, 1, München 1975, S. 209–230.

Grubmüller, Klaus: Überlegungen zum Wahrheitsanspruch des Physiologus im Mittelalter, in: Frühmittelalterliche Studien 12 (1978) S. 160–177.

Grubmüller, Klaus: Latein und Deutsch im 15. Jahrhundert. Zur literaturhistorischen Physiognomie der ›Epoche‹, in: Deutsche Literatur des Spätmittelalters.

Ergebnisse, Probleme und Perspektiven der Forschung (Wissenschaftliche Beiträge der Ernst-Moritz-Arndt-Universität Greifswald. Deutsche Literatur des Mittelalters 3) Greifswald 1986, S. 35–49.

Gudger, Eugene Willis: Pliny's Historia naturalis. The most Popular Natural History ever published, in: Isis 6 (1924) S. 269–281.

Gumbrecht, Hans Ulrich: Wenig Neues in der Neuen Welt. Über Typen der Erfahrungsbildung in spanischen Kolonialchroniken des XVI. Jahrhunderts, in: Die Pluralität der Welten. Aspekte der Renaissance in der Romania, hg. v. W.-D. Stempel u. K. Stierle (Romanistisches Kolloqium 4) München 1987, S. 227–249.

Guthmüller, Bodo: Picta Poesis Ovidiana, in: Renatae Litterae. Studien zum Nachleben der Antike und zur europäischen Renaissance. August Buck zum 60. Geburtstag am 3. 12. 1971, hg. v. K. Heitmann u. E. Schroeder, Frankfurt a. M. 1973, S. 171–192.

Haage, Bernhard Dietrich: Deutsche Artesliteratur des Mittelalters. Überblick und Forschungsbericht, in: LiLi 51/52 (1983) S. 185–205.

Hanhart, Johannes: Conrad Geßner. Ein Beitrag zur Geschichte des wissenschaftlichen Strebens und der Glaubensverbesserung im 16ten Jahrhundert, Winterthur 1824.

Harms, Wolfgang: Der Eisvogel und die halkyonischen Tage. Zum Verhältnis von naturkundlicher Beschreibung und allegorischer Naturdeutung, in: Verbum et Signum. Beiträge zur mediävistischen Bedeutungsforschung, Fs. Friedrich Ohly, hg. v. H. Fromm, W. Harms u. U. Ruberg, 1, München 1975, S. 477–515.

Harms, Wolfgang: Allegorie und Empirie bei Konrad Gesner. Naturkundliche Werke unter literaturwissenschaftlichen Aspekten, in: Akten des V. Internationalen Germanisten-Kongresses Cambridge 1975, H. 3, hg. v. L. Forster u. H.-G. Roloff, Frankfurt a. M. 1976, S. 119–123.

Harms, Wolfgang: Zwischen Werk und Leser. Naturkundliche illustrierte Titelblätter des 16. Jahrhunderts als Ort der Vermittlung von Autor- und Lesererwartungen, in: Literatur und Laienbildung, S. 427–461.

Harms, Wolfgang: Bedeutung als Teil der Sache in zoologischen Stanardwerken der frühen Neuzeit (Konrad Gesner, Ulisse Aldrovandi), in: Lebenslehren und Weltentwürfe, S. 352–369.

Helmcke, Johann-Gerhard: Der Humanist Conrad Gessner auf der Wende von mittelalterlicher Tierkunde zur neuzeitlichen Zoologie, in: Physis 12 (1970) S.329–346.

Henkel, Arthur/Schöne, Albrecht: Emblemata. Handbuch zur Sinnbildkunst des XVI. und XVII. Jahrhunderts, Stuttgart 1967.

Herzog, Reinhart: Mnemotechnik des Individuellen. Überlegungen zur Semiotik und Ästhetik der Physiognomie, in: Gedächtniskunst. Raum – Bild – Schrift. Studien zur Mnemotechnik, hg. v. A. Haverkamp u. R. Lachmann, Frankfurt 1991, S. 165–188.

Heyse, Elisabeth: Hrabanus Maurus‹ Enzyklopädie ›De rerum naturis‹. Untersuchungen zu den Quellen und zur Methode der Kompilation (Münchener Beiträge zur Mediävistik und Renaissance-Forschung 4) München 1969.

Höltgen, Karl Josef: Synoptische Tabellen in der medizinischen Literatur und die Logik Agricolas und Ramus‹, in: Sudhoffs Archiv 49 (1965) S. 371–390.

Hoeniger, F. David: How Plants and Animals Were Studied in the Mid-Sixteenth Century, in: Science and the Arts in the Renaissance, hg. v. J. W. Shirley and F. D. Hoeniger, London/Toronto 1985, S. 130–148.

Höpel, Ingrid: Emblem und Sinnbild. Vom Kunstbuch zum Erbauungsbuch, Frankfurt a. M. 1987.

Holeczek, Heinz: Humanistische Bibelphilologie als Reformproblem bei Erasmus von Rotterdam, Thomas More und William Tyndale (Studies in the history of Christian thought 9) Leiden 1975.

Hoppe, Brigitte: Biologie. Wissenschaft von der belebten Materie von der Antike zur Neuzeit. Biologische Methodologie und Lehren von der stofflichen Zusammensetzung der Organismen (Sudhoffs Archiv, Beiheft 17) Wiesbaden 1976.

Hossfeld, Paul: Die eigenen Beobachtungen des Albertus Magnus, in: Archivum Fratrum Praedicatorum 53 (1983) S. 147–174.

Hünemörder, Christian: Die Bedeutung der Arbeitsweise des Thomas von Cantimpré und sein Beitrag zur Naturkunde des Mittelalters, in: Medizinhistorisches Journal 3 (1968) S. 345–357.

Hünemörder, Christian: Die Zoologie des Albertus Magnus, in: Albertus Magnus. Doctor Universalis 1280/1980, hg. v. G. Meyer u. A. Zimmermann (Walberger Studien, Philosophische Reihe 6) Mainz 1980, S. 235–248. Hünemörder, Christian: Antike und mittelalterliche Enzyklopädien und die Popularisierung naturkundlichen Wissens, in: Sudhoffs Archiv 65 (1981) S. 339–365.

Hünemörder, Christian: Die Vermittlung medizinisch-naturwissenschaftlichen Wissens in Enzyklopädien, in: Wissensorganisierende und wissensvermittelnde Literatur im Mittelalter. Perspektiven ihrer Erforschung, hg. v. R. Wolf, Wiesbaden 1987, S. 255–277.

humanismus und naturwissenschaften, hg. v. R. Schmitz u. F. Krafft (Beiträge zur Humanismusforschung VI) Boppard 1980.

Illies, Joachim: Noahs Arche. Wege zum biologischen System, Stuttgart 1969.

Joachimsen, Paul: Loci communes: Eine Untersuchung zur Geistesgeschichte des Humanismus und der Reformation, in: Jahrbuch der Luther-Gesellschaft 8 (1926) S. 27–97.

Jüttner, Guido: Die Signatur in der Pflanzenabbildung, in: Pharmazeutische Zeitung 116 (1971) S. 1998–2001.

Jüttner, Guido: Alchemie und Sympathielehre in der Therapie der frühen Neuzeit, in: Der Übergang zur Neuzeit und die Wirkung von Traditionen. Vorträge gehalten auf der Tagung der Joachim Jungius-Gesellschaft der Wissenschaften Hamburg am 13. und 14. Oktober 1977 (Veröffentlichung der Joachim Jungius-Gesellschaft der Wissenschaften Nr.32) Göttingen 1978, S. 130–140.

Kästner, Hannes: Der Arzt und die Kosmographie. Beobachtungen über Aufnahme und Vermittlung neuer geographischer Kenntnisse in der deutschen Frührenaissance und der Reformationszeit, in: Literatur und Laienbildung, S. 504–531.

Kästner, Hannes/Schütz, Eva/Schwitalla, Johannes: DEM GMAINEN MANN ZU GUTTEM TEUTSCH GEMACHT! Textliche Verfahren der Wissensvermittlung in frühneuhochdeutschen Fachkompendien, in: Neuere Forschungen zur historischen Syntax, Referate der Internat. Fachkonferenz Eichstätt 1989, hg. v. A. Betten, Tübingen 1990, S. 205–223.

Kallweit, Hilmar: Lehrhafte Texte. Erzählformen und ihre Funktionen, in: Literaturwissenschaft. Grundkurs 2, hg. v. H. Brackert u. J. Stückrath, Reinbek 1981, S. 75–101.

Kallweit, Hilmar: Archäologie des historischen Wissens. Zur Geschichtsschreibung Michel Foucaults, in: Historische Methode, hg. v. Ch. Meier u. J. Rüsen (Theorie der Geschichte; Beiträge zur Historik 5) München 1988, S. 267–299.

Kelley, Donald R.: Foundations of Modern Historical Scholarship. Language, Law, and History in the French Renaissance, New York-London 1970.

Kambartel, Friedrich: Erfahrung und Struktur. Bausteine zu einer Kritik des Empirismus und Formalismus, Frankfurt a. M. 1976.

Kessler, Eckhard: Theoretiker humanistischer Geschichtsschreibung. Nachdruck exemplarischer Texte aus dem 16. Jahrhundert (Humanistische Bibliothek II, 4) München 1971.

Kessler, Eckhard: Humanismus und Naturwissenschaft bei Rudolf Agricola, in: Humanisme allemand (1480–1540): XVIIIe Colloque International de Tours Ou-

vrage publié avec le Concours du Centre National de la Recherche Scientifique, Limoges 1979, S. 141–157.
Keßler, Eckhard: Humanismus und Naturwissenschaft. Zur Legitimation neuzeitlicher Naturwissenschaft durch den Humanismus, in: Zeitschrift für Philosophische Forschung 33 (1979) S. 23–40.
Kessler, Eckhard: De significatione verborum. Spätscholastische Sprachtheorie und humanistische Grammatik, in: Res Publica Litterarum 4 (1981) S. 285–313.
Killy, Walther: Literatur-Lexikon, Autoren und Werke deutscher Sprache, Bd. 1–12: Autoren und Werke, Bd. 13/14: Literarische Begriffe, Epochen, Gattungen, Literaturwissenschaft und Buchwesen, Bd. 15: Register, München/Gütersloh 1988–1993.
Kleinschmidt, Erich: Denkform im geschichtlichen Prozeß. Zum Funktionswandel der Allegorie in der frühen Neuzeit, in: Formen und Funktionen der Allegorie, S. 388–404.
Kleinschmidt, Erich: Volkssprache und historisches Umfeld. Funktionsräume einer deutschen Literatursprache in der Frühen Neuzeit, in: ZfdPh 101 (1982) S. 411–436.
Klinck, Roswitha: Die lateinische Etymologie des Mittelalters, München 1970.
Knape, Joachim: ›Historie‹ in Mittelalter und Früher Neuzeit. Begriffs- und gattungsgeschichtliche Untersuchungen im interdisziplinären Kontext (Saecula Spiritalia 10) Baden-Baden 1984.
Köster, Beate: Die Lutherbibel im frühen Protestantismus (Texte und Arbeiten zur Bibel 1) Bielefeld 1984.
Kolb, Herbert: Der Hirsch, der Schlangen frißt. Bemerkungen zum Verhältnis von Naturkunde und Theologie in der mittelalterlichen Literatur, in: Mediaevalia litteraria, Fs. De Boor, hg. v. U. Hennig u. H. Kolb, München 1971, S. 583–610.
der kommentar in der renaissance, hg. v. A. Buck u. O. Herding (kommission für humanismusforschung mitteilung I) Bonn-Bad Godesberg 1975.
Koselleck, Reinhart: Historia Magistra Vitae. Über die Auflösung des Topos im Horizont neuzeitlich bewegter Geschichte, in: Ders.: Vergangene Zukunft. Zur Semantik geschichtlicher Zeiten, Frankfurt a. M. 1979, S. 38–66.
Krafft, Fritz: Der Naturwissenschaftler und das Buch in der Renaissance, in: das verhältnis der humanisten zum buch, hg. v. F. Krafft u. D. Wuttke (kommission für humanismusforschung mitteilung IV) Bonn-Bad Godesberg 1977, S. 13–45.
Krafft, Fritz: Renaissance der Naturwissenschaften – Naturwissenschaften der Renaissance. Ein Überblick über die Nachkriegsliteratur, in: humanismusforschung seit 1945. Ein Bericht aus interdisziplinärer Sicht (kommission für humanismusforschung mitteilung II) Bonn-Bad Godesberg 1975, S. 111–183.
Kroll, Wilhelm: Art. Plinius, Naturalis historia VII–XI, in: RE 41 (1951) S. 309–319.
Krolzik, Udo: Säkularisierung der Natur. Providentia-Dei-Lehre und Naturverständnis der Frühaufklärung, Neukirchen-Vluyn 1988 (Diss. Hamburg 1984).
Kühlmann, Wilhelm: Staatsgefährdende Allegorese. Die Vorrede vom Adler in Sebastian Francks *Geschichtsbibel* (1531), in: Literaturwissenschaftliches Jahrbuch N. F. 24 (1983) S. 51–76.
Kühlmann, Wilhelm: Nationalliteratur und Latinität: Zum Problem der Zweisprachigkeit in der frühneuzeitlichen Literaturbewegung Deutschlands, in: Nation und Literatur im Europa der Frühen Neuzeit. Akten des I. Internationalen Osnabrücker Kongresses zur Kulturgeschichte der Frühen Neuzeit, hg. v. K. Garber (Frühe Neuzeit 1) Tübingen 1989, S. 164–206.
Kuhn, Hugo: Versuch über das 15. Jahrhundert in der deutschen Literatur, in: Ders.: Entwürfe zu einer Literatursystematik des Spätmittelalters, Tübingen 1980, S. 77–101.
Kullmann, Wolfgang: Wissenschaft und Methode. Interpretationen zur aristotelischen Theorie der Naturwissenschaft, Berlin/NewYork 1974.

Lebenslehren und Weltentwürfe im Übergang vom Mittelalter zur Neuzeit. Politik – Bildung – Naturkunde – Theologie. Bericht über Kolloquien der Kommission zur Erforschung der Kultur des Spätmittelalters 1983 bis 1987, hg. v. H. Boockmann, B. Moeller u. K. Stackmann, Göttingen 1989 (Abhandlungen der Akademie der Wissenschaften in Göttingen, Phil.-Hist. Klass. III, 179).

Leipold, Inge: Untersuchungen zum Funktionstyp »Frühe deutschsprachige Druckprosa.« Das Verlagsprogramm des Augsburger Druckers Anton Sorg, in: DVjS 48 (1974) S. 264–290.

Lepenies, Wolf: Das Ende der Naturgeschichte. Wandel kultureller Selbstverständlichkeiten in den Wissenschaften des 18. und 19. Jahrhunderts, Baden-Baden 1978.

Leu, Urs B.: Conrad Gesner als Theologe. Ein Beitrag zur Züricher Geistesgeschichte des 16. Jahrhunderts (Züricher Beiträge zur Reformationsgeschichte 14) Bern-Frankfurt am Mayn/New York/Paris 1990.

Ley, Willy: Konrad Gesner. Leben und Werk (Münchener Beiträge zur Geschichte und Literatur der Naturwissenschaften und Medizin 15/16) München 1929.

Lindner, Kurt (Hg.): Von Falken, Hunden und Pferden. Deutsche Albertus-Magnus-Übersetzungen aus der ersten Hälfte des 15. Jahrhunderts, 2 Bde. (Quellen und Studien zur Geschichte der Jagd 7/8) Berlin 1962.

Literatur und Laienbildung im Spätmittelalter und in der Reformationszeit. Symposion Wolfenbüttel 1981, hg. v. Ludger Grenzmann und Karl Stackmann, Stuttgart 1984.

Locher, A.: The Structure of Pliny the Elder's Natural History, in: Science in the Early Roman Empire: Pliny the Elder, his Sources and Influence, hg. v. R. French u. F. Greenaway, London-Sydney 1986, S. 20–29.

Lovejoy, Arthur O.: Die große Kette der Wesen. Geschichte eines Gedankens, Frankfurt a. M. 1985 (zuerst Harvard 1933).

Lutz, Robert H.: Wer war der gemeine Mann? Der dritte Stand in der Krise des Spätmittelalters, München-Wien 1979.

Maurer, Wilhelm: Melanchthons Loci communes von 1521 als wissenschaftliche Programmschrift, in: Jahrbuch der Luther-Gesellschaft 27 (1960) S. 1–50.

Maurer, Wilhelm: Melanchthon und die Naturwissenschaft seiner Zeit, in: AKG 44 (1962) S. 199–226.

Maurer, Wilhelm: Der junge Melanchthon zwischen Humanismus und Reformation, 1: Der Humanist, Göttingen 1967.

Mayerhöfer, Josef: Conrad Geßner als Bibliograph und Enzyklopädist. Der Zusammenbruch der mittelalterlichen artes liberales, in: Gesnerus 22 (1965) S. 176–194.

McLaughlin, R. Emmet: Schwenckfeld and the Schwenkfelders of South Germany, in: Schwenckfeld and Early Schwenkfeldianism, S. 145–180.

Meier, Christel: Argumentationsformen kritischer Reflexion zwischen Naturwissenschaft und Allegorese, in: Frühmittelalterliche Studien 12 (1978) S. 116–159.

Meier, Christel: Grundzüge der mittelalterlichen Enzyklopädik. Zu Inhalten, Formen und Funktionen einer problematischen Gattung, in: Literatur und Laienbildung, S. 467–500.

Meier, Christel: Cosmos politicus. Der Funktionswandel der Enzyklopädie bei Brunetto Latini, in: Frühmittelalterliche Studien 22 (1988) S. 315–356.

Melville, Gert: Spätmittelalterliche Geschichtskompendien – Eine Aufgabenstellung, in: Römische Historische Mitteilungen 22 (1980) S. 51–104.

Melville, Gert: Kompilation, Fiktion und Diskurs. Aspekte zur heuristischen Methode der mittelalterlichen Geschichtsschreiber, in: Historische Methode, hg. v. Ch. Meier u. J. Rüsen (Theorie der Geschichte; Beiträge zur Historik 5) München 1988, S. 133–153.

Mertner, Edgar: Topos und Commonplace, in: Strena Anglica Fs. Otto Ritter, hg. v. G. Dietrich u. F. W. Schulze, Halle a. d. Saale 1956, S. 178–224.

Meyer, Heinz: Bartholomäus Anglicus, ›De proprietatibus rerum‹. Selbstverständnis und Rezeption, in: ZfdA 117 (1988) S. 237–274.
Meyer, Heinz: Zum Verhältnis von Enzyklopädik und Allegorese im Mittelalter, in: Frühmittelalterliche Studien 24 (1990), S. 290–313.
Minnis, Alastair J.: Late-Medieval Discussions of *Compilatio* and the Rôle of the *Compilator*, in: PBB 101 (1979) S. 385–421.
Müller, Jan-Dirk: Gedechtnus. Literatur und Hofgesellschaft um Maximilian I. (Forschungen zur Geschichte der älteren deutschen Literatur 2) München 1982.
Müller, Jan-Dirk: Gattungstransformation und Anfänge des literarischen Marktes. Versuch einer Theorie des frühen deutschen Prosaromans, in: Textsorten und literarische Gattungen. Dokumentation des Germanistentages in Hamburg vom 1. bis 4. April 1979, hg. v. Vorstand der Vereinigung der deutschen Hochschulgermanisten, Berlin 1983, S. 432–449.
Müller, Jan-Dirk: *Curiositas* und *erfarung* der Welt im frühen deutschen Prosaroman, in: Literatur und Laienbildung, S. 252–271.
Müller, Jan-Dirk: Volksbuch/Prosaroman im 15./16. Jahrhundert – Perspektiven der Forschung, in: IASL Sonderheft 1 (1985) Forschungsreferate, S. 1–128.
Müller, Jan-Dirk: *Erfarung* zwischen Heilssorge, Selbsterkenntnis und Entdeckung des Kosmos, in: Literatur und Kosmos: Innen- und Außenwelten in der deutschen Literatur des 15. bis 17. Jahrhunderts, hg. v. G. Scholz Williams u. L. Tatlock, Amsterdam 1986 (= Daphnis 15 [1986], S. 307–342) S. 59–94.
Müller, Jan-Dirk: ›Alt‹ und ›Neu‹ in der Epochenerfahrung um 1500. Ansätze zur kulturgeschichtlichen Periodisierung in frühneuhochdeutschen Texten, in: Traditionswandel und Traditionsverhalten, hg. von W. Haug u. B. Wachinger (Fortuna Vitrea 5) Tübingen 1991, S. 121–144.
Müller, Jan Dirk: Buchstabe, Geist, Subjekt: Zu einer frühneuzeitlichen Problemfigur bei Sebastian Frank, in: MLN 106 (1991) S. 648–674.
Müller, Maria E.: Schneckengeist im Venusleib. Zur Zoologie des Ehelebens bei Johann Fischart, in: Eheglück und Liebesjoch. Bilder von Liebe, Ehe und Familie in der Literatur des 15. und 16. Jahrhunderts, hg. v. M. E. Müller (Ergebnisse der Frauenforschung 14) Weinheim/Basel 1988, S. 155–205.
Müller-Jahncke, Wolf-Dieter: Ordnung durch Signatur. Analogie denken und Arzneischatz im 16. und 17. Jahrhundert, in: Deutsche Apotheker Zeitung 124 (1984) S. 2184–2189.
Nauert, Charles G.: Humanists, Scientists, and Pliny: Changing Approaches to a Classical Author, in: The American Historical Review 84 (1979) S. 72–85.
Nauert, Charles G.: Caius Plinius Secundus, in: Catalogus Translationum et Commentariorum IV (1980) S. 297–422.
Nischik, Traude-Marie: Das volkssprachliche Naturbuch im späten Mittelalter. Sachkunde und Dinginterpretation bei Jacob von Maerlant und Konrad von Megenberg (Hermaea Germanistische Forschungen N. F. 48) Tübingen 1986.
Oggins, Robbin S.: Albertus Magnus on Falcons and Hawks, in: Albertus Magnus and the Sciences. Commemorative Essays 1980, hg. v. J.A. Weisheipl (Studies and Texts 49) Toronto 1980, S. 441–462.
Ohly, Friedrich: Schriften zur mittelalterlichen Bedeutungsforschung, Darmstadt 1977.
Ohly, Friedrich: Typologische Figuren aus Natur und Mythus, in: Formen und Funktionen der Allegorie. Symposion Wolfenbüttel 1978, hg. v. W. Haug, Stuttgart 1979, S. 126–166.
Ohly, Friedrich: Die Welt als Text in der *Gemma Magica* des Ps.-Abraham von Franckenberg, in: Text-Etymologie. Untersuchungen zu Textkörper und Textinhalt, Fs. Heinrich Lausberg, hg. v. A. Arens, Stuttgart 1987, S. 253–264.
Otto, Stephan (Hg.): Renaissance und frühe Neuzeit, Stuttgart 1984.

Padley, G.A.: Grammatical Theory in Western Europe 1500–1700. The Latin Tradition, Cambridge/London/New York/Melbourne 1976.
Parkes, Malcolm Beckwith: The Influence of the Concepts of *Ordinatio* and *Compilatio* on the Development of the Book, in: Medieval Learning and Literature. Essays presented to Richard William Hunt, hg. v. J.J.G. Alexander and M.T. Gibson, Oxford 1976, S. 115–141.
Paulsen, Friedrich: Geschichte des gelehrten Unterrichts auf den deutschen Schulen und Universitäten vom Ausgang des Mittelalters bis zur Gegenwart. Mit besonderer Rücksicht auf den klassischen Unterricht, Leipzig 1919.
Peters, Manfred: Conrad Geßner als Linguist und Germanist, in: Gesnerus 28 (1971) S. 115–146.
Petit, Georges: Conrad Gessner, Zoologiste, in: Conrad Gesner 1516–1565. Universalgelehrter Naturforscher Arzt, Zürich 1967, S.49–56.
Pörksen, Uwe: Der Übergang vom Gelehrten zur deutschen Wissenschaftssprache. Zur frühen deutschen Fachliteratur und Fachsprache in den naturwissenschaftlichen und mathematischen Fächern (ca. 1500–1800), in: Fachsprache und Fachliteratur, hg. v. W. Kreuzer, (LiLi 13, H. 51/52 [1983]) Göttingen 1983, S. 227–258.
Räber, Kuno: Studien zur Geschichtsbibel Sebastian Francks, Basel 1952.
Rauner, Erwin: Konrads von Halberstadt O.P.»tripartitus moralium«. Studien zum Nachleben antiker Literatur im späten Mittelalter, 2 Bde. (Europäische Hochschulschriften I,1, Bd. 1112) Frankfurt a. M./Bern/Las Vegas 1989.
Rehermann, Ernst: Die protestantischen Exempelsammlungen des 16. und 17. Jahrhunderts. Versuch eines Überblicks und einer Charakterisierung nach Aufbau und Inhalt, in: Volkserzählung und Reformation, S. 580–646.
Reinitzer, Heimo: Vom Vogel Phoenix. Über Naturbetrachtung und Naturdeutung, in: Natura loquax. Naturkunde und allegorische Naturdeutung vom Mittelalter bis zur frühen Neuzeit, hg. v. W. Harms u. H. Reinitzer (Mikrokosmos 7) Frankfurt a. M./Bern/Cirencter, U.K. 1981, S. 17–72.
Reinitzer, Heimo:»Da sperret man den leuten das maul auff« Beiträge zur protestantischen Naturallegorese im 16. Jahrhundert, in: Wolfenbütteler Beiträge 7 (1987) S. 27–56.
Reinitzer, Heimo: Zur Herkunft und zum Gebrauch der Allegorie im ›Biblisch Thierbuch‹des Hermann Heinrich Frey. Ein Beitrag zur Tradition evangelischlutherischer Schriftauffassung, in: Formen und Funktionen der Allegorie, S. 370–387.
Riedl-Dorn, Christa: Wissenschaft und Fabelwesen. Ein kritischer Versuch über Conrad Gessner und Ulisse Aldrovandi (Perspektiven der Wissenschaftsgeschichte 6) Wien-Köln 1989.
Röhrich, Lutz: Lexikon der sprichwörtlichen Redensarten, 2 Bde. Freiburg-Basel-Wien 1973.
Rosenfeld, Hans-Friedrich: Humanistische Strömumgen (1350–1600), in: Deutsche Wortgeschichte 1, hg. v. F. Maurer u. H. Rupp, Berlin/New York 1974. S. 399–508.
Ruberg, Uwe: Allegorisches im ›Buch der Natur‹ Konrads von Megenberg, in: Frühmittelalterliche Studien 12 (1978) S. 310–325.
Ruberg, Uwe: Signifikative Vogelrufe: Ain rapp singt all zeit ›cras cras cras‹, in: Natura loquax. Naturkunde und allegorische Naturdeutung vom Mittelalter bis zur frühen Neuzeit, hg. v. W. Harms u. H. Reinitzer (Mikrokosmos 7) S. 183–204.
Rüdiger, Horst: Die Wiederentdeckung der Antiken Literatur im Zeitalter der Renaissance, in: Geschichte der Textüberlieferung der antiken und mittelalterlichen Literatur, 1: Antikes und mittelalterliches Buch und Schriftwesen, hg. v. H. Hunger, O. Stegmüller u. a., Zürich 1961, S. 511–580.

Rupprich, Hans: Die deutsche Literatur vom späten Mittelalter bis zum Barock, 2: Das Zeitalter der Reformation (Geschichte der deutschen Literatur. Von den Anfängen bis zur Gegenwart, hg. v. Helmut de Boor u. Richard Newald, IV, 2) München 1973.

Sanders, Willy: Grundzüge und Wandlungen der Etymologie, in: WW 17 (1967), S. 361–384.

Sarton, George: The Appreciation of Ancient and Medieval Science during the Renaissance (1450–1600), London/Oxford/Bombay and Karachi 1955.

Scaglione, Aldo: The Humanist as Scholar und Politian's Conception of the *Grammaticas*, in: Studies in the Renaissance 8 (1961) S. 49–70.

Schade, Heidemarie: Andreas Hondorffs Promptuarium Exemplorum in: Volkserzählung und Reformation, S. 647–703.

Schaller, Friedrich: Conrad Gesner und seine Bedeutung für das Naturverständnis der Neuzeit, in: Der Weg der Naturwissenschaft von Johannes von Gmunden zu Johannes Kepler, hg. v. G. Hamann u. H. Grössing (Sitzungsberichte der Österreichischen Akademie der Wissenschaften, Phil.-Hist. Klass. 497) Wien 1988, S. 152–159.

Scheible, Heinz: Melanchthons Bildungsprogramm, in: Lebenslehren und Weltentwürfe, S. 233–248.

Schenda, Rudolf: Die deutschen Prodigiensammlungen des 16. und 17. Jahrhunderts, in: Archiv für Geschichte des Buchwesens 4 (1963) S. 638–710.

Schenda Rudolf: Der »gemeine Mann« und sein medikales Verhalten im 16. und 17. Jahrhundert, in: Pharmazie und der gemeine Mann. Hausarznei und Apotheke in deutschen Schriften der frühen Neuzeit. Ausstellung der Herzog August Bibliothek Wolfenbüttel vom 23. August 1982 bis März 1983, S. 9–20.

Schilling, Heinz: Job Fincel und die Zeichen der Endzeit, in: Volkserzählung und Reformation, S. 326–392.

Schipperges, Heinrich: Zum Topos von »ratio et experimentum« in der älteren Wissenschaftsgeschichte, in: Fachprosa-Studien. Beiträge zur mittelalterlichen Wissenschafts- und Geistesgeschichte, hg. v. G. Keil u. a., Berlin 1982, S. 25–36.

Schmidt, Philipp: Die Illustration der Lutherbibel 1522–1700. Ein Stück abendländische Kultur- und Kirchengeschichte. Mit Verzeichnissen der Bibeln, Bilder und Künstler, Basel 1962.

Schmidt-Biggemann, Wilhelm: Topica universalis. Eine Modellgeschichte humanistischer und barocker Wissenschaft (Paradeigmata 1) Hamburg 1983.

Schmidtke, Dietrich: Geistliche Tierinterpretation in der deutschsprachigen Literatur des Mittelalters (1100–1500), 2 Bde., Berlin 1968.

Schmitt, Charles B.: Experience and Experiment: A Comparison of Zabarella's View with Galileo's in De Motu, in: Studies in the Renaissance 16 (1969) S. 80–138.

Schöne, Albrecht: Emblematik und Drama im Zeitalter des Barock, München 1968.

Schreiner, Klaus: Laienbildung als Herausforderung für Kirche und Gesellschaft. Religiöse Vorbehalte und soziale Widerstände gegen die Verbreitung von Wissen im späten Mittelalter und in der Reformation, in: Zeitschrift für historische Forschung 3 (1984) S. 257–354.

Schreiner, Klaus: »Diversitas temporum«. Zeiterfahrung und Epochengliederung im späten Mittelalter, in: Epochenschwellen und Epochenbewußtsein, S. 381–428.

Schulte-Kemminghausen, Karl: Eberhard Tappes Sammlung westfälischer und holländischer Sprichwörter, in: Niederdeutsche Studien. Festschrift für Conrad Borching, Neumünster 1932, S. 91–112.

Schwenckfeld and Early Schwenkfeldianism: Papers Presented at the Colloquium on Schwenckfeld and the Schwenkfelders Pennsburg, Pa. September 17–22, 1984, hg. v. Peter C. Erb, Pennsburg, Pa. 1986.

Seebass, Gottfried: Caspar Schwenckfeld's Understanding of the Old Testament, in: Schwenckfeld and Early Schwenkfeldianism, S. 87–102.

Seifert, Arno: Cognitio historica. Die Geschichte als Namengeberin der frühneuzeitlichen Empirie (Historische Forschungen 11) Berlin 1976.
Seifert, Arno: Historia im Mittelalter, in: AfB 21 (1977) S. 226–284.
Sider, Sandra: Horapollo, in: Catalogus Translationum et Commentariorum: Mediaeval and Renaissance Latin Translations and Commentaries. Annotated Lists and Guides, ed. by. F. Edward Crantz, Washington 6 (1986) S. 15–29.
Steer, Georg: Zur Nachwirkung des »Buchs der Natur« Konrads von Megenberg im 16. Jahrhundert, in: Volkskultur und Geschichte, Festgabe Josef Dünninger zum 65. Geburtstag, hg. v. D. Harmening u. a., Berlin 1970, S. 570–584.
Stierle, Karlheinz: Geschichte als Exemplum – Exemplum als Geschichte. Zur Pragmatik und Poetik narrativer Texte, in: Geschichte – Ereignis und Erzählung, hg. v. R. Koselleck u. W.-D. Stempel (Poetik und Hermeneutik 5) München 1973, S. 347–375.
Stierle, Karlheinz: Erfahrung und narrative Form. Bermerkungen zu ihrem Zusammenhang in Fiktion und Historiographie, in: Theorie und Erzählung in der Geschichte, hg. v. J. Kocka u. Th. Nipperdey (Theorie der Geschichte; Beiträge zur Historik 3) München 1979, S. 85–118.
Strasser, F. Gerhard: Lingua Universalis. Kryptologie und Theorie der Universalsprachen im 16. und 17. Jahrhundert (Wolfenbütteler Forschungen 38) Wiesbaden 1988.
Telle, Joachim: Arzneikunst und der ›gemeine Mann‹. Zum deutschlateinischen Sprachenstreit in der frühneuzeitlichen Medizin, in: Pharmazie und der gemeine Mann. Ausstellung Wolfenbüttel 1982/83, S. 44–48.
Theiß, Winfried: Exemplarische Allegorik. Untersuchung zu einem literarhistorischen Phänomen bei Hans Sachs, München 1968.
Thorndike, Lynn: A History of Magic and Experimental Science, 6, New York 1941.
Tiemann, Barbara: Fabel und Emblem. Gilles Corrozet und die französische Renaissance-Fabel (Humanistische Bibliothek 1,18) München 1974.
Toellner, Richard: Zum Begriff der Autorität in der Medizin der Renaissance, in: das verhältnis der humanisten zum buch, hg. v. F. Krafft u. D. Wuttke (kommission für humanismusforschung IV) Bonn-Bad Godesberg 1977, S. 159–179.
Toellner, Richard: »Renata dissectionis ars«, Vesals Stellung zu Galen in ihren wissenschaftsgeschichtlichen Voraussetzungen und Folgen, in: Die Rezeption der Antike. Zum Problem der Kontinuität zwischen Mittelalter und Renaissance, hg. v. A. Buck (Wolfenbütteler Abhandlungen zur Renaissanceforschung 1) Hamburg 1981, S. 85–95.
Uhlig, Claus: Loci communes als historische Kategorie, in: Ders.: Hofkritik im England des Mittelalters und der Renaissance. Studien zu einem Gemeinplatz der europäischen Moralistik, Berlin/New York 1973, S. 139–174.
Unger, Helga: Vorreden deutscher Sachliteratur des Mittelalters als Ausdruck literarischen Bewußtseins, in: Werk – Typ – Situation. Studien zu poetologischen Bedingungen in der älteren deutschen Literatur, Hugo Kuhn zum 60. Geburtstag, hg. v. I. Glier, G. Hahn, B. Wachinger, Stuttgart 1969, S. 217–251.
Vickers, Brian: Rhetorik und Philosohie in der Renaissance, in: Rhetorik und Philosophie, hg. v. H. Schanze u. J. Kopperschmidt, München 1989, S. 121–157.
Volkserzählung und Reformation. Ein Handbuch zur Tradierung und Funktion von Erzählstoffen und Erzählliteratur im Protestantismus, hg. v. W. Brückner, Berlin 1974.
Wachinger, Burkhart: Der Dekalog als Ordungsschema für Exempelsammlungen. Der ›Große Seelentrost‹, das ›Promptuarium exemplorum‹ des Andreas Hondorf und die ›Locorum communium collectanea‹ des Johannes Manlius, in: Exempel und Exempelsammlungen, hg. v. W. Haug u. B. Wachinger (Fortuna Vitrea 2) Tübingen 1991, S. 239–263.

Weber, Franz Michael: Kaspar Schwenckfeld und seine Anhänger in den freybergischen Herrschaften Justingen und Öpfingen. Ein Beitrag zur Reformationsgeschichte im Alb-Donau-Raum (Veröffentlichungen der Kommission für geschichtliche Landeskunde in Baden-Württemberg B, 19) Stuttgart 1962.

Der Weg der Naturwissenschaft von Johannes von Gmunden zu Johannes Kepler, hg. v. G. Hamann u. H. Grössing, Wien 1988.

Wehrli, Max: Latein und Deutsch in der Barockliteratur, in: Akten des V. Internationalen Germanisten-Kongresses Cambridge 1975, H. 1, hg. v. L. Forster u. H.-G. Roloff, (Jahrbuch für Internationale Germanistik A, 2) Frankfurt a. M.-München 1976, S. 139–149.

Wehrli, Max: Literatur im deutschen Mittelalter, Stuttgart 1984.

Weinert, Friedel: Die Arbeit der Geschichte: Ein Vergleich der Analysemodelle von Kuhn und Foucault, in: Zeitschrift für allgemeine Wissenschaftstheorie 13 (1982) S. 336–358.

Wellisch, Hans (Hanan): Conrad Gessner: a biobibliography, in: Journal of the Society for the Bibliography of Natural History 7,2 (1975) S. 151–247.

Wendt, Herbert: Auf Noahs Spuren. Die Entdeckung der Tiere, o. O. (Leck/Schleswig) 1967 (rororo TB 938/941).

Wernle, Hans: Allegorie und Erlebnis bei Luther, Einsiedeln 1960.

Wickersheimer, Ernest: Le livre des quadrupèdes de Michel Herr, médicin Straßbourgeois (1546), in: La science au seizième siècle. Colloque international de Royaumont 1–4 Juillet 1957, Paris 1960, S.265–279.

Widmann, Hans: Konrad Gesner, 1516–1565, in: Allemannisches Jahrbuch 1966/67 (Bühl 1969) S. 219–256.

Worstbrock, Franz Josef: Deutsche Antikerezeption 1450–1550. 1: Verzeichnis der deutschen Übersetzungen antiker Autoren. Mit einer Bibliographie der Übersetzer (Veröffentlichungen zur Humanismusforschung 1) Boppard 1976.

Zedelmaier, Helmut: Bibliotheca Universalis und Bibliotheca Selecta. Das Problem der Ordnung des gelehrten Wissens in der frühen Neuzeit (Beihefte zum Archiv für Kulturgeschichte 33) Köln/Weimar/Wien 1992.

Zoepffel, Renate: Historia und Geschichte bei Aristoteles (Abhandlungen der Heidelberger Akademie der Wissenschaften, Phil.-Hist. Klasse 2, 1975) Heidelberg 1975.

VII. Register

Adamantius 128–129
Aegineta Paulus 78
Aelianus 26–27, 32, 40, 74, 78–79, 111, 123, 131–142, 152, 168–169, 196, 213, 225–226, 232–234, 242–243
Aesopus 174
Agricola, Georg 47, 117
Agricola, Rudolf 30, 36, 48, 62–63, 67
Aischylos 78, 80, 82
Albert, Justus 189
Albertus Magnus 16, 66–67, 69, 81–82, 88–91, 97, 101, 111–112, 117, 119, 121–122, 145, 151–152, 154, 156, 171, 197, 212–213, 215, 226, 244
Alciati, Andrea 135, 159, 174–175, 229–230, 245
Aldrovandi, Ulysse 5, 7, 40, 53, 107
Alexander der Große 164, 185, 192
Ambrosius 23, 78–79, 107, 129, 131, 133, 192, 197, 203–208, 213, 227–228, 231
Amman, Jost 159, 237
Anselm von Laon 195
Aristophanes 78, 96
Aristoteles 2, 9–10, 15, 18, 23, 26–28, 34–35, 45–46, 48–49, 56–58, 61–62, 71–73, 76, 78, 80, 82, 84, 89, 91, 105, 117–120, 128, 131, 138, 145, 148, 152, 156, 191, 193, 196, 199, 201, 228, 248
Artemidor 154
Athenaeus 132
Augustinus 42, 78, 96, 110, 190–192, 195, 197, 203–206, 210
Aventin 229, 234, 238
Avicenna 76, 89, 93, 102

Bacon, Francis 120
Baptista Mantuanus 133
Barbaro, Hermolao 28, 56, 78, 87, 89, 91, 118
Barthema, Ludovico 48, 78, 151, 185
Bartholomäus Anglicus 19–23, 78, 91, 154

Basilius 23, 78–79, 107, 192
Basseus 155
Beda Venerabilis 198, 206
Belon, Pierre 7, 78, 93, 117, 144, 202
Benzon, Hieronymo 150
Bernhard von Breydenbach 115
Beroaldo Philippo 78
Bessarion 45
Boccaccio, Giovanni 244–245
Bock, Hieronymus 27, 47, 52, 62, 78, 84
Bodin, Jean 4, 62, 79, 150
Boethius, Hector 149
Brunfels, Otto 47, 78, 92, 155
Bruno, Christoph 227
Budé, Guillaume 77–78, 101, 133
Buffon, George Louis de 12
Bullinger, Heinrich 54
Burkhard, Mönch 78

Cà da Mosto 78
Caelius Rhodiginus 77, 110, 128, 225, 228
Caesar 234
Calcagnini, Coelio 90
Cambyses 218
Camerarius, Joachim 176
Carion, Johannes 229
Cassiodor 197, 204, 206
Celsus 169
Cicero 40, 80, 107, 138
Claudius 209
Clemens von Alexandrien 107–108, 214
Cocles, Bartholomäus 128
Collenucio, Pandolpho 29
Columella 145, 155
Comenus, Johannes 238
Cordus, Euricius 78
Cullmann, Johannes 116
Cyprian 211

Didymus 96
Diodorus Siculus 78

Diogenes 164
Dioscorides 78, 88–90, 145
Dürer, Albrecht 1, 115

Eber, Caspar 117
Egnatius 139
Eppendorff, Heinrich 145, 148, 152–153, 155, 197, 199–200, 202, 209–210, 216, 220, 223–224
Erasmus 29–31, 53, 61–63, 68, 77–79, 88, 92, 121–122, 124–127, 133, 147, 150, 171, 178, 189, 202, 208, 235, 244–245
Ernesti, Werner 145
Euripides 78
Eusebius 197, 218, 240–241

Fabri, Jakob Michael 180, 198, 203–205, 207–212, 245
Fabricius 98
Fagius, Paulus 107, 212, 215
Feyerabend, Sigmund 237
Fickler, Johann Baptist 150
Figulus, Carolus 11, 102
Fincel, Job 180–181
Flavius Josephus 78, 197, 218, 232, 234
Forer, Konrad 145, 151, 157–160, 163–164, 166–167, 172, 187–189, 197–199, 202, 250–251
Franck, Sebastian 126, 194, 202, 218–219, 228–229, 235, 245
Franzius, Wolfgang 24, 208
Frey, Hermann Heinrich 24, 208
Freyberg, Ferdinand von 189
Freyberg, Georg Ludwig von 189
Freyberg, Michael Ludwig von 189
Friedrich von Sachsen 244
Froschauer, Christoph 157
Fuchs, Leonhard 47, 65, 78, 90, 92, 150, 161, 166
Füglin, Johannes 149
Fulgosus 139

Galen 23, 40, 50, 78, 102, 220
Galilei, Galileo 3
Gaza, Theodor 30, 45–46, 48–50, 56, 71–72, 78, 80, 90, 100–101, 105, 120, 138, 140, 147–148, 152, 163, 192–193, 199, 226
Gessner, Conrad 1–16, 22, 25–27, 30–40, 42–59, 61–68, 70–90, 92–118, 120–134, 136–142, 144–145, 148–150, 152, 154, 157–158, 160, 162–180,

183–189, 192–196, 198–199, 201, 207–208, 212–214, 217–218, 220, 225–226, 228–234, 236, 239–242, 244–245, 247–252
Gille, Pierre 78–79, 225
Giovio, Paolo 78
Giraldis, Lilio Gregorio 175
Gobler, Justin 116, 134–135, 137–138
Goldwurm, Caspar 181
Gregor der Große 111, 197, 204–206, 214
Guilandini, Melchior 116–117
Gyraldus 118

Hartlieb, Johannes 185
Hedio, Caspar 138, 210
Heiden, Johannes 147–148, 159, 188–201, 203–216, 218–246, 250–252
Heiden, Niklas 146, 188–189
Held, Jeremias 159
Heldelinus, Caspar 78, 226
Heracleides Ponticus 236
Herodot 78, 134, 146, 186, 217–218, 234
Herold, Johannes 62, 65, 145, 157–158, 166–167, 172–188, 229–230, 239, 245, 250–251
Herr, Michael 78, 119, 122, 145, 147–148, 151, 154–156, 160, 193, 235
Hertel, Jacob 208
Hesiod 78
Heußlin, Rudolf 116, 118, 145, 149, 151–152, 157, 159, 162–166, 168–173, 187–189, 198, 213, 226–227, 231, 250–251
Hieronymus 84, 104–105, 110, 194, 198, 203–207, 213
Hilarius 206
Hippokrates 78, 102, 220
Hövel, Heinrich 24
Homer 78, 148, 236–237
Hondorf, Andreas 234, 239
Horapollon 116, 122–124, 170, 175, 208, 230
Hrabanus Maurus 19, 21
Hugo v. St. Victor 64
Huttich, Johann 78, 155, 185

Ickelsamer, Valentin 211
Isidor 19, 21, 23, 82–83, 91, 97, 112, 117, 171

Jonston, Jan 8
Justinian 9

Karl von Burgund 176
Kiranides 82, 213, 226
Kirchhoff, Hans Wilhelm 176
Kolumbus, Christopherus 78, 119
Konrad von Megenberg 23, 152
Kopernikus, Nikolaus 85

Laktanz 198
Lemnius, Levinus 1–2
Leonardo 119
Leonicenus, Nikolaus 29, 78, 118, 147
Linné, Carl von 98
Livius 237
Lonicer, Adam 145
Lukan 78
Luther, Martin 43, 105, 181, 188, 194, 197, 202, 207–209, 212
Lycosthenes, Konrad 181

Maffei, Raffaelo 77, 107, 171
Mameranus 154
Manlius, Johannes 62, 198, 205, 208–209, 212, 233–234, 245
Marcellus 169
Marcellus Vergilius 78, 80, 89
Marco Polo 78
Martyr, Petrus 78
Massarius 9, 78
Mattioli, Pierandrea 198, 201
Melanchthon 26, 30–31, 36–37, 44–45, 48–49, 61–64, 138, 148, 208, 222, 229, 234
Miechow, Mathias von 78
Modestus, Franciscus 183
Münsinger, Heinrich 145
Münster, Sebastian 105, 161, 198, 204, 209, 234, 239, 245

Neckam, Alexander 19
Nifo, Augustino 46, 56, 71, 78, 84, 89–91, 169
Nuti, Ambrosio 173

Olaus Magnus 115–116, 150–151
Oppian 40, 78–79, 131, 134–135, 152, 168–169, 212, 226
Origines 190, 198, 203, 205–207
Ovid 80, 82, 99, 146, 178, 192, 198–199, 211, 235–237, 245

Pagnini, Santo 203, 205
Paracelsus 1, 33, 53, 101–102, 128
Pausanias 82, 185–186

Pelikan, Konrad 103
Perotto, Nicolao 78, 88
Petrarca, Francesco 36
Petrus Lombardus 195
Peucer, Caspar 117, 229
Physiologus 16, 23, 79, 81, 107, 109, 112, 192
Pico della Mirandola 28
Pictorius, Johannes 198, 201
Pigafeta, Antonio 117
Pindar 78
Pinzon, Hieronymo 78
Platearius 23
Platon 45, 50, 96, 100, 107, 171
Plinius Secundus 2, 12, 15–19, 23, 26–32, 34–35, 37, 54, 57–58, 78, 82, 84, 90–92, 94, 99, 102, 111–113, 117–119, 131, 136, 145, 147–148, 152–153, 155–156, 168–169, 171, 186, 188–190, 192–197, 199–201, 204, 207, 209–217, 219–222, 224–227, 229–231, 234–235, 237–238, 240–244, 246, 250–252
Plutarch 40, 78, 138–139, 146, 152, 155, 174, 185, 225–226, 234
Poggio Brocciolini 122
Polidorus Vergilius 197–198, 216, 218, 232, 245
Politiano, Angelo 25, 78, 80, 118
Polybios 78
Pompilius 239
Pontan, Giovanni 78
Posthius, Johannes 146, 159, 198–199, 208, 235–236, 245
Prokop von Gaza 9, 108, 214
Ps. Kallisthenes 185
Pythagoras 107, 171

Quintilian 140–141

Raimund von Sabund 41
Rauwolf, Leonhart 150
Ray, John 8
Reissner, Adam 188–189, 192, 197, 208, 211, 237
René von Lothringen 176
Rondelet, Guillaume 93, 144
Ruelle, Johannes de la 78
Rupert von Deutz 204
Ryff, Walther Hermann 119, 145, 151–156, 160, 198–199, 201

Sabellicus, Antoinus 139, 183
Sachs, Hans 208, 210–211, 245

Sailer, Raffael 116, 137
Scaliger, Julius Caesar 29
Schaidenreisser, Simon 148
Schmidel, Ulrich 150
Schwenckfeld, Kaspar 188–189, 192, 194, 203, 211
Seneca 49, 155
Simon Sethi 89
Solinus 23
Solis, Virgil 159, 235
Spangenberg, Cyriacus 198, 234, 238, 245
Spreng, Johannes 146, 159, 189, 192, 198, 208, 211–212, 235, 245
Staden, Hans 150
Stobaeus 68
Stumph, Johannes 78, 111, 238

Tabernaemontanus 48
Tappe, Eberhard 111, 124–125, 127
Tertullian 198, 211
Textor, Ravisus 69, 77, 139, 239–241
Textor, Benedict 11, 62–63
Thales 225
Theophrast 57, 82, 148
Theophylakt 205
Thevet, André 78
Thomas v. Cantimpré 16, 19–23, 46, 78–79, 82, 91, 107, 109, 122, 136

Thomas von Kempen 191
Trajan 241
Turner, William 56, 78, 82, 102, 117–118, 144
Tzetzes, Johannes 121–122, 130, 208

Valeriano, Pierro 119, 123–124
Valerius Maximus 139, 146, 188–189
Valla, Lorenzo 30, 48, 72, 88, 92
Vergil 46
Vesalius, Andreas 78, 85
Vespucci, Amerigo 78, 147
Vincenz v. Beauvais 9, 16, 19–23, 78, 91, 112, 129, 131, 136, 204, 225
Viperano, Antonio 32
Vitruv 154
Vives, Juan Luis 30–31, 33, 53, 77, 147, 227

Wierus, Johannes 149
Wolff, Kaspar 145, 151, 157, 165
Wotton, Edward 56, 78

Xenophon 236

Zabarella, Jacoppo 119
Zwinger, Theodor 4, 62, 65, 229
Zwingli, Huldrych 43, 54, 105, 220, 225